G. Maeß

Vorlesungen über numerische Mathematik I

Mathematische Lehrbücher und Monographien
Herausgegeben von der Akademie der Wissenschaften der DDR
Institut für Mathematik

I. Abteilung
Mathematische Lehrbücher
Band 36

Vorlesungen über numerische Mathematik I

von G. Maeß

Vorlesungen über numerische Mathematik I

Lineare Algebra

von Gerhard Maeß

Mit 23 Abbildungen und 19 Tabellen

Akademie-Verlag Berlin
1984

Verfasser:
Prof. Dr. sc. nat. Gerhard Maeß
Wilhelm-Pieck-Universität Rostock
Sektion Mathematik

ISSN 0076-5422

Erschienen im Akademie-Verlag, DDR-1086 Berlin, Leipziger Str. 3—4

Lizenznummer: 202 · 100/401/84
Printed in the German Democratic Republic
Gesamtherstellung: VEB Druckerei „Thomas Müntzer", 5820 Bad Langensalza
Lektor: Dipl.-Math. Gesine Reiher
LSV 1084
Bestellnummer: 763 304 0 (6801/1)

02800

Vorwort

Dieses Buch ist aus Vorlesungen entstanden, die in den letzten 15 Jahren an der Rostocker Universität für Mathematikstudenten, für Lehrerstudenten der Fachkombination Mathematik/Physik und gelegentlich auch für Hörer technischer Studienrichtungen gehalten wurden. Die „Vorlesungen", das heißt die durch zwei Ziffern gekennzeichneten Abschnitte, sind in der Regel induktiv aufgebaut. Einführende Beispiele sollen zeigen, welche Probleme aus der Praxis zu der mathematischen Aufgabenstellung geführt haben, und motivieren, wie eine Lösung gefunden werden kann und welche Schwierigkeiten dabei auftreten. Anschließend folgen theoretische Untersuchungen zur Analyse des Fehlers der erhaltenen Näherungslösung, zur Konvergenz des Verfahrens und zu den benötigten Voraussetzungen.

Das Buch richtet sich in erster Linie an Studenten, deren Studienplan die numerische Mathematik enthält, es ist aber auch für Studenten der Technik- und Naturwissenschaften und der Ökonomie und für Praktiker gedacht, die sich, bedingt durch den stark zunehmenden Einsatz von Rechenanlagen, mit numerischen Fragen im Selbststudium beschäftigen wollen. Darüber hinaus werden auch Vertreter anderer mathematischer Disziplinen beim Blättern feststellen, daß die numerische Mathematik für sie interessante, bisher noch nicht zufriedenstellend gelöste Aufgabenstellungen enthält, z. B. Probleme der zweckmäßigen Beschreibung von Matrixstrukturen, der Bandbreitenreduzierung und Kompaktspeicherung für die diskrete Mathematik und die Bestimmung realistischer Fehlerschranken für Näherungslösungen komplizierter Probleme für die Analysis.

Einige grundlegende Abschnitte sind bewußt sehr elementar gehalten. Es werden lediglich Grundkenntnisse aus der linearen Algebra und der Analysis vorausgesetzt. Alle darüber hinausgehenden Begriffe und Ergebnisse werden, wenn auch zum Teil ohne Beweis, in eingefügten Unterabschnitten erläutert. Im vorliegenden ersten Band bezieht sich das auf die Vektor- und die Matrixnormen, die verallgemeinerten Matrixinversen und einige Ergebnisse aus dem Gebiet der Matrizeneigenwertprobleme, die in Algebra-Lehrbüchern nicht behandelt oder in einer für numerische Zwecke ungeeigneten Form dargestellt werden.

Den Kern eines Buches über numerische Mathematik bilden natürlicherweise die Lösungsalgorithmen. Sie werden in einer Form geschrieben, die eine schnelle Übertragung in eine Programmiersprache oder auch in einen Assembler für Kleinrechner ermöglicht. Trotzdem darf das Buch nicht als Algorithmensammlung verstanden werden. Der Leser soll an den behandelten Grundaufgaben lernen, zu seinen Problemen selbst einen Algorithmus zu entwickeln und einen Blick dafür bekommen, wie sich ein solcher Algorithmus auf einer Rechenanlage realisieren läßt. Die vorgestellten Algorithmen sind also Übungs- und Demonstrationsobjekte und keine

Konkurrenz für effektivere Programme, die von Rechenzentren oder Rechnerherstellern angeboten werden.

Die Bemerkungen am Ende jeder Vorlesung dienen der Erweiterung des behandelten Stoffes und dem Hinweis auf weiterführende Fachliteratur.

Die Übungsaufgaben dienen in erster Linie der Wiederholung und Anwendung des behandelten Stoffes und der Vervollständigung von Beweisen. Einige Aufgaben sind so umfangreich, daß sie sich für ein Rechenpraktikum oder eine Jahresarbeit eignen. Es wird vorausgesetzt, daß zum Lösen der numerischen Aufgaben eine Rechenanlage, zumindest aber ein programmierbarer Taschen- oder Tischrechner zur Verfügung steht.

Bei allen Numerierungen der Gestalt $i.j.k$ bezeichnen i und j die Vorlesung und k die laufende Nummer. Innerhalb jeder Vorlesung werden die Unterabschnitte, Abbildungen, Tabellen, Formeln, Bemerkungen und Übungsaufgaben individuell gezählt. Definitionen, Sätze, Beispiele und Algorithmen haben dagegen eine gemeinsame Numerierung.

Für Namen in kyrillischen Buchstaben wird im Text die Transliteration (bibliothekarische Umschrift) nach dem Duden verwendet, es wird also nicht TSCHEBYSCHEFF, TSCHEBYSCHOW oder CHEBYSHEV, sondern ČEBYŠEV geschrieben. Nur diese Umschrift ermöglicht eine eindeutige Rekonstruktion des russischen Originals.

Der Inhalt des ersten Bandes ist, abgesehen von dem einführenden ersten Kapitel, das sich mit Fragen der Fehlererfassung und -abschätzung befaßt, auf Probleme der linearen Algebra beschränkt. Behandelt werden lineare Gleichungssysteme, sowohl eindeutig lösbare als auch überbestimmte, und Matrizeneigenwertprobleme. Der zweite Band ist nichtlinearen Gleichungen und Gleichungssystemen, der Interpolation und Approximation, der numerischen Integration und Anfangswertproblemen für gewöhnliche Differentialgleichungen gewidmet.

Viele Kollegen haben das Manuskript oder zumindest Teile davon gelesen und die endgültige Gestalt durch ihre kritischen Hinweise beeinflußt. Das gilt insbesondere für L. BERG (Rostock), V. FRIEDRICH (Karl-Marx-Stadt), I. O. KERNER (Dresden), R. MÄRZ (Berlin), W. PETERS (Rostock), J. W. SCHMIDT (Dresden) und G. ZIELKE (Halle) sowie für eine Reihe von Studenten der Matrikel 81 der Wilhelm-Pieck-Universität Rostock. Ihnen allen sei für ihre Hilfe und Unterstützung herzlich gedankt.

Schließlich sei dem Akademie-Verlag gedankt für die gute Zusammenarbeit und insbesondere der Lektorin G. REIHER für ihre Geduld, das verständnisvolle Eingehen auf alle Wünsche und die sorgfältige Manuskriptbearbeitung.

GERHARD MAESS

Inhalt

1. Grundlagen des numerischen Rechnens

1.1. Aufgaben der numerischen Mathematik

Wie kann man mit einem Stein und einer Stoppuhr die Tiefe eines Brunnens bestimmen? Wird es eines Tages mehr weggeworfene Autoreifen als Chausseebäume geben? Welche Autokarosserie setzt dem Fahrtwind den geringsten Widerstand entgegen? Welche Raumgestaltung ist für die Akustik eines Konzertsaals am günstigsten? Wie kann man im Maschinen- oder Straßenbau Material einsparen, ohne die Sicherheit, die Stabilität, den Gebrauchswert der Konstruktion zu verringern?

Antwort auf solche Fragen kann man durch numerisches, also zahlenmäßiges Rechnen bekommen. Aber man merkt schnell, daß man nicht sofort mit dem Eintasten von Zahlen in den Rechner beginnen kann. Die gestoppte Zeit allein, die der Stein braucht, ehe er auf der Wasseroberfläche auftrifft, reicht nicht aus, um die Brunnentiefe zu berechnen. Ein Vergleich von Autoreifen und Chausseebäumen zum gegenwärtigen Zeitpunkt allein genügt nicht, die Entwicklung zu beurteilen. Wir brauchen die Hilfe des Physikers, der eine Formel für den freien Fall aufstellt, des Ökonomen, der die zunehmende Verkehrsdichte beschreibt, des Soziologen, der die Entwicklung des sozialen Verhaltens beurteilt, des Biologen, der die zu- oder abnehmende Lebensdauer von Chausseebäumen abschätzt.

Zum Ausgangsproblem muß zunächst ein *natur- oder gesellschaftswissenschaftliches Modell* aufgestellt werden. Dabei wird man versuchen, die wichtigsten Zusammenhänge zu erfassen und weniger wichtige beiseite zu lassen (z. B. den Luftwiderstand beim freien Fall). Die Beschreibung des Modells durch Relationen zwischen bekannten und unbekannten Größen ergibt das *mathematische Modell,* eine algebraische, häufiger eine Integral- oder eine Differentialgleichung oder -ungleichung oder auch ein System von solchen Gleichungen oder Ungleichungen.

Die theoretisch orientierten mathematischen Disziplinen, z. B. die Algebra oder die Analysis, beschäftigen sich vorrangig mit den Fragen: Hat das mathematische Problem eine Lösung (*Existenz*)? Gibt es eine oder mehrere Lösungen (*Eindeutigkeit*)? Wie kann man die Lösung konstruieren (*Konstruktion*)? Hierbei reicht es dem Theoretiker, wenn er einen — möglicherweise unendlichen — Ablauf von Schritten (einen *Algorithmus*) angeben kann, durch den sich die Lösung, zumindest theoretisch, beliebig genau bestimmen läßt (*Konvergenz*). Der Numeriker dagegen will die Lösung ausrechnen und muß alsbald feststellen, daß das in strengem Sinne gar nicht möglich ist. Die Erdbeschleunigung ist nicht exakt bekannt, noch größer ist die Ungenauigkeit bei der handgestoppten Fallzeit. Er muß sich mit *Näherungswerten* begnügen und kann froh sein, wenn er den *Fehler,* die Differenz von genähertem und exaktem Wert, abschätzen kann. Zu diesen *Datenfehlern* kommen durch die Rechenmaschine noch *Rundungsfehler* hinzu, und schließlich hat niemand — auch nicht der schnellste

Computer — Zeit, einen unendlichen Grenzprozeß tatsächlich auszuführen. Man muß die Rechnung nach endlich vielen Schritten abbrechen (*Abbruchfehler*) bzw. eine stetige Lösung durch endlich viele „diskrete" Werte annähern (*Diskretisierungsfehler*) und versuchen, für das Ergebnis eine *Fehlerabschätzung* anzugeben. Der numerische Mathematiker hat also vorrangig folgende Aufgaben. Er entwickelt *Näherungsverfahren* in Gestalt von (endlichen) *Algorithmen* oder sogar *Programmen* für Rechenanlagen, vergleicht sie bezüglich ihrer *Effektivität* (Speicherbedarf und Rechenzeit) und ihrer *Stabilität* (Empfindlichkeit gegenüber Fehlern der Eingangsgrößen oder der Zwischenergebnisse) und gibt *Fehlerschranken* für das Resultat an. Dabei ergeben sich zahlreiche Probleme, die z. T. wieder für den Theoretiker interessant sind, so daß eine Trennlinie zwischen theoretischer und numerischer Mathematik kaum angegeben werden kann.

Schließlich muß der Mathematiker gemeinsam mit dem Anwender überprüfen, ob das numerische Ergebnis im Rahmen des zugrundegelegten Modells sinnvoll ist und ob die Fehlerschranken in einem vernünftigen Verhältnis zum *Modellfehler* stehen, der durch die Abstraktion von weniger wichtigen Einflüssen und Zusammenhängen des realen Problems bedingt ist. Andernfalls müssen die Modelle oder das Lösungsverfahren modifiziert werden. Der Mathematiker sollte sich nicht auf den rein mathematischen Teil des Lösungsprozesses beschränken. Schon an der Auf-

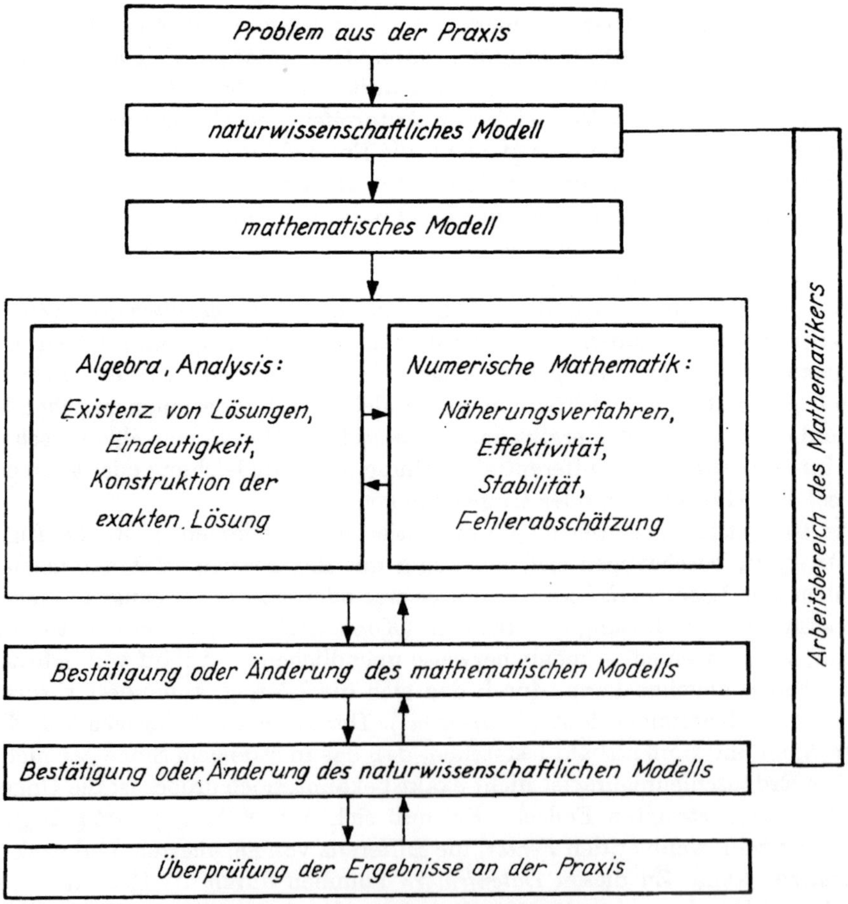

Abb. 1.1.1. Einordnung der numerischen Mathematik

stellung des Modells sollte er sich beteiligen, und zwar auch in eigenem Interesse. Sonst könnte die Formulierung des Problems so kompliziert werden, daß die mathematischen Methoden zu seiner Lösung nicht ausreichen. Das setzt allerdings voraus, daß er bis zu einem gewissen Grad die Sprache des Anwenders versteht (Abb. 1.1.1).

Die Entwicklung der numerischen Mathematik ist untrennbar verknüpft mit der der *Rechenhilfsmittel*. Hat man nur Bleistift und Papier zur Verfügung, so lassen sich bestenfalls noch Addition und Subtraktion zweier mehrstelliger Zahlen einigermaßen schnell und zuverlässig ausführen. Multiplikation und Division dagegen kosten bereits beträchtliche Mühe. Mit Hilfe einer *Logarithmentafel* kann man diese aufwendigen Operationen auf die Addition bzw. Subtraktion und mehrfaches Nachschlagen in einer Tafel reduzieren. Nicht wesentlich schneller, wenn auch etwas bequemer, kommt man mit einer *mechanischen*, *elektrischen* oder *elektronischen Tischrechenmaschine*, die die vier arithmetischen Grundoperationen beherrscht, ans Ziel. Fehler beim Nachschlagen, beim Eintasten oder Ablesen und Notieren der Zwischenergebnisse sind jedoch nicht völlig vermeidbar. Numerische Verfahren für den „Handbetrieb" müssen deshalb besonders übersichtlich in Form eines *Rechenschemas* angelegt werden und — auch um den Preis eines etwas größeren Aufwands — häufige *Kontrollen* der Zwischenresultate gestatten.

Der Übergang zu *programmgesteuerten Rechenanlagen* verschiebt die Akzente: Die arithmetischen Operationen werden von der *Zentraleinheit des Rechners* sehr schnell und zuverlässig erledigt, erheblich langsamer ist die *Peripherie*, die *Ein- und Ausgabe*. Am meisten Zeit aber kostet die *Programmierung*. Ein numerisches Verfahren soll deshalb nun möglichst *universell*, also für eine große Klasse von Problemen, verwendbar sein und weitgehend *automatisch* ablaufen, denn große, aufwendige Rechenanlagen müssen voll ausgelastet werden. Beim Versagen eines Verfahrens soll die Maschine selbständig zu einem anderen, für diesen Fall besser geeigneten übergehen. Dazu werden *Programmpakete* mit weitgehend automatischer Steuerung entwickelt. Der direkte Kontakt zwischen Nutzer und Rechner ist unterbrochen.

Aber es bleibt nicht nur bei einer Akzentverschiebung. Die Abarbeitung einer Folge von Tausenden oder gar Millionen von arithmetischen Operationen rückt Probleme in den Vordergrund, denen man vorher geringe Beachtung geschenkt hat, Fragen der *Fehlerfortpflanzung* und der *Stabilität* und *Effektivität* numerischer Verfahren.

Andererseits führen der Wunsch der Numeriker und Rechentechniker, auch die immer umfangreicher werdende Programmierarbeit mit Hilfe des Rechners zu erledigen, und die Unmöglichkeit, wirklich universelle Algorithmen zu schaffen, zu neuen Forderungen an die Rechentechnik. Der *Dialog* mit der Maschine über *Satellitenrechner* und *Terminals* mit *Fernschreiber-* oder besser noch *Bildschirm-Ein-* und *-Ausgabe* ermöglicht die Änderung von Programmen und die Steuerung von Rechenabläufen, während die Zentraleinheit gleichzeitig ein anderes Programm abarbeitet, und er erleichtert auch ein *numerisches Experimentieren* bei komplizierten Problemen, für die theoretische Untersuchungen noch nicht zu einer Lösung führten.

Die Entwicklung immer leistungsfähigerer *Großrechenanlagen* ist noch nicht abgeschlossen. Man spricht bereits von der Nanosekundenmaschine, die eine Milliarde Rechenoperationen je Sekunde ausführen wird (die ersten Digitalrechner mit einer Operationszeit von etwa einer Sekunde hätten dafür über 30 Jahre benötigt!). Parallel dazu verläuft seit mehr als einem Jahrzehnt die Entwicklung der *Kleinrechner*. Hatten zunächst die *Taschenrechner* (mit *Funktionstasten* für die elementaren Funktionen und mit *Speicherregistern* für Zwischenergebnisse) das Rechnen mit *Logarithmentafeln* und *Rechenstab* verdrängt, so stehen inzwischen für kleinere und mittlere Aufgaben der numerischen Mathematik auch *programmgesteuerte Klein-, Tisch-* und *Taschenrechner* mit ständig zunehmenden Leistungsparametern zur Verfügung. Sie sind wartungsfrei, billig und unmittelbar zugänglich und deshalb für numerische Experimente bei Forschungs- und Entwicklungsarbeiten, aber auch bei der Ausbildung von Studenten und Schülern (Bromm [1], Kerner [1]) oft besser geeignet als Großrechner. Numerische Verfahren wird man hier u. a. unter dem Gesichtspunkt eines möglichst geringen Speicherbedarfs auswählen, während ein vollständig automatischer Ablauf nicht unbedingt erforderlich ist, da der Nutzer die Rechnung unmittelbar verfolgen kann.

Schließlich soll auf eine rechentechnische Besonderheit hingewiesen werden, die, wenn sie sich durchsetzt, zu einer Neubewertung aller bisher entwickelten numerischen Verfahren führen wird, die Rechner mit mehreren Zentraleinheiten: *Multiprozessor-, Parallel-* oder *Vektorrechner*. An die Stelle des *Nacheinander* des bisher üblichen *sequentiellen Ablaufs* eines Algorithmus tritt bei ihnen das *Nebeneinander* eines gleichzeitigen, *parallelen Abarbeitens* mehrerer Programmschritte, eine sogenannte *Vektorisierung*. Obwohl es dazu bereits zahlreiche numerische und rechentechnische Untersuchungen gibt (Faddejew, Faddejewa [2], Heller [1], Programmiersprache EDISON, Hansen [1], Tagung CONPAR [1], Schönauer [1]), werden wir diese Entwicklung im folgenden außer acht lassen.

1.1.1. Bemerkung

B 1.1.1. Zur Ergänzung des im vorliegenden Buch behandelten Stoffes verweisen wir auf die Lehrbücher von Bachvalov [1], Beresin, Shidkow [1], Björck, Dahlquist [1], Collatz [1], Forsythe, Moler [1], Forsythe, Malcolm , Moler [1], Kerner [1], Kiesewetter, Maess [1], Rutishauser [1], Stetter [1], Stoer, Bulirsch [1], Todd [1], Törnig [1], Werner [1], Zurmühl [1].

1.1.2. Übungsaufgaben

Ü 1.1.1. Wie tief ist der Brunnen, wenn die Fallzeit 2.1 s beträgt? Wie genau ist das Ergebnis, wenn man mit einem Meßfehler von ± 0.1 s rechnen muß?

Ü 1.1.2. Wann hat die Anzahl der weggeworfenen Autoreifen die der Chausseebäume erreicht, wenn die Verkehrsdichte jährlich um 3.5% wächst, die Umweltfreundlichkeit der Autofahrer aber nur um 0.5% jährlich zunimmt? Dabei soll angenommen werden, daß der Baumbestand durch Neupflanzungen konstant gehalten wird und das Verhältnis Chausseebäume zu Autoreifen zur Zeit etwa 20:1 beträgt.

Ü 1.1.3. Um wieviel erhöht ein 100 m-Sprinter seine Durchschnittsgeschwindigkeit, wenn er sich von 10.6 s auf 10.2 s steigert?

Ü 1.1.4. Ein UFO (unbekanntes Flugobjekt) sei zum Zeitpunkt der ersten Beobachtung noch $3.750 \cdot 10^6$ m von der Bodenstation entfernt. Fünf Sekunden später hat sich der Abstand um $2.340 \cdot 10^5$ m verringert. Dabei hat der Meßstrahl einen Winkel von 2,45 Grad überstrichen. Wie groß ist die Geschwindigkeit des UFO, wenn man seine Flugbahn in dem kurzen Zeitintervall als geradlinig annimmt?

1.2. Fehleranalyse

Wie in den Beispielen der Vorlesung 1.1 sind Eingangsgrößen (Daten) für numerische Rechnungen in der Regel nur näherungsweise bekannt. Ihre Genauigkeit wird durch ihren absoluten oder ihren relativen Fehler beschrieben: Wir definieren den *absoluten*

Fehler δ_x als *Differenz von Näherungswert* $\tilde{x}$ *und exaktem Wert* x,

$$\delta_x := \tilde{x} - x\,, \qquad |\delta_x| \leqq \Delta_x\,, \tag{1}$$

und den *relativen Fehler* ε_x als *Quotient von absolutem Fehler und exaktem Wert* (oder auch als Quotient von absolutem Fehler und Näherungswert, vgl. B 1.2.1). Meist benutzt man für den relativen Fehler die Darstellung

$$\tilde{x} = (1 + \varepsilon_x)\,x\,, \qquad |\varepsilon_x| \leqq E_x\,. \tag{2}$$

Dabei wird der Näherungswert als Modifikation des exakten Wertes aufgefaßt. Den Faktor $(1 + \varepsilon_x)$ nennt man deshalb auch *Modifikator.* Im konkreten Fall sind nur der Näherungswert $\tilde{x}$ und die Betragsschranken Δ_x („Delta x") oder E_x („Epsilon x") für den absoluten bzw. den relativen Fehler bekannt, nicht aber die Fehler δ_x und ε_x selbst.

1.2.1. Funktionen einer Veränderlichen

Soll ein Funktionswert $y = f(x)$ einer (der Einfachheit halber als stetig differenzierbar vorausgesetzten) Funktion einer reellen Veränderlichen bestimmt werden, so wird das Resultat einerseits durch das fehlerhafte Argument $\tilde{x}$, andererseits aber im allgemeinen auch noch durch eine genäherte Funktionsberechnung verfälscht: Man erhält $\tilde{y} := \tilde{f}(\tilde{x})$ statt $y = f(x)$. Um die Genauigkeit von $\tilde{y}$ zu beurteilen, kann man zwei in gewisser Weise entgegengesetzte Wege beschreiten. Bei der *Rückwärtsanalyse des Fehlers* interpretiert man den Näherungswert $\tilde{y}$ als *exakten* Funktionswert zu einem *gestörten* Argument,

$$\tilde{f}(\tilde{x}) =: f(\tilde{x} + \delta)\,, \tag{3}$$

und versucht, die Störung δ abzuschätzen. Ist sie betragsmäßig kleiner als Δ_x, so liegt $\tilde{x} + \delta$ in demselben Intervall $[\tilde{x} - \Delta_x\,, \tilde{x} + \Delta_x]$ wie das unbekannte exakte Argument x. Folglich ist $\tilde{y}$ eine *akzeptable* (ausreichend genaue) Näherung für y. Ist die Störung dagegen betragsmäßig wesentlich größer als Δ_x, so muß $\tilde{f}$ durch eine bessere Näherungsfunktion ersetzt werden, wenn ein Genauigkeitsverlust vermieden werden soll.

Bei der *Vorwärtsanalyse des Fehlers* schätzt man die Differenz der Funktionswerte $\tilde{f}(\tilde{x})$ und $f(x)$, den absoluten Gesamtfehler

$$\delta_y := \tilde{f}(\tilde{x}) - f(x)\,, \tag{4}$$

ab. Analog zu (2) faßt man die genäherte Funktionsberechnung $\tilde{f}(\tilde{x})$ als eine modifizierte exakte Funktionsberechnung $f(\tilde{x})$ auf,

$$\tilde{f}(\tilde{x}) =: (1 + \varepsilon_f)\,f(\tilde{x})\,, \qquad |\varepsilon_f| \leqq E_f\,, \tag{5}$$

wobei ε_f von der gewählten Näherungsfunktion $\tilde{f}$ und dem Argument $\tilde{x}$ abhängt. Damit folgt aus (4)

$$\delta_y = \varepsilon_f f(\tilde{x}) + f(\tilde{x}) - f(x)\,. \tag{6}$$

Der Ausdruck $\varepsilon_f f(x)$ heißt (*absoluter*) *erzeugter Fehler,* weil er von der genäherten Funktionsberechnung verursacht wird. Die verbleibende Differenz $f(\tilde{x}) - f(x)$ bezeichnet den (*absoluten*) *fortgepflanzten Fehler.* Er gibt an, wie sich der Fehler des Arguments $\tilde{x}$ bei exakter Funktionsberechnung auf das Ergebnis auswirken würde.

Für differenzierbare Funktionen gilt der *Mittelwertsatz der Differentialrechnung*

$$f(\tilde{x}) = f(x + \delta_x) = f(x) + \delta_x f'(x + \vartheta\delta_x)\,, \qquad 0 < \vartheta < 1\,. \tag{7}$$

Damit folgt für den *absoluten Gesamtfehler* in erster Näherung (vgl. B 1.2.1)

$$\delta_y \approx \varepsilon_f f(\tilde{x}) + \delta_x f'(\tilde{x}) \quad \text{mit} \quad |\varepsilon_f| < E_f\,, \qquad |\delta_x| < \Delta_x\,. \tag{8}$$

Verschafft man sich Betragsschranken für $f(x)$ und $f'(x)$

$$M \leqq |f(x)| \leqq M_0\,, \qquad |f'(x)| \leqq M_1 \quad \text{für} \quad x \in [\tilde{x} - \Delta_x\,, \tilde{x} + \Delta_x]\,, \tag{9}$$

so kann man statt (8) — ohne Vernachlässigung von Gliedern höherer Ordnung — die Abschätzung

$$|\delta_y| \leqq M_0 E_f + M_1 \Delta_x \tag{10}$$

benutzen. Mit (2) ergibt sich aus (8) für den *relativen Gesamtfehler* näherungsweise

$$\delta_y/f(\tilde{x}) \approx \varepsilon_f + \frac{\tilde{x}f'(\tilde{x})}{f(\tilde{x})}\varepsilon_x \quad \text{mit} \quad |\varepsilon_f| < E_f\,, \qquad |\varepsilon_x| < E_x \tag{11}$$

und aus (10) die Abschätzung

$$|\delta_y/f(\tilde{x})| \leqq \frac{M_0}{M}E_f + \frac{(|\tilde{x}| + \Delta_x)\,M_1}{M}E_x\,. \tag{12}$$

Beispiel 1.2.1. Für die Funktion $f(x) := \cos x$ verwenden wir die Näherung $\tilde{f}(x) := 1 - \frac{x^2}{2}$. Gesucht seien Funktionswerte für die Argumente $x_1 = \pi/8$ und $x_2 = \pi/4$, die näherungsweise durch $\tilde{x}_1 = 0.395$ und $\tilde{x}_2 = 0.785$ mit der einheitlichen Fehlerschranke $\Delta_x = 0.005$ gegeben seien (Abb. 1.2.1). Man erhält die (auf drei Stellen gerundeten) genäherten Funktionswerte $\tilde{y}_1 = \tilde{f}(0.395) = 0.922$ und $\tilde{y}_2 = \tilde{f}(0.785) = 0.692$. Zuerst versuchen wir, im Sinne einer *Rückwärtsanalyse des Fehlers* Störungen δ_i zu bestimmen, für die $\tilde{y}_i$ exakte Funktionswerte von $\tilde{x}_i + \delta_i$ sind:

$$\cos(\tilde{x}_i + \delta_i) = \tilde{y}_i\,, \qquad i = 1, 2\,.$$

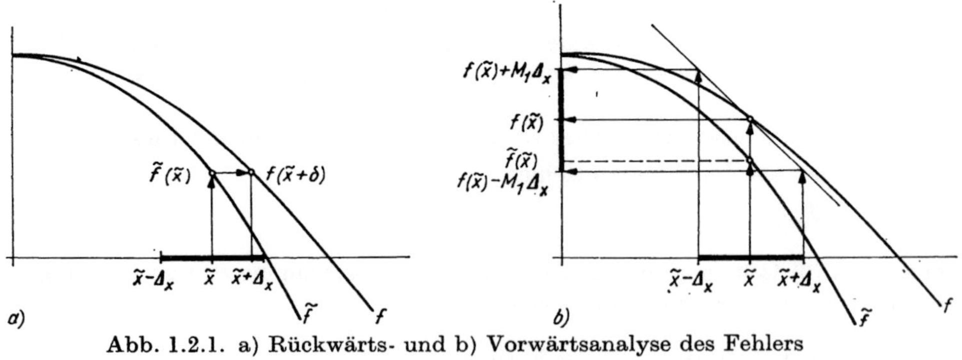

Abb. 1.2.1. a) Rückwärts- und b) Vorwärtsanalyse des Fehlers

Aus der Abbildung ist zu erkennen, daß die δ_i in unserem Fall eindeutig bestimmt sind. Mit Hilfe des Additionstheorems $\cos(\tilde{x} + \delta) = \cos\tilde{x}\cos\delta - \sin\tilde{x}\sin\delta$ und der für kleine δ ausreichenden Näherungsausdrücke $\cos\delta \approx 1$ und $\sin\delta \approx \delta$ ergibt sich $\delta_i \approx$ $\approx (\cos\tilde{x}_i - \tilde{y}_i)/\sin\tilde{x}_i$ und speziell $\delta_1 \approx 0.003$ und $\delta_2 \approx 0.022$. Offenbar ist $|\delta_1| < \Delta_x$, also liegt das gestörte Argument $\tilde{x}_1 + \delta_1$ in demselben Intervall [0.390, 0.400] wie das exakte Argument $x_1 = \pi/8$. Das bedeutet, $\tilde{y}_1$ ist eine akzeptable Näherung für den gesuchten Funktionswert $y_1 = \cos(\pi/8)$. Dagegen ist δ_2 erheblich größer als die Fehlerschranke Δ_x. Das gestörte Argument $\tilde{x}_2 + \delta_2$ liegt nicht in demselben Fehlerintervall wie das exakte Argument $x_2 = \pi/4$. Das bedeutet, $\tilde{y}_2$ kann als Näherung für $y_2 = \cos(\pi/4)$ nicht akzeptiert werden. Für die *Vorwärtsanalyse des Fehlers* untersuchen wir nach (4) die Differenz der Funktionswerte

$$\delta_y := 1 - \tfrac{1}{2}\tilde{x}^2 - \cos x = 1 - \tfrac{1}{2}\tilde{x}^2 - \cos(\tilde{x} - \delta_x)$$
$$\approx 1 - \tfrac{1}{2}\tilde{x}^2 - \cos\tilde{x} - \delta_x \sin\tilde{x}\,.$$

Wegen des Alternierens der cos-Reihe ist die Differenz von $\tilde{f}(\tilde{x})$ und $f(\tilde{x})$ betragsmäßig kleiner als das erste vernachlässigte Glied der Reihe, also gilt mit den Bezeichnungen von (5) $|\varepsilon_f f(\tilde{x})| < \frac{1}{4!}\tilde{x}^4$. Mit den Betragsschranken $\Delta_x = 0.005$ und $M_1 = 1$ für δ_x bzw. $\sin\tilde{x}$ ergibt sich also $|\delta_y| \leqq \frac{1}{4!}\tilde{x}^4 + 0.005$ und für die konkreten Werte schließlich

$$|\delta_{y_1}| \leqq \Delta_{y_1} := 0.001 + 0.005\,, \qquad |\delta_{y_2}| \leqq \Delta_{y_2} := 0.016 + 0.005\,.$$

Beim ersten Argument wird die Schranke des Eingangsfehlers durch den von der genäherten Funktionsberechnung erzeugten Fehler nur unwesentlich vergrößert. Beim zweiten Argument wächst die Fehlerschranke dagegen auf mehr als das Vierfache des Eingangsfehlers. Auch die Vorwärtsanalyse zeigt also, daß die Näherungsformel $\tilde{f}(x)$ für das zweite Argument nicht geeignet ist.

Absoluter und relativer Fehler von $\tilde{x}$ erscheinen in (8) und (11) multipliziert mit Faktoren, die von der Funktion $f(x)$, nicht aber von deren numerischer Realisierung $\tilde{f}(x)$ abhängen. Man nennt sie *absolute* bzw. *relative Konditionszahlen der Aufgabe* $y = f(x)$.

$$\text{acond}\,(f) := f'(\tilde{x})\,, \qquad \text{cond}\,(f) := \frac{\tilde{x} f'(\tilde{x})}{f(\tilde{x})}\,. \tag{13}$$

Sind sie (betragsmäßig) kleiner oder gleich Eins, so ist der fortgepflanzte Fehler von derselben Größenordnung wie der Eingangsfehler, und man nennt $y = f(x)$ eine *gut konditionierte Aufgabe*. Sind sie dagegen (betragsmäßig) wesentlich größer als Eins, so wirken sie als Verstärkungsfaktoren des Fehlers, und das Problem heißt *schlecht konditioniert*. Also ist die Berechnung des Funktionswertes einer Funktion mit

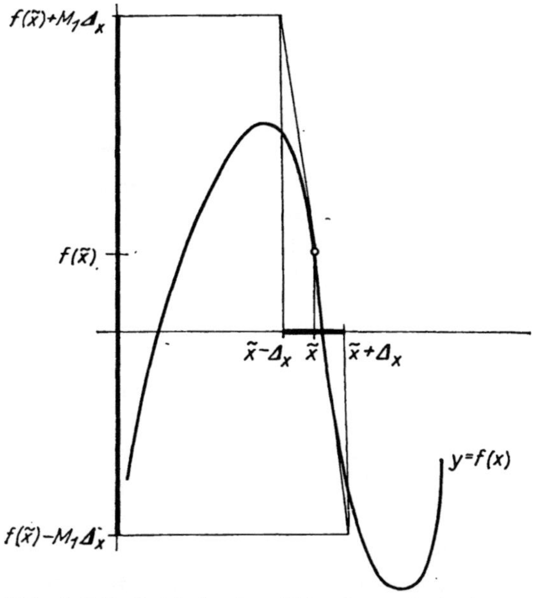

Abb. 1.2.2. Schlecht konditionierte Aufgabe $y = f(x)$

betragsmäßig großer erster Ableitung, d. h. mit einem sehr steilen Tangentenanstieg (Abb. 1.2.2), eine schlecht konditionierte Aufgabe.

Aus den Fehlerformeln (8) und (11) und den Fehlerabschätzungen (10) und (12) wird deutlich: Eine gute Näherungsformel (oder allgemeiner eine gute numerische Methode) kann zwar den erzeugten Fehler klein halten, sie kann aber prinzipiell nichts gegen einen großen fortgepflanzten Fehler ausrichten. Läßt sich die Kondition einer Aufgabe nicht verbessern, etwa durch Änderung des zugrundeliegenden mathematischen Modells, so kann der Gesamtfehler nur durch Verkleinerung des Eingangsfehlers und eine Rechnung mit großer Stellenzahl verringert werden.

Eine Näherungsformel ist dann sinnvoll gewählt, wenn der erzeugte Fehler geringfügig unterhalb der Größenordnung des fortgepflanzten Fehlers bleibt.

In Tab. 1.2.1 sind absolute und relative Konditionszahlen für einige elementare Funktionen zusammengestellt (Ü 1.2.1).

Tab. 1.2.1. Absolute und relative Konditionszahlen der elementaren Funktionen

Funktion $y = f(x)$	absolute Konditionszahl acond $(f) := f'(\tilde{x})$	relative Konditionszahl cond $(f) := \tilde{x}f'(\tilde{x})/f(\tilde{x})$
$\sqrt{x}$	$1/(2\sqrt{\tilde{x}})$	$1/2$
x^2	$2\tilde{x}$	2
x^n	$n\tilde{x}^{n-1}$	n
$\ln x$	$1/\tilde{x}$	$1/\ln \tilde{x}$
e^x	$e^{\tilde{x}}$	$\tilde{x}$
$\sin x$	$\cos \tilde{x}$	$\tilde{x} \cot \tilde{x}$
$\cos x$	$-\sin \tilde{x}$	$-\tilde{x} \tan \tilde{x}$
$\tan x$	$1/\cos^2 \tilde{x}$	$2\tilde{x}/\sin 2\tilde{x}$
$\arcsin x$	$1/\sqrt{1 - \tilde{x}^2}$	$(\tan \tilde{y})/\tilde{y}$
$\arccos x$	$-1/\sqrt{1 - \tilde{x}^2}$	$-(\cot \tilde{y})/\tilde{y}$
$\arctan x$	$1/(1 + \tilde{x}^2)$	$(\sin 2\tilde{y})/(2\tilde{y})$

1.2.2. Funktionen mehrerer Veränderlicher

Als einfachste Funktionen mehrerer Veränderlicher betrachten wir zunächst die vier arithmetischen Verknüpfungen zweier reeller Größen x_1 und x_2, für die Näherungen $\tilde{x}_1$ und $\tilde{x}_2$ gegeben seien. Das Zeichen $\odot$ bezeichne die vier Operationen Addition, Subtraktion, Multiplikation und Division, das Zeichen $\tilde{\odot}$ ihre im allgemeinen fehlerbehaftete Realisierung auf einem Rechner. Analog zu (5) kann man die genäherte Operation $\tilde{\odot}$ als eine Modifikation der exakten auffassen:

$$\tilde{x}_1 \,\tilde{\odot}\, \tilde{x}_2 = (1 + \varepsilon)\,(\tilde{x}_1 \odot \tilde{x}_2)\,, \qquad |\varepsilon| < E\,. \tag{14}$$

Dabei hängt ε von der Operation und den Operanden ab. Die Schranke E ist rechnerabhängig (vgl. Vorlesung 1.3).

Bei der *Rückwärtsanalyse* interpretiert man das Resultat als exakte Verknüpfung zweier gestörter Operanden $\tilde{x}_i + \delta_i = (1 + \varepsilon_i)\,\tilde{x}_i$:

$$(1 + \varepsilon)\,(\tilde{x}_1 \odot \tilde{x}_2) = [(1 + \varepsilon_1)\,\tilde{x}_1] \odot [(1 + \varepsilon_2)\,\tilde{x}_2]\,. \tag{15}$$

Für die *Addition* und die *Subtraktion* setzt man also

$$(1 + \varepsilon)\,(\tilde{x}_1 \pm \tilde{x}_2) = (1 + \varepsilon_1)\,\tilde{x}_1 \pm (1 + \varepsilon_2)\,\tilde{x}_2\,, \tag{16}$$

so daß sich hier der Modifikator der Operation unmittelbar auf die Operanden überträgt: $\varepsilon_i = \varepsilon$ bzw. $\delta_i = \varepsilon\tilde{x}_i$, $i = 1, 2$.

Bei der *Multiplikation* wird deutlich, daß die Störungen der Operanden im allgemeinen durch den Modifikator der Operation nicht eindeutig bestimmt sind. Die Gleichung

$$(1 + \varepsilon)(\tilde{x}_1 \cdot \tilde{x}_2) = [(1 + \varepsilon_1)\tilde{x}_1] \cdot [(1 + \varepsilon_2)\tilde{x}_2] \tag{17}$$

wird z. B. durch $\varepsilon_1 = \varepsilon$, $\varepsilon_2 = 0$, $\delta_1 = \varepsilon\tilde{x}_1$, $\delta_2 = 0$ oder durch $\varepsilon_1 = 0$, $\varepsilon_2 = \varepsilon$, $\delta_1 = 0$, $\delta_2 = \varepsilon\tilde{x}_2$ oder näherungsweise (bis auf den Term $\varepsilon^2/4$) auch durch $\varepsilon_i = \varepsilon/2$, $\delta_i = \varepsilon \cdot \tilde{x}_i/2$, $i = 1, 2$, erfüllt. Man kann also entweder den einen oder den anderen oder auch beide Faktoren als gestört ansehen. Für die *Division* geben wir ebenfalls drei Möglichkeiten an,

$$\begin{aligned}
&\varepsilon_1 = \varepsilon, \quad &&\varepsilon_2 = 0, \quad &&\delta_1 = \varepsilon\tilde{x}_1, \quad &&\delta_2 = 0,\\
&\varepsilon_1 = 0, \quad &&\varepsilon_2 = -\varepsilon, \quad &&\delta_1 = 0, \quad &&\delta_2 = -\varepsilon\tilde{x}_2,\\
&\varepsilon_1 = -\varepsilon_2 = \varepsilon/2, && &&\delta_1 = \varepsilon \cdot \tilde{x}_1/2, \quad &&\delta_2 = -\varepsilon \cdot \tilde{x}_2/2,
\end{aligned}$$

von denen die letzten beiden die Gleichung (15) wieder nur in erster Näherung erfüllen (Ü 1.2.2).

Bei allen vier arithmetischen Grundoperationen kann der von der genäherten Realisierung erzeugte Fehler ε als relativer Fehler der Operanden interpretiert werden. Die genäherte Operation $\odot$ liefert folglich genau dann akzeptable Ergebnisse, wenn ihre relative Fehlerschranke E nicht größer als die relativen Fehlerschranken E_{x_1}, E_{x_2} der Operanden ist.

Bei der *Vorwärtsanalyse des Fehlers der arithmetischen Grundoperationen* ist die Differenz von $\tilde{x}_1 \tilde{\odot} \tilde{x}_2$ und $x_1 \odot x_2$ abzuschätzen. Mit (14) folgt für den *absoluten Gesamtfehler* von $\tilde{y} = \tilde{x}_1 \tilde{\odot} \tilde{x}_2$

$$\delta_y := \tilde{x}_1 \odot \tilde{x}_2 - x_1 \odot x_2 = (\tilde{x}_1 \odot \tilde{x}_2)\,\varepsilon + [\tilde{x}_1 \odot \tilde{x}_2 - x_1 \odot x_2] \tag{18}$$

und für den *relativen Gesamtfehler*

$$\frac{\delta_y}{\tilde{x}_1 \odot \tilde{x}_2} = \varepsilon + \frac{\tilde{x}_1 \odot \tilde{x}_2 - x_1 \odot x_2}{\tilde{x}_1 \odot \tilde{x}_2}. \tag{19}$$

Dabei beschreibt der erste Term auf den rechten Seiten von (18) und (19) wieder den *erzeugten Fehler*, der von der genäherten Operation $\odot$ verursacht wird, und der zweite Term den *fortgepflanzten Fehler*, der von den Fehlern der Operanden herrührt. Mit $x_i = \tilde{x}_i - \delta_{x_i}$ folgt aus (18) für die *Addition* und die *Subtraktion*

$$\delta_y := (\tilde{x}_1 \pm \tilde{x}_2)\,\varepsilon + \delta_{x_1} \pm \delta_{x_2}. \tag{20}$$

Bei der Addition summieren sich die absoluten Fehler der Summanden. Für den relativen Fehler ergibt sich näherungsweise

$$\frac{\delta_y}{\tilde{x}_1 \pm \tilde{x}_2} \approx \varepsilon + \frac{\tilde{x}_1}{\tilde{x}_1 \pm \tilde{x}_2}\,\varepsilon_{x_1} \pm \frac{\tilde{x}_2}{\tilde{x}_1 \pm \tilde{x}_2}\,\varepsilon_{x_2}. \tag{21}$$

Offenbar werden die relativen Konditionszahlen die relativen Fehler der $\tilde{x}_i$ um so mehr verstärken, je kleiner der Divisor $x_1 \pm x_2$ ist: Die Subtraktion nahezu gleichgroßer Zahlen ist eine schlecht konditionierte Aufgabe. Man spricht von *Auslöschung gültiger Ziffern.*

Beispiel 1.2.2. Die relativen Fehler der beiden Zahlen $\tilde{x}_1 = 1.414$ und $\tilde{x}_2 = -1.413$ seien $\varepsilon_{x_1} = 0.0005$ und $\varepsilon_{x_2} = 0$. Die Summe $\tilde{y} := \tilde{x}_1 + \tilde{x}_2 = 0.001$ kann fehlerfrei berechnet werden, der erzeugte Fehler ε ist also gleich Null. Trotzdem beträgt der relative Fehler des Ergebnisses mehr als das Tausendfache des Eingangsfehlers, $\delta_y/(\tilde{x}_1 + \tilde{x}_2) \approx 0 + \frac{1.414}{0.001} \cdot 0{,}0005 - \frac{1.413}{0.001} \cdot 0 \approx 0.7$, das Ergebnis ist also unbrauchbar.

Für die Multiplikation $y := x_1 \cdot x_2$ ergibt sich mit $x_i = \tilde{x}_i - \delta_{x_i}$ aus (18) und (19)

$$\delta_y \approx \tilde{x}_1 \cdot \tilde{x}_2 \cdot \varepsilon + \tilde{x}_2 \delta_{x_1} + \tilde{x}_1 \delta_{x_2}, \qquad \frac{\delta_y}{\tilde{x}_1 \cdot \tilde{x}_2} \approx \varepsilon + \varepsilon_{x_1} + \varepsilon_{x_2}, \tag{22}$$

und für die Division $y := x_1/x_2$, $x_2 \neq 0$, wenn man

$$\frac{\tilde{x}_1 - \delta_{x_1}}{\tilde{x}_2 - \delta_{x_2}} = \frac{\tilde{x}_1 - \delta_{x_1}}{\tilde{x}_2} (1 + \varepsilon_{x_2} + \varepsilon_{x_2}^2 + \dots)$$

verwendet (Ü 1.2.3),

$$\delta_y \approx \frac{\tilde{x}_1}{\tilde{x}_2} \varepsilon + \frac{1}{\tilde{x}_2} \delta_{x_1} - \frac{\tilde{x}_1}{\tilde{x}_2^2} \delta_{x_2}, \qquad \frac{\delta_y}{\tilde{x}_1/\tilde{x}_2} \approx \varepsilon + \varepsilon_{x_1} - \varepsilon_{x_2}. \tag{23}$$

Die relativen Konditionszahlen von Multiplikation und Division sind betragsmäßig gleich Eins. Dagegen liefert ein *kleiner Divisor* große absolute Konditionszahlen und führt demzufolge zu einem *Anwachsen des absoluten Fehlers*. In Tab. 1.2.2 sind absolute und relative Konditionszahlen der vier arithmetischen Grundoperationen noch einmal zusammengestellt.

Tab. 1.2.2. Absolute und relative Konditionszahlen der vier arithmetischen Grundoperationen

Operation	absolute Konditionszahlen		relative Konditionszahlen	
	1. Operand	2. Operand	1. Operand	2. Operand
$+$	1	1	$\frac{\tilde{x}_1}{\tilde{x}_1 + \tilde{x}_2}$	$\frac{\tilde{x}_2}{\tilde{x}_1 + \tilde{x}_2}$
$-$	1	-1	$\frac{\tilde{x}_1}{\tilde{x}_1 - \tilde{x}_2}$	$\frac{-\tilde{x}_2}{\tilde{x}_1 - \tilde{x}_2}$
$\times$	$\tilde{x}_2$	$\tilde{x}_1$	1	1
:	$1/\tilde{x}_2$	$-\tilde{x}_1/\tilde{x}_2^2$	1	-1

Zur Fehleranalyse einer reellwertigen *Funktion mehrerer reeller Veränderlicher* $f(\boldsymbol{x}) = f(x_1, x_2, \dots, x_N)$ sind lediglich x, $\tilde{x}$, δ_x und ε_x in den Formeln (3)–(12) als Vektoren $\boldsymbol{x}$, $\tilde{\boldsymbol{x}}$, $\boldsymbol{\delta}_x$, $\boldsymbol{\varepsilon}_x$ mit den Komponenten x_n, $\tilde{x}_n$, δ_{x_n}, ε_{x_n}, $n = 1(1)N$, aufzufassen. Die Ableitung $f'(x)$ wird zum *Gradienten* von $f(\boldsymbol{x})$, dem Vektor der ersten partiellen Ableitungen. Für den *absoluten und den relativen Gesamtfehler* ergibt sich damit analog zu (8) und (11)

$$\delta_y \approx \varepsilon_f f(\tilde{\boldsymbol{x}}) + \sum_{n=1}^{N} \frac{\partial f(\tilde{\boldsymbol{x}})}{\partial x_n} \delta_{x_n}, \tag{24}$$

$$\delta_y / f(\tilde{\boldsymbol{x}}) \approx \varepsilon_f + \sum_{n=1}^{N} \frac{\tilde{x}_j}{f(\tilde{\boldsymbol{x}})} \frac{\partial f(\tilde{\boldsymbol{x}})}{\partial x_n} \varepsilon_{x_n}, \tag{25}$$

wobei die Faktoren von δ_{x_n} und ε_{x_n} wieder *absolute bzw. relative Konditionszahlen der Aufgabe* $y = f(\boldsymbol{x})$ genannt werden und analog zu (10), (12) abgeschätzt werden können (Ü 1.2.2).

1.2.3. Durch Algorithmen erzeugte Fehler

Ein *numerischer Algorithmus* führt Eingangsgrößen $\boldsymbol{x} = (x_1, x_2, \dots, x_N)$ durch eine endliche Folge von arithmetischen Grundoperationen, elementaren Funktionsberechnungen und Entscheidungsoperationen in eine Ergebnisgröße $f(\boldsymbol{x})$ über. Der Einfachheit halber nehmen wir an, daß $f(\boldsymbol{x})$ und alle Zwischenergebnisse

$$\left.\begin{aligned} y_1 &:= g_1(\boldsymbol{x})\,, \\ y_2 &:= g_2(\boldsymbol{x}, y_1)\,, \\ &\ \vdots \\ y_K &:= g_K(\boldsymbol{x}, y_1, y_2, \dots, y_{K-1}) = f(\boldsymbol{x}) \end{aligned}\right\} \tag{26}$$

skalare Größen sind. Das ist keine wesentliche Einschränkung, da man im Fall eines *Vektors von Ergebnisgrößen* jede Komponente gesondert betrachten kann.

Die im Schritt k, $k = 1(1)K$, erzeugten Fehler bezeichnen wir mit ε_k. Hinzu kommen die relativen Fehler der Eingangsgrößen, multipliziert mit den relativen Konditionszahlen der jeweiligen elementaren Funktion oder Operation (Tab. 1.2.1, S. 18, Tab. 1.2.2, S. 20).

Beispiel 1.2.3. Die Berechnung der kleineren Wurzel der quadratischen Gleichung $\alpha^2 - 2p\alpha + q = 0$, $p > 0$, $p^2 > q$, nach der Vorschrift $\alpha_1 := p - \sqrt{p^2 - q}$ zerlegen wir in vier Schritte:

$$y_1 := g_1(p, q) = p^2\,, \qquad y_2 := g_2(p, q, y_1) = y_1 - q\,,$$
$$y_3 := g_3(p, q, y_1, y_2) = \sqrt{y_2}\,, \qquad y_4 := g_4(p, q, y_1, y_2, y_3) = p - y_3\,.$$

In Abb. 1.2.3 a) ist der Zusammenhang der Eingangsgrößen p und q mit den Zwischenergebnissen durch einen Graphen veranschaulicht. Mit Hilfe von Tab. 1.2.1 und Tab. 1.2.2 und der Formeln (11) und (21) erhalten wir für den relativen Fehler

$$\varepsilon_{y_1} \approx \varepsilon_1 + 2\varepsilon_p\,, \qquad \varepsilon_{y_2} \approx \varepsilon_2 + \frac{\tilde{y}_1}{\tilde{y}_2}\,\varepsilon_{y_1} - \frac{\tilde{q}}{\tilde{y}_2}\,\varepsilon_q\,,$$
$$\varepsilon_{y_3} \approx \varepsilon_3 + \frac{1}{2}\,\varepsilon_{y_2}\,, \qquad \varepsilon_{y_4} \approx \varepsilon_4 + \frac{\tilde{p}}{\tilde{y}_4}\,\varepsilon_p - \frac{\tilde{y}_3}{\tilde{y}_4}\,\varepsilon_{y_3}\,.$$

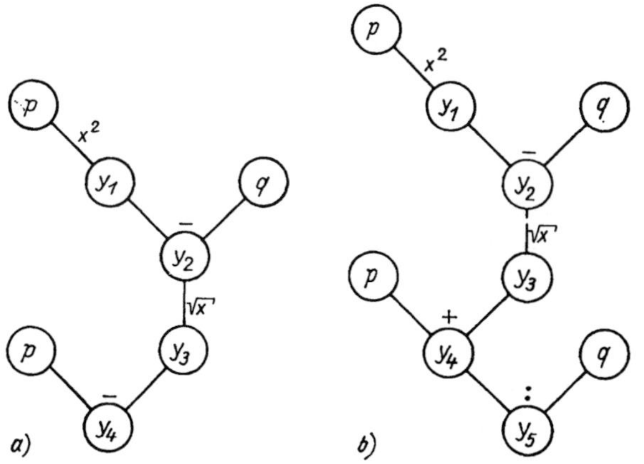

Abb. 1.2.3. Berechnungsgraphen für die Lösung einer quadratischen Gleichung

Daraus ergibt sich für die Werte $\tilde{p} = 0.995$, $\tilde{q} = 0.00472$, wenn man alle Zwischenergebnisse auf drei Stellen rundet,

$$\tilde{y}_1 = 0.990\,, \quad \tilde{y}_2 = 0.985\,, \quad \tilde{y}_3 = 0.992\,, \quad \tilde{y}_4 = 0.003\,.$$

Für den relativen Fehler der Eingangsgrößen und den erzeugten Fehler der Teilschritte nehmen wir einheitlich die Betragsschranke $5 \cdot 10^{-4}$ an. Dann ist $|\varepsilon_{y_1}| \leqq 1.5 \cdot 10^{-3}$, $|\varepsilon_{y_2}| \leqq 2.0 \cdot 10^{-3}$, $|\varepsilon_{y_3}| \leqq 1.5 \cdot 10^{-3}$, aber wegen der Auslöschung im vierten Schritt

$$|\varepsilon_{y_4}| \leqq 5 \cdot 10^{-4} + \frac{0.995}{0.003}\,5 \cdot 10^{-4} + \frac{0.992}{0.003}\,1.5 \cdot 10^{-3} \approx 0.7\,.$$

Man erhält also einen relativen Gesamtfehler von etwa 70%, das Ergebnis $\tilde{\alpha}_1 \approx 0,003$ ist unbrauchbar.

Wegen $(\alpha - \alpha_1)(\alpha - \alpha_2) = \alpha^2 - (\alpha_1 + \alpha_2)\alpha + \alpha_1\alpha_2$ kann man α_1 auch bestimmen, indem man zuerst die größere Wurzel $\alpha_2 = p + \sqrt{p^2 - q}$ und anschließend $\alpha_1 = q/\alpha_2$ berechnet. Wir bestimmen also y_1, y_2 und y_3 wie oben, schließen dann aber die beiden Schritte

$$y_4 := g_4(p, q, y_1, y_2, y_3) = p + y_3 , \qquad y_5 := g_5(p, q, y_1, y_2, y_3, y_4) = q/y_4$$

an. Die Auslöschung durch die Subtraktion im ehemaligen Schritt 4 wird dadurch vermieden. Den zugehörigen Berechnungsgraphen zeigt Abb. 1.2.3b). Es ergibt sich $\tilde{y}_4 = 1.99 = \tilde{\alpha}_2$, $y_5 = 0.00237 = \alpha_1$ und

$$\varepsilon_{y_4} = \varepsilon_4 + \frac{\tilde{p}}{\tilde{y}_4}\varepsilon_p + \frac{\tilde{y}_3}{\tilde{y}_4}\varepsilon_{y_3} , \qquad |\varepsilon_{y_4}| \leqq 1.5 \cdot 10^{-3} ,$$

$$\varepsilon_{y_5} = \varepsilon_5 + \varepsilon_q - \varepsilon_{y_4} , \qquad |\varepsilon_{y_5}| \leqq 2.5 \cdot 10^{-3} .$$

Die relativen Fehler der beiden Wurzeln betragen also etwa 0.15% bzw. 0.25%. Das ist für eine dreistellige Rechnung ein gutes Ergebnis.

Eine *Rückwärtsanalyse des Fehlers* führt qualitativ zu derselben Bewertung der beiden Algorithmen: Wir fassen $\tilde{\alpha}_1$ und $\tilde{\alpha}_2$ als exakte Wurzeln einer quadratischen Gleichung mit gestörten Koeffizienten p, q auf. Für den zweiten Koeffizienten fordern wir $\tilde{q} + \delta = \tilde{\alpha}_1\tilde{\alpha}_2$. Daraus ergibt sich mit $\tilde{\alpha}_1 = 0.003$ eine absolute Störung $\delta \approx 1.3 \cdot 10^{-3}$, also eine relative Störung von über 40%. Mit $\tilde{\alpha}_1 = 0.00237$ erhält man dagegen $\delta \approx -3.7 \cdot 10^{-6}$. Die zugehörige relative Störung $\delta/\tilde{q} \approx -7.8 \cdot 10^{-4}$ liegt in der Größenordnung des Eingangsfehlers. Das Ergebnis ist akzeptabel.

Die zweite Berechnungsvorschrift im Beispiel 1.2.3 führt bei den gleichen Eingangsfehlern zu wesentlich kleineren Ergebnisfehlern, sie ist *numerisch stabiler* als die erste. Im Fall reeller Lösungen $(p^2 > q)$ sollte man deshalb die beiden Wurzeln einer quadratischen Gleichung stets nach dem folgenden Algorithmus berechnen.

Algorithmus 1.2.4. Wurzeln der quadratischen Gleichung $\alpha^2 - 2p\alpha + q = 0$

$\alpha_2 := p + (\operatorname{sgn} p)\sqrt{p^2 - q}$, $\qquad \alpha_1 := q/\alpha_2$

Eine weitere, in numerischen Algorithmen häufig auftretende Teilaufgabe ist die Addition einer großen Anzahl von Summanden,

$$S := \sum_{k=1}^{K} x_k .$$

Wir vergleichen die numerische Stabilität von zwei Summationsalgorithmen.

Algorithmus 1.2.5 Rekursive Summation SUR (K, x, S)

---

x_k ,	$k = 1(1)K$	Summanden
$S := 0$		Summe

$\left[\begin{array}{l} k = 1(1)K \\ S := S + x_k \end{array}\right.$

Für $K = 8$ findet man den zugehörigen Berechnungsgraphen in Abb. 1.2.4a). Wir setzen $y_1 := x_1$, $\delta_{y_1} := \delta_{x_1}$, $\varepsilon_1 := 0$ und $y_k := y_{k-1} + x_k$ für $k = 2(1)K$. Nach (20)

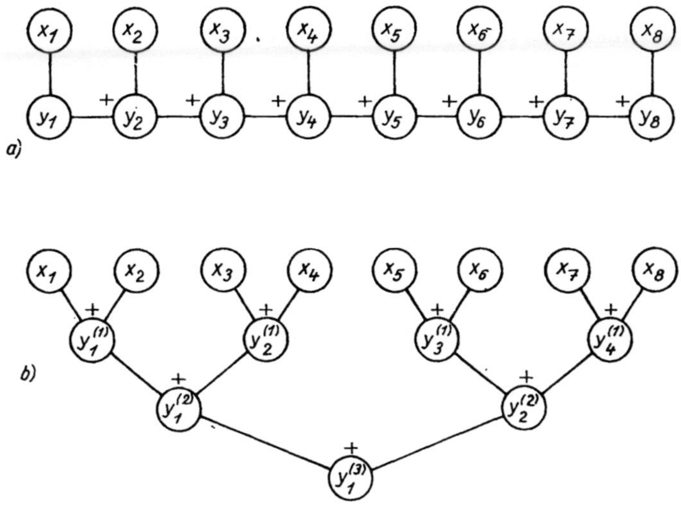

Abb. 1.2.4. Berechnungsgraphen a) für die rekursive und b) für die binäre Addition

ergibt sich für den absoluten Gesamtfehler

$$\delta_{y_2} \approx (\tilde{y}_1 + \tilde{x}_2)\,\varepsilon_2 + \delta_{y_1} + \delta_{x_2}\,,$$

$$\vdots$$

$$\delta_{y_K} \approx (\tilde{y}_{K-1} + \tilde{x}_K)\,\varepsilon_K + \delta_{y_{K-1}} + \delta_{x_K}\,,$$

oder umgeordnet

$$\delta_S := \delta_{y_K} \approx \sum_{j=1}^{K} (\delta_{x_j} + \tilde{x}_j \sum_{k=j}^{K} \varepsilon_k)\,.$$

Das Ergebnis wird übersichtlicher, wenn wir annehmen, daß die in den Teilschritten erzeugten Fehler sämtlich von gleicher Größenordnung sind, und vereinfachend $\varepsilon_k \approx \varepsilon$, $k = 1(1)K$, setzen (vgl. B 1.2.2 und Ü 1.2.11):

$$\delta_S \approx \varepsilon \sum_{j=1}^{K} (K + 1 - j)\,\tilde{x}_j + \sum_{k=1}^{K} \delta_{x_k}\,. \tag{27}$$

Die einzelnen Summanden wirken sich unterschiedlich stark auf den erzeugten Gesamtfehler aus. Der erste Summand bekommt das Gewicht K, während der letzte nur mit dem Faktor 1 multipliziert wird. Bei rekursiver Summation ist es deshalb zweckmäßig, mit den betragsmäßig kleinsten Summanden zu beginnen. Haben alle Summanden etwa gleiche Größenordnung, so kann man die Gewichte K, $K - 1$, ..., 2, 1 durch das mittlere Gewicht $K/2$ ersetzen und erhält schließlich

$$\delta_S \approx \varepsilon S K/2 + \sum_{k=1}^{K} \delta_{x_K}\,, \qquad \delta_S/S \approx \varepsilon K/2 + \sum_{k=1}^{K} \frac{\tilde{x}_k}{S} \varepsilon_{x_k}\,. \tag{28}$$

Mit wachsendem K wächst der erzeugte Fehler also wie $K/2$.

Beim zweiten Summationsalgorithmus, der *binären* oder *Kaskadensummation*, werden stufenweise jeweils zwei Summanden der vorangegangenen Stufe addiert (Abb. 1.2.4 b)). Wir nehmen der Einfachheit halber an, daß K eine Zweierpotenz ist.

Algorithmus 1.2.6. Binäre Summation SUB $(K, \boldsymbol{x}, S)$

$y_k^{(0)} := x_k\,,\quad k = 1(1)K\,,\quad K = 2^L$	Summanden
$\lceil l = 1(1)L$	Stufenindex
$\quad\lceil k \doteq 1(1)2^{L-l}$	Summationsindex
$\quad\lfloor y_k^{(l)} := y_{2k-1}^{(l-1)} + y_{2k}^{(l-1)}$	Addition
$S := y_1^{(L)}$	Summe

Nach (20) folgt für den absoluten Gesamtfehler der Teilschritte

$$\delta_{y_k}^{(l)} \approx \varepsilon(\tilde{\boldsymbol{y}}_{2k-1}^{(l-1)} + \tilde{\boldsymbol{y}}_{2k}^{(l-1)}) + \delta_{y_{2k-1}}^{(l-1)} + \delta_{y_{2k}}^{(l-1)}\,,$$

wenn wir den relativen erzeugten Fehler wieder einheitlich mit ε bezeichnen. Für den absoluten Gesamtfehler nach dem letzten Teilschritt gilt demnach

$$\delta_S := \delta_{y_K}^{(L)} \approx \varepsilon(\tilde{\boldsymbol{y}}_1^{(L-1)} + \tilde{\boldsymbol{y}}_2^{(L-1)}) + \delta_{y_1}^{(L-1)} + \delta_{y_2}^{(L-1)}\,,$$

und weiter rekursiv, wenn man berücksichtigt, daß die Summe aller y_j derselben Stufe jeweils S ergibt (vgl. Abb. 1.2.4 b)),

$$\left.\begin{aligned} &\delta_S \approx \varepsilon S + \varepsilon \sum_{k=1}^{4} \boldsymbol{y}_k^{(L-2)} + \sum_{k=1}^{4} \delta_{y_k}^{(L-2)} \approx \dots \approx \delta_S \approx \varepsilon S L + \sum_{k=1}^{K} \delta_{x_k}\,, \\ &\delta_S/S \approx \varepsilon\, L + \sum_{k=1}^{K} \frac{\tilde{x}_k}{S}\,\varepsilon_{x_k}\,. \end{aligned}\right\} \tag{29}$$

Bei der binären Summation hat also die Reihenfolge der Summanden keinen Einfluß auf die Fehlerabschätzung. Mit wachsendem K wächst der erzeugte Fehler nur wie $L := \log_2 K$. Die binäre Summation ist numerisch stabiler als die rekursive.

Abschließend berechnen wir den absoluten und den relativen Gesamtfehler für einen numerischen Algorithmus der allgemeinen Gestalt (26). Mit den Abkürzungen $\tilde{y}_k := g_k(\tilde{\boldsymbol{x}}, \tilde{y}_1, \dots, \tilde{y}_{k-1})$ und

$$g_{kj} := \frac{\partial g_k}{\partial y_j} \tag{30}$$

folgt aus (24) $\delta_{y_1} = \varepsilon_1 \tilde{y}_1 + \sum_{n=1}^{N} \frac{\partial g_1}{\partial x_n} \delta_{x_n}$ und für $k = 2(1)K$

$$\delta_{y_k} \approx \varepsilon_k \tilde{y}_k + \sum_{n=1}^{N} \frac{\partial g_k}{\partial x_n} \delta_{x_n} + \sum_{j=1}^{k-1} g_{kj} \delta_{y_j}\,. \tag{31}$$

Durch wiederholtes Einsetzen kann man die Größen δ_{y_j} eliminieren und den absoluten Gesamtfehler $\delta_y := \delta_{y_K}$ allein durch die erzeugten Fehler $\varepsilon_j \tilde{y}_j$ und die Eingangsfehler δ_{x_n} ausdrücken (Ü 1.2.5):

$$\delta_y \approx \varepsilon_K \tilde{y}_k + \sum_{j=1}^{K-1} \frac{\mathrm{d} g_K}{\mathrm{d} y_j} \varepsilon_j \tilde{y}_j + \sum_{n=1}^{N} \left(\frac{\partial g_K}{\partial x_n} + \sum_{j=1}^{k-1} \frac{\mathrm{d} g_K}{\mathrm{d} y_j} \cdot \frac{\partial g_j}{\partial x_j} \right) \delta_{x_n}\,. \tag{32}$$

Daraus ergibt sich mit $\tilde{y}_K = f(\tilde{\boldsymbol{x}})$ für den relativen Gesamtfehler

$$\frac{\delta_y}{f(\tilde{\boldsymbol{x}})} \approx \varepsilon_K + \sum_{j=1}^{K-1} \frac{\tilde{y}_j}{\tilde{y}_K} \frac{\mathrm{d} g_K}{\mathrm{d} y_j} \varepsilon_j + \sum_{n=1}^{N} \left[\frac{\partial g_K}{\partial x_n} + \sum_{j=1}^{K-1} \frac{\mathrm{d} g_K}{\mathrm{d} y_j} \frac{\partial g_j}{\partial x_n} \right] \frac{\tilde{x}_n}{\tilde{y}_K} \varepsilon_{x_n}\,. \tag{33}$$

Die Ableitungen dg_K/dy_j lassen sich mit Hilfe der Kettenregel bestimmen, wenn man g_K als Funktion von y_j aufschreibt. Zum Beispiel ist

$$g_4(x, y_1, y_2, y_3) = g_4\big(x, y_1, g_2(x, y_1), g_3(x, y_1, g_2(x, y_1))\big)$$

und folglich

$$dg_4/dy_1 = g_{41} + g_{42}g_{21} + g_{43}(g_{31} + g_{32}g_{21}) .$$

Wir verzichten darauf, diese Ausdrücke ausführlich aufzuschreiben, da im konkreten Fall die meisten g_{kj} verschwinden. Von Null verschieden ist g_{kj} genau dann, wenn g_k explizit von y_j abhängt. Im Berechnungsgraphen ist das daran zu erkennen, daß y_k durch eine Kante mit y_j verbunden ist. In (33) spielen die Terme $\frac{\tilde{y}_j}{\tilde{y}_k} \cdot \frac{dg_k}{dy_j}$ die Rolle von Verstärkungsfaktoren für die relativen erzeugten Fehler ε_j der Teilschritte. Wir nennen sie deshalb *relative Konditionszahlen des numerischen Algorithmus* (26). Von zwei Algorithmen zur Lösung derselben Aufgabe $y = f(\boldsymbol{x})$ ist derjenige mit den kleineren Konditionszahlen der numerisch stabilere. Sind die relativen Konditionszahlen eines Algorithmus zur Berechnung von $f(\boldsymbol{x})$ von derselben Größenordnung wie die relativen Konditionszahlen der Aufgabe $y = f(\boldsymbol{x})$ (vgl. (13) und (25)), so nennen wir den Algorithmus *numerisch stabil* (*gutartig*).

Beispiel 1.2.7. Für den ersten Algorithmus aus Beispiel 1.2.3 ist $dg_4/dy_3 = g_{43} = -1$, $dg_{43}/dy_2 = g_{43}g_{32} = -1/(2\sqrt{y_2})$ und $dg_4/dy_1 = g_{43}g_{32}g_{21} = -1/(2\sqrt{y_2})$. Wegen $\tilde{y}_1 \approx \tilde{y}_2 \approx \tilde{y}_3 \approx 1$ und $\tilde{y}_4 = 0.003$ sind die drei Konditionszahlen von der Größenordnung 10^2. Für den zweiten Algorithmus ist $g_{54} = -qy_4^{-2}$, $g_{43} = 1$, $g_{32} = 1/(2\sqrt{y_2})$, $g_{21} = 1$, also $dg_5/dy_4 = dg_5/dy_3 \approx \approx 1.2 \cdot 10^{-3}$ und $dg_5/dy_2 = dg_5/dy_1 \approx 0.6 \cdot 10^{-3}$. Wegen $\tilde{y}_4 \approx 2$ und $\tilde{y}_5 = \tilde{\alpha}_1 \approx 2.4 \cdot 10^{-3}$ sind die Konditionszahlen des Algorithmus betragsmäßig nicht größer als 1. Der zweite Algorithmus ist *numerisch stabiler* als der erste. Die relativen Konditionszahlen der Aufgabe $\alpha_1 = f(p, q) := q/(p + \sqrt{p^2 - q})$ sind ebenfalls von der Größenordnung 1 (vgl. Ü 1.2.2). Der zweite Algorithmus ist also *numerisch stabil.*

1.2.4. Bemerkungen

B 1.2.1. Statt des durch (2) definierten relativen Fehlers $\varepsilon_x := (\tilde{x} - x)/x$ verwenden wir häufig auch $\varepsilon_{\tilde{x}} := (\tilde{x} - x)/\tilde{x}$, in der Regel sogar ohne besondere Kennzeichnung. Beide Fehlergrößen stimmen in erster Näherung überein, denn für $|\varepsilon_x| < 1$ gilt $1/(1 + \varepsilon_x) = 1 - \varepsilon_x + O(\varepsilon_x^2)$ und wegen (2) weiter

$$\varepsilon_{\tilde{x}} = \frac{\tilde{x} - x}{(1 + \varepsilon_x)\, x} = \frac{\varepsilon_x}{1 + \varepsilon_x} = \varepsilon_x - \varepsilon_x^2 + O(\varepsilon_x^3) \approx \varepsilon_x .$$

Für diese „*Gleichheit bis auf Glieder höherer Ordnung*" benutzen wir das Zeichen $\approx$.

B 1.2.2. Gelegentlich lassen sich Fehleruntersuchungen vereinfachen, wenn man nach einem Vorschlag von Scherer und Zeller [1, 2] in Formel (13) den (von der Operation und den Operanden abhängenden) Modifikator $1 + \varepsilon$ für die vier arithmetischen Grundoperationen durch $\varrho := 1 + \vartheta\varepsilon + O(\varepsilon^2)$, $|\vartheta| \leqq 1$, ersetzt und statt $|\varepsilon| < E$ die Abschätzung $|\ln \varrho| < E$ verwendet. Beispielsweise ist dann $\varrho \approx 1/\varrho$, denn aus $|\ln \varrho| < E$ folgt $|\ln 1/\varrho| < E$, falls E sehr viel kleiner als Eins ist. Damit kann für die vier arithmetischen Grundoperationen statt (14)

$$x_1 \mathbin{\tilde{\odot}} x_2 = \varrho(x_1 \odot x_2) = (\varrho x_1) \odot (\varrho x_2)$$

geschrieben werden. Im Verlauf eines numerischen Algorithmus wird jeder Operand, der an einer Operation beteiligt ist, mit einem zusätzlichen Störungsfaktor ϱ belastet. Als Beispiel berechnen wir den Funktionswert eines Polynoms $p_3(x) = \big((a_0x + a_1)\, x + a_2\big)\, x + a_3$

in der durch die Klammern angegebenen Reihenfolge:

$$\tilde{p}_3(x) = (((a_0 x\varrho + a_1)\,\varrho x\varrho + a_2)\,\varrho x\varrho + a_3)\,\varrho =$$
$$= \varrho^6 a_0 x^3 + \varrho^5 a_1 x^2 + \varrho^3 a_2 x + \varrho a_3 =: \tilde{a}_0 x^3 + \tilde{a}_1 x^2 + \tilde{a}_2 x + \tilde{a}_3 .$$

Der genäherte Funktionswert $\tilde{p}_3(x)$ kann nun leicht im Sinne der Rückwärtsanalyse als exakter Funktionswert eines Polynoms mit gestörten Koeffizienten gedeutet werden. Setzt man $\tilde{a}_k = \varrho^{n_k} a_k =: (1 + \varepsilon_k)\,a_k$, so folgt $\varepsilon_k \approx \ln(1 + \varepsilon_k) = n_k \ln \varrho$. Die relative Störung der vier Koeffizienten beträgt demnach höchstens $6E$, $5E$, $3E$ bzw. E.

B 1.2.3. Die Literatur über Fehleruntersuchungen ist sehr umfangreich und leider auch recht uneinheitlich. Wir verweisen auf die Bücher von Wilkinson [1, 2], wo u. a. die vermutlich von Givens 1954 zuerst verwendete Rückwärtsanalyse behandelt wird, einen Übersichtsartikel von Reinsch [1] und eine Arbeit von Stummel [1].

1.2.5. Übungsaufgaben

Ü 1.2.1. Man berechne die absoluten und die relativen Konditionszahlen für die in Tab. 1.2.1 angegebenen elementaren Funktionen.

Ü 1.2.2. Man berechne die absoluten und die relativen Konditionszahlen der beiden Aufgaben $\alpha = f_1(p, q) := p - \sqrt{p^2 - q}$ und $\alpha = f_2(p, q) := q/(p + \sqrt{p^2 - q})$ und vergleiche sie.

Ü 1.2.3. Welche der beiden (mathematisch äquivalenten) Formeln $y = f_1(x) := \dfrac{1}{x} - \dfrac{1}{x+1}$ und $y = f_2(x) := \dfrac{1}{x(x+1)}$ ist für eine numerische Auswertung besser geeignet? Hinweis: Man schreibe für jede Formel einen Algorithmus der Gestalt (26) und vergleiche deren numerische Stabilität.

Ü 1.2.4. Wie groß ist der fortgepflanzte Fehler bei der Geschwindigkeitsberechnung des UFO aus Ü 1.1.4, wenn die drei Messungen mit einem relativen Fehler von 0.4% behaftet sind? Mit wieviel Stellen muß man rechnen, damit der relative Gesamtfehler von der Größenordnung des fortgepflanzten Fehlers ist?

Ü 1.2.5. Man schreibe die Formeln (30) und (31) für $N = 2$ und $K = 5$ ausführlich auf und bestätige mit ihrer Hilfe die Formel (32) für den absoluten Gesamtfehler δ_{y_5} eines aus fünf Schritten bestehenden Algorithmus zur Berechnung von $y = f(x_1, x_2)$.

Ü 1.2.6. Zur Berechnung der Integrale $y_n := \displaystyle\int_0^1 \frac{x^n}{x + a}\,dx$, $n = 0(1)10$, $a = 0.1;\ 0.5;\ 2;\ 10$, beweise man die Rekursionsvorschrift $y_n = \dfrac{1}{n} - a y_{n-1}$, bestimme y_0 analytisch und die übrigen y_n rekursiv. Wie wirkt sich ein Fehler des Anfangswertes y_0 auf die y_n aus? Für welche a-Werte ist die Aufgabe gut konditioniert?

Ü 1.2.7. Die Rekursionsformel zweiter Ordnung $y_n = \dfrac{10}{3} y_{n-1} - y_{n-2}$, $y_0 = 1$, $y_{-1} = 3$, hat die exakte Lösung $y_n = 3^{-n}$. Man berechne die y_n, $n = 1(1)\,15$, mit 10, 7 und 4 Stellen und begründe das instabile Verhalten (Berg [1], S. 84).

Ü 1.2.8. Für das Polynom N-ten Grades $p_N(x) := a_0 x^N + a_1 x^{N-1} + \dots + a_N$, $a_0 \neq 0$, gebe man einen Berechnungsalgorithmus an (Horner-Schema). Bei jeder Multiplikation oder Addition möge ein relativer Fehler ε, $|\varepsilon| < E$, erzeugt werden. Mit wieviel Stellen muß bei einem Eingangsfehler von $E_x = 10^{-5}$ gerechnet werden (wie klein muß der relative erzeugte Fehler in jedem Teilschritt sein), wenn der relative Gesamtfehler in der Größenordnung des fortgepflanzten Fehlers bleiben soll (vgl. B 1.2.2).

Ü 1.2.9. Man schreibe Algorithmen zur Berechnung der beiden (mathematisch äquivalenten) Summen $S(x) := \sum\limits_{n=0}^{25} (-x)^n/n!$ und $T(x) := \sum\limits_{m=0}^{12} \left(1 - \dfrac{x}{2m+1}\right) x^{2m}/(2m)!$ und vergleiche ihre numerische Stabilität. Man berechne $S(0.5)$, $S(5)$, $T(0.5)$, $T(5)$ und vergleiche mit den exakten Werten.

Ü 1.2.10. Man programmiere die Summationsalgorithmen 1.2.5 und 1.2.6 und berechne mit ihrer Hilfe die Summen aus Ü 1.2.9.

Ü 1.2.11. Man beweise: Für das Produkt von Modifikatoren $1 + \varepsilon_n$ mit $|\varepsilon_n| < E < 2/(N-1)$ gilt $\prod_{n=1}^{N} (1 + \varepsilon_n) = 1 + N\varepsilon_0$ mit

$$|\varepsilon_0| < E := E_0 \left(1 - \tfrac{1}{2}(N-1)E\right).$$

Ü 1.2.12. Für $|\varepsilon_n| < E < 1/N$ beweise man die Abschätzung

$$\prod_{n=1}^{N} (1 + \varepsilon_n)^{\mu_n} = 1 + N\varepsilon_0 \quad \text{mit} \quad |\varepsilon_0| < E_0 := E/(1 - NE).$$

Dabei kann μ_n die Werte $+1$ oder -1 annehmen.

Ü 1.2.13. Man schätze die Produkte bzw. Quotienten aus Ü 1.2.11 und Ü 1.2.12 näherungsweise mit Hilfe der vereinfachenden Annahme $1 + \varepsilon_n \approx \varrho$, $|\ln \varrho| < E$, ab. Wie groß darf N (in Abhängigkeit von E) sein, wenn die so erhaltene Schranke nicht mehr als 5% von der exakten Schranke aus Ü 1.2.11 oder Ü 1.2.12 abweichen soll?

Ü 1.2.14. Man berechne $y_0 := \cos x_0$, $0 < x_0 < \pi/2$, nach folgendem Algorithmus:

1. $x_N := x_0/2^N$,
2. $y_N = 1 - x_N^2/2$,
3. $\left[\begin{array}{l} n = 1(1)N \\ y_{N-n} = 2y_{N+1-n}^2 - 1 . \end{array}\right.$

Wie genau kann $\cos x_0$ auf diese Weise bestimmt werden? Man begründe den Algorithmus.

1.3. Maschinenzahlen, Rundungsfehler

Viele Untersuchungen der Analysis werden über dem Körper der reellen Zahlen, dem Raum $\mathbb{R}$, durchgeführt. Praktisch rechnen kann man aber mit reellen Zahlen nur in Spezialfällen. Verwendet man einen Rechenstab, so rechnet man z. B. nicht mit π, sondern etwa mit der Näherung 3.14. Ein besserer Taschen- oder Tischrechner zeigt, wenn man auf die π-Taste drückt, den Wert $3.141\,592654_{10}00$ an. Das ist zwar genauer als 3.14, aber ebenfalls nur eine Näherung. Der Rechner verwendet eine *normalisierte Gleitpunktdarstellung* (B 1.3.3) für *Maschinenzahlen* der Gestalt

$$y = \pm a \cdot 10^k . \tag{1}$$

Die *Mantisse* (der *Signifikand*) a hat m Stellen, häufig ist $m = 10$, und ist so normiert, daß der *Dezimalpunkt* vor der ersten Ziffer zu denken ist,

$$a = .d_1 d_2 d_3 \dots d_m , \qquad 0 \leqq d_i < 10 , \qquad d_1 \neq 0 , \qquad i = 1(1)10 , \tag{2}$$

oder nach der ersten Ziffer steht:

$$a = d_1.d_2 d_3 \dots d_m , \qquad 0 \leqq d_i < 10 , \qquad d_1 \neq 0 , \qquad i = 1(1)10 . \tag{3}$$

In beiden Fällen wird für $a \neq 0$ die erste Mantissenstelle verschieden von Null vorausgesetzt. Damit ergeben sich für a die Bereiche

$$.1000000000 \leqq a \leqq .9999999999 \quad \text{und} \quad a = .0000000000 \tag{4}$$

beziehungsweise

$$1.000000000 \leqq a \leqq 9.999999999 \quad \text{und} \quad a = 0.000000000 . \tag{5}$$

Wir werden im folgenden die zweite, von Taschen- und Tischrechnern bevorzugte Variante benutzen. Die *Basis* 10 erscheint nicht immer in der Anzeige, oft schließt sich der ganzzahlige *Exponent* k, lediglich durch eine Vorzeichenstelle getrennt, an die Mantisse an. Um Mißverständnisse zu vermeiden, werden wir als Trennzeichen eine tiefgestellte 10 benutzen. Aus der Bedienungsanleitung des verwendeten Rechners ist zu entnehmen, in welchen Grenzen

$$-\underline{K} \leqq k \leqq \overline{K} \tag{6}$$

der Exponent gewählt werden kann. Bei zweistelligem k ist oft $\underline{K} = \overline{K} = 99$. Die betragsmäßig kleinste von Null verschiedene Maschinenzahl ist also

$$y_{\min} = 1.000\,000\,000_{10}{-}\underline{K}\,, \tag{7}$$

die betragsmäßig größte ist

$$y_{\max} = 9.999\,999\,999_{10}\overline{K}\,. \tag{8}$$

Die Menge $\mathcal{M}$ der Maschinenzahlen ist offenbar endlich. Sie besteht aus der Null und den Zahlen der Gestalt (1) mit den Einschränkungen (3), (5) und (6):

$$\mathcal{M} = \mathcal{M}(m, 10, \underline{K}, \overline{K}) := \{y\,;\, y = 0 \quad \text{oder} \quad y = \pm a \cdot 10^k\}\,. \tag{9}$$

Bei zehnstelliger Mantisse und zweistelligem Exponenten erhält man für die Anzahl ihrer Elemente (Ü 1.3.1)

$$N = 1 + 2 \cdot 9 \cdot 199 \cdot 10^9 = 3\,582\,000\,000\,001\,. \tag{10}$$

Diese N Maschinenzahlen treten bei numerischen Rechnungen an die Stelle der überabzählbar vielen, auf der Zahlengeraden überall dicht liegenden reellen Zahlen. Offensichtlich sind sie nicht gleichmäßig über die Zahlengeraden verteilt (vgl. Tab. 1.3.1 und Abb. 1.3.1). Ihre Abstände nehmen mit wachsendem Exponenten zu, der kleinste ist $h_{\min} := 10^{-m-\underline{K}+1}$, der größte $h_{\max} := 10^{-m+\overline{K}+1}$. Überraschenderweise befindet sich, bedingt durch die Normalisierung der Gleitpunktzahlen, in der Umgebung des Nullpunkts ein „Loch“: Im Intervall $[0, 10^{-\underline{K}}]$ liegen nur zwei Maschinenzahlen, nämlich die Randpunkte. Das anschließende, gleichgroße Intervall $[10^{-\underline{K}}, 2 \cdot 10^{-\underline{K}}]$

Tab. 1.3.1. Maschinenzahlen aus $\mathcal{M}(10, 10, 99, 99)$ und ihre Abstände

Maschinenzahl	Differenz
$0.000\,000\,000_{10}00$	
	10^{-99}
$1.000\,000\,000_{10}-99$	
	10^{-108}
$1.000\,000\,001_{10}-99$	
	10^{-108}
$1.000\,000\,002_{10}-99$	
⋮	⋮
$9.999\,999\,998_{10}-99$	
	10^{-108}
$9.999\,999\,999_{10}-99$	
	10^{-108}
$1.000\,000\,000_{10}-98$	
	10^{-107}
$1.000\,000\,001_{10}-98$	
⋮	⋮
$9.999\,999\,999_{10}98$	
	10^{89}
$1.000\,000\,000_{10}99$	
	10^{90}
$1.000\,000\,001_{10}99$	
⋮	⋮
$9.999\,999\,998_{10}99$	
	10^{90}
$9.999\,999\,999_{10}99$	

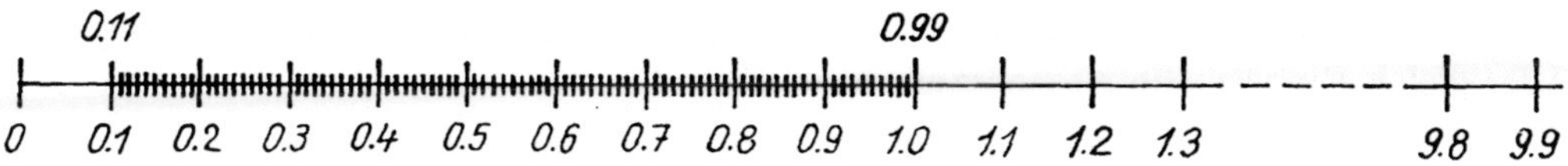

Abb. 1.3.1. Maschinenzahlen aus $\mathbb{M}(2, 10, 1, 0)$

enthält dagegen $1 + 10^{m-1}$ Elemente von $\mathbb{M}$, das sind bei einer Mantissenlänge von $m = 10$ über eine Milliarde.

Es sei nun eine reelle Zahl x gegeben:

$$x = (\operatorname{sgn} x)\,(d_1.d_2d_3 \dots d_m d_{m+1} \dots) \cdot 10^k\,. \tag{11}$$

Eine benachbarte Maschinenzahl y erhält man durch eine *Reduktionsabbildung* (Einleseabbildung), z. B. durch *Rundung*

$$y := \operatorname{rd}(x) := (\operatorname{sgn} x)\,(d_1.d_2d_3 \dots d_{m-1}d_m') \cdot 10^k\,,$$
$$\text{mit}\quad d_m' := \begin{cases} d_m, & \text{falls}\quad d_{m+1} \leqq 4\,, \\ 1 + d_m, & \text{falls}\quad d_{m+1} \geqq 5 \end{cases} \tag{12}$$

(bei der Aufrundung wurde der Einfachheit halber $d_m < 9$ angenommen) oder durch *Abbruch* (engl. *chopping*)

$$y := \operatorname{chp}(x) := (\operatorname{sgn} x)\,(d_1.d_2d_3 \dots d_{m-1}d_m) \cdot 10^k\,. \tag{13}$$

Im ersten Fall nennen wir die letzte Ziffer *zuverlässig* (*korrekt gerundet, signifikant*), im zweiten Fall *gültig*. Die gerundete Zahl rd (x) ist die Maschinenzahl mit dem geringsten Abstand von x. Die durch Abbruch erhaltene Zahl chp (x) ist die in Richtung des Nullpunkts nächstgelegene Maschinenzahl.

Für reelle Zahlen, die betragsmäßig kleiner als $y_{\min}$ oder größer als $y_{\max}$ sind, wird im Gegensatz zu (12) in der Regel abgerundet:

$$\operatorname{rd}(x) = \operatorname{chp}(x) = \begin{cases} 0\,, & \text{falls}\quad |x| < y_{\min}\,, \\ (\operatorname{sgn} x)\, y_{\max}\,, & \text{falls}\quad |x| > y_{\max}\,. \end{cases} \tag{14}$$

Im ersten Fall spricht man von *Unter-*, im zweiten von *Überlauf*. Die meisten programmgesteuerten Rechner stoppen bei Überlauf mit einer Fehleranzeige. Bei Unterlauf wird dagegen meist mit dem Zwischenergebnis Null weitergerechnet.

Beispiel 1.3.1. Wir rechnen die kartesischen Koordinaten $x_1 = x_2 = 10^{-50}$ und $x_1 = x_2 = 10^{50}$ auf einem Rechner mit $\mathbb{M} = \mathbb{M}(10, 10, 99, 99)$ in Polarkoordinaten um. In beiden Fällen ist $\tan \varphi = x_2/x_1 = 1$, also $\varphi = 45°$. Für den Radius $r = \sqrt{x_1^2 + x_2^2}$ ergibt sich, wenn der Rechner nicht wegen Unter- oder Überlauf stoppt, im ersten Fall $r = \sqrt{(10^{-50})^2 + (10^{-50})^2} = \sqrt{0 + 0} = 0$ und im zweiten

$$r = \sqrt{(10^{50})^2 + (10^{50})^2} =$$
$$= \sqrt{9.999\,999\,999_{10}99 + 9.999\,999\,999_{10}99} = 9.999\,999\,999_{10}49\,.$$

In beiden Fällen erhält man also ein unsinniges Ergebnis. Natürlich hätte man den Unter- oder Überlauf durch Ausklammern eines *Skalierungsfaktors* vermeiden können: $r = (10^{\pm 50}) \cdot \sqrt{1 + 1} = 1.414\,213\,562_{10}{\pm}50$

Im folgenden setzen wir voraus, daß kein Unter- oder Überlauf auftritt. Dann gilt nach (12) und (13) für den *absoluten Fehler* von rd (x) und chp (x)

$$|\operatorname{rd}(x) - x| \leqq 5 \cdot 10^{k-m} \quad \text{und} \quad -10^{k+1-m} < \operatorname{chp}(x) - x \leqq 0\,. \tag{15}$$

Für den *relativen Fehler* von rd (x) und chp (x) benutzen wir die Darstellung (1.2.2)

$$\operatorname{rd}(x) = (1 + \varepsilon_1)\, x\,, \qquad \operatorname{chp}(x) = (1 + \varepsilon_2)\, x \tag{16}$$

und erhalten, da die Mantisse a bei normalisierter Gleitpunktdarstellung stets größer oder gleich Eins ist, die Abschätzungen

$$|\varepsilon_1| = \left|\frac{\text{rd}(x) - x}{x}\right| \leqq \frac{5 \cdot 10^{k-m}}{10^k} = 5 \cdot 10^{-m} =: \text{eps} \tag{17}$$

und

$$-\varepsilon_2 = \frac{x - \text{chp}(x)}{x} < \frac{10^{k+1-m}}{10^k} = 2 \text{ eps}. \tag{18}$$

Die hier eingeführte Konstante eps heißt *relative Maschinengenauigkeit.* Sie ist die kleinste positive Zahl, die sich bei der Addition zu Eins noch bemerkbar macht (Ü 1.3.7):

$$\text{eps} = \min_{\text{rd}(1+y)>1} y. \tag{19}$$

Die reellen Zahlen bilden einen Körper, d. h., es sind die Operationen Addition und Multiplikation mit ihren Umkehroperationen und den bekannten Rechenregeln erklärt (Ü 1.3.5). Leider gilt das nicht uneingeschränkt für die Menge $\mathbb{M}$. Man spricht von einer *Pseudoarithmetik der Maschinenzahlen.*

Beispiel 1.3.2. Schon die Addition kann aus $\mathbb{M}$ herausführen. Bei vierstelliger Mantisse ergäbe sich z. B. für $y_1 = 1.255_{10}{-}02$ und $y_2 = 2.357_{10}00$ die Summe $y_1 + y_2 = 0.01255 + 2.357 = 2.36955$, und das ist keine Maschinenzahl aus $\mathbb{M}(4, 10, 99, 99)$. Die Rechenanlage muß durch Rundung oder Abbruch ein benachbartes Element aus $\mathbb{M}$ bestimmen. Das ist in unserem Fall $y_3 := \text{rd}(y_1 + y_2) = 2.370_{10}00$ bzw. $y_3 := \text{chp}(y_1 + y_2) = 2.369_{10}00$.

Die Maschinenaddition kann also durch

$$y_1 \mathbin{\tilde{+}} y_2 := \text{rd}(y_1 + y_2) \quad \text{oder} \quad y_1 \mathbin{\tilde{+}} y_2 := \text{chp}(y_1 + y_2)$$

realisiert werden. Ebenso verfährt man mit den übrigen *arithmetischen Grundoperationen für Maschinenzahlen*

$$y_1 \mathbin{\tilde{\odot}} y_2 := \text{rd}(y_1 \odot y_2) \quad \text{oder} \quad y_1 \mathbin{\tilde{\odot}} y_2 := \text{chp}(y_1 \odot y_2). \tag{20}$$

Dabei steht $\odot$ wieder für $+, -, \times, /$. Der zugehörige, von der Operation und den Operanden abhängende relative Fehler ε, den wir nach dem Vorbild von (1.2.13) in der Gestalt

$$y_1 \mathbin{\tilde{\odot}} y_2 = (1 + \varepsilon)(y_1 \odot y_2), \qquad |\varepsilon| < E, \tag{21}$$

schreiben, kann mit Hilfe von (17) oder (18) abgeschätzt werden. Im Fall der korrekten Rundung ist $E = \text{eps}$, im Fall des Abbruchs $E = 2$ eps. Gelegentlich treten, bedingt durch die vom Rechner intern benutzte duale Zahlendarstellung, auch geringfügig abweichende Konstanten E auf. Etwas größere Schranken muß man u. U. bei den *elementaren Funktionen* in Kauf nehmen, die durch Funktionstasten x^2, $\sin x$, ... oder bei größeren Rechenanlagen als Standard-Unterprogramme aufgerufen werden können (vgl. (1.2.5)). Je nach Qualität des Rechners kann E_f eine Größenordnung von 10^1 eps bis 10^2 eps annehmen.

Ein wichtiges Teilproblem für die Algorithmen der nächsten Kapitel ist die Berechnung des *Skalarprodukts zweier Vektoren*

$$P := (\boldsymbol{u}, \boldsymbol{v}) := \sum_{n=1}^{N} u_n v_n. \tag{22}$$

Wir nehmen an, daß die u_n und v_n bereits Maschinenzahlen sind, $\delta_{u_n} = \delta_{v_n} = 0$, und beschränken uns dadurch auf den von der Gleitpunktarithmetik erzeugten Fehler.

Bei der Multiplikation $u_n v_n =: x_n$ entsteht dann nach (21) nur ein Fehler $\delta_{x_n} \approx \approx u_n v_n \varepsilon$, $|\varepsilon| < E$. Wenn wir auch bei der Addition vereinfachend die Abhängigkeit des erzeugten Fehlers von Operation und Operanden ignorieren, ergibt sich bei rekursiver Summation nach Algorithmus 1.2.5 aus (1.2.28) $\delta_P/P = \left(1 + \frac{N}{2}\right)\varepsilon$. Der erzeugte relative Fehler hat die Größenordnung $N \cdot E$. Bei $N = 1000$ sind z. B. bereits die letzten drei Ziffern des Ergebnisses unzuverlässig. Soll ein solches Anwachsen des Fehlers vermieden werden, so muß mit einer längeren Mantisse gerechnet werden: Das Produkt zweier m-stelliger Zahlen u_n und v_n ist eine höchstens $2m$-stellige Zahl. In $2m$-stelliger Gleitpunktarithmetik kann das Produkt also rundungsfehlerfrei gebildet werden. Bei der Summation entsteht dann höchstens ein Fehler der Größenordnung $N \cdot E_2 := N \cdot 10^{-m} E$. Er ist bedeutungslos, wenn am Ende der Rechnung wieder auf einfache Genauigkeit gerundet wird: $\varepsilon_P \approx \text{eps}$.

Algorithmus 1.3.3. Akkumuliertes Skalarprodukt ASK (N; $\boldsymbol{u}$, $\boldsymbol{v}$, PP)

$\boldsymbol{u}, \boldsymbol{v}$	Vektoren (einfach genau)
$PP := 0$	Skalarprodukt (doppelt genau)
⌈ $n = 1(1)N$	
| $xx := u_n v_n$	Produkt (doppelt genau)
⌊ $PP := PP + xx$	Summe (doppelt genau)

Erlaubt der verwendete Rechner keine doppelt genaue Rechnung, so kann man sich u. U. mit dem *Kahan-Babuška-Trick* helfen (vgl. DEKKER [1]): Dazu setzt man voraus, daß S als Teilsumme früherer Summanden bereits wesentlich größer als der neu hinzukommende Summand x ist:

$$
\begin{aligned}
x &= \overbrace{0.\ 0\ 0\ 0\ a\ a}^{\tilde{x}}\ \overbrace{a\ a\ a\ a}^{\delta_x} \\
S &= b.\ b\ b\ b\ b\ b \\
\hline
S_{\text{neu}} &= b.\ b\ b\ b\ c\ c
\end{aligned}
$$

Bei der Maschinenaddition wirken sich nur die ersten Stellen ($= \tilde{x}$) auf die Summe $S_{\text{neu}} := S \mathbin{\tilde{+}} x$ aus, die restlichen ($= \delta_x$) gehen verloren. Der „Trick" besteht nun darin, daß man sich durch die beiden (im allgemeinen rundungsfehlerfreien) Subtraktionen $\tilde{x} := S_{\text{neu}} - S$ und $\delta_x := x - \tilde{x}$ die sonst verlorengehenden Stellen verschafft und gesondert aufsummiert.

Algorithmus 1.3.4. Kahan-Babuška-Summation SKB (N, $\boldsymbol{x}$, S)

$S := 0$	Summe der x_n
$\delta_S := 0$	Summe der Korrekturen
⌈ $n = 1(1)N$	
| $S_{\text{neu}} := S + x_n$	Addition
| $\tilde{x} := S_{\text{neu}} - S$	Berechnung der Korrektur
| $\delta_x := x_n - \tilde{x}$	
| $\delta_S := \delta_S + \delta_x$	Addition der Korrektur
⌊ $S := S_{\text{neu}}$	
$S := S + \delta_S$	korrigierte Summe

Zur Veranschaulichung rechnen wir ein Beispiel.

Beispiel 1.3.5. In Tab. 1.3.2 werden fünf Zahlen in vierstelliger Gleitpunktarithmetik nach Algorithmus 1.3.4 addiert. Ohne Kahan-Babuška-Korrektur ist $S = 3.554$ mit einem relativen Fehler von $\varepsilon_S = 4.4_{10}-4$. Mit Korrektur erhält man das korrekt gerundete Ergebnis des exakten Wertes 3.555555, nämlich $S \mp \delta_S = 3.556$ mit einem relativen Fehler von nur $1.3_{10}-4$.

Tab. 1.3.2. Addition mit Kahan-Babuška-Summation

S	x_n	$\tilde{x}$	δ_x	δ_S
	3.156			
3.156	0.2454	0.245	0.0004	0.0004
3.401	0.02342	0.023	0.00042	0.00082
3.424	0.1233	0.123	0.0003	0.00112
3.547	0.007435	0.007	0.000435	0.001555
3.554				

1.3.1. Bemerkungen

B 1.3.1. Die intern vom Rechner benutzte Mantissenlänge m braucht nicht mit der Anzahl der Mantissenziffern der Anzeige übereinzustimmen. Häufig werden zwei oder mehr *verborgene* oder *Schutzstellen* mitgeführt. In der Anzeige erscheint ein auf eine geringere (oft auch wählbare) Ziffernanzahl gerundetes Ergebnis, während intern mit der vollständigen Mantisse weitergerechnet wird (Ü 1.3.4).

B 1.3.2. Als *Basis* werden statt 10 auch andere natürliche Zahlen, insbesondere 2 (*Dualsystem*), 8 (*Oktalsystem*) oder 16 (*Hexagesimalsystem*) verwendet. Die Menge der Maschinenzahlen ist allgemein durch $\mathbb{M} = \mathbb{M}(m, b, \underline{K}, \overline{K}) = \{y; y = 0 \text{ oder } y = \pm a \cdot b^k\}$ definiert, wobei die Ziffern der Mantisse a den Bedingungen $0 \leqq d_i < b$, $i = 1(1)m$, $d_1 \neq 0$. genügen. Die meisten Rechner benutzen wegen der leichteren technischen Realisierbarkeit intern *Dualzahlen.* Da die Ein- und Ausgabe von Zahlen aber inzwischen bei fast allen Rechnern dezimal erfolgt, werden wir uns auf $b = 10$ beschränken. Rundungsfehleruntersuchungen, die die duale Zahlendarstellung berücksichtigen, findet man z. B. bei WILKINSON [1, 2].

B 1.3.3. Wir sprechen von *Gleitpunktarithmetik* und nicht von *Gleitkommaarithmetik*: Das Komma wird in der Rechentechnik als Trennzeichen benutzt. Die Zeichenkette 3,14 bezeichnet also zwei (ganze) Zahlen, nämlich 3 und 14, und nicht die eine reelle Zahl 3.14. Statt mit Gleitpunktarithmetik arbeiten manche älteren, einfachen oder für spezielle Zwecke entwickelten Rechenmaschinen mit *Festpunktzahlen.* Sie besitzen keine Exponentendarstellung und haben demzufolge einen erheblich kleineren Zahlenbereich, in dem die Maschinenzahlen aber im Gegensatz zur Gleitpunktdarstellung äquidistant verteilt sind (Ü 1.3.8). Bei Festpunktarithmetik ist es besonders wichtig, daß vor jeder Rechnung abgeschätzt wird, ob alle Zwischenergebnisse und das Resultat im zulässigen Bereich bleiben. Andernfalls müssen sie durch geeignete *Skalierungsfaktoren* in den Bereich der Maschinenzahlen transformiert werden. Solche Geräte, die man nicht mit Rechnern verwechseln darf, deren Anzeige auf Festpunktdarstellung mit wählbarer Ziffernlänge umschaltbar ist, obwohl intern Gleitpunktarithmetik mit voller Mantissenlänge verwendet wird, werden wir im folgenden außer acht lassen.

B 1.3.4. Eine eingehende Diskussion der Rechnerarithmetik und Vorschläge zu ihrer Algebraisierung findet man bei KULISCH [2].

B 1.3.5. Leider verwenden viele Rechner intern die Abbruchregel (13), und nur für die Anzeige bzw. den Druck der Ergebnisse wird nach Vorschrift (12) auf die gewünschte Stellenzahl korrekt gerundet. Das kann zu systematischen Fehlern führen: Werden viele positive Summanden, die durch Abbruch auf die vorgeschriebene Stellenzahl verkürzt wurden, addiert, so liegt das Maschinenergebnis mit Sicherheit unterhalb des exakten (vgl. (15) und (18)). Nehmen wir vereinfachend an, daß die Abbruchfehler im Intervall $(-10^{k+1-m}, 0]$ gleichverteilt sind, so ergibt sich bei K Summanden der durchschnittliche Fehler $-\frac{K}{2} \cdot 10^{k+1-m}$. Bei korrekter Rundung lägen die Fehler der Summanden dagegen im Intervall $(-5 \cdot 10^{k-m}, 5 \cdot 10^{k-m}]$ und würden sich bei der Summation im Mittel aufheben.

B 1.3.6. Die korrekte Rundung (12) erfüllt die Monotonieforderung $a \odot b \leqq c \odot d \rightarrow \tilde{a} \tilde{\odot} \tilde{b} \leqq \tilde{c} \tilde{\odot} \tilde{d}$. Wurden die Näherungswerte dagegen durch Abbruch nach Vorschrift (13) erhalten, so ist die Monotonieforderung im allgemeinen nicht erfüllt (vgl. Ü 1.3.11 und Ü 1.3.12).

B 1.3.7. Uneinheitlichkeit und Unzulänglichkeit der Zahlendarstellung, insbesondere das Loch im Raster der Maschinenzahlen in der Umgebung von Null, die inkorrekte Rundung bei Unterlauf (vgl. (14)), die Verwendung der Abbruch- statt der korrekten Rundungsregel, müssen bei der Programmierung numerischer Verfahren berücksichtigt werden. Dadurch übersteigt der Aufwand für die Analyse der Sonderfälle in der Regel den für die naive Programmierung des Algorithmus. Die Programme werden kompliziert und unübersichtlich und lassen sich häufig nicht auf andere Rechner übertragen. Zukünftige Rechenanlagen sollten deshalb mit einer verbesserten Gleitpunktarithmetik ausgerüstet werden, die u. a. nichtnormalisierte Gleitpunktzahlen in der Umgebung des Nullpunkts und die Auswahl verschiedener Rundungsregeln und Mantissenlängen zuläßt (vgl. Reinsch [2]).

1.3.2. Übungsaufgaben

Ü 1.3.1. Man berechne die Anzahl N der Maschinenzahlen eines Rechners mit $\mathbb{M} = \mathbb{M}(m, b, \underline{K}, \overline{K})$ in Abhängigkeit von m, b, $\underline{K}$ und $\overline{K}$ (vgl. (10)).

Ü 1.3.2. Man gebe alle Maschinenzahlen eines Rechners mit dreistelliger dezimaler Mantisse und $\underline{K} = \overline{K} = 2$ an, die im Intervall $[0, 0.02]$ liegen.

Ü 1.3.3. Wie stellt man fest, ob ein Rechner die Rundungsregel (12) oder die Abbruchregel (13) benutzt?

Ü 1.3.4. Wie stellt man fest, ob ein Rechner Schutzstellen benutzt (vgl. B 1.3.1)?

Ü 1.3.5. Man stelle die Körperaxiome zusammen und prüfe, welche von ihnen auch durch die Maschinenzahlen aus $\mathbb{M}$ und die Maschinenoperationen $\tilde{+}$ und $\tilde{\times}$ erfüllt werden. Man suche Zahlenbeispiele für $y_1 \tilde{+} y_2 = y_1$ trotz $y_2 \neq 0$, für $(y_1 \tilde{+} y_2) \tilde{+} y_3 \neq y_1 \tilde{+} (y_2 \tilde{+} y_3)$ und für $(y_1 \tilde{+} y_2) \tilde{\times} y_3 \neq y_1 \tilde{\times} y_3 \tilde{+} y_2 \tilde{\times} y_3$.

Ü 1.3.6. Man schreibe zwei Unterprogramme $\mathrm{rd}_l(x)$ und $\mathrm{chp}_l(x)$, die die Mantisse einer Maschinenzahl durch Rundung oder Abbruch auf eine beliebig vorgebbare Mantissenlänge l, $1 \leqq l < m$, verkürzt.

Ü 1.3.7. Man schreibe ein Programm zur Berechnung der Maschinengenauigkeit eps (vgl (19)).

Ü 1.3.8. Man beschreibe die Menge der Maschinenzahlen eines Rechners mit 15stelliger dezimaler Festpunktarithmetik, bei der der Dezimalpunkt nach der 5. Stelle steht. Wieviel Maschinenzahlen gibt es? Welchen Abstand haben sie?

Ü 1.3.9. Man berechne die folgenden mathematisch äquivalenten Ausdrücke

a) $A_1 = (a + b)(a - b)\,, \quad A_2 = a^2 - b^2\,, \quad a := \sqrt{2}\,, \quad b := 1.4\,,$

b) $B_1 = (a - b)^2\,, \quad B_2 = a^2 - 2ab + b^2\,, \quad a := \sqrt{2}\,, \quad b := 1.4$

zuerst mit voller Mantissenlänge und simuliere anschließend eine Maschine mit l-stelliger Mantisse, $l < m$, indem man nach jeder Wurzelberechnung und nach jeder Addition oder Multiplikation von Zahlen die Unterprogramme $\mathrm{rd}_l(x)$ oder $\mathrm{chp}_l(x)$ aufruft. Man vergleiche die Rundungs- bzw. Abbruchfehler. Wie groß ist der erzeugte Gesamtfehler?

Ü 1.3.10. Man beweise: Die korrekte Rundung (12) erfüllt die Monotonieforderung aus B 1.3.6.

Ü 1.3.11. Man gebe Zahlenbeispiele dafür an, daß die Abbruchregel (13) die Monotonieforderung aus B 1.3.6 nicht erfüllt.

Ü 1.3.12. Man programmiere die Algorithmen 1.3.3 und 1.3.4.

Ü 1.3.13. Man berechne das Skalarprodukt von $\boldsymbol{u}$ und $\boldsymbol{v}$ mit $u_n := 1/n$ und $v_n := 1/(n+1)$ für $n = 1(1)100$ in m-stelliger und $2m$-stelliger Gleitpunktarithmetik und mit Hilfe des Kahan-Babuška-Tricks.

Ü 1.3.14. Man beweise die Formel $\sum_{n=1}^{N} \frac{1}{n(n+1)} = \frac{N}{N+1}$, berechne die Summe für $N = 100$ und vergleiche den exakten Wert mit den Näherungswerten aus Ü 1.3.13.

1.4. Intervallrechnung

Die meisten Fehleraussagen des vorigen Abschnitts wurden unter Vernachlässigung von Gliedern höherer Ordnung hergeleitet, sie galten nur in erster Näherung. Solche Ergebnisse sind für den strengen Mathematiker unbefriedigend. Korrekte Fehlereinschließungen ergeben sich, wenn man den gesamten Algorithmus „zweigleisig" durchführt, d. h., wenn man statt der Eingangsgrößen und aller Zwischenergebnisse deren untere und obere Schranken verwendet.

An die Stelle der reellen Zahlen x, $x \in \mathbb{R}$, treten *abgeschlossene Intervalle*, die wir mit $[x]$, $[x] \in \mathbb{I}(\mathbb{R})$, abkürzen (Nickel [1]):

$$[x] := [\underline{x}, \bar{x}] = \{x\,;\, x \in \mathbb{R}\,,\, \underline{x} \leqq x \leqq \bar{x}\}\,. \tag{1}$$

Die Zahl $\sqrt{2}$ könnte man auf einer Maschine mit fünfstelliger Mantisse z. B. durch $[\sqrt{2}] = [1.4142, 1.4143]$ ersetzen.

Die reellen Zahlen sind als Teilmenge in der Menge $\mathbb{I}(\mathbb{R})$ der reellen Intervalle enthalten. Sie werden durch diejenigen Intervalle dargestellt, für die $\underline{x} = \bar{x}$ ist. An die Stelle der Addition zweier reeller Zahlen tritt die *Addition zweier Intervalle*. Aus den beiden Ungleichungen $\underline{x} \leqq x \leqq \bar{x}$ und $\underline{y} \leqq y \leqq \bar{y}$ erhält man für die Summe sofort $\underline{x} + \underline{y} \leqq x + y \leqq \bar{x} + \bar{y}$, also ist

$$[x] + [y] = [\underline{x} + \underline{y}, \bar{x} + \bar{y}]\,. \tag{2}$$

Allgemein definiert man für die vier arithmetischen Grundoperationen $+$, $-$, $\times$, $/$ (die wir wie früher durch $\odot$ abkürzen)

$$[x] \odot [y] := \{x \odot y\,;\, x \in [x], y \in [y]\}\,. \tag{3}$$

Die Ergebnismenge ist wieder ein Intervall. Sie enthält alle Summen (Differenzen, Produkte oder Quotienten), die man mit x aus $[x]$ und y aus $[y]$ bilden kann.
Speziell ergibt sich für *Differenz, Produkt* und *Quotient zweier Intervalle* (Ü1.4.1)

$$[x] - [y] = [\underline{x} - \bar{y}\,, \bar{x} - \underline{y}]\,, \tag{4}$$

$$[x] \times [y] = [\min(\underline{x}\underline{y}\,, \underline{x}\bar{y}\,, \bar{x}\underline{y}\,, \bar{x}\bar{y})\,, \max(\underline{x}\underline{y}\,, \underline{x}\bar{y}\,, \bar{x}\underline{y}\,, \bar{x}\bar{y})]\,, \tag{5}$$

$$[x] / [y] = [\min(\underline{x}/\underline{y}\,, \underline{x}/\bar{y}\,, \bar{x}/\underline{y}\,, \bar{x}/\bar{y})\,, \max(\underline{x}/\underline{y}\,, \underline{x}/\bar{y}\,, \bar{x}/\underline{y}, \bar{x}/\bar{y})]\,. \tag{6}$$

Bei der Division darf das Divisorintervall natürlich die Null nicht enthalten, d. h., $\underline{y}$ und $\bar{y}$ müssen das gleiche Vorzeichen besitzen: $\underline{y} \cdot \bar{y} > 0$.

Beispiel 1.4.1. Wir berechnen den Ausdruck $A_1 = (a + b)(a - b)$ mit $a = \sqrt{2}$ und $b = 1.4$ (vgl. Ü 1.3.9) in fünfstelliger Intervall-Gleitpunktarithmetik:

$$\begin{aligned}
[x] &:= [a] + [b] = [1.4142, 1.4143] + [1.4000, 1.4000] \\
& = [2.8142, 2.8143]\,, \\
[y] &:= [a] - [b] = [1.4200_{10}{-2}, 1.4300_{10}{-2}]\,, \\
[A_1] &:= [x] \times [y] = [3.9961_{10}{-2}, 4.0245_{10}{-2}]\,.
\end{aligned}$$

Muß gerundet werden, so ist stets bei den unteren Intervallgrenzen abzurunden (Abbruch durch chp (x)) und bei den oberen Intervallgrenzen aufzurunden (Ü 1.4.2), damit das exakte Ergebnis mit Sicherheit innerhalb des Ergebnisintervalls liegt (*Außenrundung*).

Ähnlich wie beim Übergang von reellen zu komplexen Zahlen oder von einfacher zu doppelter Genauigkeit steigt der Rechenaufwand beim Übergang von der reellen zur Intervallarithmetik beträchtlich an. Für eine Intervallmultiplikation benötigt man (vgl. (5)) offensichtlich vier Multiplikationen zweier reeller Zahlen und zusätzlich die Bestimmung des Minimums und des Maximums der vier Produkte (B 1.4.4). Außerdem ist bei der Übertragung der Rechenregeln Vorsicht geboten. Die *Menge der Intervalle ist kein Körper* (Ü 1.4.3). Während *Kommutativ-* und *Assoziativgesetz* für Intervalladdition und -multiplikation gültig bleiben, gilt das Distributivgesetz nur in der abgeschwächten Form der sogenannten *Subdistributivität*:

$$[x] \times ([y] + [z]) \subseteqq [x] \times [y] + [x] \times [z]\,. \tag{7}$$

Für zwei reelle Zahlen gilt genau eine der Relationen $x < y$, $x = y$ oder $x > y$. In der Menge der Intervalle kann man folgende *Ordnungsrelationen* definieren (Abb. 1.4.1):

$$[x] < [y] \quad \text{genau dann, wenn} \quad \bar{x} < \underline{y}\,, \tag{8}$$

$$[x] \leqq [y] \quad \text{genau dann, wenn} \quad \underline{x} \leqq \underline{y} \quad \text{und} \quad \bar{x} \leqq \bar{y}\,, \tag{9}$$

$$[x] \subseteqq [y] \quad \text{genau dann, wenn} \quad \underline{y} \leqq \underline{x} \quad \text{und} \quad \bar{x} \leqq \bar{y}\,. \tag{10}$$

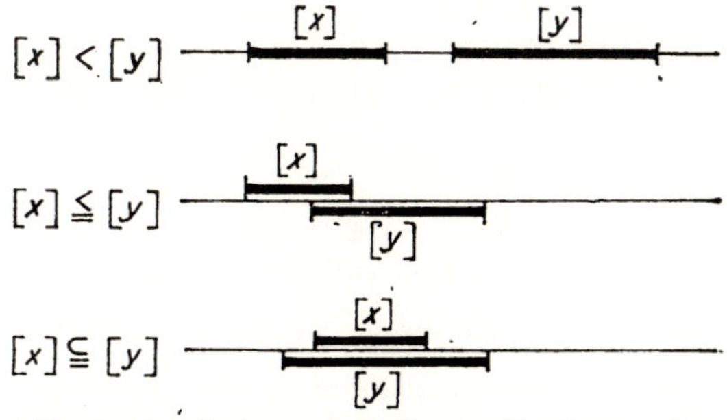

Abb. 1.4.1. Ordnungsrelationen für Intervalle

Der Abstand zweier reller Zahlen wird durch den Betrag ihrer Differenz bestimmt. Den *Abstand zweier Intervalle* definiert man durch

$$|[x], [y]| := \max(|\underline{x} - \underline{y}|, |\bar{x} - \bar{y}|)\,. \tag{11}$$

Man überzeugt sich leicht, daß (8)—(11) im Fall $\underline{x} = \bar{x}$, $\underline{y} = \bar{y}$ auf die entsprechenden Definitionen für reelle Zahlen zurückführen. Für *Funktionen einer oder mehrerer reeller Veränderlicher* (die für alle Argumente aus den auftretenden Intervallen erklärt sein mögen) definiert man analog zu (1) und (3):

$$[f(x)] := \{f(x) \ ; \ x \in [x]\} , \tag{12}$$

bzw. für mehrere Veränderliche

$$[f(x_1, \dots, x_N)] := \{f(x_1, \dots, x_N) \ ; \ x_1 \in [x_1], \dots, x_N \in [x_N]\} . \tag{13}$$

Ist f im betrachteten Intervall stetig, so gilt (Abb. 1.2.1, S. 16)

$$[f(x)] = [\min_{x \in [x]} f(x), \max_{x \in [x]} f(x)] \tag{14}$$

bzw.

$$[f(x_1, \dots, x_N)] = [\min_{x_n \in [x_n]} f(x_1, \dots, x_N), \max_{x_n \in [x_n]} f(x_1, \dots, x_N)] . \tag{15}$$

Zur Bestimmung der Intervalle müssen also die Extrema der Funktion berechnet werden. Das ist bei elementaren Funktionen, deren Monotonie-Intervalle bekannt sind, einfach. Bei komplizierteren Funktionen, insbesondere Funktionen mit mehreren Veränderlichen, kann es dagegen sehr aufwendig werden. Ist die Funktion aus endlich vielen arithmetischen Grundoperationen und elementaren Funktionen zusammengesetzt, besteht ihre Berechnung also aus einem numerischen Algorithmus der Gestalt (1.2.26), so kann man in jedem Teilschritt die entsprechende Intervallverknüpfung (2), (4), (5), (6) oder eine elementare Intervallfunktion (14) verwenden. Man erhält dann, ohne die Extrema der Funktion bestimmen zu müssen, ein Intervall $[\tilde{f}(x)]$, das *intervallmäßige Auswertung* von $f(x)$ genannt wird und das gewünschte Intervall enthält: $[f(x)] \subseteqq [\tilde{f}(x)]$.

Ebenso wie sich die Fehler von Eingangsgrößen und Zwischenergebnissen (vgl. Vorlesung 1.2) bei dem einen Algorithmus weniger stark auf das Resultat auswirkten als bei einem anderen, können sich auch bei verschiedenen Algorithmen zur Berechnung desselben Funktionswerts unterschiedliche Intervalle ergeben (Ü 1.4.4 und Ü 1.4.5).

Beispiel 1.4.2. Wir berechnen die Intervalle für die beiden (im Sinne der Arithmetik der reellen Zahlen äquivalenten) Ausdrücke $f_1 = x/(x-1)$ und $f_2 = 1 + 1/(x-1)$. Für $[x] = [\underline{x}, \bar{x}]$, $1 \notin [\underline{x}, \bar{x}]$, ergibt sich mit Hilfe von (4) und (6)

$$[x-1] = [\underline{x} - 1, \bar{x} - 1] \quad \text{und} \quad 1/[x-1] = [1/(\bar{x} - 1), 1/(\underline{x} - 1)]$$

und damit

$$[f_1] = \left[\frac{\underline{x}}{\bar{x} - 1}, \frac{\bar{x}}{\underline{x} - 1}\right] \quad \text{und} \quad [f_2] = \left[\frac{\bar{x}}{\bar{x} - 1}, \frac{\underline{x}}{\underline{x} - 1}\right].$$

Das Intervall $[f_2]$ ist optimal: Man erhält dieselben Intervallgrenzen, wenn man von Formel (14) ausgeht, denn die Funktion $f(x) = \dfrac{x}{x-1}$ ist streng monoton abnehmend, so daß sie ihren kleinsten Wert am rechten Intervallende $\bar{x}$ und ihren größten am linken Intervallende $\underline{x}$ annimmt. Daß das Intervall $[f_1]$ größer, also ungünstiger ist, darf nicht überraschen, denn die durch $[f_1] = [x]/([x] - 1)$ definierte Menge lautet, ausführlich geschrieben,

$$[f_1] = \left\{\frac{x}{y-1} \ ; \underline{x} \leqq x \leqq \bar{x}, \quad \underline{x} \leqq y \leqq \bar{x} .\right\}$$

Die Variablen in Zähler und im Nenner können also jetzt u n a b h ä n g i g v o n e i n a n d e r alle Werte aus dem Intervall $[\underline{x}, \bar{x}]$ annehmen. Durch den Übergang zu Intervallen ist ihre Identität verlorengegangen.

Derselbe Effekt ist an dem folgenden trivialen Beispiel zu beobachten: Für reelle Zahlen ist $x - x = 0$. Für Intervalle gilt dagegen nach (4) $[x] - [x] = [\underline{x} - \bar{x}, \bar{x} - \underline{x}]$. Statt des vielleicht erwarteten Ergebnisses $[0, 0]$ erhält man ein Intervall mit einer im Vergleich zum Ausgangsintervall verdoppelten Länge. Das wird verständlich, wenn man wieder auf die Definition zurückgeht:

$$[x] - [x] = \{x - y; x \in [\underline{x}, \bar{x}], \quad y \in [\underline{x}, \bar{x}]\} .$$

Zur Menge gehören alle Differenzen, die man aus je zwei beliebigen Elementen von $[x]$ bilden kann.

Um überflüssige Intervallvergrößerungen zu vermeiden, sollte man deshalb die Ausdrücke vor dem Übergang zu Intervallen so umformen, daß die Variablen möglichst nicht mehrfach auftreten.

Die Intervallrechnung führt zu einer Neubewertung numerischer Algorithmen. Verfahren, die in reeller Arithmetik zuverlässig arbeiten, können — zumindest bei einer naiven Anwendung der Intervallrechnung — zu unvertretbar großen Ergebnisintervallen führen oder gar vollständig versagen. Der Gauß-Algorithmus zur Lösung linearer Gleichungssysteme (vgl. Kap. 2) ist z. B. für die Intervallrechnung nur in Spezialfällen (streng diagonal dominante Intervallmatrizen, vgl. ALEFELD, HERZBERGER [1], S. 226) geeignet. Demgegenüber liefert die Iteration mit einer genäherten Inversen gute Ergebnisse. Ebenso gibt es für die Nullstellenbestimmung reeller Funktionen (Kap. 5), für die Approximation (Kap. 6), die Integration (Kap. 7) und die Lösung von Differentialgleichungen (Kap. 8) erfolgreiche Intervallalgorithmen. Darüber hinaus findet man in der Literatur theoretische Ergebnisse (Existenzaussagen, Konvergenzuntersuchungen, „Fixintervall"-Sätze) die z. T. mit intervalltechnischen Mitteln sogar einfacher herzuleiten sind als die Analoga aus der Theorie der reellen Funktionen.

1.4.1. Bemerkungen

B 1.4.1. Die algebraische Verknüpfung von Intervallen wurde bereits von R. C. YOUNG [1] ausführlich untersucht. Die Rechenregeln (2), (4)—(6) und einfachste Anwendungen findet man auch bei BRADIS [1]. Lehrbücher zur Intervallrechnung erschienen 1966 (MOORE [1]) und 1974 (ALEFELD, HERZBERGER [1]), Übersichtsartikel u. a. 1969 (KULISCH [1]), 1978 (NICKEL [1]) und 1979 (ALEFELD [1] und MOORE [2]). Literaturübersichten von MOORE [2] und GARLOFF [1] mit ca. 700 Titeln verdeutlichen die stürmische Entwicklung dieser noch jungen mathematischen Disziplin. Neueste Forschungsergebnisse findet man in den von NICKEL herausgegebenen Freiberger Intervall-Berichten und in den Fachzeitschriften.

B 1.4.2. Die Intervallrechnung läßt sich sinngemäß auch auf komplexe Zahlen $z = x + iy$, $i = \sqrt{-1}$, ausdehnen. So kann man z. B. Rechtecke

$$[z] := \{x + iy; x \in [x], \quad y \in [y]\}$$

oder Kreisscheiben

$$\langle z \rangle := \{z; |z - \tilde{z}| \leqq r, \ r > 0\}$$

in der Gaußschen Ebene als Erweiterung der komplexen Zahlen benutzen (NICKEL [2]).

B 1.4.3. Die Einschränkungen für die arithmetischen Intervalloperationen entfallen, wenn man der Null im Sinne der projektiven Geometrie den reziproken Wert ∞ zuordnet und neben den „inneren" Intervallen $\underline{x} \leqq x \leqq \bar{x}$ *„äußere" Intervalle*

$$[\bar{x}, \underline{x}] := \{x; (-)\,\infty \leqq x \leqq \underline{x} \quad \text{oder} \quad \bar{x} \leqq x \leqq \infty\}$$

zuläßt (vgl. die von REINSCH [1] angegebene Literatur).

B 1.4.4. Um die Anwendung der Intervallrechnung zu erleichtern, wurden *Intervall-Programmiersprachen* (z. B. Triplex-ALGOL, Interval-FORTRAN, vgl. NICKEL [1], BOHLENDER et al. [1]) geschaffen. Der Nutzer kann seinen Algorithmus darin ebenso programmieren wie für reelle Arithmetik. Es darf allerdings nicht übersehen werden, daß der Zeitaufwand für eine Intervalloperation um ein Vielfaches über dem einer Operation mit reellen Zahlen liegt. Diese Diskrepanz ließe sich wesentlich verringern, wenn Intervalloperationen in die Maschinen-Hardware aufgenommen würden (Moore [3]).

B 1.4.5. Die Intervallrechnung ist nicht nur für Fehlerabschätzungen nützlich. Sie kann auch für sogenannte *Parameterstudien* verwendet werden, wenn das Verhalten von Systemen in Abhängigkeit von gewissen Eingangsparametern untersucht werden soll. In reeller Arithmetik müßte in solchen Fällen für jede neue Parameterkombination die gesamte Rechnung wiederholt werden.

1.4.2. Übungsaufgaben

Ü 1.4.1. Aus Definition (3) leite man die Formeln (4)—(6) für Differenz, Produkt und Quotient zweier Intervalle her.

Ü 1.4.2. Man schreibe ein Unterprogramm, das eine Maschinenzahl y, $y \in \mathbb{M}$, durch Aufrundung auf eine beliebig vorgebbare Mantissenlänge l, $1 \leqq l \leqq m$, verkürzt (vgl. Ü 1.3.6).

Ü 1.4.3. Man prüfe nach, welche der Körperaxiome in der Menge $\mathbb{I}(\mathbb{R})$ der reellen Intervalle gültig bleiben.

Ü 1.4.4. Man berechne Intervalle für die drei (in der reellen Arithmetik äquivalenten) Ausdrücke

$$y_1 = \sum_{k=0}^{K-1} x^k, \quad y_2 = \frac{1 - x^K}{1 - x}, \quad y_3 = \frac{1}{1-x} - \frac{x^K}{1-x},$$

mit $x \in [\underline{x}, \bar{x}]$, $0 < \underline{x} < \bar{x} < 1$, K natürliche Zahl; welcher Ausdruck liefert das optimale Ergebnisintervall?

Ü 1.4.5. Man berechne Intervalle für $y_4 = p - \sqrt{p^2 - q}$ und $y_5 = q/(p + \sqrt{p^2 - q})$ mit $[p] = [0.999999, 1.000001]$ und $[q] = [0.999999_{10}{-4}, 1.000001_{10}{-4}]$.

Ü 1.4.6. Man löse das Intervallgleichungssystem $[\boldsymbol{A}]\,[\boldsymbol{x}] = [\boldsymbol{b}]$ für

$$\boldsymbol{A} = \begin{pmatrix} [3.999, 4.001] & [-1.001, -0.999] \\ [-1.001, -0.999] & [3.999, 4.001] \end{pmatrix}, \qquad \boldsymbol{b} = \begin{pmatrix} [2.999, & 3.001] \\ [2.999, & 3.001] \end{pmatrix}.$$

Ü 1.4.7. Man gebe ein Intervallgleichungssystem $[\boldsymbol{A}]\,[\boldsymbol{x}] = [\boldsymbol{b}]$ von mindestens dritter Ordnung an, bei dem der Gauß-Algorithmus mit Pivotisierung (vgl. Kap 2) versagt, obwohl die Intervallmatrix $\boldsymbol{A}$ keine singuläre Matrix enthält (Alefeld [1], S. 65).

2. Lineare Gleichungssysteme

2.1. Problemstellung, Grundlagen

Lineare Gleichungssysteme nehmen innerhalb der numerischen Mathematik eine zentrale Stellung ein. Einesteils sind sie für viele Probleme aus der Praxis, z. B. die Berechnung von Stabwerken in der Statik, von Schaltkreisen in der Elektrotechnik oder Elektronik oder für Bilanzierungs- und Planungsrechnungen in der Ökonomie, unmittelbar als mathematisches Modell geeignet, andererseits führt die numerische Lösung von zahlreichen angewandten Aufgaben, z. B. Festigkeitsuntersuchungen im Maschinenbau, Straßenbau und Bauwesen oder die Beschreibung physikalischer, chemischer und biologischer Prozesse, über kompliziertere mathematische Modelle letztlich auf lineare Gleichungssysteme zurück. Das gilt für die Linearisierung nichtlinearer Gleichungsyssteme mit Hilfe des Newton-Verfahrens (Kap. 5) ebenso wie für Interpolationsprobleme (Kap. 6), für Quadraturverfahren zur Lösung von Integralgleichungen (Kap. 7) und für Differenzen-, Rayleigh-Ritz-Galerkin- und Finite-Elemente-Methoden zur Lösung von Differentialgleichungsproblemen (Kap. 8).

Beispiel 2.1.1. Zu der elektrischen Schaltung aus Abb. 2.1.1 berechnen wir die Spannungen U_n, $n = 1(1)6$, zwischen den Eckpunkten n und dem Mittelpunkt 0, dem gemeinsamen Rückleiter zu den Stromquellen. Nach dem *ersten Kirchhoffschen Gesetz* gilt für die Ströme in den Knotenpunkten $I_n = I_{n0} + I_{n,n+1} - I_{n-1,n}$ und nach dem *zweiten Kirchhoffschen Gesetz* für die Spannungen in den sechs Maschen $U_{n,n+1} = U_n - U_{n+1}$. Schließlich gilt für jeden Zweigstrom das *Ohmsche Gesetz* $U_n = R_{n0}I_{n0}$ bzw. $U_{n,n+1} = R_{n,n+1}I_{n,n+1}$. Dabei ist der Index n zyklisch modulo 6 zu durchlaufen. Für die Widerstände sei $R_{jl} = 8\,\mathrm{k}\Omega$ und für die Ströme $I_1 = -I_2 = 1$ mA, $I_3 = I_4 = I_5 = I_6 = 0$ vorgegeben. Mit Hilfe des Ohmschen Gesetzes ersetzen wir die I_{jl} in der Stromgleichung

$$\frac{U_n}{R_{n0}} + \frac{U_{n,n+1}}{R_{n,n+1}} - \frac{U_{n-1,n}}{R_{n-1,n}} = I_n\,.$$

Ersetzen wir auch noch die U_{jl}, so folgt mit den Abkürzungen $a := 3/8$ und $c := -1/8$ schließlich das lineare Gleichungssystem

$$\begin{array}{llllllll}
aU_1 & + cU_2 & & & & + cU_6 & = I_1 = & 1\,, \\
cU_1 & + aU_2 & + cU_3 & & & & = I_2 = & -1\,, \\
 & cU_2 & + aU_3 & + cU_4 & & & = I_3 = & 0\,, \\
 & & cU_3 & + aU_4 & + cU_5 & & = I_4 = & 0\,, \\
 & & & cU_4 & + aU_5 & + cU_6 & = I_5 = & 0\,, \\
cU_1 + & & & & cU_5 & + aU_6 & = I_6 = & 0
\end{array}$$

für die unbekannten U_n.

Beispiel 2.1.2. Gesucht sei eine Funktion $y = y(t)$, die auf dem Intervall $[0, 1]$ der linearen Fredholmschen Integralgleichung $y(t) = \int_0^1 K(t, s)\, y(s)\, ds = b(t)$ genügt. Wir *diskretisieren* das Problem, indem wir das Intervall durch die *Stützstellen* $t_n := nh$, $h := 1/N$,

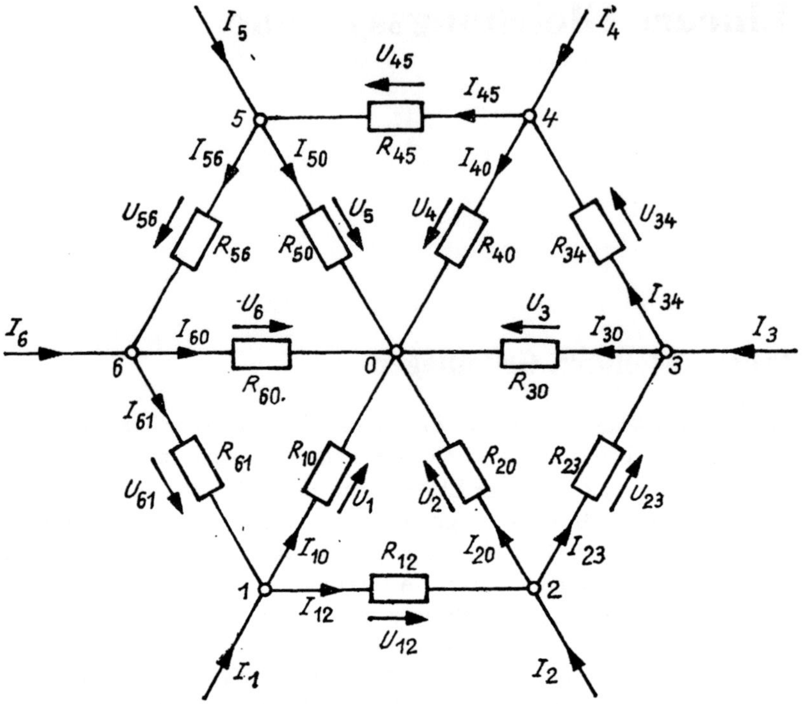

Abb. 2.1.1. Elektrische Schaltung

$n = 0(1)N$, in N Teilintervalle zerlegen, das Integral auf jedem Teilintervall mit Hilfe der Trapezregel annähern

$$\int_{t_n}^{t_{n+1}} K(t, s)\, y(s)\, ds \approx \frac{h}{2} [K(t, t_n)\, y(t_n) + K(t, t_{n+1})\, y(t_{n+1})]$$

und die *diskretisierte Gleichung* für $t = t_0$, $t = t_1$, ... und $t = t_n$ aufschreiben. Mit den Abkürzungen $y_n := y(t_n)$, $k_{mn} := K(t_m, t_n)$ und $b_m := b(t_m)$ ergibt sich für $N = 2$

$$\begin{aligned}
(1 + \tfrac{1}{4} k_{00})\, y_0 + \tfrac{1}{2} k_{01} y_1 \quad & + \tfrac{1}{4} k_{02} y_2 &= b_1\,,\\
\tfrac{1}{4} k_{10} y_0 \quad + (1 + \tfrac{1}{2} k_{11})\, y_1 & + \tfrac{1}{4} k_{12} y_2 &= b_2\,,\\
\tfrac{1}{4} k_{20} y_0 \quad + \tfrac{1}{2} k_{21} y_1 \quad & + (1 + \tfrac{1}{4} k_{22}) y_2 &= b_3\,.
\end{aligned}$$

Beide Beispiele, das elektrotechnische und das mathematische, führen auf *lineare Gleichungssysteme* der Gestalt

$$\begin{aligned}
a_{11}x_1 + a_{12}x_2 + \dots + a_{1N}x_N &= b_1\,,\\
&\vdots\\
a_{M1}x_1 + a_{M2}x_2 + \dots + a_{MN}x_N &= b_M\,,
\end{aligned} \tag{1}$$

oder kürzer geschrieben

$$\boldsymbol{A}\boldsymbol{x} = \boldsymbol{b}\,. \tag{2}$$

Dabei bezeichnet $\boldsymbol{A}$ die *Koeffizientenmatrix* vom *Format* $M \times N$ und $\boldsymbol{b}$ den *Vektor* der *rechten Seiten* (oder kürzer: die *rechte Seite*):

$$\boldsymbol{A} := \begin{pmatrix} a_{11} & \dots & a_{1N} \\ \vdots & & \vdots \\ a_{M1} & \dots & a_{MN} \end{pmatrix}, \qquad \boldsymbol{b} := \begin{pmatrix} b_1 \\ \vdots \\ b_M \end{pmatrix}. \tag{3}$$

Wir setzen voraus, daß die *Koeffizienten* a_{mn} und die *Komponenten* b_m *reelle Zahlen* sind. Die meisten Ergebnisse und Methoden der folgenden Abschnitte bleiben jedoch auch verwendbar, wenn man *komplexe Zahlen* zuläßt.

Die *Matrixschreibweise* eignet sich gut für theoretische Untersuchungen und für die allgemeine Beschreibung von Verfahren. Wenn man dagegen praktisch rechnen oder einen Algorithmus programmieren will, muß man auf die umständlichere *Komponentenschreibweise* zurückgreifen, falls die Rechenanlage nicht effektive Hilfsprogramme für Matrix- und Vektoroperationen anbietet (vgl. Programmpaket NUMATH [1]) oder als Vektorrechner Maschinenbefehle für diese Operationen besitzt (wie z. B. die EC 1055M, die CRAY-1 oder die CYBER 205, vgl. SCHÖNAUER [1]).

Das lineare Gleichungssystem (1) läßt sich geometrisch interpretieren. Jede Gleichung beschreibt eine *Gerade* ($N = 2$), *Ebene* ($N = 3$) oder *Hyperebene* ($N > 3$). Lösung ist jeder Punkt $\boldsymbol{x}$ des N-dimensionalen linearen Raumes $\mathbb{R}^N$, der allen M Geraden (Ebenen, Hyperebenen) angehört. Daraus folgt, daß (1) *unlösbar* (*inkonsistent, widersprüchlich*) sein und im *lösbaren* (*konsistenten*) Fall entweder *genau eine* oder *unendich viele Lösungen* besitzen kann.

Beispiel 2.1.3. Die beiden Geraden g_1 und g_2, die durch das lineare Gleichungssystem $x_1 + 2x_2 = 3$, $2x_1 + cx_2 = 4$ beschrieben werden, sind in Abb. 2.1.2 dargestellt. Für $c = 4$ sind sie parallel, haben also keinen gemeinsamen Punkt (im Endlichen). Das System ist *unlösbar*. Für $c \neq 4$ gibt es dagegen die *eindeutig bestimmte Lösung* $x_2 = 2/(4 - c)$, $x_1 = 3 - 2x_2$. Je mehr sich aber der Parameter c dem Wert 4 nähert, um so schlechter kann man den Schnittpunkt aus der Skizze ablesen, und bei der Berechnung ist wegen des kleinen Divisors (vgl. (1.2.23)) ein großer absoluter Fehler zu erwarten. Bei rundungsfehlerfreier Rechnung ergibt sich für $c = 3.999$ die Lösung $x_1 = -3997$, $x_2 = 2000$; für $c = 4.001$ dagegen $x_1 = 4003$, $x_2 = -2000$. Eine Änderung des Parameters c um $\delta_c = 0.002$ führt zu Ergebnisänderungen von $\delta_{x_1} = 8000$ und $\delta_{x_2} = 4000$. Für $c \approx 4$ ist das System also sehr *schlecht konditioniert.*

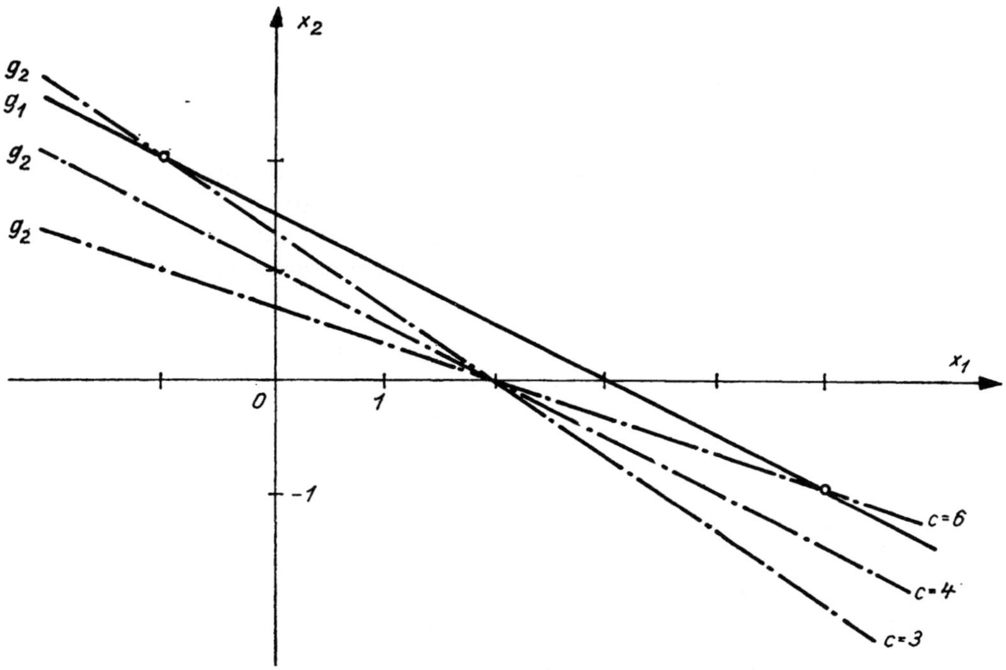

Abb. 2.1.2. Geometrische Veranschaulichung eines linearen Gleichungssystems

Aus dem Algebra-Grundkurs ist bekannt, daß eine *eindeutig bestimmte Lösung* genau dann existiert, wenn die *Koeffizientendeterminante von Null verschieden* ist. Die Lösungskomponenten lassen sich in diesem Fall mit Hilfe der *Cramerschen Regel* als Quotient zweier Determinanten darstellen,

$$x_n = \frac{1}{\det \boldsymbol{A}} \det \begin{pmatrix} a_{11} & \dots & a_{1,n-1} & b_1 & a_{1,n+1} & \dots & a_{1N} \\ \vdots & & \vdots & \vdots & \vdots & & \vdots \\ a_{N1} & \dots & a_{N,n-1} & b_N & a_{N,n+1} & \dots & a_{NN} \end{pmatrix}, \qquad n = 1(1)N\,. \tag{5}$$

In der Zählerdeterminante ist die n-te Spalte der Koeffizientendeterminante durch die rechte Seite $\boldsymbol{b}$ ersetzt.

Für die numerische Berechnung der x_n ist die Darstellung (5) allerdings (zumindest für $N > 3$) unzweckmäßig, denn der Aufwand für die Bestimmung der $N + 1$ Determinanten nimmt mit wachsendem N sehr stark zu (B 2.1.2, Ü 2.1.9). Außerdem ist bei kleinen Werten von $\det \boldsymbol{A}$ mit einem großen absoluten Fehler zu rechnen.

Bei den numerischen Lösungsverfahren unterscheidet man zwischen *direkten Methoden,* die die Lösung in endlich vielen Schritten berechnen (Vorlesung 2.2—2.5) und *Iterationsverfahren,* die die Lösung durch ständige Wiederholung einer meist relativ einfachen Rechenvorschrift schrittweise annähern (Vorlesung 2.8 und 2.9). Es gibt keine Methode, die für alle Gleichungssysteme gleich gut geeignet ist. Die Auswahl hängt (neben der Speicherkapazität des zur Verfügung stehenden Rechners) von den Eigenschaften von $\boldsymbol{A}$ ab.

2.1.1. Eigenschaften der Koeffizientenmatrix

$\boldsymbol{A}$ heißt *streng regulär,* wenn alle *Hauptminoren* (*Hauptabschnittsdeterminanten*) verschieden von Null sind:

$$\det \boldsymbol{A}_{nn} := \det \begin{pmatrix} a_{11} & \dots & a_{1n} \\ \vdots & & \vdots \\ a_{n1} & \dots & a_{nn} \end{pmatrix} \neq 0\,, \qquad n = 1(1)N\,. \tag{6}$$

$\boldsymbol{A}$ heißt *schwach besetzt,* wenn die Anzahl NNE der Nichtnullelemente a_{mn}, $a_{mn} \neq 0$, wesentlich kleiner als N^2 ist. Andernfalls heißt die Matrix *voll besetzt.*

$\boldsymbol{A}$ heißt *Rechtsdreiecksmatrix* (rechte obere Dreiecksmatrix), *Linksdreiecksmatrix* (linke untere Dreiecksmatrix), *obere Hessenberg-Matrix* bzw. *untere Hessenberg-Matrix,* wenn sie die folgende Gestalt besitzt (leere Positionen kennzeichnen Nullelemente):

$$\begin{bmatrix} \ast & \times & \times & \times & \times & \times \\ & \ast & \times & \times & \times & \times \\ & & \ast & \times & \times & \times \\ & & & \ast & \times & \times \\ & & & & \ast & \times \\ & & & & & \ast \end{bmatrix}, \qquad \begin{bmatrix} \ast & & & & & \\ \times & \ast & & & & \\ \times & \times & \ast & & & \\ \times & \times & \times & \ast & & \\ \times & \times & \times & \times & \ast & \\ \times & \times & \times & \times & \times & \ast \end{bmatrix},$$

$$\begin{bmatrix} \ast & \times & \times & \times & \times & \times \\ \times & \ast & \times & \times & \times & \times \\ & \times & \ast & \times & \times & \times \\ & & \times & \ast & \times & \times \\ & & & \times & \ast & \times \\ & & & & \times & \ast \end{bmatrix}, \qquad \begin{bmatrix} \ast & \times & & & & \\ \times & \ast & \times & & & \\ \times & \times & \ast & \times & & \\ \times & \times & \times & \ast & \times & \\ \times & \times & \times & \times & \ast & \times \\ \times & \times & \times & \times & \times & \ast \end{bmatrix}.$$

A hat *Bandstruktur,* wenn außerhalb eines „Bandes“ parallel zur Hauptdiagonalen alle Koeffizienten verschwinden:

$$a_{mn} = 0 \quad \text{für} \quad \alpha < m - n < -\beta\,, \tag{7}$$

z. B.

$$A = \begin{pmatrix} \ast & \times & \times & \times & & & & \\ \times & \ast & \times & \times & \times & & & \\ \times & \times & \ast & \times & \times & \times & & \\ & \times & \times & \ast & \times & \times & \times & \\ & & \times & \times & \ast & \times & \times & \times \\ & & & \times & \times & \ast & \times & \times \\ & & & & \times & \times & \ast & \times \\ & & & & & \times & \times & \ast \end{pmatrix} \quad \text{mit} \quad \alpha = 2 \quad \text{und} \quad \beta = 3\,.$$

Die Größe $\alpha + \beta + 1$ heißt *(Zeilen-)Bandbreite* der Matrix, α heißt *linke,* β *rechte halbe (Zeilen-)Bandbreite.* Eine Bandmatrix mit $\alpha = \beta = 1$ heißt *tridiagonal.*

A hat *Blockstruktur,* wenn sich Koeffizienten a_{mn} so zu Blöcken (Untermatrizen) zusammenfassen lassen, daß die Matrix eine einfacher beschreibbare Gestalt erhält, z. B. die einer *Blockdreiecksmatrix,* einer *Blockdiagonalmatrix* oder einer *Blocktridiagonalmatrix:*

$$\begin{pmatrix} \times & \times & \times & \times & \times & \times & \times & \times & \times \\ \times & \times & \times & \times & \times & \times & \times & \times & \times \\ & & \times & \times & \times & \times & \times & \times & \times \\ & & \times & \times & \times & \times & \times & \times & \times \\ & & \times & \times & \times & \times & \times & \times & \times \\ & & \times & \times & \times & \times & \times & \times & \times \\ & & & & & & \times & \times & \times \\ & & & & & & \times & \times & \times \\ & & & & & & \times & \times & \times \end{pmatrix}, \quad \begin{pmatrix} \times & \times & & & & & & & & \\ \times & \times & & & & & & & & \\ & & \times & \times & \times & & & & & \\ & & \times & \times & \times & & & & & \\ & & \times & \times & \times & & & & & \\ & & & & & \times & & & & \\ & & & & & & \times & \times & \times & \times \\ & & & & & & \times & \times & \times & \times \\ & & & & & & \times & \times & \times & \times \\ & & & & & & \times & \times & \times & \times \end{pmatrix},$$

$$\begin{pmatrix} \times & \times & \times & \times & \times & \times & & & \\ \times & \times & \times & \times & \times & \times & & & \\ \times & \times & \times & \times & \times & \times & \times & \times & \times \\ \times & \times & \times & \times & \times & \times & \times & \times & \times \\ \times & \times & \times & \times & \times & \times & \times & \times & \times \\ \times & \times & \times & \times & \times & \times & \times & \times & \times \\ & & \times & \times & \times & \times & \times & \times & \times \\ & & \times & \times & \times & \times & \times & \times & \times \\ & & \times & \times & \times & \times & \times & \times & \times \end{pmatrix}.$$

A ist *(streng) diagonal dominant,* wenn die Diagonalelemente betragsmäßig größer als die Betragssumme der übrigen Elemente ihrer Zeile sind:

$$|a_{mm}| > z'_m := \sum_{\substack{n=1\\ n \neq m}}^{N} |a_{mn}|\,, \qquad m = 1(1)N\,. \tag{8}$$

A ist *schwach diagonal dominant,* wenn für mindestens ein m die strenge Ungleichung (8), für die übrigen die schwächere Bedingung $|a_{mm}| \geqq z'_m$ gilt.

$\boldsymbol{A}$ ist *symmetrisch* (*selbstadjungiert*), wenn sie beim *Transponieren* („Spiegeln" der Elemente an der Hauptdiagonalen, Vertauschen der Zeilen mit den Spalten der gleichen Nummer) in sich selbst übergeht: $\boldsymbol{A}^{\mathrm{T}} = \boldsymbol{A}$, das heißt $a_{mn} = a_{nm}$ für $m, n = 1(1)N$.

$\boldsymbol{A}$ heißt *positiv definit*, wenn die *quadratische Form* $Q(\boldsymbol{x}) := \boldsymbol{x}^{\mathrm{T}}\boldsymbol{A}\boldsymbol{x}$ für alle vom Nullvektor verschiedenen Vektoren $\boldsymbol{x}$, $\boldsymbol{x} \in \mathbb{R}^N$, größer als Null ist:

$$Q(\boldsymbol{x}) := \sum_{m=1}^{N} \sum_{n=1}^{N} a_{mn} x_m x_n > 0 , \qquad \boldsymbol{x} \neq \boldsymbol{o} . \tag{9}$$

$\boldsymbol{A}$ heißt *positiv semidefinit*, wenn die quadratische Form $Q(\boldsymbol{x})$ für alle Vektoren $\boldsymbol{x}$, $\boldsymbol{x} \in \mathbb{R}^N$, größer oder gleich Null ist.

$\boldsymbol{A}$ heißt *zerlegbar* (*reduzibel*), wenn die Matrix durch gleichartige Umnumerierung von Zeilen und Spalten auf die Gestalt der oberen Blockdreiecksmatrix $\hat{\boldsymbol{A}} = \begin{pmatrix} \boldsymbol{B} & \boldsymbol{C} \\ \boldsymbol{O} & \boldsymbol{F} \end{pmatrix}$ mit quadratischen Blöcken $\boldsymbol{B}$ und $\boldsymbol{F}$ und im allgemeinen rechteckigen Blöcken $\boldsymbol{O}$ (Nullmatrix) und $\boldsymbol{C}$ transformiert werden kann.

$\boldsymbol{A}$ heißt *schwach zerlegbar*, wenn die Matrix durch Vertauschen von Zeilen (und/oder Spalten) auf die Gestalt $\hat{\boldsymbol{A}}$ transformiert werden kann.

$\boldsymbol{A}$ heißt *M-Matrix*, wenn $\boldsymbol{A}$ regulär ist, sämtliche Nichtdiagonalelemente nichtpositiv und sämtliche Elemente der Inversen $\boldsymbol{A}^{-1}$ nichtnegativ sind.

$\boldsymbol{A}$ heißt *Stieltjes-Matrix*, wenn $\boldsymbol{A}$ symmetrisch, positiv definit und eine M-Matrix ist.

Wenn die Koeffizientenmatrix explizit vorliegt, können einige Eigenschaften leicht nachgeprüft werden. Gelegentlich weiß man auch, z. B. auf Grund physikalischer Überlegungen, daß die Matrix gewisse Symmetrie- oder Definitheitseigenschaften besitzen muß. Häufig ist es aber gerade bei großen Gleichungssystemen, die im Verlauf einer komplizierten Rechnung als Zwischenresultat anfallen, schwierig oder unmöglich, von vornherein zu entscheiden, ob die Matrix regulär oder gar positiv definit ist. Ein gutes numerisches Verfahren prüft deshalb während des Lösungsprozesses selbst, ob die benötigten Voraussetzungen (oder modifizierte Voraussetzungen, die Rundungsfehler berücksichtigen) gesichert sind.

Im folgenden untersuchen wir Zusammenhänge zwischen einigen der aufgezählten Eigenschaften.

2.1.2. Sätze über Matrizen

Satz 2.1.4. (strenge Regularität diagonal dominanter Matrizen).
Eine streng diagonal dominante Matrix ist streng regulär.

Beweis. Wir zeigen zunächst durch einen indirekten Beweis, daß jede diagonal dominante Matrix regulär ist. Wäre nämlich $\boldsymbol{A}$ singulär, so hätte das homogene lineare Gleichungssystem $\boldsymbol{A}\boldsymbol{x} = \boldsymbol{o}$ eine nichttriviale (also vom Nullvektor verschiedene) Lösung $\boldsymbol{x}$. Da Lösungen von homogenen linearen Systemen nur bis auf einen Faktor bestimmt sind (Ü 2.1.4), könnten wir $\boldsymbol{x}$ so normieren, daß seine betragsmäßig größte Komponente den Wert Eins hat,

$$x_k = 1 , \qquad |x_n| \leqq 1 , \qquad n = 1(1)N .$$

Dann ergäbe sich aus der k-ten Gleichung von $\boldsymbol{A}\boldsymbol{x} = \boldsymbol{b}$

$$-a_{kk}x_k = -a_{kk} = \sum_{\substack{n=1 \\ n \neq k}}^{N} a_{kn} x_n$$

die Ungleichung

$$|a_{kk}| \leqq \sum_{\substack{n=1\\n\neq k}}^{N} |a_{kn}|$$

im Widerspruch zur vorausgesetzten Diagonaldominanz (8). Die strenge Regularität folgt nun sofort, denn jede Hauptabschnittsmatrix einer diagonal dominanten Matrix ist trivialerweise auch diagonal dominant und damit — nach dem bereits bewiesenen Teil des Satzes — regulär. ■

Satz 2.1.5. (positive Definitheit streng diagonal dominanter Matrizen). *Eine symmetrische, streng diagonal dominante Matrix mit positiven Hauptdiagonalelementen ist positiv definit.*

Beweis. In der quadratischen Form (9) fassen wir die rein quadratischen Terme zu einer gesonderten Summe zusammen

$$Q(\boldsymbol{x}) = \sum_{k=1}^{N} a_{kk} x_k^2 + \sum_{k=1}^{N} \sum_{\substack{n=1\\n\neq k}}^{N} a_{kn} x_k x_n$$

und schätzen nach unten ab

$$Q(\boldsymbol{x}) \geqq \sum_{k=1}^{N} a_{kk} x_k^2 - \sum_{k=1}^{N} \sum_{\substack{n=1\\n\neq k}}^{N} |a_{kn}|\,|x_k|\,|x_n|\,.$$

Falls $\boldsymbol{x}$ verschieden vom Nullvektor ist, wird die erste Summe echt verkleinert, wenn man die a_{kk} durch die Betragssumme der Nichtdiagonalelemente (vgl. (8)) ersetzt:

$$Q(\boldsymbol{x}) > \sum_{k=1}^{N} \sum_{\substack{n=1\\n\neq k}}^{N} |a_{kn}|\, x_k^2 - \sum_{k=1}^{N} \sum_{\substack{n=1\\n\neq k}}^{N} |a_{kn}|\,|x_k|\,|x_n|\,.$$

Nach Ausklammern folgt

$$Q(\boldsymbol{x}) > \sum_{k=1}^{N} \sum_{\substack{n=1\\n\neq k}}^{N} |a_{kn}|\,|x_k|\,(|x_k| - |x_n|)$$

und wegen der Symmetrie von $\boldsymbol{A}$ auch

$$Q(\boldsymbol{x}) > \sum_{k=1}^{N} \sum_{\substack{n=1\\n\neq k}}^{N} |a_{kn}|\,|x_n|\,(|x_n| - |x_k|)\,.$$

Durch Addition dieser beiden Ungleichungen ergibt sich schließlich

$$Q(\boldsymbol{x}) > \tfrac{1}{2} \sum_{k=1}^{N} \sum_{\substack{n=1\\n\neq k}}^{N} |a_{kn}|\,(|x_k| - |x_n|)^2 \geqq 0\,. \tag{10}$$

Die quadratische Form $Q(\boldsymbol{x})$ ist also für $\boldsymbol{x} \neq \boldsymbol{o}$ echt größer als die rechts stehende Summe nichtnegativer Summanden. Damit ist die positive Definitheit nachgewiesen. ■

Für nicht zerlegbare Matrizen kann Satz 2.1.5 abgeschwächt werden:

Satz 2.1.6 (positive Definitheit schwach diagonal dominanter Matrizen). *Eine symmetrische, schwach diagonal dominante, nicht zerlegbare Matrix mit positiven Diagonalelementen ist positiv definit.*

Der Beweis kann wie bei Satz 2.1.5 geführt werden, nur ist das $>$-Zeichen durch $\geqq$ zu ersetzen. Folglich ist nachzuweisen, daß die Doppelsumme in (10) für alle $\boldsymbol{x} \neq \boldsymbol{o}$ echt positiv wird (Ü 2.1.10, SCHWARZ [1], S. 26). ■

Die *Zerlegbarkeit* einer symmetrischen Matrix läßt sich mit Hilfe des zugehörigen *Graphen* nachprüfen.

Algorithmus 2.1.7. Graph einer symmetrischen Matrix

Zeichne N *Knoten* (*Ecken*)

$k = 1(1)N$

  $l = k + 1(1)N$

  Wenn $a_{kl} \neq 0$ ist, so verbinde Knoten k mit Knoten l durch eine *Kante*

Beispiel 2.1.8. Wir zeichnen den Graphen der Matrix $\boldsymbol{A}$ in (11), in der die Nichtnullelemente außerhalb der Diagonalen durch * gekennzeichnet sind. Die Diagonalelemente sind für den Graphen belanglos. Auf ihrem Platz steht, um das Ablesen zu erleichtern, die Zeilen- bzw. Spaltennummer.

$$\boldsymbol{A} = \begin{pmatrix} 1 & * & \cdot & \cdot & * & \cdot & \cdot & \cdot & * & \cdot \\ * & 2 & \cdot & \cdot & \cdot & \cdot & \cdot & \cdot & \cdot & * \\ \cdot & \cdot & 3 & \cdot & \cdot & * & \cdot & \cdot & \cdot & \cdot \\ \cdot & \cdot & \cdot & 4 & \cdot & \cdot & \cdot & * & \cdot & \cdot \\ * & \cdot & \cdot & \cdot & 5 & \cdot & \cdot & \cdot & * & \cdot \\ \cdot & \cdot & * & \cdot & \cdot & 6 & * & \cdot & \cdot & \cdot \\ \cdot & \cdot & \cdot & \cdot & \cdot & * & 7 & \cdot & \cdot & \cdot \\ \cdot & \cdot & \cdot & * & \cdot & \cdot & \cdot & 8 & \cdot & \cdot \\ * & \cdot & \cdot & \cdot & * & \cdot & \cdot & \cdot & 9 & * \\ \cdot & * & \cdot & \cdot & \cdot & \cdot & \cdot & \cdot & * & 10 \end{pmatrix}, \quad \hat{\boldsymbol{A}} = \begin{pmatrix} 6 & * & * & & & & & & & \\ * & 7 & \cdot & & & & & & & \\ * & \cdot & 3 & & & & & & & \\ & & & 9 & * & * & \cdot & * & & \\ & & & * & 5 & * & \cdot & \cdot & & \\ & & & * & * & 1 & * & \cdot & & \\ & & & \cdot & \cdot & * & 2 & * & & \\ & & & * & \cdot & \cdot & * & 10 & & \\ & & & & & & & & 4 & * \\ & & & & & & & & * & 8 \end{pmatrix}. \tag{11}$$

Offensichtlich zerfällt der Graph (Abb. 2.1.3) in drei nicht miteinander verbundene Komponenten 1-5-9-10-2, 3-6-7 und 4-8. Vertauscht man in der Matrix $\boldsymbol{A}$ Zeile und Spalte 1 und 2 mit Zeile und Spalte 6 und 7 (das entspricht dem Tausch der Knotennummern 1 und 6 bzw. 2 und 7 in Abb. 2.1.3), so ergibt sich bereits eine zerlegbare Matrix von der Gestalt $\hat{\boldsymbol{A}} = \begin{pmatrix} \boldsymbol{B} & \boldsymbol{C} \\ \boldsymbol{O} & \boldsymbol{F} \end{pmatrix}$, wobei wegen der Symmetrie $\boldsymbol{C} = \boldsymbol{O}$ ist. Vertauscht man auch noch Zeile und Spalte 4 und 8 mit 9 und 10, so erhält man die Matrix $\hat{\boldsymbol{A}}$ in (11), bei der die Teilmatrix $\boldsymbol{F}$ ihrerseits auch noch in eine 5×5- und eine 2×2-Matrix zerfällt.

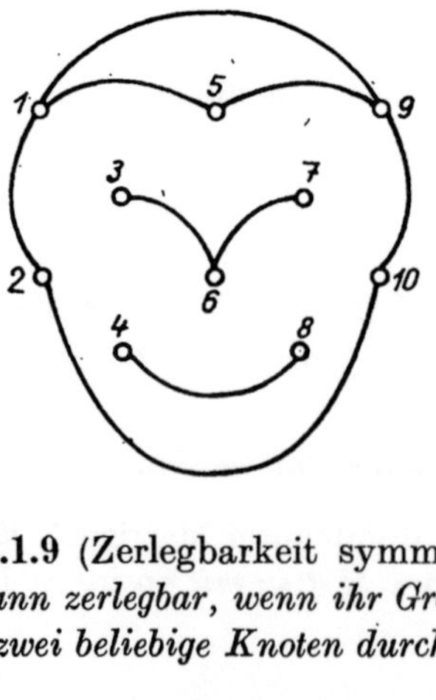

Abb. 2.1.3. Graph der Matrix $\boldsymbol{A}$ aus (11)

Satz 2.1.9 (Zerlegbarkeit symmetrischer Matrizen). *Eine symmetrische Matrix ist genau dann zerlegbar, wenn ihr Graph zerfällt (nicht zusammenhängend ist, d. h., wenn nicht je zwei beliebige Knoten durch eine Folge von Kanten verbunden sind).*

Beweis. Ü 2.1.11. ■

Bei großen Gleichungssystemen $\boldsymbol{Ax} = \boldsymbol{b}$ mit zerlegbaren Koeffizientenmatrizen verringert sich der Rechenaufwand wesentlich, wenn man durch Zeilen- und Spaltenvertauschung (mit den Zeilen sind die Komponenten von $\boldsymbol{b}$, mit den Spalten die Komponenten von $\boldsymbol{x}$ umzuordnen) zu $\hat{\boldsymbol{A}}\hat{\boldsymbol{x}} = \hat{\boldsymbol{b}}$ mit $\hat{\boldsymbol{A}} := \begin{pmatrix} \boldsymbol{B} & \boldsymbol{C} \\ \boldsymbol{O} & \boldsymbol{F} \end{pmatrix}$, $\hat{\boldsymbol{x}} := \begin{pmatrix} \boldsymbol{y} \\ \boldsymbol{z} \end{pmatrix}$, $\hat{\boldsymbol{b}} := \begin{pmatrix} \boldsymbol{c} \\ \boldsymbol{d} \end{pmatrix}$ übergeht und die beiden kleineren Systeme

$$\boldsymbol{Fz} = \boldsymbol{d} \quad \text{und} \quad \boldsymbol{By} = \boldsymbol{c} - \boldsymbol{Cz} \tag{12}$$

löst.

2.1.3. Vektor- und Matrixnormen

Zur Fehleranalyse hatten wir in Vorlesung 1.2 Konditionszahlen definiert. Da lineare Gleichungssysteme eine große Anzahl von Eingangsparametern (N^2 Matrixkoeffizienten und N Komponenten der rechten Seite) und eine große Anzahl von Ergebnisparametern (N Lösungskomponenten) besitzen, wäre auch eine große Anzahl von Konditionszahlen zu berechnen oder wenigstens abzuschätzen. Um diesen Aufwand zu verringern, ordnet man Vektoren und Matrizen *Maßzahlen* zu, die den Vektor bzw. die Matrix insgesamt statt der einzelnen Komponenten abzuschätzen gestatten. Diese Maßzahlen, die man als Verallgemeinerung des *Betrages* reeller oder komplexer Zahlen auffassen kann, nennt man *Normen*.

Definition 2.1.10 (Normaxiome für Vektoren). Ist für jeden Vektor $\boldsymbol{x}$, $\boldsymbol{x} \in \mathbb{R}^N$, eine reelle Zahl $\|\boldsymbol{x}\|$ erklärt, die die folgenden drei Eigenschaften besitzt, so soll $\|\boldsymbol{x}\|$ *Norm von* $\boldsymbol{x}$ heißen:

(V1) Nur der Nullvektor hat die Norm Null (*Definitheit*),

$$\|\boldsymbol{x}\| = 0 \quad \text{genau dann, wenn} \quad \boldsymbol{x} = \boldsymbol{o}\,.$$

(V2) Beträge von (skalaren) Faktoren kann man ausklammern (*Homogenität*),

$$\|c\,\boldsymbol{x}\| = |c|\,\|\boldsymbol{x}\|\,, \qquad \boldsymbol{x} \in \mathbb{R}^N, \quad c \in \mathbb{R}\,.$$

(V3) Für die Addition gilt die *Dreiecksungleichung*,

$$\|\boldsymbol{x} + \boldsymbol{y}\| \leqq \|\boldsymbol{x}\| + \|\boldsymbol{y}\|\,, \qquad \boldsymbol{x}, \boldsymbol{y} \in \mathbb{R}^N\,.$$

Man überzeugt sich leicht, daß die Norm jedes Nichtnullvektors positiv ist (Ü 2.1.17). Die Dreiecksungleichung wird gelegentlich auch in der folgenden Gestalt benötigt (Ü 2.1.18):

$$\|\boldsymbol{x} - \boldsymbol{y}\| \geqq \big|\|\boldsymbol{x}\| - \|\boldsymbol{y}\|\big|\,. \tag{13}$$

Beispiel 2.1.11. Die bekannteste Vektornorm ist die *Länge* (der *Betrag*) von Vektoren. Wenn man ein rechtwinkliges Koordinatensystem zugrunde legt, ergibt sich für die Länge

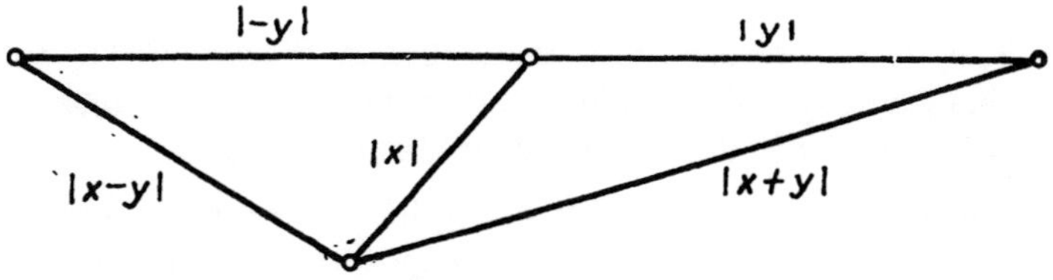

Abb. 2.1.4. Zur Dreiecksungleichung

eines Vektors in der Ebene nach dem Satz des PYTHAGORAS $|x| := \sqrt{x_1^2 + x_2^2}$. Die Dreiecksungleichung in der Form (V3) oder (13) kann für diese anschauliche Vektornorm unmittelbar aus Abb. 2.1.4 abgelesen werden.

Als Verallgemeinerung der Länge von Vektoren verwendet man im N-dimensionalen Raum die Norm

$$\|x\|_2 := \Big(\sum_{n=1}^{N} x_n^2\Big)^{1/2} \qquad (\textit{Euklidische Norm}). \tag{14}$$

Weniger anschaulich, aber für Abschätzungen oft bequemer sind die Normen

$$\|x\|_\infty := \max_{n=1(1)N} |x_n| \qquad (\textit{Maximumnorm, Čebyšev-Norm}) \tag{15}$$

und

$$\|x\|_1 := \sum_{n=1}^{N} |x_n| \qquad (\textit{Betragssummennorm, Manhattan-Norm}). \tag{16}$$

Beispiel 2.1.12. Wir berechnen die drei Normen für den Vektor $x = (1, -2, 3, -4)^T$. Es ist $\|x\|_2 = \sqrt{1^2 + (-2^2) + 3^2 + (-4)^2} = 5.477\ldots$, $\|x\|_\infty = \max(1, |-2|, 3, |-4|) = 4$ und $\|x\|_1 = 1 + |-2| + 3 + |-4| = 10$.

Ein- und demselben Vektor können also verschiedene Normen zugeordnet werden. Die aus dem Beispiel ablesbaren Größenverhältnisse gelten für beliebige Vektoren (Ü 2.1.22):

$$\|x\|_\infty \leqq \|x\|_2 \leqq \|x\|_1\,, \qquad x \in \mathbb{R}^N\,. \tag{17}$$

In der Ebene und im dreidimensionalen Raum kann man die drei Normen vergleichen, indem man die Gebiete $\|x\| \leqq 1$ geometrisch darstellt. Für die Maximumnorm ergibt sich das *Einheitsquadrat* (der *Einheitswürfel*), für die Euklidische Norm der *Einheitskreis* (die *Einheitskugel*) und für die Betragssummennorm ein auf der Spitze stehendes *Quadrat* (*Oktaeder*) mit der Kantenlänge $\sqrt{2}$ (vgl. Abb. 2.1.5). Aus diesem Grund nennt man die drei Normen auch *hexaedrische, sphärische* bzw. *oktaedrische Norm.*

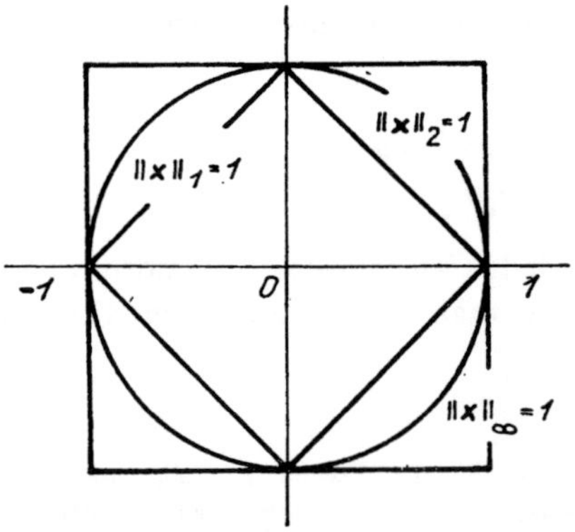

Abb. 2.1.5. Vergleich der drei Vektornormen $\|\cdot\|_1$, $\|\cdot\|_2$ und $\|\cdot\|_\infty$

Trotz der im Beispiel 2.1.12 recht unterschiedlichen Werte besteht eine gewisse qualitative Übereinstimmung: Für einen Vektor mit kleiner Länge werden alle Normen klein ausfallen, und für Vektoren mit großer Länge groß.

Satz 2.1.12 (Norm-Äquivalenz). *Sind* $\|\cdot\|$ *und* $\|\cdot\|'$ *zwei beliebige Vektornormen, so existieren zwei solche (möglicherweise von N abhängenden) positiven Zahlen c und d, daß für alle* x *aus* $\mathbb{R}^N$ *die Ungleichung* $c\|x\| \leqq \|x\|' \leqq d\|x\|$ *gilt.*

Wir beschränken uns auf den Vergleich der drei bisher eingeführten Normen (Ü 2.1.22). Für den allgemeinen Fall genügt es zu zeigen, daß alle Normen äquivalent zu einer, etwa der Euklidischen sind (Ü 2.1.23, vgl. COLLATZ [1], S. 133, SCHWETLICK [1], S. 16).

Die Normen (14)—(16) sind Spezialfälle der l_p-Normen

$$||\boldsymbol{x}||_p := \Big(\sum_{n=1}^{N} |x_n|^p\Big)^{1/p} , \tag{18}$$

die auch in unendlichdimensionalen Räumen verwendet werden. Offensichtlich erhält man (14) und (16) aus (18), wenn man $p = 2$ bzw. $p = 1$ setzt. Die Maximumnorm ergibt sich durch Grenzübergang $p \to \infty$ (Ü 2.1.24). Gelegentlich werden auch *gewichtete l_p-Normen*

$$||\boldsymbol{x}||_{p,\boldsymbol{q}} := \Big(\sum_{n=1}^{N} q_n\,|x_n|^p\Big)^{1/p} , \qquad q_n > 0\,, \quad n = 1(1)\,N\,, \tag{19}$$

verwendet, bei denen der Einfluß der einzelnen Komponenten des Vektors $\boldsymbol{x}$ auf die Norm durch positive Faktoren, die *Gewichte* q_n, gesteuert werden kann (Ü 2.1.25).

Ebenso wie für Vektoren kann man auch für *Matrizen Normen* einführen. Die ersten drei Normaxiome stimmen überein. Da für Matrizen eine Multiplikation erklärt ist, wird zur Abschätzung von Matrizenprodukten ein viertes Axiom hinzugenommen.

Definition 2.1.13 (Normaxiome für Matrizen). Ist für jede Matrix $\boldsymbol{A}$, $\boldsymbol{A} \in \mathbb{R}^{M\times N}$, eine reelle Zahl $||\boldsymbol{A}||$ erklärt, die die folgenden vier Eigenschaften besitzt, so soll $||\boldsymbol{A}||$ (*submultiplikative*) *Norm von* $\boldsymbol{A}$ heißen:

(M1) $||\boldsymbol{A}|| = 0$ genau dann, wenn $\boldsymbol{A} = \boldsymbol{O}$ (*Definitheit*),

(M2) $||c\boldsymbol{A}|| = |c|\,||\boldsymbol{A}||$, $c \in \mathbb{R}$, $\boldsymbol{A} \in \mathbb{R}^{M\times N}$ (*Homogenität*),

(M3) $||\boldsymbol{A} + \boldsymbol{B}|| \leqq ||\boldsymbol{A}|| + ||\boldsymbol{B}||$, $\boldsymbol{A}, \boldsymbol{B} \in \mathbb{R}^{M\times N}$ (*Dreiecksungleichung*),

(M4) $||\boldsymbol{A}\boldsymbol{B}|| \leqq ||\boldsymbol{A}||\,||\boldsymbol{B}||$, $\boldsymbol{A} \in \mathbb{R}^{M\times N}$, $\boldsymbol{B} \in \mathbb{R}^{N\times L}$ (*Submultiplikativität*).

Die Submultiplikativitätsforderung soll auch erfüllt sein, wenn der zweite Faktor ein Vektor ist.

Definition 2.1.14 (passende und zugeordnete Matrixnorm). Eine Matrixnorm $||\cdot||_{\mathrm{M}}$ heißt *passend* (*verträglich, konsistent, kompatibel*) zu einer Vektornorm $||\cdot||_{\mathrm{V}}$, wenn für alle $\boldsymbol{A}$ aus $\mathbb{R}^{M\times N}$ und alle $\boldsymbol{x}$ aus $\mathbb{R}^N$ gilt

$$||\boldsymbol{A}\boldsymbol{x}||_{\mathrm{V}} \leqq ||\boldsymbol{A}||_{\mathrm{M}}\,||\boldsymbol{x}||_{\mathrm{V}} \qquad (\textit{Verträglichkeitsbedingung}). \tag{20}$$

Eine Matrixnorm heißt einer Vektornorm *zugeordnet* (*untergeordnet, von der Vektornorm induziert*), wenn die Abschätzung (20) scharf ist, d. h., wenn es zu jeder Matrix $\boldsymbol{A}$ einen Nichtnullvektor $\boldsymbol{x}$ gibt, so daß in (20) das Gleichheitszeichen gilt.

Zu jeder Vektornorm existiert (mindestens) eine zugeordnete Matrixnorm:

Satz 2.1.15 (zugeordnete Matrixnorm). *Die Norm*

$$||\boldsymbol{A}||_{\mathrm{M}} := \max_{\boldsymbol{x}\neq\boldsymbol{o}} \frac{||\boldsymbol{A}\boldsymbol{x}||_{\mathrm{V}}}{||\boldsymbol{x}||_{\mathrm{V}}} = \max_{||\boldsymbol{y}||_{\mathrm{V}}=1} ||\boldsymbol{A}\boldsymbol{y}||_{\mathrm{V}} \tag{21}$$

ist eine der Vektornorm $||\cdot||_{\mathrm{V}}$ zugeordnete Matrixnorm.

Beweis. Nach Definition 2.1.14 erhält man eine zugeordnete Matrixnorm, wenn man die kleinste obere Schranke für den Quotienten $||\boldsymbol{A}\boldsymbol{x}||_{\mathrm{V}}/||\boldsymbol{x}||_{\mathrm{V}}$ bestimmt. Führt man den Einheitsvektor $y := x/||x||_V$ ein, so geht der Quotient in $f(y) := ||Ay||_V$ über. Die Funktion $f(y)$ ist eine reellwertige stetige Funktion und nimmt demzufolge über der Einheitskugel $||y||_V = 1$, einem beschränkten, abgeschlossenen Definitionsbereich, ihr Maximum an. Dieses Maximum ist eine reelle Zahl, die den Normaxiomen genügt (Ü 2.1.26). ■

Beispiel 2.1.16. Wir berechnen die Matrixnorm, die der Maximumnorm $||x||_\infty$ zugeordnet ist. Für jede Komponente des Vektors Ax gilt die Abschätzung

$$|\sum_{n=1}^{N} a_{kn}x_n| \leqq \sum_{n=1}^{N} |a_{kn}|\,|x_n| \leqq (\sum_{n=1}^{N} |a_{kn}|) \max_j |x_j| \, .$$

Für die betragsmäßig größte Komponente, die die Norm $||Ax||_\infty$ bestimmt, ergibt sich damit

$$||Ax||_\infty := \max_k |\sum_{n=1}^{N} a_{kn}x_n| \leqq (\max_k \sum_{n=1}^{N} |a_{kn}|)\, ||x||_\infty \, . \tag{22}$$

Sei m die Nummer der (einer) Zeile mit maximaler Zeilenbetragssumme. Dazu wählen wir einen Vektor x mit folgenden Komponenten

$$x_n := \operatorname{sgn}(a_{mn}) = \begin{cases} 1\,, & \text{falls } a_{mn} > 0\,, \\ 0, & \text{falls } a_{mn} = 0\,, \\ -1, & \text{falls } a_{mn} < 0\,, \qquad n = 1(1)N\,. \end{cases}$$

Seine $||\cdot||_\infty$-Norm ist gleich Eins, und die Ungleichung (22) wird für diesen speziellen Vektor zur Gleichung

$$\frac{||Ax||_\infty}{||x||_\infty} := \max_k |\sum_{n=1}^{N} a_{kn} \operatorname{sgn}(a_{mn})| = \sum_{n=1}^{N} |a_{mn}| \, .$$

Folglich ist die *maximale Zeilenbetragssumme* eine der Maximumnorm zugeordnete Matrixnorm:

$$||A||_\infty := \max_k z_k\,, \qquad z_k := \sum_{n=1}^{N} |a_{kn}| \qquad (\textit{Zeilensummennorm}). \tag{23}$$

In ähnlicher Weise kann man nachweisen, daß die *maximale Spaltenbetragssumme* eine der Betragssummennorm zugeordnete Matrixnorm ist (Ü 1.2.27),

$$||A||_1 := \max_n s_n\,, \qquad s_n := \sum_{k=1}^{N} |a_{kn}| \qquad (\textit{Spaltensummennorm}). \tag{24}$$

Zur Herleitung einer zur Euklidischen Vektornorm zugeordneten Matrixnorm benötigt man einige Hilfsmittel aus dem Gebiet der Matrizeneigenwertprobleme (Kap. 4). Genügen die (reelle oder komplexe) Zahl α und der Nichtnullvektor y, $y \in \mathbb{R}^N$, der Gleichung

$$Ay = \alpha y\,, \tag{25}$$

so heißt α *Eigenwert* und y *Eigenvektor* der $N \times N$-Matrix A. Der Betrag des betragsmäßig größten Eigenwertes von A heißt ihr *Spektralradius*

$$\varrho(A) := \max_{Ay=\alpha y} |\alpha|\,. \tag{26}$$

Damit kann eine der Vektornorm $||\cdot||_2$ zugeordnete Matrixnorm angegeben werden:

Satz 2.1.17 (Spektralnorm). *Die Quadratwurzel aus dem Spektralradius des Matrizenprodukts A^TA ist zugeordnete Matrixnorm zur Euklidischen Vektornorm*

$$||A||_2 := \sqrt{\varrho(A^TA)} \qquad (\textit{Spektralnorm}). \tag{27}$$

Den Beweis überlassen wir den Übungen (Ü 2.1.28, vgl. Collatz [1], S. 139). ■

Ist $\boldsymbol{A}$ symmetrisch, so stimmt der Spektralradius von $\boldsymbol{A}$ wegen $\varrho(\boldsymbol{A}^{\mathsf{T}}\boldsymbol{A}) = \varrho(\boldsymbol{A}^2) = (\varrho(\boldsymbol{A}))^2$ mit der Spektralnorm von $\boldsymbol{A}$ überein.

Die Berechnung der Spektralnorm ist aufwendig. Deshalb wird an ihrer Stelle oft eine der beiden folgenden Normen verwendet:

$$||\boldsymbol{A}||_{\mathrm{F}} := \Big(\sum_{m=1}^{N} \sum_{n=1}^{N} a_{mn}^2\Big)^{1/2} \qquad (\textit{Frobenius- oder Schursche Norm}), \tag{28}$$

$$||\boldsymbol{A}||_{\max} := N \cdot \max_{m,n=1(1)N} |a_{mn}| \qquad (\textit{Maximumnorm für Matrizen}). \tag{29}$$

Beide sind passend (aber nicht zugeordnet) zur Euklidischen Vektornorm (Ü 2.1.30)

Beispiel 2.1.18. Für die Matrix $\boldsymbol{A} := \begin{pmatrix} 1 & -3 \\ -5 & 2 \end{pmatrix}$ ergibt sich

$$||\boldsymbol{A}||_\infty = \max(1 + |-3|, |-5| + 2 = 7\,,$$
$$||\boldsymbol{A}||_1 = \max(1 + |-5|, |-3| + 2) = 6\,,$$
$$||\boldsymbol{A}||_{\mathrm{F}} = \sqrt{1^2 + (-3)^2 + (-5)^2 + 2^2} = 6.24\ldots,$$
$$||\boldsymbol{A}||_{\max} = 2\max(1, -3, -5, 2) = 10\,.$$

Die Eigenwerte der Matrix $\boldsymbol{A}^{\mathsf{T}}\boldsymbol{A} = \begin{pmatrix} 26 & -13 \\ -13 & 13 \end{pmatrix}$ sind (Ü 4.1.5) $\gamma_{1,2} = \frac{13}{2}(3 \pm \sqrt{5})$. Also ergibt sich $||\boldsymbol{A}||_2 = \max(\sqrt{|\gamma_1|}, \sqrt{|\gamma_2|}) = 5.83\ldots$.

Nach Satz 2.1.15 kann zu jeder Vektornorm eine zugeordnete Matrixnorm bestimmt werden. Umgekehrt findet man zu jeder Matrixnorm Vektornormen, zu denen die Matrixnorm zumindest passend ist (Ü 2.1.32).

2.1.4. Elementare Matrizen

Jede M × N-Matrix $\boldsymbol{C}$ vom Rang Eins kann als *dyadisches Produkt*

$$\boldsymbol{u}\boldsymbol{v}^{\mathsf{T}} := \begin{pmatrix} u_1v_1 & u_1v_2 & \cdots & u_1v_N \\ u_2v_1 & u_2v_2 & \cdots & u_2v_N \\ \vdots & \vdots & & \vdots \\ u_Mv_1 & u_Mv_2 & \cdots & u_Mv_N \end{pmatrix} \tag{30}$$

zweier Vektoren $\boldsymbol{u}$, $\boldsymbol{u} \in \mathbb{R}^M$, und $\boldsymbol{v}$, $\boldsymbol{v} \in \mathbb{R}^N$, dargestellt werden. Normiert man beide Vektoren auf die Euklidische Norm Eins, so besitzt $\boldsymbol{C}$ die Darstellung

$$\boldsymbol{C} = c\boldsymbol{u}\boldsymbol{v}^{\mathsf{T}}\,, \quad ||\boldsymbol{u}||_2 = 1\,, \quad ||\boldsymbol{v}||_2 = 1\,. \tag{31}$$

Definition 2.1.19. Jede Rang-Eins-modifizierte Einheitsmatrix

$$\boldsymbol{E} := \boldsymbol{I}_N - c\boldsymbol{u}\boldsymbol{v}^{\mathsf{T}}\,, \qquad c \in \mathbb{R}\,, \quad \boldsymbol{u}, \boldsymbol{v} \in \mathbb{R}^N\,, \tag{32}$$

heißt *elementare Matrix.*

Satz 2.1.20 (Regularität elementarer Matrizen). *Eine elementare Matrix ist genau dann regulär, wenn das Skalarprodukt* $\boldsymbol{v}^{\mathsf{T}}\boldsymbol{u}$ *verschieden von* $1/c$ *ist. Die inverse Matrix* $\boldsymbol{E}^{-1}$ *hat dann die Gestalt*

$$\boldsymbol{E}^{-1} = \boldsymbol{I}_N - d\boldsymbol{u}\boldsymbol{v}^{\mathsf{T}} \quad \textit{mit} \quad \frac{1}{c} + \frac{1}{d} = \boldsymbol{v}^{\mathsf{T}}\boldsymbol{u}\,.$$

Den Beweis überlassen wir den Übungen (Ü 2.1.39). ■

Die aus dem Algebra-Kurs bekannten *elementaren Umformungen* (Tausch zweier Zeilen, Addition des Vielfachen einer Zeile zu einer anderen) lassen sich durch Linksmultiplikation mit einer elementaren Matrix realisieren. Die entsprechenden Spaltenoperationen erreicht man durch Rechtsmultiplikation mit einer elementaren Matrix (Ü 2.1.40).

Die Linksmultiplikation $\boldsymbol{A}' := \boldsymbol{EA}$ einer Matrix $\boldsymbol{A}$ mit einer elementaren Matrix $\boldsymbol{E}$ der Gestalt (32) wird numerisch in folgender Weise realisiert:

Algorithmus 2.1.21. Matrixmultiplikation mit elementaren Matrizen MEM ($\boldsymbol{A}$, c, $\boldsymbol{u}$, $\boldsymbol{v}$, $\boldsymbol{A}'$)

$\boldsymbol{w}^{\mathrm{T}} := \boldsymbol{v}^{\mathrm{T}}\boldsymbol{A}$	Berechnung eines Zeilenvektors
$\boldsymbol{C} := (c\boldsymbol{u})\,\boldsymbol{w}^{\mathrm{T}}$	Berechnung eines dyadischen Produkts
$\boldsymbol{A}' := \boldsymbol{A} - \boldsymbol{C}$	Subtraktion

Der Rechenaufwand (vgl. B 2.1.2) beträgt $2\,N^2 + N$ Multiplikationen. Würde man dagegen die Matrix $\boldsymbol{E}$ explizit ausrechnen (vgl. (30) und (31)) und anschließend mit $\boldsymbol{A}_l$ multiplizieren, so wären $N^3 + N^2 + N$ Multiplikationen erforderlich.

Die Bedeutung der elementaren Matrizen liegt darin, daß sich Matrizen als Produkte elementarer Matrizen darstellen lassen und Lösungsalgorithmen für lineare Gleichungssysteme und für Eigenwertprobleme als Folge von Multiplikationen mit elementaren Matrizen beschrieben werden können.

2.1.5. Bemerkungen

B 2.1.1. Das ausführlichste Werk zur numerischen linearen Algebra stammt von Faddejew, Faddejewa [1]. Wir verweisen ferner auf die Lehrbücher von Householder [1], Wilkinson [1], Todd [1] und Voevodin [2]. Literaturzusammenstellungen findet man bei Householder [2] und Voevodin [1, 3]. Besonders auf die Verwendung von elektronischen Rechenanlagen ausgerichtet sind die Bücher von Forsythe, Moler [1], Forsythe, Malcolm, Moler [1], Rutishauser [1] und Stewart [1], sowie die Programmsammlungen in ALGOL von Wilkinson, Reinsch [1] und in FORTRAN von Dongarra et al. [1] (vgl. auch Voevodin [3]).

B 2.1.2. Um verschiedene numerische Verfahren vergleichen zu können, zählt man in der Regel die benötigten arithmetischen Grundoperationen. Da Multiplikation und Division gegenüber Addition und Subtraktion ein Vielfaches an Rechenzeit benötigen, beschränkt man sich meist auf das Zählen der multiplikativen Verknüpfungen, die man auch als *wesentliche Rechenoperationen* bezeichnet. Unter dem *Rechenaufwand* (der *Komplexität*) eines Verfahrens versteht man die Anzahl der benötigten wesentlichen Rechenoperationen.

B 2.1.3. Die Struktur nichtsymmetrischer Matrizen kann man mit Hilfe *gerichteter Graphen* (*Diagraphen*) darstellen. Dazu verbindet man in Verallgemeinerung von Algorithmus 2.1.7 die Knoten k und l durch einen *Pfeil* (einen gerichteten *Bogen*), falls a_{kl} verschieden von Null ist. Auch im Fall unsymmetrischer Matrizen läßt sich dann die *Zerlegbarkeit* mit Hilfe des zugehörigen Graphen überprüfen. Man muß nur das Zerfallen eines Graphen etwas allgemeiner definieren (Dörfler, Mühlbacher [1]): Ein *gerichteter Graph zerfällt nicht* (*ist stark zusammenhängend*), wenn es von jedem Knoten k zu jedem Knoten l eine (aus einem oder mehreren Bögen bestehende) *Bahn* gibt. Dabei sind die Bögen Einbahnstraßen, die nur in der vorgeschriebenen Richtung durchlaufen werden dürfen. In Abb. 2.1.6 ist der „*Autograph*“ stark zusammenhängend und der „*Geograph*“ nicht (vgl. Ü 2.1.13, Bunch, Rose [1], S. 275ff.).

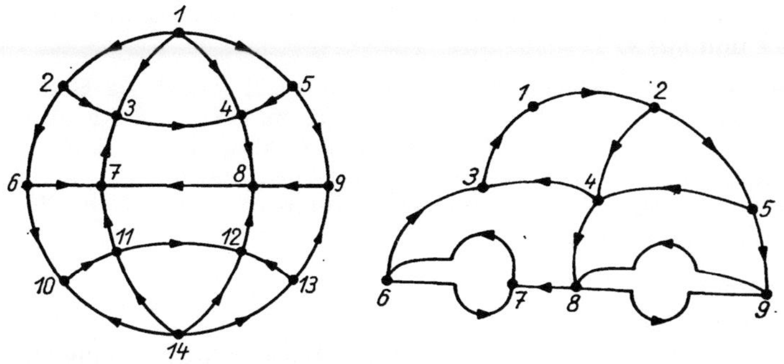

Abb. 2.1.6. Zwei gerichtete Graphen

B 2.1.4. Die durch (21) definierten *zugeordneten Matrixnormen* werden auch mit lub (A) bezeichnet, weil sie die kleinste obere Schranke (engl. *l*east *u*pper *b*ound) für den Quotienten $\|Ax\|/\|x\|$ darstellen (VARGA [1]). Interpretiert man A als *Abbildung* $x' := Ax$ des $\mathbb{R}^N$ auf den $\mathbb{R}^M$, so bekommt lub $(A) = \max\limits_{x \neq o} \|Ax\|/\|x\|$ die anschauliche Bedeutung der *maximalen Streckung*, die ein Vektor aus $\mathbb{R}^N$ durch die Abbildung erfahren kann.

B 2.1.5. Bei rechteckigen Matrizen A, $A \in \mathbb{R}^{M \times N}$, gehören die Vektoren x und Ax verschiedenen Räumen an. Verwendet man in beiden Räumen verschiedene Vektornormen $\|\cdot\|_{V_N}$ und $\|\cdot\|_{V_M}$, so erfüllt die durch $\|A\|^* := \max\limits_{x \neq o} (\|Ax\|_{V_M}/\ \|x\|_{V_N})$ definierte „verallgemeinerte" Norm im allgemeinen nicht die Submultiplikativitätsforderung (TODD [1], S. 27 und S. 129), kann aber durch einen geeigneten Faktor in eine (submultiplikative) Norm übergeführt werden (Ü 2.1.31): $\|A\| := c\,\|A\|^*$, $c \geqq 1$.

2.1.6. Übungsaufgaben

Ü 2.1.1. Man beweise die folgenden Rechenregeln für Matrizen:

a) $(AB)^{\mathsf{T}} = B^{\mathsf{T}}A^{\mathsf{T}}$, A, B Matrizen passenden Formats,

b) $(A^{-1})^{\mathsf{T}} = (A^{\mathsf{T}})^{-1}\ (=: A^{-\mathsf{T}})$, A reguläre Matrix,

c) $(AB)^{-1} = B^{-1}A^{-1}$, A, B reguläre Matrizen.

Ü 2.1.2. Man zeige, daß die Matrizenmultiplikation im allgemeinen nicht kommutativ ist: $AB \neq BA$.

Ü 2.1.3. Unter welchen Bedingungen ist ein lineares Gleichungssystem $Ax = b$ lösbar (eindeutig lösbar)?

Ü 2.1.4. Man zeige: Ist x eine Lösung des homogenen linearen Gleichungssystems $Ax = o$, so ist auch cx, $c \in \mathbb{R}$, eine Lösung.

Ü 2.1.5. Man zeige: Ist A quadratisch, so besitzt das homogene System $Ax = o$ genau dann nur die triviale Lösung, wenn A regulär ist.

Ü 2.1.6. Man beweise, daß die durch die Cramersche Regel (5) bestimmten Komponenten x_n das lineare Gleichungssystem (1) erfüllen.

Ü 2.1.7. Man löse das Gleichungssystem

$$\begin{aligned} 0.00125\,x_1 + 2.12\,x_2 - 1.75\,x_3 &= 5.36\,,\\ 1.86\,x_1 + 0.025\,x_2 + 3.86\,x_3 &= 30.3\,,\\ 2.34\,x_1 - 1.95\,x_2 - 0.375\,x_3 &= 12.5 \end{aligned}$$

mit Hilfe der Cramerschen Regel.

Ü 2.1.8. Mit Hilfe der Cramerschen Regel löse man das Gleichungssystem aus Beispiel 2.1.2 für $K(t, s) \equiv 1$ und $b(t) \equiv 1$.

Ü 1.2.9. Wieviel wesentliche Rechenoperationen (B 2.1.2) kostet die Bestimmung der N Lösungskomponenten mit Hilfe der Cramerschen Regel? Wieviel Rechenoperationen sind das im Fall $N = 10, 100, 1000, 10000$? Wieviel Zeit würde ein Rechner mit einer Rechengeschwindigkeit von 10^6 multiplikativen Operationen pro Sekunde dafür benötigen? Hinweis: Für große N kann $N!$ näherungsweise durch die Stirlingsche Formel $N! \approx \approx \sqrt{2\pi N}\, N^N \cdot e^{-N}$ bestimmt werden.

Ü 2.1.10. Man beweise Satz 2.1.6.

Ü 2.1.11. Man beweise Satz 2.1.9.

Ü 2.1.12. Man zeichne den Graphen der Matrix aus Beispiel 2.1.2. Ist die Matrix zerlegbar, diagonal dominant, positiv definit?

Ü 2.1.13. Man gebe Matrizen an, deren Struktur durch die Graphen in Abb. 2.1.6 beschrieben wird. Man transformiere die Matrix des „Geographen" durch Zeilen- und Spaltentausch auf die Gestalt $\begin{pmatrix} \boldsymbol{B} & \boldsymbol{C} \\ \boldsymbol{O} & \boldsymbol{F} \end{pmatrix}$.

Ü 2.1.14. Man zeige: ist $\boldsymbol{A}$ positiv definit, so sind die Diagonalelemente von $\boldsymbol{A}$ positiv.

Ü 2.1.15. Man zeige: Verschwindet in einer positiv semidefiniten symmetrischen Matrix $\boldsymbol{A}$ ein Diagonalelement ($a_{nn} = 0$), so verschwinden auch sämtliche Koeffizienten der zugehörigen Zeile und Spalte, $a_{nk} = a_{kn} = 0$, $k = 1(1)N$.

Ü 2.1.16. Man zeige: Ist die $N \times N$-Matrix $\boldsymbol{A}$ symmetrisch und positiv semidefinit und ist der Hauptminor $\boldsymbol{B} := \boldsymbol{A}_{N-1,N-1}$ nichtsingulär, so besitzt die Matrix $\boldsymbol{A}$ die Darstellung

$$\boldsymbol{A} = \begin{pmatrix} \boldsymbol{B} & \boldsymbol{B}\boldsymbol{y} \\ \boldsymbol{y}^{\mathrm{T}}\boldsymbol{B} & \boldsymbol{y}^{\mathrm{T}}\boldsymbol{B}\boldsymbol{y} \end{pmatrix},$$

wo $\boldsymbol{y}$ einen $(N-1)$dimensionalen Vektor bezeichnet.

Ü 2.1.17. Man zeige mit Hilfe der Normaxiome für Vektoren, daß für jeden Nichtnullvektor die Ungleichung $\|\boldsymbol{x}\| > 0$ gilt.

Ü 2.1.18. Man leite die Dreiecksungleichung (13) aus (V3) her. Für welche Vektoren gilt in (V3) bzw. (13) das Gleichheitszeichen?

Ü 2.1.19. Man zeige, daß der für komplexe Zahlen $z = u + iv$ definierte Betrag $|z| := := \sqrt{u^2 + v^2}$ die Normaxiome (V1)—(V3) erfüllt.

Ü 2.1.20. Man zeige, daß die Vektornormen (14)—(16) die Normaxiome erfüllen und stetige Funktionen von $\boldsymbol{x}$ sind.

Ü 2.1.21. Man beweise die Ungleichung (17). Für welche Vektoren gilt das Gleichheitszeichen?

Ü 2.1.22. Man beweise die drei Ungleichungen $\|\boldsymbol{x}\|_\infty \leqq \|\boldsymbol{x}\|_2 \leqq \sqrt{N}\, \|\boldsymbol{x}\|_\infty$,

$$\frac{1}{N} \|\boldsymbol{x}\|_1 \leqq \|\boldsymbol{x}\|_\infty \leqq \|\boldsymbol{x}\|_1 \quad \text{und} \quad \frac{1}{\sqrt{N}} \|\boldsymbol{x}\|_1 \leqq \|\boldsymbol{x}\|_2 \leqq \|\boldsymbol{x}\|_1 .$$

Ü 2.1.23. Man zeige: Sind zwei Vektornormen äquivalent (Satz 2.1.12) zur Euklidischen Norm, so sind sie auch zueinander äquivalent.

Ü 2.1.24. Man beweise $\max\limits_{n=1(1)N} |x_n| = \lim\limits_{p\to\infty} \left(\sum\limits_{n=1}^{N} |x_n|^p\right)^{1/p}$.

Ü 2.1.25. Man zeige, daß (19) keine Norm definiert, wenn mindestens eines der Gewichte verschwindet ($q_k = 0$).

Ü 2.1.26. Man zeige, daß die durch (21), (23), (24), (27)—(29) definierten Matrixnormen den Axiomen (M1)—(M4) genügen.

Ü 2.1.27. Man zeige, daß die Spaltensummennorm (24) zugeordnete Matrixnorm zur Vektornorm (16) ist.

Ü 2.1.28. Man beweise Satz 2.1.17.

Ü 2.1.29. Man zeige: Ist $\|\cdot\|_M$ eine zugeordnete Matrixnorm, so hat die Einheitsmatrix die Norm Eins: $\|\boldsymbol{I}_N\|_M = 1$. Zum Vergleich berechne man die Normen $\|\boldsymbol{I}_N\|_F$ und $\|\boldsymbol{I}_N\|_{max}$ nach (28) und (29).

Ü 2.1.30. Man prüfe, zu welchen Vektornormen die Frobenius-Norm und die Maximumnorm für Matrizen passend sind.

Ü 2.1.31. Man zeige: Ist jeder Matrix $\boldsymbol{A}$ eine reelle Zahl $\|\boldsymbol{A}\|^*$ zugeordnet, die den Normaxiomen (M1)—(M3), nicht aber dem Submultiplikativitätsaxiom (M4) genügt, so gibt es immer eine kleinste Konstante c, $c > 1$, so daß $\|\boldsymbol{A}\| := c\,\|\boldsymbol{A}\|^*$ eine (submultiplikative) Matrixnorm ist.

Ü 2.1.32. Man beweise: Ist $\|\cdot\|_M$ eine Matrixnorm, so kann man mit Hilfe jedes beliebigen Nichtnullvektors $\boldsymbol{v}$ eine Vektornorm $\|\boldsymbol{x}\|_V := \|\boldsymbol{x}\boldsymbol{v}^T\|_M$ definieren, zu der $\|\cdot\|_M$ passende Matrixnorm ist. Als Beispiel wähle man $\boldsymbol{v} := \boldsymbol{e}_k$ (k-ter Einheitsvektor).

Ü 2.1.33. Man beweise die Ungleichungen $\|\boldsymbol{A}\|_2 \leqq \|\boldsymbol{A}\|_F \leqq \sqrt{N}\,\|\boldsymbol{A}\|_2$, $\|\boldsymbol{A}\|_2^2 \leqq \|\boldsymbol{A}\|_1 \cdot \|\boldsymbol{A}_\infty\|$ und $\varrho(\boldsymbol{A}) \leqq \|\boldsymbol{A}\|$ ($\boldsymbol{A}$ quadratisch, $\|\cdot\|$ beliebige, zu einer Vektornorm passende Matrixnorm).

Ü 2.1.34. Man berechne Matrixnormen zu den Matrizen aus Ü 2.1.7 und Ü 2.1.8.

Ü 2.1.35. Man zeige: Gilt für zwei Matrizen gleichen Formats elementweise die Betragsungleichung $|\boldsymbol{A}| \leqq |\boldsymbol{B}|$ (d. h. $|a_{mn}| \leqq |b_{mn}|$), so ist $\|\boldsymbol{A}\|_\infty \leqq \|\boldsymbol{B}\|_\infty$ und $\|\boldsymbol{A}\|_1 \leqq \|\boldsymbol{B}\|_1$, aber nicht notwendig $\|\boldsymbol{A}\|_2 \leqq \|\boldsymbol{B}\|_2$.

Ü 2.1.36. Man beweise: Wegen des Submultiplikativitätsaxioms (M4) gilt für Potenzen quadratischer Matrizen $\|\boldsymbol{A}^n\| \leqq \|\boldsymbol{A}\|^n$.

Ü 2.1.37. Man beweise: Ist $\|\cdot\|$ eine zugeordnete Matrixnorm und gilt für alle $\boldsymbol{x}$ aus $\mathbb{R}^N$ die Ungleichung $\|\boldsymbol{A}\boldsymbol{x}\| \leqq K\|\boldsymbol{x}\|$, so ist $\|\boldsymbol{A}\| \leqq K$.

Ü 2.1.38. Man beweise $\|\boldsymbol{A}\|_F = \sqrt{\operatorname{trace}(\boldsymbol{A}^T\boldsymbol{A})}$. Dabei bezeichnet trace ($\boldsymbol{C}$) die Summe der Diagonalelemente, die *Spur* einer Matrix: trace $(\boldsymbol{C}) := \sum_{n=1}^{N} c_{nn}$.

Ü 2.1.39. Man beweise Satz 2.1.20.

Ü 2.1.40. Man gebe *elementare Matrizen* an, die bei der Linksmultiplikation mit einer Matrix $\boldsymbol{A}$ deren k-te und j-te Zeile vertauschen bzw. das l-fache der k-ten Zeile zur j-ten Zeile addieren. Was bewirkt die Rechtsmultiplikation von $\boldsymbol{A}$ mit denselben elementaren Matrizen?

Ü 2.1.41. Mit Hilfe von Satz 2.1.20 beweise man die *Sherman-Morrison-Formel* für die Inverse einer Rang-Eins-modifizierten regulären Matrix

$$(\boldsymbol{A} - \boldsymbol{u}\boldsymbol{v}^T)^{-1} = \boldsymbol{A}^{-1} + \frac{\boldsymbol{A}^{-1}\boldsymbol{u}\boldsymbol{v}^T\boldsymbol{A}^{-1}}{1 - \boldsymbol{v}^T\boldsymbol{A}^{-1}\boldsymbol{u}}, \qquad \boldsymbol{v}^T\boldsymbol{A}^{-1}\boldsymbol{u} \neq 1 .$$

Ü 2.1.42. Man zeige: Die Sherman-Morrison-Formel bleibt gültig, wenn man die N-Vektoren $\boldsymbol{u}$ und $\boldsymbol{v}$ durch $N \times M$-Matrizen $\boldsymbol{U}$ und $\boldsymbol{V}$ ersetzt:

$$(\boldsymbol{A} - \boldsymbol{U}\boldsymbol{V}^T)^{-1} = \boldsymbol{A}^{-1} + \boldsymbol{A}^{-1}\boldsymbol{U}(\boldsymbol{I} - \boldsymbol{V}^T\boldsymbol{A}^{-1}\boldsymbol{U})^{-1}\,\boldsymbol{V}^T\boldsymbol{A}^{-1} .$$

Dabei wird vorausgesetzt, daß $\boldsymbol{I} - \boldsymbol{V}^T\boldsymbol{A}^{-1}\boldsymbol{U}$ regulär ist und $M < N$ gilt.

2.2. Der Gauß-Algorithmus

Der *Gaußsche Eliminationsprozeß* ist das wichtigste direkte Verfahren zur Lösung linearer Gleichungssysteme. Das Grundprinzip der *Elimination* ist bereits aus der Schule bekannt. Mit Hilfe einer Gleichung entfernt man eine Unbekannte x_n aus den restlichen Gleichungen und führt das System dadurch in ein kleineres System von nur noch $N - n$ Gleichungen für nur noch $N - n$ Unbekannte über.

Bei einem *Gauß-Schritt* geschieht das dadurch, daß man geeignete Vielfache einer Zeile, der *Pivotzeile*, von den restlichen Zeilen subtrahiert:

$$\text{neue Zeile} := \text{alte Zeile} - \frac{n\text{-ter Koeffizient der alten Zeile}}{\text{Pivotelement}} \cdot \text{Pivotzeile} .$$

Dabei wird der Koeffizient von x_n in der Pivotzeile als *Pivotelement* und der Quotient als *Eliminationskoeffizient* bezeichnet.

Beispiel 2.2.1. Zur Lösung des Gleichungssystems

$$x_1 - 2x_2 - x_3 = -1\,, \tag{1}$$

$$3x_1 - 6x_2 + x_3 - 6x_4 = -1\,, \tag{2}$$

$$x_1 + 2x_2 - 3x_3 + 4x_4 = 3\,, \tag{3}$$

$$2x_1 - 2x_2 + 2x_3 - 5x_4 = 1 \tag{4}$$

wählen wir Zeile 1 als *erste Pivotzeile* und addieren das (-3)fache zur zweiten, das (-1)fache zur dritten und das (-2)fache zur vierten Zeile. Dadurch ergibt sich ein reduziertes System von nur noch drei Gleichungen für drei Unbekannte:

$$4x_3 - 6x_4 = 2\,, \tag{2'}$$

$$4x_2 - 2x_3 + 4x_4 = 4\,, \tag{3'}$$

$$2x_2 + 3x_3 - 5x_4 = 3\,. \tag{4'}$$

Als *zweite Pivotzeile* wählen wir (4′) und addieren das (-2)fache zur Zeile (3′), so daß nur noch zwei Gleichungen mit zwei Unbekannten übrigbleiben.

$$4x_3 - 6x_4 = 2\,, \tag{2''}$$

$$-8x_3 + 14x_4 = -2\,. \tag{3''}$$

Schließlich addieren wir das 2fache von (2″), der *dritten Pivotzeile*, zur Zeile (3″):

$$2x_4 = 2\,. \tag{3'''}$$

Durch drei Eliminationsschritte haben wir die Ausgangsgleichungen (1)–(4) in das *gestaffelte System*

$$\left.\begin{aligned} x_1 - 2x_2 - x_3 \qquad &= -1\,,\\ 2x_2 + 3x_3 - 5x_4 &= 3\,,\\ 4x_3 - 6x_4 &= 2\,,\\ 2x_4 &= 2 \end{aligned}\right\} \tag{5}$$

übergeführt, das sich leicht auflösen läßt, wenn man mit der letzten Gleichung beginnt (*Rückwärtseinsetzen*):

$$\left.\begin{aligned} x_4 &= 1\,,\\ x_3 &= (2 + 6x_4)/4 = 2\,,\\ x_2 &= (3 - 3x_3 + 5x_4)/2 = 1\,,\\ x_1 &= -1 + 2x_2 + x_3 \quad = 3\,. \end{aligned}\right\} \tag{6}$$

Falls man mit Bleistift und Papier rechnet, sollte man sich ein *Rechenschema* anlegen, in das neben der Koeffizientenmatrix $\boldsymbol{A}$ und der rechten Seite $\boldsymbol{b}$ als *Rechenkontrolle* noch der Vektor $\boldsymbol{v}$ der negativen Zeilensummen v_m,

$$v_m := -b_m - \sum_{n=1}^{N} a_{mn}\,, \qquad m = 1(1)N\,, \tag{7}$$

eingetragen wird. Behandelt man die v_m bei jedem Gauß-Schritt wie die a_{mn} und die b_m, so bleibt, wenn man sich nicht verrechnet, die Gesamtzeilensumme Null erhalten (Ü 2.2.1).

Die drei Eliminationsschritte für das Beispiel 2.2.1 sind in Tab. 2.2.1 noch einmal zusammengestellt. Die drei (fett gesetzten) Pivotzeilen und die letzte Zeile bilden das gestaffelte System. (Für eine verkürzte Schreibweise dieses Rechenschemas vgl. B 2.3.4.)

Tab. 2.2.1. Gauß-Elimination für ein 4×4-Gleichungssystem

Nr.	A				b	v	Eliminations-koeffizient	
1	1	−2	−1	0	−1	3		Ausgangssystem
2	3	−6	1	−6	−1	9		
3	1	2	−3	4	3	−7		
4	2	−2	1	−5	1	3		
1	1	−2	−1	0	−1	3		erster Gauß-Schritt
2	0	0	4	−6	2	0	3	
3	0	4	−2	4	4	−10	1	
4	0	2	3	−5	3	−3	2	
4	0	2	3	−5	3	−3		zweiter Gauß-Schritt
3	0	0	−8	14	−2	−4	2	
2	0	0	4	−6	2	0	0	
2	0	0	4	−6	2	0		dritter Gauß-Schritt
3	0	0	0	2	2	−4	−2	
3	0	0	0	2	2	−4		

2.2.1. Systeme mit mehreren rechten Seiten

Bei der allgemeinen Beschreibung des Gauß-Algorithmus gehen wir statt von $\boldsymbol{Ax} = \boldsymbol{b}$ von dem System

$$\boldsymbol{AX} = \boldsymbol{B} \tag{8}$$

aus. Hier ist $\boldsymbol{A}$ wie bisher eine $N \times N$-Matrix. An die Stelle der Vektoren $\boldsymbol{x}$ und $\boldsymbol{b}$ sind dagegen die $N \times M$-Matrizen $\boldsymbol{X}$ und $\boldsymbol{B}$ getreten. Die Lösung von (8) bedeutet im Fall

$M = 1$ die Auflösung *eines* linearen Gleichungssystems,

$M = 2, 3, \ldots$ die *gleichzeitige* Auflösung von *mehreren* Gleichungssystemen mit derselben Koeffizientenmatrix $\boldsymbol{A}$, aber verschiedenen rechten Seiten (den Spalten von $\boldsymbol{B}$),

$M = N$ und $\boldsymbol{B} = \boldsymbol{I}$ (Einheitsmatrix) die Berechnung der inversen Matrix $\boldsymbol{A}^{-1}$ (vgl. B 2.2.3).

Wir fassen die Matrizen $\boldsymbol{A}$ und $\boldsymbol{B}$ zu einer Gesamtmatrix $\boldsymbol{G}$ vom Format $N \times (N + M)$ zusammen.

$$\boldsymbol{G} = \begin{pmatrix} g_{11} & \cdots & g_{1N} & g_{1,N+1} & \cdots & g_{1,N+M} \\ \vdots & & \vdots & \vdots & & \vdots \\ g_{N1} & \cdots & g_{NN} & g_{N,N+1} & \cdots & g_{N,N+M} \end{pmatrix} := \begin{pmatrix} a_{11} & \cdots & a_{1N} & b_{11} & \cdots & b_{1M} \\ \vdots & & \vdots & \vdots & & \vdots \\ a_{N1} & \cdots & a_{NN} & b_{N1} & \cdots & b_{NM} \end{pmatrix}. \tag{9}$$

Bei dem Beispiel in Tab. 2.2.1 wurde die Pivotzeile vor jedem Gauß-Schritt an die erste Stelle der noch verbliebenen Zeilen gerückt. Diesen Aufwand kann man sparen Es genügt zu kennzeichnen, welche Zeilen bereits als Pivotzeilen verwendet wurden und in der weiteren Rechnung unberührt bleiben sollen. Dazu führen wir einen *Indexvektor* $\boldsymbol{p}$ ein, der zu Beginn der Rechnung die Zeilennummern von 1 bis N in natürlicher Reihenfolge enthält. Beim n-ten Schritt wird dann die Nummer der n-ten

Pivotzeile an die n-te Stelle gerückt. Statt der betreffenden Zeilen werden also lediglich die entsprechenden Komponenten des Indexvektors vertauscht. In Tab. 2.2.1 sind die Komponenten von $\boldsymbol{p}$ in der ersten Spalte abzulesen. Nach Abschluß der Elimination hat $\boldsymbol{p}$ die vier Komponenten 1, 4, 2, 3 und gibt damit die Reihenfolge an, in der die Zeilen als Pivotzeilen verwendet wurden.

Welche Zeile sollte man als *Pivotzeile* wählen? Nicht geeignet sind offenbar solche, in denen der Koeffizient der zu eliminierenden Unbekannten x_n bereits gleich Null ist (Gleichung (2′) im obigen Beispiel). Numerisch ungeeignet sind aber auch diejenigen, in denen der betreffende Koeffizient (betragsmäßig) sehr klein ist und demzufolge meist einen großen relativen Fehler besitzt. Bei der *teilweisen Pivotsuche* (*Spaltenpivotsuche*) wählt man zur Elimination von x_n unter den noch verbliebenen Zeilen diejenigen aus, in der der Koeffizient von x_n betragsmäßig am größten ist (vgl. B 2.2.1):

$$|g_{p_s,n}| = \max_j |g_{p_j,n}| , \qquad j = n(1)\, N . \tag{10}$$

Der Index p_s ist mit p_n zu vertauschen. Bei der *totalen Pivotsuche* legt man nicht von vornherein fest, daß im n-ten Schritt die n-te Unbekannte eliminiert wird. Man sucht vielmehr den (oder einen der) betragsmäßig größten unter den Koeffizienten aller noch verbliebenen Zeilen. Ist a_{ik} dieser Koeffizient, so wird er zum Pivotelement und die Zeile i zur Pivotzeile für die Elimination von x_k. Wenn die Matrix $\boldsymbol{A}$ regulär ist, läßt sich sowohl bei der teilweisen als auch bei der totalen Pivotsuche stets ein nichtverschwindendes Pivotelement finden (vgl. Satz 2.3.1). Diese Tatsache kann benutzt werden, um während der Abarbeitung die *Regularität von* $\boldsymbol{A}$ zu *überprüfen*. Man braucht lediglich festzustellen, ob der jeweilige Pivotkandidat verschieden von Null oder (numerisch günstiger) betragsmäßig größer als eine vorzugebende untere Schranke ε ist (B 2.2.1 und B 2.6.3).

$$|g_{p_n,n}| > \varepsilon . \tag{11}$$

Andernfalls muß die Rechnung mit der Fehlermeldung „Matrix $\boldsymbol{A}$ numerisch singulär" abgebrochen werden. Wir beschränken uns wegen des geringeren Aufwands auf die teilweise Pivotsuche.

Die Elimination von x_n aus den „restlichen" Gleichungen mit den Zeilennummern $p_{n+1}, \dots, p_N$ erfolgt nun durch den *Gauß-Schritt*

$$g^{\text{neu}}_{p_j,k} := g^{\text{alt}}_{p_j,k} - \frac{g^{\text{alt}}_{p_j,n}}{g_{p_n,n}}\, g_{p_n,k} , \qquad j = n+1(1)N , \quad k = n+1(1)N+M . \tag{12}$$

Beim Programmieren wird man für die alten und die neuen Koeffizienten denselben Speicherplatz benutzen, so daß auf eine Kennzeichnung durch einen oberen Index verzichtet werden kann. Bei zeilenweisem Vorgehen berechnet man für festes j den Eliminationskoeffizienten $l := g_{p_j,n}/g_{p_n,n}$ und subtrahiert das l-fache der Koeffizienten $g_{p_n,k}$ von $g_{p_j,k}$. Nach $N - 1$ Gauß-Schritten ist das Ausgangssystem in ein gestaffeltes System übergegangen.

Das *Rückwärtseinsetzen* beginnt in der Zeile p_N. Aus den (im Verlauf der Gauß-Elimination natürlich transformierten) Komponenten $b_{p_N,k} = g_{p_N,N+k}$ erhält man die jeweils letzten Komponenten der M Lösungsvektoren:

$$x_{Nk} = g_{p_N,N+k}/g_{p_N,N} , \qquad k = 1(1)M . \tag{13}$$

Anschließend lassen sich die $x_{N-1,k}$ aus der Zeile p_{N-1} und allgemein die $x_{N-i,k}$ aus der Zeile p_{N-i} bestimmen:

$$x_{N-i,k} = \left(g_{p_{N-i},N+k} - \sum_{j=N-i+1}^{N} g_{p_{N-i},j}x_{j,k}\right)/g_{p_{N-i},N-i}\,. \tag{14}$$

Um Speicherplatz zu sparen, kann man die x_{ik} auf die Plätze der b_{ik} schreiben, so daß die Lösungsvektoren am Ende der Rechnung an der Stelle der vorgegebenen rechten Seiten stehen.

Durch eine *Schlußkontrolle* sollte man die Auswirkungen von Rundungsfehlern untersuchen. Dazu werden die unveränderten Ausgangsmatrizen $\boldsymbol{A}$ und $\boldsymbol{B}$ benötigt:

$$r_{ik} := b_{ik} - \sum_{j=1}^{N} a_{ij}x_{jk}\,, \qquad i = 1(1)N\,, \quad k = 1(1)N\,. \tag{15}$$

Aus den *Resten* (*Residuen*) r_{ik}, die bei rundungsfehlerfreier Rechnung gleich Null sein müssen, kann man auf die Fehler der berechneten Näherungslösungen schließen (Vorlesung 2.6) oder sogar Korrekturen für die x_{mn} bestimmen (Nachiteration, Algorithmus 2.7.5). Dazu müssen allerdings die Summen in (15) mit erhöhter Genauigkeit berechnet werden, damit nicht durch die Kontrollrechnung zusätzliche Fehler eingeschleppt werden (vgl. Algorithmus 1.3.3). Zusammengefaßt ergibt sich der folgende Algorithmus:

Algorithmus 2.2.2. Gauß-Verfahren zur Lösung linearer Gleichungssysteme mit mehreren rechten Seiten GEL (M, N, $\boldsymbol{A}$, $\boldsymbol{B}$)

$\boldsymbol{A}$, $\boldsymbol{A} \in \mathbb{R}^{N\times N}$,	Koeffizientenmatrix
$\boldsymbol{B}$, $\boldsymbol{B} \in \mathbb{R}^{N\times M}$,	Matrix der rechten Seiten
$\boldsymbol{X}$, $\boldsymbol{X} \in \mathbb{R}^{N\times M}$,	Matrix der Lösungsvektoren
$\boldsymbol{G} := (\boldsymbol{A} \mid \boldsymbol{B})$	Gesamtmatrix
$\boldsymbol{p} := (1, 2, \dots, N)^{\mathrm{T}}$	Indexvektor
ε	Testgröße

$n = 1(1)\,N-1$ Schrittzähler

1 Pivotisierung: Bestimmung eines Index s mit

$|g_{p_s,n}| \geqq |g_{p_i,n}|\,, \qquad i = n(1)N$

Tausch der Komponenten p_s und p_n

2 Regularitätsprüfung: falls $|g_{p_n,n}| < \varepsilon$, dann Abbruch „Matrix numerisch singulär"

3 Gauß-Schritt

- $j = n+1(1)N$ — Zeilenindex
  - $l := g_{p_j,n}/g_{p_n,n}$ — Eliminationskoeffizient
  - $k = n+1(1)N+M$ — Spaltenindex
    - $g_{p_j,k} := g_{p_j,k} - l \cdot g_{p_n,k}$

4 Rückwärtseinsetzen

- $n = 0(1)N-1$
  - $m := N - n$ — Zeilenindex
  - $k = 1(1)M$ — Spaltenindex
    - $x_{m,k} := \left(g_{p_m,N+k} - \sum_{j=m+1}^{N} g_{p_m,j}x_{j,k}\right)/g_{p_m,m}$

5 Schlußkontrolle

$$\left[\begin{array}{l} i = 1(1)N \\ \left[\begin{array}{l} k = 1(1)M \\ r_{ik} := b_{ik} - \sum_{j=1}^{N} a_{ij}x_{jk} \end{array}\right. \end{array}\right.$$ Restmatrix

Dabei wird eine Summe, wie üblich, gleich Null gesetzt, falls der untere Index größer als der obere ist ($n = 0$ beim Rückwärtseinsetzen). Die Matrix $\boldsymbol{X}$ kann auf dem Platz von $\boldsymbol{B}$ innerhalb der Matrix $\boldsymbol{G}$ erzeugt werden, so daß dafür kein zusätzlicher *Speicherplatz* benötigt wird. Der *Rechenaufwand* setzt sich zusammen aus $(N-1)(2N-1)N/6$ Multiplikationen und $(N-1)N/2$ Divisionen für die Transformation der Koeffizientenmatrix sowie $N(N-1)$ Multiplikationen und N Divisionen je rechte Seite für die Transformation von $\boldsymbol{B}$ und für das Rückwärtseinsetzen. Insgesamt sind das

$$\mathrm{RAW}_{\mathrm{GAUSS}} = N^3/3 - N/3 + M \cdot N^2 \tag{16}$$

wesentliche Rechenoperationen. Dazu kommen N^2 Multiplikationen für die Schlußkontrolle.

2.2.2. Bemerkungen

B 2.2.1. Teilweise und totale Pivotsuche sind nur sinnvoll, wenn die Koeffizienten der Matrix $\boldsymbol{A}$ von annähernd gleicher Größenordnung sind oder genauer, wenn alle *Zeilen- und Spaltenbetragssummen* annähernd gleich groß sind:

$$z_m := \sum_{k=1}^{N} |a_{mk}| \approx s_n := \sum_{i=1}^{N} |a_{in}|\,, \qquad m = 1(1)N\,, \quad n = 1(1)N\,.$$

Solche Matrizen heißen *äquilibriert*. Ohne diese Forderung nach „Gleichgewicht" (lat. *aequilibrium*) könnte man jede Zeile durch Multiplikation mit einem hinreichend großen Faktor zur Pivotzeile machen, falls der Kandidat für das Pivotelement nur verschieden von Null ist (z. B. würde in Ü 2.1.7 die erste Gleichung durch Multiplikation mit 2000 zur Pivotzeile). Theoretisch ist eine *Äquilibrierung* (*Skalierung*) der Matrix $\boldsymbol{A}$ durch eine *Äquivalenztransformation* $\hat{\boldsymbol{A}} = \boldsymbol{D}_1^{-1}\boldsymbol{A}\boldsymbol{D}_2^{-1}$ mit zwei nichtsingulären Diagonalmatrizen $\boldsymbol{D}_1$, $\boldsymbol{D}_2$ erreichbar. Das Gleichungssystem $\boldsymbol{A}\boldsymbol{x} = \boldsymbol{b}$ geht dabei in $\hat{\boldsymbol{A}}\boldsymbol{y} = \boldsymbol{d}$ mit $\boldsymbol{y} = \boldsymbol{D}_2\boldsymbol{x}$ und $\boldsymbol{d} = \boldsymbol{D}_1^{-1}\boldsymbol{b}$ über. Praktisch erhöht sich aber der Rechenaufwand beträchtlich. *Zeilenskalierung* $\boldsymbol{A}' := \boldsymbol{D}_1^{-1}\boldsymbol{A}$ und *Spaltenskalierung* $\hat{\boldsymbol{A}} := \boldsymbol{A}'\boldsymbol{D}_2^{-1}$ kosten bei voll besetzten Matrizen je N^2 Multiplikationen. Hinzu kommt der Rechenaufwand für die Bestimmung der Skalierungsfaktoren (Ü 2.2.14—Ü2.2.16). Deshalb ersetzt man für nicht äquilibrierte Matrizen (bei teilweiser Pivotsuche) lediglich die Forderung (10) durch

$$|g_{p_s,n}|/z_{p_s} := \max_j \left(|g_{p_j,n}|/z_{p_j}\right). \tag{10'}$$

Das entspricht einer Zeilenskalierung $\boldsymbol{A}' := \boldsymbol{D}_1^{-1}\boldsymbol{A}$ mit $\boldsymbol{D}_1 := \operatorname{diag}(z_1, z_2, \ldots, z_N)$, ohne daß die Multiplikation mit $\boldsymbol{D}_1^{-1}$ tatsächlich durchgeführt wird (vgl. STOER [1], S. 158).

B 2.2.2. Die Berechnung der inversen Matrix $\boldsymbol{A}^{-1}$ kostet nach (16) $4N^3/3 - N/3$ wesentliche Rechenoperationen (tatsächlich sind es wegen der speziellen Gestalt der rechten Seiten nur etwa N^3). Es wäre also ungeschickt, zur Lösung des Gleichungssystems $\boldsymbol{A}\boldsymbol{x} = \boldsymbol{b}$ etwa zuerst $\boldsymbol{A}^{-1}$ zu bestimmen und anschließend die Lösung $\boldsymbol{x} = \boldsymbol{A}^{-1}\boldsymbol{b}$ durch die Multiplikation von $\boldsymbol{A}^{-1}$ und $\boldsymbol{b}$ auszurechnen.

B 2.2.3. Wendet man den Gaußschen Eliminationsschritt nicht nur auf die „restlichen" Zeilen mit den Nummern $p_{n+1}, \ldots, p_N$, sondern auch auf die ehemaligen Pivotzeilen mit den Nummern $p_1, \ldots, p_{n-1}$ an, so entsteht im gestaffelten System (bis auf Zeilenvertauschungen) eine Diagonalmatrix statt der Dreiecksmatrix. Dividiert man zusätzlich noch jede Pivotzeile durch ihr Pivotelement, so ist die Diagonalmatrix gleich der Einheitsmatrix. Das Rückwärtseinsetzen entfällt, und die transformierte rechte Seite ist bereits die gesuchte Lösung. Diese Variante wird *Gauß-Jordan-Verfahren* genannt und kann zur Berechnung der Inversen $\boldsymbol{A}^{-1}$ benutzt werden, denn $\boldsymbol{G} = (\boldsymbol{A} \mid \boldsymbol{I})$ geht dabei in $(\boldsymbol{I} \mid \boldsymbol{A}^{-1})$ über (wenn man der Einfachheit halber von den durch die Pivotisierung bedingten Zeilenvertauschungen absieht). Allerdings ist das Gauß-Jordan-Verfahren numerisch weniger gutartig als die Gauß-Elimination (vgl. WILKINSON [1]).

B 2.2.4. Eine Variante des Gauß-Jordan-Verfahrens ist das *Austauschverfahren* von STIEFEL [1]. Man schreibt das Gleichungssystem dazu in der Form $\boldsymbol{y} = \boldsymbol{A}\boldsymbol{x} - \boldsymbol{b}$ und tauscht die Komponenten von $\boldsymbol{x}$ durch Gaußsche Eliminationsschritte sukzessiv gegen die Komponenten von $\boldsymbol{y}$ aus. Die Reihenfolge wird durch totale Pivotsuche bestimmt: Ist a_{mn} das betragsmäßig größte Element unter allen Pivotkandidaten, so wird y_m gegen x_n getauscht. Dadurch geht das System schließlich in $\boldsymbol{x} = \boldsymbol{B}\boldsymbol{y} + \boldsymbol{c}$ über. Offenbar ist $\boldsymbol{c} = \boldsymbol{A}^{-1}\boldsymbol{b}$ die gesuchte Lösung und $\boldsymbol{B} = \boldsymbol{A}^{-1}$ die Inverse der Koeffizientenmatrix $\boldsymbol{A}$. Wird die Inverse nicht explizit benötigt, so streicht man nach dem Tausch von y_m und x_n die Zeile m und die Spalte n heraus. Das Austauschverfahren bildet die Grundlage für die *Simplexmethode* der linearen Optimierung.

B 2.2.5. Für spätere Abschätzungen ist es nützlich zu wissen, daß sich beim Gauß-Algorithmus (sowohl strenge als auch schwache) *Diagonaldominanz* der Ausgangsmatrix auf die Rechtsdreiecksmatrix des gestaffelten Systems überträgt, wenn man die Zeilen in der natürlichen Reihenfolge als Pivotzeilen benutzt. Für die erste Gleichung, die unverändert bleibt, ist die Behauptung trivialerweise erfüllt. Wir nehmen an, daß sie auch noch für die „restlichen" Zeilen vor dem n-ten Schritt gilt ($n = 1(1)N$):

$$\sum_{\substack{j=1 \\ j\neq k}}^{N} |a'_{kj}| \leqq |a'_{kk}|\,, \qquad k = n(1)N\,. \tag{17}$$

Mit Zeile n als Pivotzeile transformiert der n-te Gauß-Schritt die a'_{kj} in $a''_{kj} := a'_{kj} - \dfrac{a'_{kn}}{a'_{nn}}\, a'_{nj}$ (vgl. (12)). Für die Betragssummen der Zeilen $k = n + 1(1)N$ gilt dann

$$\sum_{\substack{j=1 \\ j\neq k}}^{N} |a''_{kj}| \leqq \sum_{\substack{j=1 \\ j\neq k \\ j\neq n}}^{N} |a'_{kj}| + \frac{|a'_{kn}|}{|a'_{nn}|} \sum_{\substack{j=1 \\ j\neq k \\ j\neq n}}^{N} |a'_{nj}|\,,$$

denn alle a''_{kn} sind nach dem n-ten Schritt gleich Null. Wegen der Diagonaldominanz (17) folgt weiter

$$\sum_{\substack{j=1 \\ j\neq k}}^{N} |a''_{kj}| \leqq |a'_{kk}| - |a'_{kn}| + \frac{|a'_{kn}|}{|a'_{nn}|}\left(|a'_{nn}| - |a'_{nk}|\right) = |a'_{kk}| - \frac{|a'_{kn}a'_{nk}|}{|a'_{nn}|}\,,$$

und mit der Dreiecksungleichung $|a| - |b| \leqq |a - b|$ schließlich

$$\sum_{\substack{j=1 \\ j\neq k}}^{N} |a''_{kj}| \leqq \left| a'_{kk} - \frac{a'_{kn}a'_{nk}}{a'_{nn}} \right| = |a''_{kk}|\,.$$

2.2.3. Übungsaufgaben

Ü 2.2.1. Man beweise, daß beim Gauß-Algorithmus im Rechenschema die Gesamtzeilensumme Null

$$\sum_{n=1}^{N} a_{mn} + b_m + v_m = 0$$

erhalten bleibt, wenn man fehlerfrei rechnet (vgl. (7) und Tab. 2.2.1, S. 57).

Ü 2.2.2. In Gleitpunktarithmetik mit dreistelliger Mantisse löse man das Gleichungssystem aus Ü 2.1.7 mit Hilfe des Gauß-Algorthimus a) ohne Pivotisierung, b) mit teilweiser Pivotsuche.

Ü 2.2.3. Ist die Koeffizientenmatrix in Ü 2.1.7 äquilibriert?

Ü 2.2.4. Durch Gauß-Elimination mit teilweiser Pivotsuche bestimme man die Inverse A^{-1} zur Koeffizientenmatrix aus Ü 2.1.7.

Ü 2.2.5. Man programmiere den Gauß-Algorithmus.

Ü 2.2.6. Man löse die Gleichungssysteme aus Beispiel 2.1.1 und Beispiel 2.1.2 mit Hilfe des Gauß-Algorithmus.

Ü 2.2.7. Man beweise: Die Determinante der Matrix A ist bis auf das Vorzeichen gleich dem Produkt der Pivotelemente

$$\det A = (-1)^J \prod_{n=1}^{N} g_{p_n,n} .$$

Dabei bezeichnet J die Anzahl der *Inversionen* (Umstellungen gegenüber der natürlichen Reihenfolge) in der Permutation $p_1, p_2, \ldots, p_N$ (vgl. auch (2.3.5.)).

Ü 2.2.8. Man vergleiche den Rechenaufwand des Gaußschen Eliminationsverfahrens (vgl. (16)) mit dem der Cramerschen Regel. Wieviel Zeit würde die Rechenmaschine aus Ü 2.1.9 im Fall $N = 10, 100, 1000, 10000$ benötigen, wenn sie nach dem Gauß-Verfahren rechnet?

Ü 2.2.9. Man bestimme den Rechenaufwand des Gauß-Jordan-Verfahrens.

Ü 2.2.10. Man löse das Gleichungssystem $Ax = b$ mit

$$A := \begin{pmatrix} 1 & -2 & 3 & -3 \\ -1 & 3 & -1 & 3 \\ -2 & 4 & 4 & 3 \\ 3 & -1 & 1 & 6 \end{pmatrix}, \qquad b := \begin{pmatrix} 1 \\ -1 \\ 7 \\ 6 \end{pmatrix}$$

mit Hilfe des Gauß-Jordan-Verfahrens ohne Pivotisierung.

Ü 2.2.11. Man gebe die Formeln für einen Austauschschritt an (vgl. B 2.2.4).

Ü 2.2.12. Man löse das Gleichungssystem aus Ü 2.2.9 mit Hilfe des Austauschverfahrens mit totaler Pivotsuche.

Ü 2.2.13. Man löse das Gleichungssystem $Ax = b$,

$$A = \begin{pmatrix} 1 & 2 & 3 & & & & \\ 2 & 1 & 3 & 4 & & & \\ & 2 & 1 & 3 & 4 & & \\ & & 3 & 1 & 2 & 4 & \\ & & & 5 & 2 & 2 & 1 \\ & & & & 2 & 1 & 2 \\ & & & & & 3 & 2 \end{pmatrix}, \qquad b = \begin{pmatrix} 3 \\ -2 \\ -3 \\ -1 \\ -8 \\ 5 \\ 1 \end{pmatrix},$$

in dem die Matrix A eine (unsymmetrische) Bandstruktur besitzt, durch Gauß-Elimination mit Spaltenpivotsuche (B 2.3.7).

Ü 2.2.14. Man zeige: Nach einer Zeilenskalierung $A' := D_Z^{-1} A$ mit $D_Z := \operatorname{diag}(z_1, z_2, \ldots, z_N)$ gilt für die Zeilenbetragssummen, die Spaltenbetragssummen und die Gesamtbetragssumme

$$z'_n = 1, \quad n = 1(1)N, \quad s' := \sum_{n=1}^{N} s'_n = \sum_{m=1}^{N} \sum_{n=1}^{N} |a_{mn}| = N .$$

Ü 2.2.15. Man äquilibriere die Matrix

$$A = \begin{pmatrix} 1 & 100 & 2 & 0 \\ 3 & 1000 & 1 & 4 \\ 10 & 1 & 9 & 20 \\ 6 & 0 & 8 & 6 \end{pmatrix}$$

durch Zeilenskalierung mit der Diagonalmatrix D_Z der Zeilenbetragssummen von A und anschließende Spaltenskalierung mit der Diagonalmatrix $D_{S'}$ der Spaltenbetragssummen von A':

$$A' := D_Z^{-1} A, \quad D_{S'} := \operatorname{diag}(s'_1, s'_2, \ldots, s'_N), \quad \hat{A} := A' D_{S'}^{-1} .$$

Ü 2.2.16. Man äquilibriere die symmetrische Matrix

$$A = \begin{pmatrix} 100 & -1 & & \\ -1 & 4 & -1 & \\ & -1 & 100 & -1 \\ & & -1 & 4 \end{pmatrix}$$

durch Zeilen- und Spaltenskalierung mit der Diagonalmatrix

$$D_1 = D_2 = D_z^{1/2} = D_s^{1/2} := \operatorname{diag}\,(\sqrt{z_1}, \sqrt{z_2}, \ldots, \sqrt{z_N})\,.$$

Ü 2.2.17. Man äquilibriere die Matrizen aus Ü 2.2.15 und Ü 2.2.16 durch Zehnerpotenzenskalierung mit $D_1 := (10^{k_1}, 10^{k_2}, \ldots, 10^{k_N})$ und $D_2 := (10^{l_1}, 10^{l_2}, \ldots, 10^{l_N})$, wo die Exponenten so zu bestimmen sind, daß die Summe $\sum_{m=1}^{N} \sum_{n=1}^{N} (\lg a_{mn} - k_m - l_n)^2$, $a_{mn} \neq 0$, minimal wird (vgl. die Methode der kleinsten Quadrate, Vorlesung 3.1 und HAMMING [1], CURTIS, REID [1]).

2.3. Dreieckszerlegung von Matrizen

Für theoretische Untersuchungen ist es nützlich, den Gauß-Algorithmus durch Matrixoperationen zu beschreiben. Nach Ü 2.1.40 kann man sowohl das Vertauschen von Zeilen als auch die Addition von Vielfachen der Pivotzeile zu den übrigen Zeilen als Linksmultiplikation mit elementaren Matrizen darstellen.

Beispiel 2.3.1. Wir betrachten noch einmal das Gleichungssystem aus Beispiel 2.2.1. Der Übersichtlichkeit halber bringen wir die Gleichungen entgegen dem Vorgehen in der Praxis zunächst in die bei der Elimination benutzte Reihenfolge 1, 4, 2, 3. Das erreicht man durch *Linksmultiplikation* mit einer *Permutationsmatrix* P, in der die *Zeilen* der

Tab. 2.3.1. Gauß-Elimination als Linksmultiplikation mit Permutations- und Eliminationsmatrizen

					A				b	
					1	−2	−1	0	−1	Ausgangsmatrix
					3	−6	1	−6	−1	
					1	2	−3	4	3	
					2	−2	1	−5	1	
P	1	·	·	·	1	−2	−1	0	−1	umgeordnete Matrix
	·	·	·	1	2	−2	1	−5	1	$\hat{A} := PA$
	·	1	·	·	3	−6	1	−6	−1	
	·	·	1	·	1	2	−3	4	3	
E_1	1				1	−2	−1	0	−1	erster Gauß-Schritt
	−2	1			·	2	3	−5	3	$E_1\hat{A}$
	−3	·	1		·	0	4	−6	2	
	−1	·	·	1	·	4	−2	4	4	
E_2	1				1	−2	−1	0	−1	zweiter Gauß-Schritt
	·	1			·	2	3	−5	3	$E_2E_1\hat{A}$
	·	0	1		·	·	4	−6	2	
	·	−2	·	1	·	·	−8	14	−2	
E_3	1				1	−2	−1	0	−1	dritter Gauß-Schritt
	·	1			·	2	3	−5	3	$E_3E_2E_1\hat{A} =: U$
	·	·	1		·	·	4	−6	2	
	·	·	2	1	·	·	·	2	2	

Einheitsmatrix in der vom Indexvektor $\boldsymbol{p}$ vorgeschriebenen Reihenfolge stehen (vgl. Ü 2.3.1 und Tab. 2.3.1, wo die Matrizenmultiplikation in Gestalt des *Falkschen Schemas* (B 2.3.1) aufgeschrieben ist). Der erste Gauß-Schritt läßt sich durch Linksmultiplikation mit der *Eliminationsmatrix* $\boldsymbol{E}_1 := \boldsymbol{I}_4 - \boldsymbol{l}_1\boldsymbol{e}_1^{\mathrm{T}}$ interpretieren. Das ist eine *elementare Matrix*, bei der $c_1\boldsymbol{u}_1$ der *Vektor der Eliminationskoeffizienten* $\boldsymbol{l}_1 := (0, 2, 3, 1)^{\mathrm{T}}$ und $\boldsymbol{v}_1$ der erste Einheitsvektor ist. Im zweiten Gauß-Schritt ist analog $c_2\boldsymbol{u}_2 = \boldsymbol{l}_2 := (0, 0, 0, 2)^{\mathrm{T}}$, $\boldsymbol{v}_2 = \boldsymbol{e}_2$ und im dritten $c_3\boldsymbol{u}_3 = \boldsymbol{l}_3 := (0, 0, 0, -2)^{\mathrm{T}}$, $\boldsymbol{v}_3 = \boldsymbol{e}_3$. Damit geht $\boldsymbol{A}$ in eine Rechtsdreiecksmatrix $\boldsymbol{U}$, die Koeffizientenmatrix des gestaffelten Gleichungssystems (2.2.5) über:

$$\boldsymbol{E}_3\boldsymbol{E}_2\boldsymbol{E}_1\boldsymbol{P} \cdot \boldsymbol{A} =: \boldsymbol{U} . \tag{1}$$

Die Eliminationsmatrizen $\boldsymbol{E}_n$ sind offensichtlich regulär ($\det \boldsymbol{E}_n = 1$). Ihre Inversen $\boldsymbol{E}_n^{-1} = \boldsymbol{I}_4 - d_n\boldsymbol{u}_n\boldsymbol{v}_n^{\mathrm{T}}$ stimmen bis auf das Vorzeichen der Eliminationskoeffizienten mit den $\boldsymbol{E}_n$ überein, denn alle Skalarprodukte $\boldsymbol{v}_n^{\mathrm{T}}(c_n\boldsymbol{u}_n)$, $n = 1(1)3$, verschwinden, so daß sich nach Satz 2.1.20 $d_n = -c_n$, also $\boldsymbol{E}_n^{-1} = \boldsymbol{I}_4 + c_n\boldsymbol{u}_n\boldsymbol{v}_n^{\mathrm{T}}$ ergibt. Durch Multiplikation mit den Inversen $\boldsymbol{E}_3^{-1}$, $\boldsymbol{E}_2^{-1}$ und $\boldsymbol{E}_1^{-1}$ erhält man aus (1)

$$\hat{\boldsymbol{A}} := \boldsymbol{P}\boldsymbol{A} = \boldsymbol{E}_1^{-1}\boldsymbol{E}_2^{-1}\boldsymbol{E}_3^{-1}\boldsymbol{U} =: \boldsymbol{L}\boldsymbol{U} , \tag{2}$$

wobei $\boldsymbol{L} := \boldsymbol{E}_1^{-1}\boldsymbol{E}_2^{-1}\boldsymbol{E}_3^{-1}$ eine *normierte Linksdreiecksmatrix* ist („normiert" wegen der Einsen in der Hauptdiagonalen), die unterhalb der Diagonalen die Eliminationskoeffizienten der drei Gauß-Schritte enthält (Ü 2.3.6). Tab. 2.3.2 zeigt, wie die Inversen der Eliminationsmatrizen miteinander multipliziert werden.

Tab. 2.3.2. Bestimmung der Inversen der Eliminationsmatrizen

				$\boldsymbol{E}_2^{-1}$				$\boldsymbol{E}_3^{-1}$			
				1				1			
				·	1			·	1		
				·	0	1		·	·	1	
				·	2	·	1	·	·	−2	1
1				1				1			
2	1			2	1			2	1		
3	·	1		3	0	1		3	0	1	
1	·	·	1	1	2	·	1	1	2	−2	1
$\boldsymbol{E}_1^{-1}$				$\boldsymbol{E}_1^{-1}\boldsymbol{E}_2^{-1}$				$\boldsymbol{E}_1^{-1}\boldsymbol{E}_2^{-1}\boldsymbol{E}_3^{-1} =: \boldsymbol{L}$			

2.3.1. *LU*-Zerlegung

Das Vorgehen läßt sich auf beliebige reguläre Matrizen übertragen. Dazu benötigen wir drei Sätze.

Satz 2.3.2 (Gauß-Algorithmus). *Für jede reguläre Matrix $\boldsymbol{A}$ ist der Gauß-Algorithmus mit teilweiser Pivotsuche durchführbar.*

Beweis. Im ersten Schritt wird das betragsmäßig größte Element der ersten Spalte von $\boldsymbol{A}$ gesucht (oder ein betragsmäßig größtes, falls es mehrere gibt). Es ist verschieden von Null, denn anderenfalls bestünde die gesamte erste Spalte aus Nullelementen, und $\boldsymbol{A}$ wäre singulär. Der erste Eliminationsschritt kann also ausgeführt werden.

Nach $n-1$ Schritten (n ist eine beliebige natürliche Zahl zwischen 2 und $N-2$ ist die Ausgangsmatrix übergegangen in

$$\boldsymbol{A}' := \begin{bmatrix} u_{11} & & & \cdots & u_{1N} \\ 0 & \ddots & & & \vdots \\ \vdots & u_{n-1,n-1} & & \cdots & u_{n-1,N} \\ 0 & 0 & a'_{nn} & \cdots & a'_{nN} \\ \vdots & \vdots & \vdots & \ddots & \vdots \\ 0 & 0 & a'_{Nn} & \cdots & a'_{NN} \end{bmatrix}. \tag{3}$$

Dabei haben wir der Übersichtlichkeit halber die durch die Pivotisierung bedingten Zeilenvertauschungen explizit ausgeführt und die Elemente der bereits benutzten Pivotzeilen mit u_{kl} bezeichnet. Nach den Umformungsregeln für Determinanten ändert ein Gauß-Schritt (das Addieren von Vielfachen einer Zeile zu einer anderen) den Wert der Koeffizientendeterminante nicht, Zeilenvertauschungen ändern lediglich das Vorzeichen. Also gilt

$$\begin{aligned} \det \boldsymbol{A} &= (-1)^{J_{n-1}} \det \boldsymbol{A}' = \\ &= (-1)^{J_{n-1}}\, u_{11}u_{22}\dots u_{n-1,n-1} \det \begin{pmatrix} a'_{nn} & & a'_{nN} \\ \vdots & & \vdots \\ a'_{Nn} & \cdots & a'_{NN} \end{pmatrix}, \end{aligned} \tag{4}$$

wobei J_{n-1} die Anzahl der bisher erfolgten Zeilenvertauschungen bezeichnet. Wegen der Regularität von $\boldsymbol{A}$, also $\det \boldsymbol{A} \neq 0$, muß auch die Determinante der noch verbliebenen Teilmatrix verschieden von Null sein und insbesondere ihre erste Spalte (mindestens) ein von Null verschiedenes Element besitzen. Die Spaltenpivotsuche für den n-ten Schritt ist demnach erfolgreich. Damit ist die Durchführbarkeit des Gauß-Algorithmus nachgewiesen. ■

Nebenbei ergibt sich aus (4) eine einfache Formel für die *Determinante von* $\boldsymbol{A}$:

$$\det \boldsymbol{A} = (-1)^J\, u_{11}u_{22}\dots u_{NN}\,. \tag{5}$$

Dabei bezeichnet J die Gesamtanzahl der beim Gauß-Algorithmus erfolgten Zeilenvertauschungen.

Satz 2.3.3 (strenge Regularität). *Jede reguläre Matrix kann durch Linksmultiplikation mit einer Permutationsmatrix* $\boldsymbol{P}$ (*also durch Zeilenvertauschungen*) *in eine streng reguläre Matrix* $\hat{\boldsymbol{A}} = \boldsymbol{PA}$ *transformiert werden.*

Beweis. Wegen der Regularität ist der Gauß-Algorithmus (Algorithmus 2.2.2) durchführbar. Sei $\boldsymbol{p}$ der Permutationsvektor, der die Reihenfolge der Pivotzeilen enthält. Bringt man die Zeilen von $\boldsymbol{A}$ durch Linksmultiplikation mit der zugehörigen Permutationsmatrix (Ü 2.3.1—Ü 2.3.4) in diese Reihenfolge, so erhält man eine Matrix $\hat{\boldsymbol{A}} = \boldsymbol{PA}$, für die der Gauß-Algorithmus ohne Pivotisierung durchgeführt werden kann. Da sich bei den Eliminationsschritten der Wert der Determinante (und speziell dann auch aller Hauptabschnittsdeterminanten) nicht ändert, ergibt sich

$$\det \hat{\boldsymbol{A}}_{nn} = \det \begin{pmatrix} \hat{a}_{11} & & \hat{a}_{1n} \\ \vdots & & \vdots \\ \hat{a}_{n1} & \cdots & \hat{a}_{nn} \end{pmatrix} = \det \begin{pmatrix} u_{11} & \cdots & u_{1n} \\ & \ddots & \\ & & u_{nn} \end{pmatrix}$$

und daraus weiter

$$\det \hat{\boldsymbol{A}}_{nn} = u_{11}u_{22}\dots u_{nn}\,, \qquad n = 1(1)N\,. \tag{6}$$

Die Pivotelemente u_{kk} sind sämtlich von Null verschieden, also gilt das gleiche für alle Hauptminoren, d. h., $\hat{A}$ ist streng regulär. ■

Nebenbei ergibt sich aus (6) eine nützliche Darstellung der Pivotelemente:

Lemma 2.3.4. *Die Pivotelemente u_{kk} sind Quotienten aufeinanderfolgender Hauptminoren von $\hat{A}$,*

$$u_{11} = \hat{a}_{11}\,, \qquad u_{kk} = \det \hat{A}_{kk} / \det \hat{A}_{k-1,k-1}\,, \qquad k = 2(1)N\,.$$

Die Transformation von A in eine streng reguläre Matrix $\hat{A}$ ist im allgemeinen nicht eindeutig (B 2.3.2). Ist die Matrix $\hat{A}$ aber einmal festgelegt, so liefert die Gauß-Elimination eine eindeutig bestimmte Dreieckszerlegung.

Satz 2.3.5 (**LU**-Zerlegung). *Jede streng reguläre Matrix $\hat{A}$ wird durch den Gauß-Algorithmus in eindeutiger Weise in das Produkt einer normierten Linksdreiecksmatrix L und einer Rechtsdreiecksmatrix U aufgespalten:*

$$\hat{A} = LU\,, \qquad L = \begin{pmatrix} 1 & & & \\ l_{21} & 1 & & \\ \vdots & & \ddots & \\ l_{N1} & \dots & l_{N,N-1} & 1 \end{pmatrix}, \qquad U = \begin{pmatrix} u_{11} & \dots & u_{1N} \\ & \ddots & \vdots \\ & & u_{NN} \end{pmatrix} \tag{7}$$

Beweis. Wegen Lemma 2.3.4 kann der Gauß-Algorithmus für jede streng reguläre Matrix $\hat{A}$ ohne Pivotisierung durchgeführt werden. Wir zeigen, daß dabei die gewünschte Zerlegung entsteht. Der allgemeine (n-te) Eliminationsschritt kann als Linksmultiplikation von A' (vgl. (3)) mit der Eliminationsmatrix

$$E_n := I_N - l_n e_n^{\mathsf{T}} = \begin{bmatrix} 1 & & & & & \\ & \ddots & & & & \\ & & 1 & & & \\ & & -l_{n+1,n} & 1 & & \\ & & \vdots & & \ddots & \\ & & -l_{Nn} & & & 1 \end{bmatrix} \tag{8}$$

geschrieben werden. Sie unterscheidet sich von der Einheitsmatrix nur durch den (mit -1 multiplizierten) Vektor $l_n := (0, \dots, 0, l_{n+1,n}, \dots, l_{Nn})$ der Eliminationskoeffizienten

$$l_{kn} := a'_{kn}/a'_{nn}\,, \qquad k = n+1(1)N\,. \tag{9}$$

Nach $N-1$ Eliminationsschritten ist die Ausgangsmatrix $\hat{A}$ in eine Rechtsdreiecksmatrix U, die Koeffizientenmatrix des gestaffelten Systems übergegangen:

$$E_{N-1} \dots E_2 E_1 \hat{A} =: U\,. \tag{10}$$

Da die ersten n Komponenten der Vektoren l_n gleich Null sind, verschwinden alle Skalarprodukte $e_m^{\mathsf{T}} l_n$, für die $m \leq n$ ist. Die Inversen der Eliminationsmatrizen haben folglich nach Satz 2.1.20 die Gestalt

$$E_n^{-1} = I_N + l_n e_n^{\mathsf{T}}\,, \tag{11}$$

und für ihr Produkt ergibt sich

$$\boldsymbol{L} := \boldsymbol{E}_1^{-1}\boldsymbol{E}_2^{-1} \dots \boldsymbol{E}_N^{-1} = \boldsymbol{I}_N + \sum_{n=1}^{N-1} \boldsymbol{l}_n \boldsymbol{e}_n^{\mathsf{T}} . \tag{12}$$

Mit (10) erhält man daraus die Zerlegung (7). ■

Der Gauß-Algorithmus bewirkt also eine Dreiecksaufspaltung der (gegebenenfalls zeilenvertauschten) Koeffizientenmatrix. Eine solche Aufspaltung ist nützlich, wenn nachträglich ein Gleichungssystem mit derselben Koeffizientenmatrix, aber einer abgeänderten rechten Seite $\boldsymbol{d}$ gelöst werden soll (z. B. ein anderer Lastfall bei einem bereits berechneten mechanischen System). Durch die Zeilenvertauschung geht das Ausgangssystem $\boldsymbol{A}\boldsymbol{x} = \boldsymbol{d}$ über in $\hat{\boldsymbol{A}}\boldsymbol{x} = \boldsymbol{P}\boldsymbol{A}\boldsymbol{x} = \boldsymbol{P}\boldsymbol{d}$, und durch die Dreiecksaufspaltung in

$$\boldsymbol{L}\boldsymbol{U}\boldsymbol{x} = \boldsymbol{P}\boldsymbol{d} . \tag{13}$$

Man braucht also lediglich die Komponenten von $\boldsymbol{d}$ in die (durch den Permutationsvektor $\boldsymbol{p}$ des Gauß-Algorithmus) vorgeschriebene Reihenfolge zu bringen und kann die Lösung $\boldsymbol{x}$ dann über einen Hilfsvektor $\boldsymbol{y}$ durch die zwei Teilschritte

$$\boldsymbol{L}\boldsymbol{y} = \boldsymbol{P}\boldsymbol{d} \qquad (\textit{Vorwärtselimination}) \tag{14}$$

und

$$\boldsymbol{U}\boldsymbol{x} = \boldsymbol{y} \qquad (\textit{Rückwärtselimination}) \tag{15}$$

berechnen. Beide Gleichungssysteme haben dreieckige Koeffizientenmatrizen und können deshalb leicht (mit der ersten bzw. letzten Gleichung beginnend) rekursiv aufgelöst werden. Der dazu benötigte Rechenaufwand von N^2 wesentlichen Rechenoperationen ist bei großem N im Vergleich zur Dreiecksaufspaltung ($\approx N^3/3$) gering (vgl. (2.2.16)).

Beispiel 2.3.6. Wir lösen das oben bereits verwendete lineare Gleichungssystem mit der neuen rechten Seite $\boldsymbol{d} = (-6, 6, -12, 11)^{\mathsf{T}}$. Die Reihenfolge der Pivotzeilen war durch $\boldsymbol{p} = (1, 4, 2, 3)^{\mathsf{T}}$ festgelegt. Also ergeben sich die beiden Systeme

$$\begin{pmatrix} 1 & 0 & 0 & 0 \\ 2 & 1 & 0 & 0 \\ 3 & 0 & 1 & 0 \\ 1 & 2 & -2 & 1 \end{pmatrix} \begin{pmatrix} y_1 \\ y_2 \\ y_3 \\ y_4 \end{pmatrix} = \begin{pmatrix} -6 \\ 11 \\ 6 \\ -12 \end{pmatrix}, \quad \begin{pmatrix} 1 & -2 & -1 & 0 \\ 0 & 2 & 3 & -5 \\ 0 & 0 & 4 & -6 \\ 0 & 0 & 0 & 2 \end{pmatrix} \begin{pmatrix} x_1 \\ x_2 \\ x_3 \\ x_4 \end{pmatrix} = \begin{pmatrix} y_1 \\ y_2 \\ y_3 \\ y_4 \end{pmatrix}. \tag{16}$$

Das erste liefert den Hilfsvektor $\boldsymbol{y} = (-6, 23, 24, -4)^{\mathsf{T}}$ und das zweite die Lösung $\boldsymbol{x} = (1, 2, 3, -2)^{\mathsf{T}}$.

Bei der maschinellen Rechnung können wir die $\boldsymbol{LU}$-Zerlegung durch Aufruf des Gauß-Algorithmus GEL $(0, N, \boldsymbol{A}, \boldsymbol{O})$ herstellen, wenn wir die Eliminationskoeffizienten im linken unteren Dreieck von $\boldsymbol{G} = \boldsymbol{A}$ aufbewahren. Im Schritt 3 (Gauß-Schritt) ist also nach der l-Berechnung

$$g_{p_j,n} := l \tag{17}$$

einzufügen. Nach Ablauf des Algorithmus hat $\boldsymbol{G}$ dann die Gestalt

$$\boldsymbol{G} = \begin{pmatrix} u_{11} & u_{12} & \dots & u_{1,N-1} & u_{1N} \\ l_{21} & u_{22} & \dots & u_{2,N-1} & u_{2N} \\ \vdots & \ddots & & & \vdots \\ & & & \ddots & \\ l_{N1} & \dots & & l_{N,N-1} & u_{NN} \end{pmatrix}, \tag{18}$$

so daß die Vor- und die Rückrechnung angeschlossen werden können. Dabei wird wieder auf das explizite Umordnen verzichtet.

Algorithmus 2.3.7. Vorwärts- und Rückwärtselimination VUR (N, $\boldsymbol{G}$, $\boldsymbol{p}$, $\boldsymbol{d}$)

$\boldsymbol{G}$,	$\boldsymbol{G} \in \mathbb{R}^{N\times N}$,	aufgespaltene Koeffizientenmatrix (vgl. (18))
$\boldsymbol{p}$,	$\boldsymbol{p} \in \mathbb{R}^{N}$,	Indexvektor (Pivotreihenfolge)
$\boldsymbol{d}$,	$\boldsymbol{d} \in \mathbb{R}^{N}$,	rechte Seite (nach Ablauf: Lösungsvektor)
$\boldsymbol{y}$,	$\boldsymbol{y} \in \mathbb{R}^{N}$,	Hilfsvektor (kann auf Platz von $\boldsymbol{d}$ stehen)

6 Vorwärtselimination

$n = 1(1)N$ Zeilenindex

$$y_{p_n} := d_{p_n} - \sum_{k=1}^{n-1} g_{p_n,k} y_{p_k}$$

7 Rückwärtselimination

$n = 0(1)N-1$

$m := N - n$ Zeilenindex

$$d_m := \Big(y_{p_m} - \sum_{k=m+1}^{N} g_{p_m,k} d_k\Big) / g_{p_m,m}$$ Lösung

2.3.2. Bandmatrizen

Wenn die Ausgangsmatrix Bandstruktur (mit einer Bandbreite $\alpha + \beta + 1 \ll N$) besitzt, kann man den Rechenaufwand und den Speicherbedarf des Gauß-Algorithmus reduzieren. Es zeigt sich nämlich, daß sich die Bandstruktur von $\boldsymbol{A}$ auf die Dreiecksfaktoren $\boldsymbol{L}$ und $\boldsymbol{U}$ überträgt. Ist $\boldsymbol{A}$ streng regulär, d. h., kann der Gauß-Algorithmus ohne Pivotisierung durchgeführt werden, so hat $\boldsymbol{L}$ die Bandbreite $\alpha + 1$ und $\boldsymbol{U}$ die Bandbreite $\beta + 1$ (vgl. Ü 2.3.13)

$$\begin{pmatrix} * & \times & \times & & & & \\ \times & * & \times & \times & & & \\ & \times & * & \times & \times & & \\ & & \times & * & \times & \times & \\ & & & \times & * & \times & \times \\ & & & & \times & * & \times \\ & & & & & \times & * \end{pmatrix} =$$

$$= \begin{pmatrix} 1 & & & & & & \\ \times & 1 & & & & & \\ & \times & 1 & & & & \\ & & \times & 1 & & & \\ & & & \times & 1 & & \\ & & & & \times & 1 & \\ & & & & & \times & 1 \end{pmatrix} \cdot \begin{pmatrix} * & \times & \times & & & & \\ & * & \times & \times & & & \\ & & * & \times & \times & & \\ & & & * & \times & \times & \\ & & & & * & \times & \times \\ & & & & & * & \times \\ & & & & & & * \end{pmatrix} \qquad (19)$$

Muß dagegen pivotisiert werden, so stehen (bei Spaltenpivotisierung) unterhalb des Diagonalelements jeweils α weitere Pivotkandidaten zur Auswahl. Im ungünstigsten Fall wird Zeile $n + \alpha$ mit Zeile n getauscht. Maximal verbreitert sich das Band von $\boldsymbol{U}$

also um α Kodiagonalen auf die Gesamtbreite $\alpha + \beta + 1$:

$$\begin{bmatrix} \ast & \times & \times & & & & \\ \times & \ast & \times & \times & & & \\ & \times & \ast & \times & \times & & \\ & & \times & \ast & \times & \times & \\ & & & \times & \ast & \times & \times \\ & & & & \times & \ast & \times \\ & & & & & \times & \ast \end{bmatrix} =$$

$$= \begin{bmatrix} 1 & & & & & & \\ \times & 1 & & & & & \\ & \times & 1 & & & & \\ & & \times & 1 & & & \\ & & & \times & 1 & & \\ & & & & \times & 1 & \\ & & & & & \times & 1 \end{bmatrix} \cdot \begin{bmatrix} \ast & \times & \times & + & & & \\ & \ast & \times & \times & + & & \\ & & \ast & \times & \times & + & \\ & & & \ast & \times & \times & + \\ & & & & \ast & \times & \times \\ & & & & & \ast & \times \\ & & & & & & \ast \end{bmatrix}. \tag{20}$$

Man kann die Gauß-Elimination an diese Situation anpassen, indem man die Indexgrenzen im Algorithmus 2.2.2 der Bandbreite entsprechend abändert und auf diese Weise verhindert, daß der Algorithmus überflüssige Operationen mit Nullelementen ausführt. Ist die Bandbreite wesentlich kleiner als N, so speichert man statt des $N \times N$-Feldes der Matrix $\boldsymbol{A}$ nur das $N \times (\alpha + \beta + 1)$-Rechteck des Bandes

$$\begin{bmatrix} \ast & \times & \times & & & & \\ \times & \ast & \times & \times & & & \\ & \times & \ast & \times & \times & & \\ & & \times & \ast & \times & \times & \\ & & & \times & \ast & \times & \times \\ & & & & \times & \ast & \times \\ & & & & & \times & \ast \end{bmatrix} \rightarrow \begin{bmatrix} 0 & \ast & \times & \times \\ \times & \ast & \times & \times \\ \times & \ast & \times & \times \\ \times & \ast & \times & \times \\ \times & \ast & \times & \times \\ \times & \ast & \times & 0 \\ \times & \ast & 0 & 0 \end{bmatrix}. \tag{21}$$

Der Algorithmus muß dazu allerdings wegen der geänderten Indizierung der Matrixelemente neu geschrieben werden. Bei sehr kleinen Bandbreiten kann man sogar Diagonale und Kodiagonalen einzeln als Vektoren vereinbaren. Wir erläutern das am Beispiel einer streng regulären (also z. B. diagonal dominanten) tridiagonalen Koeffizientenmatrix.

Durch Ausmultiplizieren und Koeffizientenvergleich bestätigt man leicht (Ü 2.3.15), daß ein Ansatz $\boldsymbol{A} = \boldsymbol{LU}$ der Gestalt

$$\begin{bmatrix} a_1 & g_1 & & & \\ c_1 & a_2 & g_2 & & \\ & \cdot & \cdot & \cdot & \\ & & \cdot & \cdot & \cdot \\ & & & \cdot & g_{N-1} \\ & & & c_{N-1} & a_N \end{bmatrix} = \begin{bmatrix} 1 & & & \\ l_1 & 1 & & \\ & \cdot & & \\ & & \cdot & \\ & & \cdot & \\ & & l_{N-1} & 1 \end{bmatrix} \begin{bmatrix} u_1 & v_1 & & \\ & u_2 & v_2 & \\ & & \cdot & \cdot \\ & & & \cdot \\ & & & v_{N-1} \\ & & & u_N \end{bmatrix} \tag{22}$$

sinnvoll ist und die Formeln des Gauß-Algorithmus (ohne Pivotisierung) liefert.

Algorithmus 2.3.8. Gauß-Verfahren für Systeme mit tridiagonaler Koeffizientenmatrix GTR (N, $\boldsymbol{a}$, $\boldsymbol{c}$, $\boldsymbol{g}$, $\boldsymbol{b}$)

$\boldsymbol{a}$,	$\boldsymbol{a} \in \mathbb{R}^N$,	Vektor der Diagonalelemente
$\boldsymbol{c}, \boldsymbol{g}$,	$\boldsymbol{c}, \boldsymbol{g} \in \mathbb{R}^{N-1}$,	Vektoren der unteren und oberen Kodiagonalen)
$\boldsymbol{b}$,	$\boldsymbol{b} \in \mathbb{R}^N$,	rechte Seite (nach Ablauf: Lösung)
ε		Testgröße

1 $\boldsymbol{LU}$-Zerlegung

$u_1 := a_1$

$n = 1(1)N-1$

falls $|u_n| < \varepsilon$, dann Abbruch „$\boldsymbol{A}$ nicht streng regulär"

$l_n := c_n/u_n$

$u_{n+1} := a_{n+1} - l_n g_n$

2 Vorwärtseinsetzen

$y_1 := b_1$

$n = 2(1)N$

$y_n := b_n - l_{n-1} y_{n-1}$

3 Rückwärtseinsetzen

$b_N := y_N/u_N$

$k = 1(1)N-1$

$m := N - k$

$b_m := (y_m - g_m b_{m+1})/u_m$

Die v_n aus dem Ansatz (22) stimmen mit den g_n überein und treten deshalb im Algorithmus nicht auf. Die u_n und l_n werden beim Programmieren mit den a_n bzw. c_n identifiziert, so daß die Koeffizienten der Faktoren $\boldsymbol{L}$ und $\boldsymbol{U}$ am Ende der Aufspaltung auf dem Speicherplatz der Ausgangsmatrix stehen. Für den Hilfsvektor $\boldsymbol{y}$ wird der Platz von $\boldsymbol{b}$ benutzt. Man kommt also mit einem *Speicherbedarf* von wenig mehr als $4N$ Plätzen aus. Soll ein System mit derselben Matrix und abgeänderter rechter Seite gelöst werden, so brauchen lediglich die Programmteile 2 und 3 durchlaufen zu werden. Der *Rechenaufwand* beträgt *für die* ***LU****-Zerlegung* $2N - 2$ und *für die Vor- und die Rückrechnung je rechte Seite* $3N - 2$ wesentliche Rechenoperationen.

Bei Bandmatrizen wird besonders augenfällig, wie unsinnig es wäre, die inverse Matrix explizit zu bestimmen. Sie hat in der Regel keine Bandstruktur (Ü 2.3.16), so daß eine Berechnung von $\boldsymbol{x}$ nach der Vorschrift $\boldsymbol{x} := \boldsymbol{A}^{-1}\boldsymbol{b}$ einen zusätzlichen Rechenaufwand von N^2 Multiplikationen je rechte Seite kosten würde. Außerdem würden N^2 Speicherplätze für die Elemente von $\boldsymbol{A}^{-1}$ gebraucht.

Sind in der Tridiagonalmatrix $\boldsymbol{A}$ nicht die Diagonalelemente, sondern die Elemente oder oberen Kodiagonale dominant, so verwendet man diese als Pivotelemente: Man stellt die erste Gleichung des Systems $\boldsymbol{Ax} = \boldsymbol{b}$ (wo Diagonale und Kodiagonale von $\boldsymbol{A}$ wie in (22) bezeichnet seien) nach der zweiten Unbekannten um und erhält

$$x_2 = (b_1 - a_1 x_1)/g_1 =: y_1 + z_1 x_1 \tag{23}$$

als lineare Funktion von x_1 mit den Koeffizienten

$$y_1 := b_1/g_1\,, \qquad z_1 := -a_1/g_1\,.$$

Stellt man die zweite Gleichung von $\boldsymbol{Ax} = \boldsymbol{b}$ nach x_3 um und setzt den Ausdruck (23) für x_2 ein, so ergibt sich

$$x_3 = (b_2 - c_1x_1 - a_2x_2)/g_2 =: y_2 + z_2x_1$$

ebenfalls als lineare Funktion von x_1 mit den Koeffizienten

$$y_2 := (b_2 - a_2y_1)/g_2\,, \qquad z_2 := -(c_1 + a_2z_1)/g_2\,.$$

Aus den nächsten Gleichungen von $\boldsymbol{Ax} = \boldsymbol{b}$ folgt analog für $n = 3(1)N-1$

$$x_{n+1} = (b_n - c_{n-1}x_{n-2} - a_nx_{n-1})/g_n =: y_n + z_nx_1 \tag{24}$$

mit

$$y_n := (b_n - c_{n-1}y_{n-2} - a_ny_{n-1})/g_n\,, \qquad z_n := -(c_{n-1}z_{n-2} + a_nz_{n-1})/g_n\,.$$

Ersetzt man x_{N-1} und x_N in der N-ten Gleichung mit Hilfe von (24), so bleibt nur x_1 als Unbekannte, und man erhält

$$x_1 = (b_N - c_{N-1}y_{N-2} - a_Ny_{N-1})/(c_{N-1}z_{N-2} + a_Nz_{N-1})\,.$$

Damit können die Komponenten $x_2, \ldots, x_N$ aus (23) und (24) bestimmt werden.

Wegen seines Zusammenhangs mit der Lösung von Randwertproblemen für Differenzengleichungen zweiter Ordnung wird diese Art der Lösung des tridiagonalen Systems auch *Schießverfahren* genannt (B 2.3.5).

Algorithmus 2.3.9. Schießverfahren für Systeme mit tridiagonaler Koeffizientenmatrix STR (N, $\boldsymbol{a}$, $\boldsymbol{c}$, $\boldsymbol{g}$, $\boldsymbol{b}$)

$\boldsymbol{a}$,	$\boldsymbol{a} \in \mathbb{R}^N$,	Vektor der Diagonalelemente
$\boldsymbol{c}$,	$\boldsymbol{c} \in \mathbb{R}^{N-1}$,	untere Kodiagonale
$\boldsymbol{g}$,	$\boldsymbol{g} \in \mathbb{R}^N$,	obere Kodiagonale, ergänzt durch das Element $g_N := 1$
$\boldsymbol{b}$,	$\boldsymbol{b} \in \mathbb{R}^N$,	rechte Seite (nach Ablauf: Lösung)

$y_1 := b_1/g_1\,, \qquad z_1 := -a_1/g_1\,,$

$y_2 := (b_2 - a_2y_1)/g_2\,, \quad z_2 := -(c_1 + a_2z_1)/g_2\,,$

1 Berechnung der Hilfsvektoren $\boldsymbol{y}$ und $\boldsymbol{z}$

$$\left[\begin{array}{l} n = 3(1)N \\ y_n := (b_n - c_{n-1}y_{n-2} - a_ny_{n-1})/g_n\,, \\ z_n := -(c_{n-1}z_{n-2} + a_nz_{n-1})/g_n \end{array}\right.$$

2 Rückrechnung

$d := -y_N/z_N$

$$\left[\begin{array}{l} n = 1(1)N-1 \\ b_{n+1} := y_n + z_nd \end{array}\right.$$

$b_1 := d$

Die Hilfsvektoren $\boldsymbol{y}$ und $\boldsymbol{z}$ können beim Programmieren mit $\boldsymbol{g}$ bzw. $\boldsymbol{a}$ identifiziert werden, so daß wieder *Speicherplatz* für vier N-Vektoren benötigt wird. Der *Rechenaufwand* beträgt etwa $7N$ wesentliche Rechenoperationen.

2.3.3. Bemerkungen

B 2.3.1. Nach einem Vorschlag von Falk [1] kann man die Multiplikation von Matrizen passenden Formats als folgendes Schema schreiben:

$$\begin{array}{cccccc|cccccc|l}
 & & & & & & \times & \times & * & \times & \times & \times & \\
 & & & & & & \times & \times & * & \times & \times & \times & \\
 & & & & & & \times & \times & * & \times & \times & \times & \boldsymbol{B} \\
 & & & & & & \times & \times & * & \times & \times & \times & \\
 & & & & & & \times & \times & * & \times & \times & \times & \\
 & \times & \times & \times & \times & \times & \times & \times & \times & \times & \times & \times & \\
\boldsymbol{A} & * & * & * & * & * & \times & \times & * & \times & \times & \times & \boldsymbol{A}\cdot\boldsymbol{B} \\
 & \times & \times & \times & \times & \times & \times & \times & \times & \times & \times & \times &
\end{array}$$

Das zu berechnende Element des Produkts steht dabei im Schnittpunkt der (nach rechts verlängert gedachten) Zeile des linken Faktors und der (nach unten verlängert gedachten) Spalte des rechten (im Schema oberen) Faktors.

B 2.3.2. Die in Satz 2.3.3 benutzte Transformation einer regulären in eine streng reguläre Matrix ist nicht die einzig mögliche. Für den Beweis des Satzes wird nur benötigt, daß die Pivots u_{kk} nicht verschwinden (numerisch: nicht zu klein werden). Man kann demzufolge die Zeilen auch nach anderen Gesichtspunkten tauschen oder statt der Zeilen die Spalten oder (z. B. bei der totalen Pivotsuche) sowohl Zeilen als auch Spalten (vgl. Vorlesung 2.5).

B 2.3.3. Eine $\boldsymbol{LU}$-Zerlegung für die Koeffizientenmatrix $\boldsymbol{A}$ läßt sich wie im Spezialfall (22) auch allgemein aus dem Ansatz $\boldsymbol{LU} = \boldsymbol{A}$ herleiten. Dazu wollen wir voraussetzen, daß die Koeffizientenmatrix streng regulär, also erforderlichenfalls bereits umgeordnet ist. Durch Multiplikation zweier Dreiecksmatrizen $\boldsymbol{L}$ mit $l_{ij} = 0$ für $i - j < 0$ und $\boldsymbol{U}$ mit $u_{ij} = 0$ für $i - j > 0$,

$$\begin{array}{ccc|ccc}
 & & & u_{11} & u_{12} & u_{13} \\
 & & & & u_{22} & u_{23} \\
 & & & & & u_{33} \\
\hline
l_{11} & & & l_{11}u_{11} & l_{11}u_{12} & l_{11}u_{13} \\
l_{21} & l_{22} & & l_{21}u_{11} & l_{21}u_{12} + l_{22}u_{22} & l_{21}u_{13} + l_{22}u_{23} \\
l_{31} & l_{32} & l_{33} & l_{31}u_{11} & l_{31}u_{12} + l_{32}u_{22} & l_{31}u_{13} + l_{32}u_{23} + l_{33}u_{33}
\end{array}$$

und Koeffizientenvergleich ergeben sich N^2 (bilineare) Gleichungen

$$\sum_{j=1}^{\min(k,n)} l_{kj}\, u_{jn} = a_{kn}\,, \qquad k = 1(1)N\,, \qquad n = 1(1)N\,, \tag{25}$$

für die $N(N + 1)$ Unbekannten. Setzt man wie beim Gauß-Algorithmus $l_{ii} = 1$ (ebenso könnte man $u_{ii} = 1$ wählen), so bleiben N^2 Unbekannte, und man kann das System (25) schrittweise auflösen. Dabei ist die Reihenfolge, in der man die Unbekannten bestimmt, nicht eindeutig festgelegt: Wegen $l_{11} = 1$ stimmt die erste Zeile von $\boldsymbol{U}$ mit der ersten von $\boldsymbol{A}$ überein: $u_{1k} = a_{1k}$, $k = 1(1)N$. Damit ist insbesondere u_{11} bekannt, und alle Elemente der ersten Spalte von $\boldsymbol{L}$ sind bestimmbar: $l_{i1} = a_{i1}/u_{11}$, $i = 2(1)N$. Anschließend können die Elemente der zweiten Zeile von $\boldsymbol{U}$ berechnet werden. Dieses abwechselnde zeilen- und spaltenweise Vorgehen wird *Doolittle-Algorithmus* genannt (bzw. *Crout-Algorithmus*, wenn man die Normierungsvorschrift $u_{ii} = 1$ verwendet). Man kann aber auch streng zeilenweise verfahren und nach der ersten $\boldsymbol{U}$-Zeile nur l_{21} ausrechnen, um danach die zweite

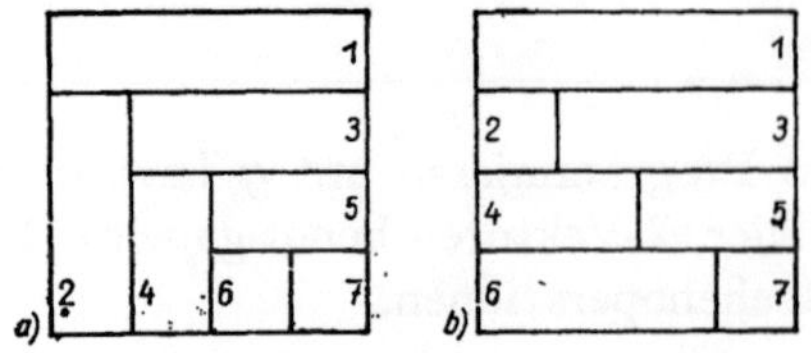

Abb. 2.3.1. Dreieckszerlegung a) nach Doolittle, Crout und b) nach Banachiewicz

$\boldsymbol{U}$-Zeile aus $u_{2k} = a_{2k} - l_{21}u_{1k}$, $k = 2(1)N$, zu bestimmen (*Algorithmus von Banachiewicz*). Die Reihenfolge der Schritte beider Varianten wird durch Abb. 2.3.1 verdeutlicht.

B 2.3.4. In Lehrbüchern, die mehr auf Hand- als auf Maschinenrechnung ausgerichtet sind (ZURMÜHL [1]), findet man als Variante des Gauß-Algorithmus das *Verfahren von Gauß-Banachiewicz* (den *verketteten Algorithmus*). Es baut auf (25) auf und kommt mit weniger Schreibarbeit aus, als für Tab. 2.2.1 benötigt wird. Die in (25) auftretenden Produktsummen im Register des Rechners werden akkumuliert, ohne die einzelnen Produkte aufzuschreiben. Wenn das Rechenregister mehr Stellen besitzt als die Anzeige (einige Schutzstellen, vgl. B 1.3.1, oder sogar doppelte Mantissenlänge, vgl. Algorithmus 1.3.3), so hat man zusätzlich den Vorteil eines verringerten Rundungsfehlers. Von Nachteil ist dagegen, daß eine Pivotisierung das Verfahren unübersichtlich macht. Nach Art und Anzahl der Rechenoperationen sind Gauß-Algorithmus und verketteter Algorithmus identisch.

B 2.3.5. Die $\boldsymbol{LU}$-Zerlegung tridiagonaler Matrizen (Algorithmus 2.3.8) wird in der russischsprachigen Literatur *Methode des Hindurchjagens* (*metod progonki*, vgl. BACHVALOV [1], S. 552) genannt; in der englischsprachigen Literatur wird sie L. H. THOMAS zugeschrieben (D. YOUNG [1], S. 441). Tridiagonale Systeme stehen in engem Zusammenhang zu Differenzen- bzw. (diskretisierten) Differentialgleichungen zweiter Ordnung (vgl. z. B. BERG [2]). Ihre Lösung ist durch *zwei Anfangsbedingungen* eindeutig festgelegt. Die Bezeichnung Schießmethode rührt daher, daß bei einer *Zweipunkt-Randwertaufgabe* nur *eine Anfangsbedingung* vorliegt und die fehlende Größe (x_1 im Algorithmus 2.3.9) aus der Forderung bestimmt wird, daß die Lösung das Ziel im rechten Randpunkt trifft.

Die Bedeutung der Hilfsvektoren $\boldsymbol{y}$ und $\boldsymbol{z}$ geht aus folgender Interpretation hervor: Wir erweitern die Matrix $\boldsymbol{A}$ durch eine $(N + 1)$te Spalte $(0, 0, \ldots, 0, g_N)^\mathsf{T}$ zu einer $N \times (N+1)$-Matrix $\bar{\boldsymbol{A}}$. Mit $\bar{\boldsymbol{x}} := (x_1, \ldots, x_N, x_{N+1})^\mathsf{T}$ wird dadurch aus $\boldsymbol{Ax} = \boldsymbol{b}$ das unterbestimmte Gleichungssystem $\bar{\boldsymbol{A}}\bar{\boldsymbol{x}} = \boldsymbol{b}$, das die spezielle Lösung $\bar{\boldsymbol{y}} = (0, y_1, \ldots, y_N)^\mathsf{T}$ mit den Komponenten des Hilfsvektors $\boldsymbol{y}$ besitzt. Der Vektor $\bar{\boldsymbol{z}} := (1, z_1, \ldots, z_N)^\mathsf{T}$ ist Lösung des homogenen Systems $\bar{\boldsymbol{A}}\bar{\boldsymbol{x}} = \boldsymbol{o}$, und $\bar{\boldsymbol{x}}$ ergibt sich als Linearkombination der beiden Vektoren, $\bar{\boldsymbol{x}} := \bar{\boldsymbol{y}} + d\bar{\boldsymbol{z}}$. Dabei ist d so zu bestimmen, daß $x_{N+1} = y_N + dz_N$ verschwindet. Dann bilden die ersten N Komponenten von $\bar{\boldsymbol{x}}$ offenbar den gesuchten Lösungsvektor $\boldsymbol{x}$ des Ausgangssystems.

Der Algorithmus 2.3.9 versagt, wenn z_N verschwindet. Aber auch ohne Abbruch kann die Lösung durch anwachsende Rundungsfehler unbrauchbar werden, wenn die Pivotelemente g_n nicht betragsmäßig größer als $|c_{n-1}| + |a_n|$ sind (vgl. BERG [2], S. 84ff).

B 2.3.6. Ein Gauß-Algorithmus mit Pivotisierung für unsymmetrische Bandmatrizen wird bei WILKINSON, REINSCH ([1], S. 70—92) angegeben. BERG [4] schlägt für solche Systeme die Transformation des Ausgangssystems auf die Gestalt

$$\boldsymbol{BAx} = \begin{pmatrix} \boldsymbol{C}_1 & \boldsymbol{O} & \boldsymbol{C}_2 \\ \boldsymbol{C}_3 & \boldsymbol{I} & \boldsymbol{C}_4 \\ \boldsymbol{C}_5 & \boldsymbol{O} & \boldsymbol{C}_6 \end{pmatrix} \begin{pmatrix} \boldsymbol{y}_1 \\ \boldsymbol{y}_2 \\ \boldsymbol{y}_3 \end{pmatrix} = \begin{pmatrix} \boldsymbol{d}_1 \\ \boldsymbol{d}_2 \\ \boldsymbol{d}_3 \end{pmatrix} = \boldsymbol{Bb}$$

vor. Dabei sind $\boldsymbol{C}_1$, $\boldsymbol{I}$ und $\boldsymbol{C}_6$ quadratische Teilmatrizen des Formates $\alpha \times \alpha$, $(N - \alpha - \beta) \times \times (N - \alpha - \beta)$ bzw. $\beta \times \beta$, die übrigen $\boldsymbol{C}_k$ sind passende Rechteckmatrizen, und die $\boldsymbol{y}_j$, $\boldsymbol{d}_j$ sind Vektoren, die die ersten α, die „mittleren" $N - \alpha - \beta$ bzw. die letzten β Komponenten von $\boldsymbol{x}$ bzw. $\boldsymbol{Bb}$ enthalten. Das Gleichungssystem zerfällt dann in ein „kleines" System (falls $\alpha + \beta \ll N$ ist) der Gestalt

$$\boldsymbol{C}_1\boldsymbol{y}_1 + \boldsymbol{C}_2\boldsymbol{y}_3 = \boldsymbol{d}_1\,, \qquad \boldsymbol{C}_5\boldsymbol{y}_1 + \boldsymbol{C}_6\boldsymbol{y}_3 = \boldsymbol{d}_3$$

und ein „großes" System, dessen Lösung sich, sobald $\boldsymbol{y}_1$ und $\boldsymbol{y}_3$ bestimmt sind, explizit angeben läßt, weil die Koeffizientenmatrix die Einheitsmatrix $\boldsymbol{I}$ ist:

$$\boldsymbol{y}_2 = \boldsymbol{d}_2 - \boldsymbol{C}_3\boldsymbol{y}_1 - \boldsymbol{C}_4\boldsymbol{y}_2\,.$$

Die Konstruktion von $\boldsymbol{B}$ ist nicht eindeutig. Man kann die vorhandenen Freiheitsgrade nutzen, um für die Auflösung möglichst „günstige" Matrizen $\boldsymbol{C}_1$ und $\boldsymbol{C}_6$ (z. B. Dreiecksgestalt) zu erhalten, oder um eine möglichst hohe numerische Stabilität zu sichern.

2.3.4. Übungsaufgaben

Ü 2.3.1. Man zeige:

a) Die *Vertauschungsmatrix*, eine spezielle elementare Matrix,

$$\boldsymbol{I}_{ik} := \boldsymbol{I} - (\boldsymbol{e}_i - \boldsymbol{e}_k)(\boldsymbol{e}_i - \boldsymbol{e}_k)^\mathsf{T}$$

geht aus der Einheitsmatrix durch Vertauschen ihrer i-ten und k-ten Zeile (oder ihrer i-ten und k-ten Spalte) hervor.

b) Vertauschungsmatrizen sind *symmetrisch* und *orthogonal* $\boldsymbol{I}_{ik} = \boldsymbol{I}_{ik}^\mathsf{T} = \boldsymbol{I}_{ik}^{-1}$.

c) Eine Linksmultiplikation $\boldsymbol{I}_{ik}\boldsymbol{A}$ bewirkt eine Vertauschung der Zeilen i und k, eine Rechtsmultiplikation $\boldsymbol{A}\boldsymbol{I}_{ik}$ eine Vertauschung der Spalten i und k der Matrix $\boldsymbol{A}$.

Ü 2.3.2. Man zeige:

a) *Permutationsmatrizen* können als Produkte von Vertauschungsmatrizen dargestellt werden.

b) Permutationsmatrizen sind orthogonal, aber nicht notwendig symmetrisch: $\boldsymbol{P}^{-1} = \boldsymbol{P}^\mathsf{T}$, aber $\boldsymbol{P} \neq \boldsymbol{P}^\mathsf{T}$.

Ü 2.3.3. Man zeige: Ist $\boldsymbol{Q}$ eine Permutationsmatrix, in der die Spalten $\boldsymbol{e}_i$ der Einheitsmatrix $\boldsymbol{I}$ in der Reihenfolge $p_1, p_2, \ldots, p_N$ stehen, so bringt die Linksmultiplikation mit $\boldsymbol{P} := \boldsymbol{Q}^\mathsf{T}$ die Zeilen und die Rechtsmultiplikation mit $\boldsymbol{Q}$ die Spalten einer Matrix $\boldsymbol{A}$ (desselben Formats) in ebendieselbe Reihenfolge.

Ü 2.3.4. Man geben die Permutationsmatrix **P** an, die die Zeilen einer 5×5-Matrix $\boldsymbol{A}$ in die Reihenfolge 2, 5, 1, 3, 2 bringt.

Ü 2.3.5. Man beweise: Für die durch (8) und (11) definierten elementaren Matrizen gilt $\boldsymbol{E}_n\boldsymbol{E}_n^{-1} = \boldsymbol{E}_n^{-1}\boldsymbol{E}_n = \boldsymbol{I}_N$.

Ü 2.3.6. Man zeige: Das Produkt der Inversen der Eliminationsmatrizen in der natürlichen Reihenfolge ergibt die Linksdreiecksmatrix $\boldsymbol{L}$ (vgl. (12)).

Ü 2.3.7. Man berechne das Produkt der $\boldsymbol{E}_n^{-1}$ in der umgekehrten Reihenfolge

$$\boldsymbol{C} := \boldsymbol{E}_{N-1}^{-1} \ldots \boldsymbol{E}_2^{-1}\boldsymbol{E}_1^{-1}\,.$$

Ü 2.3.8. Man zeige: Bei einem Gauß-Schritt bleibt der Wert der Koeffizientendeterminante unverändert: $\det \boldsymbol{A}' = \det \boldsymbol{A}''$, falls $\boldsymbol{A}'' := \boldsymbol{E}_n\boldsymbol{A}'$.

Ü 2.3.9. Für das Beispiel 2.2.1 bestimme man die Positionen der Elemente von $\boldsymbol{L}$ und $\boldsymbol{U}$ innerhalb der Matrix $\boldsymbol{G}$, die sie nach Durchführung des Gauß-Algorithmus mit der Pivotreihenfolge $\boldsymbol{p} = (1, 4, 2, 3)^\mathsf{T}$ einnehmen würden.

Ü 2.3.10. Man löse das Gleichungssystem aus Beispiel 2.2.1 mit Hilfe des verketteten Algorithmus.

Ü 2.3.11. Man bestimme die Inverse der Koeffizientenmatrix aus Tab. 2.3.1, S. 63, durch Vor- und Rückwärtseinsetzen (entsprechend (14) und (15)).

Ü 2.3.12. Man programmiere den Algorithmus 2.3.7.

Ü 2.3.13. Man zeige: Besitzt $\boldsymbol{A}$ Bandgestalt mit einer Bandbreite $\alpha + \beta + 1$, so haben die vom Gauß-Algorithmus ohne Pivotisierung erzeugten Dreiecksfaktoren $\boldsymbol{L}$ und $\boldsymbol{U}$ ebenfalls Bandstruktur mit den Bandbreiten $\alpha + 1$ bzw. $\beta + 1$ (vgl. (19) und Ü 2.3.21),

$$l_{mn} = 0 \quad \text{für} \quad m - n > \alpha\,, \quad u_{mn} = 0 \quad \text{für} \quad n - m > \beta\,.$$

Ü 2.3.14. Man vergleiche den Rechenaufwand des Gauß-Algorithmus für voll besetzte Matrizen und für Bandmatrizen.

Ü 2.3.15. Aus dem Ansatz (22) leite man die Formeln für die l_k- und die u_k-Berechnung sowie für die Vorwärts- und die Rückwärtselimination in Algorithmus 2.3.8 her.

Ü 2.3.16. Man bestimme die $\boldsymbol{LU}$-Zerlegung der Matrix

$$\boldsymbol{A} = \begin{pmatrix} 4 & -1 & & & \\ 1 & -5 & 2 & & \\ & -2 & 6 & -3 & \\ & & 3 & -7 & 4 \\ & & & -4 & 8 \end{pmatrix}$$

und weise nach, daß die Inverse $\boldsymbol{A}^{-1}$ keine Bandstruktur besitzt.

Ü 2.3.17. Man programmiere Algorithmus 2.3.9 und löse das Gleichungssystem $\boldsymbol{A}\boldsymbol{x} = \boldsymbol{b}$ mit

$$\boldsymbol{A} = \begin{pmatrix} -6 & 8 & & & \\ 1 & -6 & 8 & & \\ & & \ddots & & \\ & & 1 & -6 & 8 \\ & & & 1 & -6 \end{pmatrix}, \quad \boldsymbol{b} = \begin{pmatrix} 2 \\ 3 \\ \vdots \\ 3 \\ -5 \end{pmatrix} \quad \text{für} \quad N = 10, 50, 100 .$$

Ü 2.3.18. Mit Hilfe des Programms aus Ü 2.3.17 löse man das Gleichungssystem $\hat{\boldsymbol{A}}\hat{\boldsymbol{x}} = \hat{\boldsymbol{b}}$ mit

$$\hat{\boldsymbol{A}} = \begin{pmatrix} -6 & 1 & & & \\ 8 & -6 & 1 & & \\ & & \ddots & & \\ & & 8 & -6 & 1 \\ & & & 8 & -6 \end{pmatrix}, \quad \hat{\boldsymbol{b}} = \begin{pmatrix} -5 \\ 3 \\ \vdots \\ 3 \\ 2 \end{pmatrix} \quad \text{für} \quad N = 10, 50, 100 .$$

Hinweis: Dieses System geht durch $\hat{\boldsymbol{A}} = \boldsymbol{PAP}$, $\hat{\boldsymbol{x}} = \boldsymbol{Px}$, $\hat{\boldsymbol{b}} = \boldsymbol{Pb}$ mit

$$\boldsymbol{P} = \begin{pmatrix} & & & & 1 \\ & & & 1 & \\ & & \cdot^{\cdot^{\cdot}} & & \\ & 1 & & & \\ 1 & & & & \end{pmatrix}$$

(in Komponenten $\hat{a}_{mn} = a_{nm}$, $\hat{x}_n = x_{N+1-n}$, $\hat{b}_n = b_{N+1-n}$) aus dem System von Ü 2.3.17 hervor. Man bestimmt hier also zuerst x_N und dann rückwärts $x_{N-1}, \ldots, x_1$.

Ü 2.3.19. Durch Rechnung mit verschiedenen Mantissenlängen (Unterprogramm $\text{chp}_l(x)$, Ü 1.3.6) vergleiche man die Rundungsfehlerfortpflanzung in den Aufgaben von Ü 2.3.17 und Ü 2.3.18.

Ü 2.3.20. Man zeige: Die Matrix $\boldsymbol{u}\boldsymbol{v}^{\mathrm{T}}$ hat den Rang 1.

Ü 2.3.21. Man löse das Gleichungssystem aus Ü 2.3.18 für $N = 5$ mit Hilfe des Gauß-Algorithmus mit Spaltenpivotisierung. Welche Bandbreite erhält die Rechtsdreiecksmatrix $\boldsymbol{U}$?

Ü 2.3.22. Man beweise: Die Inverse einer Linksdreiecksmatrix ist eine Linksdreiecksmatrix. Hinweis: Man benutze die Summendarstellung (12) für $\boldsymbol{L}$.

Ü 2.3.23. Man beweise: Das Produkt zweier Linksdreiecksmatrizen ist eine Linksdreiecksmatrix.

2.4. Symmetrische Dreieckszerlegung

Ist die Koeffizientenmatrix symmetrisch, so genügt es, die Elemente des linken unteren Dreiecks einschließlich der Diagonalen zu speichern. Wir werden den Gauß-Algorithmus so abändern, daß er mit diesem fast auf die Hälfte reduzierten Speicherplatz auskommt.

2.4.1. $\boldsymbol{LDL}^{\mathrm{T}}$-Aufspaltung

Für streng reguläre Matrizen liefert der Gauß-Algorithmus nach Satz 2.3.5 eine eindeutig bestimmte Zerlegung $\boldsymbol{A} = \boldsymbol{LU}$. Durch „Ausklammern" der Diagonalelemente u_{jj} aus den Zeilen der oberen Dreiecksmatrix $\boldsymbol{U}$ normieren wir auch die Diagonalelemente des rechten Faktors auf Eins, $\boldsymbol{U} = \boldsymbol{D}\hat{\boldsymbol{U}}$, $\boldsymbol{D} :=$ diag $(d_1, d_2, \dots, d_N)$. Für die Elemente von $\boldsymbol{D}$ und $\hat{\boldsymbol{U}}$ gilt dann

$$d_j := u_{jj}\,, \qquad \hat{u}_{jk} := \begin{cases} u_{jn}/u_{jj} & \text{für } j < k\,, \\ 1 & \text{für } j = k\,, \\ 0 & \text{für } j > k\,. \end{cases}$$

Damit geht die $\boldsymbol{LU}$-Zerlegung von $\boldsymbol{A}$ in $\boldsymbol{A} = \boldsymbol{LD}\hat{\boldsymbol{U}}$ über. Transponiert man diese Gleichung und benutzt die Symmetrie von $\boldsymbol{A}$, so folgt $\boldsymbol{A}^{\mathrm{T}} = \hat{\boldsymbol{U}}^{\mathrm{T}}\boldsymbol{DL}^{\mathrm{T}} = \boldsymbol{A}$. Wegen der Eindeutigkeit der $\boldsymbol{LU}$-Zerlegung ergibt sich daraus $\hat{\boldsymbol{U}} = \boldsymbol{L}^{\mathrm{T}}$:

Satz 2.4.1 ($\boldsymbol{LDL}^{\mathrm{T}}$-Zerlegung). *Jede symmetrische, streng reguläre Matrix kann eindeutig in das Produkt einer normierten Linksdreiecksmatrix* $\boldsymbol{L}$, *einer Diagonalmatrix* $\boldsymbol{D}$ *und der normierten Rechtsdreiecksmatrix* $\boldsymbol{L}^{\mathrm{T}}$ *aufgespalten werden:*

$$\boldsymbol{A} \quad = \qquad (1)$$

$$\begin{pmatrix} * & + & + & + & + & + \\ + & * & \times & \times & \times & \times \\ + & \times & * & + & + & + \\ + & \times & + & * & \times & \times \\ + & \times & + & \times & * & + \\ + & \times & + & \times & + & * \end{pmatrix} =$$

$$= \qquad \boldsymbol{L} \qquad\qquad \boldsymbol{D} \qquad\qquad \boldsymbol{L}^{\mathrm{T}}\,,$$

$$= \begin{pmatrix} 1 & & & & & \\ + & 1 & & & & \\ + & \times & 1 & & & \\ + & \times & + & 1 & & \\ + & \times & + & \times & 1 & \\ + & \times & + & \times & + & 1 \end{pmatrix} \cdot \begin{pmatrix} * & & & & & \\ & * & & & & \\ & & * & & & \\ & & & * & & \\ & & & & * & \\ & & & & & * \end{pmatrix} \cdot \begin{pmatrix} 1 & + & + & + & + & + \\ & 1 & \times & \times & \times & \times \\ & & 1 & + & + & + \\ & & & 1 & \times & \times \\ & & & & 1 & + \\ & & & & & 1 \end{pmatrix}.$$

Damit sinkt auch der Rechenaufwand gegenüber der unsymmetrischen $\boldsymbol{LU}$-Zerlegung auf fast die Hälfte, denn mit l_{kj} ist gleichzeitig auch $\hat{u}_{jk} = l_{jk}$ bestimmt. Zur Berechnung der l_{kj}, $k > j$, und der d_j benutzen wir die Gleichungen (2.3.25), in denen jetzt $u_{jn} = d_j l_{nj}$ zu setzen ist:

$$\sum_{j=1}^{n} l_{kj} d_j l_{nj} = a_{kn}\,, \quad k = 1(1)N\,, \quad n = 1(1)k\,. \tag{2}$$

Nach der Aufspaltung kann das Gleichungssystem $\boldsymbol{Ax} = \boldsymbol{b}$ in der Form $\boldsymbol{LDL}^{\mathrm{T}}\boldsymbol{x} = \boldsymbol{b}$ geschrieben und (ähnlich der Vorwärts- und der Rückwärtselimination im unsymmetrischen Fall, vgl. (2.3.14) und (2.3.15)) in mehreren Teilschritten rekursiv aufgelöst werden:

$$\boldsymbol{Ly} = \boldsymbol{b}\,, \qquad \boldsymbol{Dz} = \boldsymbol{y}\,, \qquad \boldsymbol{L}^{\mathrm{T}}\boldsymbol{x} = \boldsymbol{z}\,. \tag{3}$$

Beispiel 2.4.2. Zur Veranschaulichung geben wir die Formeln (1) und (3) für den Fall $N = 3$ explizit an. Für das Produkt $\boldsymbol{LDL}^{\mathsf{T}}$ erhält man:

$$
\begin{array}{ccc|ccc}
 & & & d_1 & d_1 l_{21} & d_1 l_{31} \\
 & & & & d_2 & d_2 l_{32} \\
 & & & & & d_3 \\
\hline
1 & & & d_1 & & \\
l_{21} & 1 & & l_{21}d_1 & l_{21}^2 d_1 + d_2 & \\
l_{31} & l_{32} & 1 & l_{31}d_1 & l_{31}d_1 l_{21} + l_{32}d_2 & l_{31}^2 d_1 + l_{32}^2 d_2 + d_3
\end{array}
$$

Durch Vergleich der Koeffizienten des Produkts mit denen von $\boldsymbol{A}$ ergibt sich bei zeilenweisem Vorgehen (vgl. (2)):

1. Zeile: $d_1 := a_{11}$,

2. Zeile: $q := a_{21}$,
$l_{21} := q/d_1$,
$d_2 := a_{22} - q l_{21}$,

3. Zeile: $q := a_{31}$,
$l_{31} := q/d_1$,
$a_{32} := a_{32} - q l_{21}$,
$a_{33} := a_{33} - q l_{31}$,
$q := a_{32}$,
$l_{32} := q/d_2$,
$d_3 := a_{33} - q l_{32}$.

Durch Vorwärtseinsetzen $\boldsymbol{Ly} = \boldsymbol{b}$ und „Division" $\boldsymbol{Dz} = \boldsymbol{y}$ erhält man die Hilfsvektoren $\boldsymbol{y}$ und $\boldsymbol{z}$,

$$
\begin{aligned}
y_1 &= b_1\,, & z_1 &= y_1/d_1\,,\\
y_2 &= b_2 - l_{21}y_1\,, & z_2 &= y_2/d_2\,,\\
y_3 &= b_3 - l_{31}y_1 - l_{32}y_2\,, & z_3 &= y_3/d_3
\end{aligned}
$$

und durch Rückwärtseinsetzen $\boldsymbol{L}^{\mathsf{T}}\boldsymbol{x} = \boldsymbol{z}$ schließlich die Lösung

$$
\begin{aligned}
x_3 &= z_3\,,\\
x_2 &= z_2 - l_{32}x_3\,,\\
x_1 &= z_1 - l_{31}x_3 - l_{21}x_2\,.
\end{aligned}
$$

Daraus ergibt sich der folgende Algorithmus:

Algorithmus 2.4.3. Lösung linearer Gleichungssysteme mit symmetrischer Koeffizientenmatrix durch $\boldsymbol{LDL}^{\mathsf{T}}$-Zerlegung LDL ($N$, $\boldsymbol{A}$, $\boldsymbol{b}$)

$\boldsymbol{A}$	linkes unteres Dreieck von $\boldsymbol{A}$, zeilenweise gespeichert
$\boldsymbol{L}$	normierte Linksdreiecksmatrix
$\boldsymbol{D}$	Diagonalmatrix, als Vektor gespeichert
$\boldsymbol{b}$	rechte Seite, nach Ablauf: Lösungsvektor
ε	Testgröße

1 $\boldsymbol{LDL}^{\mathsf{T}}$-Zerlegung $\boldsymbol{A} = \boldsymbol{LDL}^{\mathsf{T}}$

```
[ n = 1(1)N                                Zeilenindex
[ [ j = 1(1)n−1
[ [ q := a_nj
[ [ l_nj := q/d_j
[ [ [ k = j+1(1)n                          Spaltenindex
[ [ [ a_nk := a_nk − q l_kj
[ d_n := a_nn
[ falls |d_n| < ε, dann Abbruch „Matrix nicht streng regulär"
```

2 Vorwärtselimination $\boldsymbol{Ly} = \boldsymbol{b}$

$n = 1(1)N$	Zeilenindex
$y_n := b_n$	
$k = 1(1)n-1$	Spaltenindex
$y_n := y_n - l_{nk}y_k$	Komponente von $\boldsymbol{y}$

3 Division $\boldsymbol{Dz} = \boldsymbol{y}$

$n = 1(1)N$	Zeilenindex
$z_n := y_n/d_n$	Komponenten von $\boldsymbol{z}$

4 Rückwärtselimination $\boldsymbol{L}^{\mathsf{T}}\boldsymbol{x} = \boldsymbol{z}$

$n = 1(1)N$	
$m := N + 1 - n$	Zeilenindex
$b_m := z_m$	
$k = m+1(1)N$	
$b_m := b_m - l_{km}b_k$	Lösung

Der Lösungsvektor $\boldsymbol{x}$ steht nach Ablauf des Algorithmus auf dem Platz von $\boldsymbol{b}$. Beim Programmieren können auch die Hilfsvektoren $\boldsymbol{y}$ und $\boldsymbol{z}$ mit $\boldsymbol{b}$ identifiziert werden, so daß man dann *Speicherplatz* für insgesamt etwa $N(N+1)/2$ reelle Größen benötigt. Der *Rechenaufwand* für die $\boldsymbol{LDL}^{\mathsf{T}}$-Aufspaltung beträgt $N^3/6 + O(N^2)$ wesentliche Rechenoperationen. Für die drei Teilschritte der Vor- und Rückrechnung werden zusätzlich N^2 multiplikative Operationen je rechte Seite benötigt. Wie beim Algorithmus 2.3.7 kann auch hier eine einmal berechnete $\boldsymbol{LDL}^{\mathsf{T}}$-Zerlegung für weitere Systeme mit derselben Koeffizientenmatrix, aber anderen rechten Seiten benutzt werden. Dazu sind lediglich die Teilschritte 2 bis 4 zu wiederholen.

Im Gegensatz zur $\boldsymbol{LU}$-Zerlegung kann man die Anwendbarkeit der $\boldsymbol{LDL}^{\mathsf{T}}$-Aufspaltung nicht durch Pivotisierung auf *beliebige* (*nicht streng*) *reguläre Matrizen* ausdehnen. Will man nämlich die Symmetrie erhalten, so muß man mit den Zeilen auch die entsprechenden Spalten vertauschen (ist $\boldsymbol{P}$ die zugehörige Permutationsmatrix, so ist $\hat{\boldsymbol{A}} := \boldsymbol{PAP}^{\mathsf{T}}$ wieder symmetrisch, vgl. Ü 2.4.1). Bei gleichzeitigem Zeilen- und Spaltentausch bleiben aber Diagonalelemente immer Diagonalelemente, und Nichtdiagonalelemente können demzufolge niemals Diagonalelemente werden. Spaltenpivotsuche und totale Pivotisierung sind folglich sinnlos. Man kann höchstens unter den verbliebenen Diagonalelementen den günstigsten Pivotkandidaten auswählen. Eine solche *Diagonalpivotsuche* muß aber nicht zum Erfolg führen, wie man an dem folgenden Beispiel einer symmetrischen (nicht streng) regulären Matrix sieht:

$$\boldsymbol{A} = \begin{pmatrix} 0 & 1 & 2 \\ 1 & 0 & 3 \\ 2 & 3 & 0 \end{pmatrix}.$$

Glücklicherweise sind aber zwei wichtige, in den Anwendungen häufig auftretende Klassen symmetrischer Matrizen — die diagonal dominanten und die positiv definiten — streng regulär. Für die erste Matrixklasse wurde das bereits früher nachgewiesen (Satz 2.1.4), die zweite untersuchen wir im folgenden Abschnitt.

2.4.2. Positiv definite Matrizen, Cholesky-Verfahren

Satz 2.4.4 ($\boldsymbol{LDL}^{\mathsf{T}}$-Zerlegung positiv definiter Matrizen). *Ist $\boldsymbol{A}$ symmetrisch und positiv definit, so ist der $\boldsymbol{LDL}^{\mathsf{T}}$-Algorithmus durchführbar, alle Pivotelemente sind positiv, und $\boldsymbol{A}$ ist streng regulär.*

Beweis. Wegen der positiven Definitheit (vgl. (2.1.9)) gilt speziell für $\boldsymbol{x} = \boldsymbol{e}_1$, den ersten Einheitsvektor,

$$\boldsymbol{e}_1^{\mathsf{T}} \boldsymbol{A} \boldsymbol{e}_1 = a_{11} = d_1 > 0 .$$

Der erste (symmetrische) Gauß-Schritt ist also durchführbar. Nach $n - 1$ Schritten besitzt $\boldsymbol{A}$ die folgende Zerlegung (vgl. (2.3.3) und (2.3.10)):

$$\boldsymbol{A} = \boldsymbol{E}_1^{-1} \boldsymbol{E}_2^{-1} \ldots \boldsymbol{E}_{n-1}^{-1} \begin{pmatrix} d_1 & & & & \\ & \ddots & & & \\ & & d_{n-1} & & \\ & & & a'_{nn} & \ldots & a'_{nN} \\ & & & \vdots & & \vdots \\ & & & a'_{Nn} & \ldots & a'_{NN} \end{pmatrix} \boldsymbol{E}_{n-1}^{-\mathsf{T}} \ldots \boldsymbol{E}_2^{-\mathsf{T}} \boldsymbol{E}_1^{-\mathsf{T}} . \qquad (4)$$

Dabei ist $\boldsymbol{E}_n^{-\mathsf{T}}$ die in Ü 2.1.1 eingeführte abgekürzte Schreibweise für $(\boldsymbol{E}_n^{-1})^{\mathsf{T}}$. Wir wählen jetzt $\boldsymbol{x} = \boldsymbol{E}_1^{\mathsf{T}} \boldsymbol{E}_2^{\mathsf{T}} \ldots \boldsymbol{E}_{n-1}^{\mathsf{T}} \boldsymbol{e}_n$ und erhalten damit aus (4) $\boldsymbol{x}^{\mathsf{T}} \boldsymbol{A} \boldsymbol{x} = a'_{nn}$. Da $\boldsymbol{x}$ verschieden vom Nullvektor ist (alle $\boldsymbol{E}_k$ sind regulär!) folgt aus der positiven Definitheit von $\boldsymbol{A}$, daß $d_n = a'_{nn}$ positiv ist. Also ist auch der n-te (symmetrische) Gauß-Schritt gesichert. Aus der Positivität der Diagonalelemente folgt wegen Lemma 2.3.4 die Positivität der Hauptminoren. Damit ist die strenge Regularität nachgewiesen. ■

Die Positivität der Pivotelemente d_n kann als Kriterium für die positive Definitheit der Ausgangsmatrix verwendet werden.

Satz 2.4.5 (positive Definitheit). *Eine streng reguläre symmetrische Matrix ist genau dann positiv definit, wenn alle Diagonalelemente in der $\boldsymbol{LDL}^{\mathsf{T}}$-Zerlegung (und damit auch alle Hauptminoren) positiv sind.*

Beweis. Wegen der strengen Regularität existiert die Zerlegung $\boldsymbol{A} = \boldsymbol{LDL}^{\mathsf{T}}$, und mit der Abkürzung $\boldsymbol{y} := \boldsymbol{L}^{\mathsf{T}} \boldsymbol{x}$ gilt

$$\boldsymbol{x}^{\mathsf{T}} \boldsymbol{A} \boldsymbol{x} = \boldsymbol{x}^{\mathsf{T}} \boldsymbol{LDL}^{\mathsf{T}} \boldsymbol{x} = \boldsymbol{y}^{\mathsf{T}} \boldsymbol{D} \boldsymbol{y} = \sum_{n=1}^{N} d_n y_n^2 . \qquad (5)$$

Diese Summe ist genau dann für alle Nichtnullvektoren $\boldsymbol{x}$, $\boldsymbol{x} \in \mathbb{R}^N$, positiv, wenn alle d_n positiv sind. Denn wäre etwa $d_k < 0$, so brauchte man nur $\boldsymbol{y} = \boldsymbol{e}_k$, also $\boldsymbol{x} = \boldsymbol{L}^{-\mathsf{T}} \boldsymbol{e}_k$ zu wählen, um $\boldsymbol{x}^{\mathsf{T}} \boldsymbol{A} \boldsymbol{x} < 0$ zu erhalten. ■

Die Positivität der Pivotelemente erlaubt eine Variante der $\boldsymbol{LDL}^{\mathsf{T}}$-Zerlegung, die als *Cholesky-Verfahren* oder *Quadratwurzelmethode* bekannt ist. Man „verteilt" durch Wurzelziehen die Diagonalelemente symmetrisch auf die beiden Dreiecksfaktoren,

$$\boldsymbol{A} = \boldsymbol{L} \boldsymbol{D}^{1/2} \boldsymbol{D}^{1/2} \boldsymbol{L}^{\mathsf{T}} =: \hat{\boldsymbol{L}} \hat{\boldsymbol{L}}^{\mathsf{T}} , \qquad (6)$$

und erhält den folgenden Satz:

Satz 2.4.6 ($\hat{\boldsymbol{L}}\hat{\boldsymbol{L}}^{\mathsf{T}}$-Zerlegung positiv definiter Matrizen). *Jede positiv definite symmetrische Matrix kann eindeutig in das Produkt einer linken unteren Dreiecksmatrix $\hat{\boldsymbol{L}}$ und ihrer Transponierten $\hat{\boldsymbol{L}}^{\mathsf{T}}$ aufgespalten werden.*

Die Komponentengleichungen zu (6) ergeben sich aus (2.3.25), wenn man $l_{kj} := \hat{l}_{kj}$ und $u_{jn} := \hat{l}_{jn}$ setzt:

$$\sum_{j=1}^{n} \hat{l}_{kj}\hat{l}_{nj} = a_{kn}\,, \qquad k = 1(1)N\,, \quad n = 1(1)k\,. \tag{7}$$

Dieses (nichtlineare) Gleichungssystem kann, ähnlich wie beim $\boldsymbol{LDL}^{\mathsf{T}}$-Algorithmus, zeilenweise aufgelöst werden:

$$\begin{aligned}
&\hat{l}_{11}^2 = a_{11}\,,\\
&\hat{l}_{21} = a_{21}/\hat{l}_{11}\,, \qquad \hat{l}_{22}^2 = a_{22} - \hat{l}_{21}^2\,,\\
&\hat{l}_{31} = a_{31}/\hat{l}_{11}\,, \qquad \hat{l}_{32} = (a_{32} - \hat{l}_{31}\hat{l}_{21})/\hat{l}_{22}\,, \qquad \hat{l}_{33}^2 = a_{33} - \hat{l}_{31}^2 - \hat{l}_{32}^2\\
&\cdots
\end{aligned}$$

Bei Handrechnung geht man am besten ebenso wie beim verketteten Algorithmus (B 2.3.4 und Ü 2.3.10) vor. Beim Berechnen der Diagonalelemente müssen Wurzeln gezogen werden. Sie sind im Fall positiv definiter Matrizen wegen $\hat{l}_{nn} = \sqrt{d_n}$ (vgl. Satz 2.4.5) stets reell. Diese Tatsache kann für einen Test auf positive Definitheit verwendet werden.

Das Cholesky-Verfahren benötigt ebensoviel Multiplikationen und Divisionen wie die $\boldsymbol{LDL}^{\mathsf{T}}$-Aufspaltung, zusätzlich aber noch die Berechnung von N Quadratwurzeln. Der zugehörige Algorithmus kann nach dem Vorbild von Algorithmus 2.4.3 leicht aufgeschrieben und programmiert werden (Ü 2.4.6—Ü 2.4.8). Soll die $\hat{\boldsymbol{L}}\hat{\boldsymbol{L}}^{\mathsf{T}}$-Zerlegung zur Lösung eines linearen Gleichungssystems benutzt werden, so sind entsprechend dem Vorgehen in (2.3.14) und (2.3.15) bzw. in (3) eine *Vorwärts- und eine Rückwärtselimination* anzuschließen:

$$\hat{\boldsymbol{L}}\boldsymbol{y} = \boldsymbol{b}\,, \qquad \hat{\boldsymbol{L}}^{\mathsf{T}}\boldsymbol{x} = \boldsymbol{y}\,. \tag{8}$$

2.4.3. Bandmatrizen

Wie im unsymmetrischen Fall kann sowohl Speicherplatz als auch Rechenzeit gespart werden, wenn die Algorithmen eine möglicherweise vorhandene *Bandstruktur ausnutzen*.

Beispiel 2.4.7. Wir betrachten eine 5×5-Matrix mit der Bandbreite $2\beta + 1 = 5$. Die Nichtnullelemente der Linksdreiecksmatrix (einschließlich Diagonale) numerieren wir zeilenweise, wobei wir das Band links oben durch Nullen zu einem Rhomboid ergänzt denken, so daß die Indizes der Diagonalelemente Vielfache der „halben“ Bandbreite $\beta + 1$ sind (vgl. (2.3.21)):

$$\begin{matrix} 0 & 0 \\ & 0 \end{matrix}\;\boldsymbol{A} = \begin{pmatrix} a_3 & * & * & & \\ a_5 & a_6 & * & * & \\ a_7 & a_8 & a_9 & * & * \\ & a_{10} & a_{11} & a_{12} & * \\ & & a_{13} & a_{14} & a_{15} \end{pmatrix}. \tag{9}$$

Benutzen wir die gleiche Indizierung für $\boldsymbol{L}$ und $\boldsymbol{D}$, so ergibt sich für das Produkt $\boldsymbol{LDL}^{\mathsf{T}}$ analog zum Beispiel 2.4.2

					DL^T				
					l_3	l_3l_5	l_3l_7	$\cdot$	$\cdot$
						l_6	l_6l_8	$*$	$\cdot$
							l_9	$*$	$*$
								$*$	$*$
									$*$
1					l_3				
l_5	1				l_5l_3	$l_5l_3l_5 + l_6$			
l_7	l_8	1			l_7l_3	$l_7l_3l_5 + l_8l_6$	$l_7l_3l_7 + l_8l_6l_8 + l_9$		
$\cdot$	l_{10}	l_{11}	1		$\cdot$	$l_{10}l_6$	$l_{10}l_6l_8 + l_{11}l_9$	$*$	
$\cdot$	$\cdot$	l_{13}	l_{14}	1	$\cdot$		$l_{13}l_9$	$*$	$*$
L					**LDL^T**				

Durch Koeffizientenvergleich der Produktmatrix mit der Ausgangsmatrix (9) ergibt sich ein Gleichungssystem, das wir wieder zeilenweise auflösen:

1. Zeile: $l_3 := a_3$,

2. Zeile:
$$q := a_5 ,\quad l_5 := q/l_3 ,\quad l_6 := a_6 - ql_5 ,$$

3. Zeile:
$$q := a_7 ,\quad l_7 := q/l_3 ,\quad l_8 := a_8 - ql_5 ,\quad l_9 := a_9 - ql_7 ,\quad q := l_8 ,\quad l_8 := q/l_6 ,\quad l_9 := l_9 - ql_8 ,$$

. . .

Nach der LDL^T-Zerlegung von A wird das Gleichungssystem $Ax = b$ durch die drei Teilschritte (3) aufgelöst:

$$\begin{aligned}
y_1 &:= b_1 , & z_1 &:= y_1/a_3 , & x_5 &:= z_5 ,\\
y_2 &:= b_2 - l_5y_1 , & z_2 &:= y_2/a_6 , & x_4 &:= z_4 - l_{14}z_5 ,\\
y_3 &:= b_3 - l_7y_1 - l_8y_2 , & z_3 &:= y_3/a_9 , & x_3 &:= z_3 - l_{11}z_4 - l_{13}z_5 ,\\
y_4 &:= b_4 - l_{10}y_2 - l_{11}y_3 , & z_4 &:= y_4/a_{12} , & x_2 &:= z_2 - l_8 z_3 - l_{10}z_4 ,\\
y_5 &:= b_5 - l_{13}y_3 - l_{14}y_4 , & z_5 &:= y_5/a_{15} , & x_1 &:= z_1 - l_5 z_2 - l_7z_3 .
\end{aligned}$$

Wenn Speicherplatz knapp ist, kann die Matrix A während der Zerlegung durch L überspeichert werden. Das geschieht automatisch, wenn man die l_k mit den a_k identifiziert, wie das im folgenden Algorithmus angegeben ist.

Algorithmus 2.4.8. Lösung linearer Gleichungssysteme mit symmetrischer Bandmatrix durch LDL^T-Zerlegung LDB (N, A, b, β)

A	Vektor der Länge $N \times (\beta + 1)$, enthält das linke „halbe" Band der Matrix A (vgl. (9) im Beispiel 2.4.7), nach Ablauf: Elemente von L und D
b	rechte Seite, nach Ablauf: Lösung
ε	Testgröße
$r := \beta + 1$	„halbe" Bandbreite

1 $\boldsymbol{LDL}^{\mathsf{T}}$-Zerlegung $\boldsymbol{A} = \boldsymbol{LDL}^{\mathsf{T}}$

$$
\begin{array}{l}
\left[\begin{array}{l}
n = 2r(r)N \cdot r \\
k_a := n - \beta \\
m := n - r\beta \\
\text{falls } m < r, \text{ dann } k_a := k_a + 1 \\
\qquad\qquad\qquad\quad m := m + r \\
\left[\begin{array}{ll}
k = k_a(1)\, n-1 & \text{Zeilenindex} \\
q := a_k & \\
\multicolumn{2}{l}{\text{falls } |a_m| < \varepsilon, \text{ dann Abbruch „Matrix nicht streng regulär“}} \\
a_k := a_k/a_m & \\
j := m + \beta & \\
m := j + 1 & \\
\left[\begin{array}{l}
p = k + 1(1)\, n \\
a_p := a_p - q a_j \\
j := j + \beta
\end{array}\right. &
\end{array}\right.
\end{array}\right.
\end{array}
$$

2 Vorwärtselimination $\boldsymbol{Ly} = \boldsymbol{b}$

$$
\begin{array}{ll}
m := 2\beta + 2 & \text{Index des Diagonalelements} \\
\left[\begin{array}{l}
n = 2(1)N \\
k_a := \max(1, m - \beta) \\
\left[\begin{array}{l}
k = k_a(1)n-1 \\
b_n := b_n - a_{m-n+k} b_k
\end{array}\right. \\
m := m + r
\end{array}\right. & \text{Index der Komponente von } \boldsymbol{b}
\end{array}
$$

3 Division $\boldsymbol{Dz} = \boldsymbol{y}$

$$
\begin{array}{l}
m := r \\
\left[\begin{array}{l}
n = 1(1)\, N \\
b_n := b_n/a_m \\
m := m + r
\end{array}\right.
\end{array}
$$

4 Rückwärtselimination $\boldsymbol{L}^{\mathsf{T}}\boldsymbol{x} = \boldsymbol{z}$

$$
\begin{array}{l}
m := N \cdot r \\
\left[\begin{array}{l}
n = 1(1)N-1 \\
k_e := \min(n + \beta, N) \\
\left[\begin{array}{l}
k = n+1(1)k_e \\
j := N + 1 - k \\
b_j := b_j - a_{m+n-k} b_{N+1-n}
\end{array}\right. \\
m := m - r
\end{array}\right.
\end{array}
$$

Der Algorithmus benötigt *Speicherplatz* für $N \times (\beta + 2)$ reelle Größen. Die Aufspaltung kostet je Zeile (abgesehen von den kürzeren ersten β Zeilen) β Divisionen und $\beta(\beta + 1)/2$ Multiplikationen, so daß der *Rechenaufwand* $N\beta^2/2 + O(N\beta)$ beträgt. Die Vor- und Rückrechnung erfordert etwa $N(2\beta + 1)$ wesentliche Rechenoperationen. Ein Bandalgorithmus lohnt sich also, wenn die Bandbreite (wesentlich) kleiner als N ist.

2.4.4. Bemerkungen

B 2.4.1. Ausführlicher werden numerische Verfahren für Probleme mit symmetrischen Matrizen von SCHWARZ (SCHWARZ, RUTISHAUSER, STIEFEL [1]) behandelt.

B 2.4.2. Die Sätze 2.4.4 und 2.4.6 über die $\boldsymbol{LDL}^{\mathrm{T}}$- bzw. $\hat{\boldsymbol{L}}\hat{\boldsymbol{L}}^{\mathrm{T}}$-Zerlegung können auf *positiv semidefinite* symmetrische Matrizen ausgedehnt werden. Im Beweis von Satz 2.4.4 gilt dann nur $\boldsymbol{e}_1^{\mathrm{T}}\boldsymbol{A}\boldsymbol{e}_1 = a_{11} = d_1 \geqq 0$. Ist $d_1 = 0$, so verschwinden wegen Ü 2.1.15 alle Elemente der ersten Spalte und Zeile von $\boldsymbol{A}$. Es sind also alle Eliminationskoeffizienten gleich Null zu setzen

$$l_{k1} = 0\,, \qquad k = 2(1)N\;; \qquad l_{11} = 1\,,$$

so daß die erste Eliminationsmatrix $\boldsymbol{E}_1$ zur Einheitsmatrix wird. Ebenso schließt man im allgemeinen Fall: Vor dem n-ten symmetrischen Gauß-Schritt besitzt $\boldsymbol{A}$ die Zerlegung (4). Folglich ist $d_n := a'_{nn}$, wobei a'_{nn} wegen der Semidefinitheit größer oder gleich Null ist. Tritt der zweite Fall ein, so verschwinden wegen Ü 2.1.5 alle $a'_{kn} = a'_{nk}$, so daß sich

$$l_{kn} = 0\,, \qquad k = n+1(1)N; \qquad l_{nn} = 1\,,$$

d. h. $\boldsymbol{E}_n = \boldsymbol{I}$ ergibt. Nach $N - 1$ symmetrischen Gauß-Schritten erhält man wie im definiten Fall schließlich

$$\boldsymbol{A} = \boldsymbol{E}_1^{-1} \ldots \boldsymbol{E}_{N-1}^{-1}\boldsymbol{D}\boldsymbol{E}_{N-1}^{-\mathrm{T}} \ldots \boldsymbol{E}_1^{-\mathrm{T}} = \boldsymbol{LDL}^{\mathrm{T}}\,,$$

wobei aber jetzt einige der Diagonalelemente d_k verschwinden können. Die zugehörigen Spalten der Matrix $\boldsymbol{L}$ enthalten nur die Einheitsvektoren. Bei einer 5×5-Matrix könnte sich z. B. die Zerlegung

$$\begin{pmatrix} * & * & * & * & * \\ * & * & * & * & * \\ * & * & * & * & * \\ * & * & * & * & * \\ * & * & * & * & * \end{pmatrix} = \begin{pmatrix} 1 & & & & \\ * & 1 & & & \\ * & 0 & 1 & & \\ * & 0 & 0 & 1 & \\ * & 0 & 0 & * & 1 \end{pmatrix} \begin{pmatrix} + & & & & \\ & 0 & & & \\ & & 0 & & \\ & & & + & \\ & & & & + \end{pmatrix} \begin{pmatrix} 1 & * & * & * & * \\ & 1 & 0 & 0 & 0 \\ & & 1 & 0 & 0 \\ & & & 1 & * \\ & & & & 1 \end{pmatrix}$$

ergeben. Dabei bezeichnet $+$ ein positives und $*$ ein beliebiges, nicht notwendig von Null verschiedenes Matrixelement. Durch die Darstellung wird deutlich, daß man mit der $\boldsymbol{LDL}^{\mathrm{T}}$-Zerlegung positiv semidefiniter Matrizen gleichzeitig auch deren *Rang* (den höchsten Grad aller von Null verschiedenen Unterdeterminanten) bestimmen kann. Da $\boldsymbol{L}$ und $\boldsymbol{L}^{\mathrm{T}}$ regulär sind, haben $\boldsymbol{A}$ und $\boldsymbol{D}$ den gleichen Rang (Ü. 2.4.10), und der Rang von $\boldsymbol{D}$ ist offenbar gleich der Anzahl seiner Nichtnullelemente.

Beim numerischen Rechnen testet man meist nicht, ob der Wert von d_n gleich Null ist, sondern ob er kleiner als ein vorzugebendes ε bleibt. Die Anzahl der Diagonalelemente von $\boldsymbol{D}$, die betragsmäßig kleiner als ε sind, bestimmt den *numerischen Rang* von $\boldsymbol{A}$, der natürlich von der Schranke ε abhängt (vgl. Definition 3.4.3).

Algorithmen zum Cholesky-Verfahren für semidefinite Matrizen findet man bei HEALY [1] in FORTRAN und DEKKER [1] in ALGOL (vgl. auch RAO, MITRA [1], S. 212, und PETERS [2]).

Zur Erweiterung des $\boldsymbol{LDL}^{\mathrm{T}}$-Algorithmus 2.4.3 auf den Fall semidefiniter Matrizen ist für den Fall verschwindender Pivotelemente die Division durch das Nullsetzen des entsprechenden Koeffizienten von $\boldsymbol{L}$ zu ersetzen.

Algorithmus 2.4.9. $\boldsymbol{LDL}^{\mathrm{T}}$-Zerlegung und Rangbestimmung symmetrischer Matrizen LDS(N, $\boldsymbol{A}$, r)

$\boldsymbol{A}$	linkes unteres Dreieck von $\boldsymbol{A}$, zeilenweise gespeichert	
$\boldsymbol{L}, \boldsymbol{D}$	Linksdreiecksmatrix, Diagonalmatrix der Zerlegung	
ε	Testgröße	
$r := N$		Rang von $\boldsymbol{A}$

```
┌ n = 1(1)N        Zeilenindex
│┌ j = 1(1)n−1     Spaltenindex
││ q := a_nj
││ falls d_j = 0, dann l_nj := 0, sonst l_nj := a_nj/d_j
││┌k = j+1(1)n
└└└a_nk := a_nk − q l_kj
 d_n := a_nn
 falls |d_n| < ε, dann  d_n := 0
                        r  := r − 1
└falls d_n < 0, dann Abbruch „Matrix nicht positiv semidefinit".
```

B 2.4.3. Wendet man das Cholesky-Verfahren auf Systeme mit einer symmetrischen, streng regulären, aber nicht positiv definiten Matrix an, so können während der Rechnung negative Diagonalelemente auftreten. Durch das Wurzelziehen wird das entsprechende l_{nn} (und damit die zugehörige $\boldsymbol{L}$-Spalte) rein imaginär. Bei Handrechnung stört das nicht, bei Maschinenrechnung gibt es einen irregulären Abbruch („Radikand negativ"), wenn man nicht besondere Maßnahmen für diesen Fall vorsieht.

B 2.4.4. Statt der $\boldsymbol{LDL}^{\mathsf{T}}$-Aufspaltung kann man symmetrische Matrizen auch in der Form $\boldsymbol{A} = \boldsymbol{DLL}^{\mathsf{T}}\boldsymbol{D}$ zerlegen, wo $\boldsymbol{D}$ wieder eine Diagonalmatrix und $\boldsymbol{L}$ eine normierte Linksdreiecksmatrix bezeichnet. Das Gleichungssystem $\boldsymbol{Ax} = \boldsymbol{b}$ wird dann in den vier Teilschritten $\boldsymbol{Du} = \boldsymbol{b}$, $\boldsymbol{Lv} = \boldsymbol{u}$, $\boldsymbol{L}^{\mathsf{T}}\boldsymbol{w} = \boldsymbol{v}$, $\boldsymbol{Dx} = \boldsymbol{w}$ gelöst. Dieses auf CUTHILL und VARGA zurückgehende Vorgehen ist dann sehr effektiv, wenn die Auflösung des Gleichungssystems als Teilalgorithmus in einem Programm benötigt wird, in dem $\boldsymbol{u}$ als Zwischenergebnis anfällt und mit $\boldsymbol{w}$ weitergerechnet werden kann. In diesem Fall sind nur die beiden mittleren Teilschritte auszuführen, die keine Divisionen kosten (D. M. YOUNG [1], S. 442).

B 2.4.5. Für Bandmatrizen spezieller Gestalt, z. B. Toeplitz-Matrizen (die in der Diagonalen und in den Kodiagonalen konstante Elemente besitzen), verweisen wir auf HEINIG, ROST [1].

2.4.5. Übungsaufgaben

Ü 2.4.1. Man zeige: Bei einer *Kongruenztransformation* $\hat{\boldsymbol{A}} := \boldsymbol{PAP}^{\mathsf{T}}$ bleibt die Symmetrie erhalten (mit $\boldsymbol{A}$ ist auch $\hat{\boldsymbol{A}}$ symmetrisch).

Ü 2.4.2. Man zeige: Die vom $\boldsymbol{LDL}^{\mathsf{T}}$-Algorithmus berechneten Diagonalelemente d_n sind Quotienten aufeinanderfolgender Hauptminoren der Ausgangsmatrix $\boldsymbol{A}$ (vgl. Lemma 2.3.4).

Ü 2.4.3. Man berechne die genaue Anzahl der von den Algorithmen 2.4.3 und 2.4.8 benötigten Multiplikationen und Divisionen.

Ü 2.4.4. Man löse das Gleichungssystem $\boldsymbol{Ax} = \boldsymbol{b}$ mit

$$\boldsymbol{A} = \begin{pmatrix} 4 & -1 & -1 & 0 \\ -1 & 4 & 0 & -1 \\ -1 & 0 & 4 & -1 \\ 0 & -1 & -1 & 4 \end{pmatrix} \quad \text{und} \quad \boldsymbol{b} = \begin{pmatrix} 1/9 \\ 1/9 \\ 1/9 \\ 1/9 \end{pmatrix}$$

durch $\boldsymbol{LDL}^{\mathsf{T}}$-Aufspaltung von $\boldsymbol{A}$ und Vorwärts- und Rückwärtseinsetzen.

Ü 2.4.5. Man programmiere die $\boldsymbol{LDL}^{\mathsf{T}}$-Algorithmen 2.4.3 und 2.4.8. Hinweis: Um nur den tatsächlich benötigten Speicherplatz für $\boldsymbol{A}$ und $\boldsymbol{L}$ zu beanspruchen, müssen $\boldsymbol{A}$ und $\boldsymbol{L}$ als eindimensionale Felder vereinbart und die Elemente (z. B. zeilenweise) fortlaufend numeriert werden:

$$\boldsymbol{A} = \begin{pmatrix} a_1 & & & \\ a_2 & a_3 & & \\ a_4 & a_5 & a_6 & \\ & & & \cdots \end{pmatrix}.$$

Ü 2.4.6. Zur schrittweisen Auflösung der Gleichungen (7) formuliere man einen $\hat{\boldsymbol{L}}\hat{\boldsymbol{L}}^{\mathsf{T}}$-Algorithmus nach dem Vorbild von Algorithmus 2.4.3. Dabei teste man sowohl auf positive Definitheit als auch auf zu kleine Divisoren (numerische Singularität).

Ü 2.4.7. Man schreibe einen Algorithmus zur Lösung eines Gleichungssystems $\boldsymbol{Ax} = \boldsymbol{b}$ mit positiv definiter symmetrischer Koeffizientenmatrix, für die bereits eine $\hat{\boldsymbol{L}}\hat{\boldsymbol{L}}^T$-Zerlegung vorliegt.

Ü 2.4.8. Man programmiere die beiden Algorithmen aus Ü 2.4.6 und Ü 2.4.7.

Ü 2.4.9. Man bestimme die Inverse zur Matrix $\boldsymbol{A}$ aus Ü 2.4.4 durch $\hat{\boldsymbol{L}}\hat{\boldsymbol{L}}^T$-Zerlegung und Vorwärts- und Rückwärtseinsetzen.

Ü 2.4.10. Man zeige:

a) Für den *Rang von Matrizenprodukten* gilt $\text{Rg}\, \boldsymbol{AB} \leqq \min(\text{Rg}\, \boldsymbol{A}, \text{Rg}\, \boldsymbol{B})$.

b) Sind $\boldsymbol{B}$ und $\boldsymbol{C}$ regulär, so gilt $\text{Rg}\, \boldsymbol{AB} = \text{Rg}\, \boldsymbol{CA} = \text{Rg}\, \boldsymbol{A}$.

Ü 2.4.11. Man bestimme die $\boldsymbol{LDL}^T$-Zerlegung der singulären Matrix $\boldsymbol{A} = \begin{pmatrix} 3 & 3 & 1 \\ 3 & 3 & 1 \\ 1 & 1 & 1 \end{pmatrix}$ mit Hilfe von Algorithmus 2.4.5. Ist $\boldsymbol{A}$ positiv semidefinit?

Ü 2.4.12. Man löse das Gleichungssystem $\boldsymbol{Ax} = \boldsymbol{b}$ mit

$$\mathrm{A} = \begin{pmatrix} 1 & 1/2 & 1/3 \\ 1/2 & 1/3 & 1/4 \\ 1/3 & 1/4 & 1/5 \end{pmatrix}, \qquad \boldsymbol{b} = \begin{pmatrix} 1 \\ -1 \\ 1 \end{pmatrix}$$

in drei- und vierstelliger Gleitpunktarithmetik durch Cholesky-Zerlegung der Koeffizientenmatrix sowie Vorwärts- und Rückwärtselimination.

2.5. Schwach besetzte Matrizen

Bei der Lösung von *Randwertproblemen für gewöhnliche und partielle Differentialgleichungen durch Differenzen- oder Finite-Elemente-Methoden* treten häufig Gleichungssysteme mit Tausenden von Unbekannten auf. Würde man zu ihrer Lösung den Gauß-Algorithmus mit einem Speicherbedarf von mehr als N^2 Plätzen und einem Rechenaufwand von mehr als $N^3/3$ Rechenoperationen verwenden, so wären die Leistungsgrenzen des Rechners sehr bald überschritten. Charakteristisch für diese Gleichungssysteme ist aber, daß die *Koeffizientenmatrizen schwach besetzt* (*dünn, spärlich besetzt*, engl. *sparse*) sind. In der Regel kann man in Abhängigkeit von der verwendeten Diskretisierungsmethode die Maximalanzahl K der Nichtnullelemente je Zeile angeben. Sie ist unabhängig von der Ordnung N und variiert bei ein- und zweidimensionalen Randwertproblemen in typischen Fällen zwischen 3 und 20.

Schwach besetzte Matrizen unregelmäßiger Struktur treten bei der Analyse großer elektrischer Netzwerke und bei ökonomischen Verflechtungsbilanzen auf.

Es gibt verschiedene Möglichkeiten, die Sparse-Struktur einer Matrix auszunutzen. Bei Rechenanlagen, die für einen Test erheblich weniger Zeit benötigen als für eine Multiplikation, kann es bereits vorteilhaft sein, die Operanden auf Null zu testen und die Operation dann zu überspringen. Günstiger ist es, die Nichtnullelemente in einem möglichst engen Teilbereich der Matrix zu konzentrieren oder ihre Positionen durch Indexvektoren zu markieren, so daß man die Nullelemente ganz außer acht lassen kann. Beide Maßnahmen kosten natürlich Zeit. Die *Bandbreitenreduzierung* hat den Vorteil, daß sie als Unterprogramm vor einer üblichen Bandvariante der $\boldsymbol{LDL}^T$- oder $\hat{\boldsymbol{L}}\hat{\boldsymbol{L}}^T$-Aufspaltung aufgerufen werden kann. Die *Kompaktspeichertechnik* erfordert dagegen eine relativ aufwendige Anpassung des Gauß-Algorithmus. Sie ist deshalb besonders dann empfehlenswert, wenn viele Systeme mit schwach besetzten Matrizen derselben Besetztheitsstruktur gelöst werden müssen (Gustavson u. a. [1]).

2.5.1. Bandbreitenreduzierung symmetrischer Matrizen

Eliminationsalgorithmen für Systeme mit symmetrischen Matrizen benötigen bei einer Bandbreite von $2\beta + 1$ zur Speicherung der Matrix etwa $(\beta + 1)\,N$ Plätze und zur Dreieckszerlegung etwa $N\beta^2/2$ wesentliche Rechenoperationen. Am Beispiel der Matrizen $\boldsymbol{A}$ und $\hat{\boldsymbol{A}}$ aus (2.1.11) erkennt man, daß eine Umnumerierung der Knoten im Graphen der Matrix die Bandbreite verändern kann. Eine untere Schranke für $2\beta + 1$ ist die Maximalanzahl K der Nichtnullelemente pro Zeile. Sie ist aber nicht in jedem Fall erreichbar. Es soll auch nicht das Ziel sein, die minimale Bandbreite um jeden Preis zu bestimmen (was theoretisch durchaus möglich wäre: man brauchte z. B. „bloß" alle $N!$ Permutationen der Zeilen und Spalten durchzuprobieren). Wir wollen lediglich versuchen, mit relativ geringem Aufwand die Bandbreite zu reduzieren. Findet man etwa eine Umnumerierung, die die Bandbreite halbiert ($\hat{\beta} = \beta/2$), so sinkt der Speicherbedarf auf ca. die Hälfte, der Rechenaufwand aber bereits auf ein Viertel.

Ohne Einschränkung der Allgemeinheit nehmen wir an, daß die Matrix *nicht zerlegbar* ist (wäre sie zerlegbar, so könnte man den Algorithmus auf jede einzelne Teilmatrix anwenden). Zu ihrem Graphen (Algorithmus 2.1.7) denken wir uns ein *Kugelmodell* mit N Kugeln (Knoten) und (NNE-N)/2 gleichlangen Fäden (Kanten) hergestellt. Dabei bezeichnet NNE = NNE($\boldsymbol{A}$) die Gesamtanzahl der Nichtnullelemente von $\boldsymbol{A}$. Heben wir das Kugelmodell an einer Kugel, die wir *Wurzel des Graphen* nennen wollen, an, so ordnen sich die Kugeln zu *Niveaus* (*Stufen*). Unser Ziel soll sein, die Kugeln auf möglichst viele Niveaus zu verteilen. In der Sprache der Graphentheorie heißt das, man sucht einen *Durchmesser* (*Diameter*), d. h. das Maximum aller kürzesten Wege zwischen zwei Knoten (vgl. Berge [1], Sachs [1]).

Beispiel 2.5.1. Wir betrachten verschiedene *Niveaustrukturen* (*Stufenstrukturen*) zur Matrix $\boldsymbol{A}$ aus (1) (vgl. Abb. 2.5.1).

$$\boldsymbol{A} = \begin{pmatrix} 1 & \cdot & \cdot & * & \cdot & \cdot & \cdot & \cdot & \cdot & \cdot \\ \cdot & 2 & * & * & \cdot & \cdot & \cdot & * & * & \cdot \\ \cdot & * & 3 & \cdot & \cdot & \cdot & \cdot & * & * & \cdot \\ * & * & \cdot & 4 & * & \cdot & \cdot & \cdot & * & \cdot \\ \cdot & \cdot & \cdot & * & 5 & \cdot & * & \cdot & \cdot & \cdot \\ \cdot & \cdot & \cdot & \cdot & \cdot & 6 & \cdot & * & \cdot & * \\ \cdot & \cdot & \cdot & \cdot & * & \cdot & 7 & \cdot & \cdot & \cdot \\ \cdot & * & * & \cdot & \cdot & * & \cdot & 8 & \cdot & \cdot \\ \cdot & * & * & * & \cdot & \cdot & \cdot & \cdot & 9 & \cdot \\ \cdot & \cdot & \cdot & \cdot & \cdot & * & \cdot & \cdot & \cdot & 10 \end{pmatrix}, \quad \hat{\boldsymbol{A}} = \begin{pmatrix} 1 & * & \cdot & & & & & & & \\ * & 2 & * & \cdot & & & & & & \\ \cdot & * & 3 & * & * & \cdot & & & & \\ & \cdot & * & 4 & * & * & & & & \\ & & * & * & 5 & * & * & & & \\ & & & * & * & 6 & * & \cdot & & \\ & & & & * & * & 7 & * & * & \\ & & & & & \cdot & * & 8 & \cdot & \cdot \\ & & & & & & * & \cdot & 9 & * \\ & & & & & & & \cdot & * & 10 \end{pmatrix}. \tag{1}$$

Das Kugelmodell besteht aus 10 Kugeln und 12 Fäden. Im ersten Fall erhalten wir 6 Niveaus mit maximal 3 Knoten, im zweiten 4 Niveaus mit maximal 4 Knoten, im dritten 7 Niveaus mit maximal 3 Knoten und im letzten schließlich wieder 7 Niveaus mit aber maximal nur 2 Knoten. Die letzte Stufenstruktur mit der größten *Stufentiefe* (= 7) und der geringsten *Stufenbreite* (= 2) nehmen wir zum Ausgangspunkt einer *neuen Numerierung*. Dabei beginnen wir mit der Wurzel des Graphen — in unserem Fall also mit der Kugel 10 —, die die neue Nummer 1 bekommt. Die Kugeln des nächsten Niveaus schließen sich an. Sind mehrere Kugeln in einem Niveau, so werden diejenigen zuerst neu numeriert, deren Nachbarn im vorangegangenen Niveau die niedrigeren Nummern erhalten hatten. Bei Gleichberechtigung numeriert man nach zunehmendem *Grad* (zunehmender *Valenz*) *der Knoten* (Anzahl der Kanten, die von dem Knoten ausgehen). So bekommt z. B. der Knoten 3 die neue Nummer 4, weil er den Grad 3 hat, während der ebenfalls mit Knoten 8 (jetzt 3) zusammenhängende Knoten 2 den Grad 4 besitzt. Die neue Numerierung ist am letzten Graphen in Abb. 2.5.1 (außerhalb der Kreise) abzulesen. Ihr entsprechen der Permutationsvektor $\boldsymbol{p} = (8, 5, 4, 7, 9, 2, 10, 3, 6, 1)^{\mathrm{T}}$ und die umgeordnete Matrix $\hat{\boldsymbol{A}}$ in

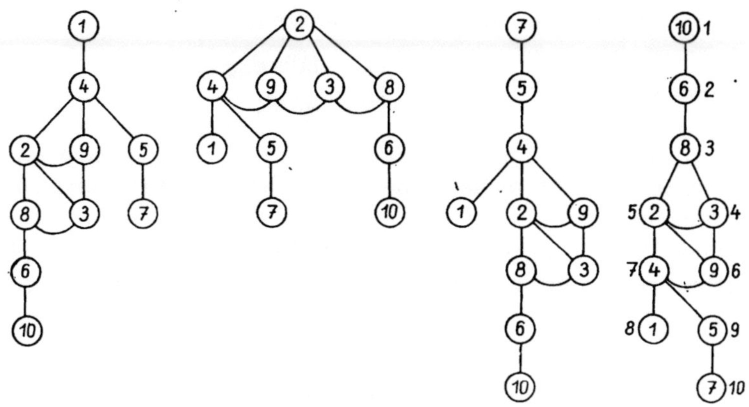

Abb. 2.5.1. Graphen zur Matrix $\boldsymbol{A}$ aus (1)

(1). Offenbar wurde $\beta = 7$ auf $\hat{\beta} = 2$ reduziert. Die neue Bandbreite $2\hat{\beta} + 1 = 5$ ist optimal, denn es gibt Zeilen mit 5 Nichtnullelementen.

Das im Beispiel verwendete heuristische Prinzip liegt auch dem folgenden Algorithmus zugrunde. Als Startknoten wählt man einen mit kleinstem Grad (obwohl man Beispiele finden kann, wo das nicht der günstigste ist). Zu diesem Startknoten konstruiert man eine Stufenstruktur. Häufig ist sie bereits recht gut und kann als Grundlage einer neuen Numerierung dienen (erster Graph in Abb. 2.5.1, verkürzter Algorithmus in Ü 2.5.6). Oft findet man eine bessere (tiefere und weniger breite) Stufenstruktur, wenn man nacheinander die Knoten der letzten Stufe (Knoten 10 im ersten Graphen) als Wurzel wählt. Aber auch dann muß der Weg von der Wurzel zu den Knoten der letzten Stufe noch kein Durchmesser sein (Ü 2.5.11).

Algorithmus 2.5.2. Bandbreitenreduzierung symmetrischer Matrizen

1 Bestimme den Grad aller N Knoten.
2 Bestimme eine Wurzel: $W :=$ (ein) Knoten kleinsten Grades.
3 Bestimme Stufenstruktur und Stufentiefe T_W zum Knoten W.
4 Ordne die Knoten aus Stufe T_W nach wachsendem Grad.
5 Wähle eine neue Wurzel: $V :=$ Knoten kleinsten Grades aus Stufe T_W.
6 Bestimme Stufenstruktur und Stufentiefe T_V zum Knoten V.
7 Falls $T_V > T_W$, dann setze $W := V$, $T_W := T_V$ und gehe nach 4.
8 Streiche Knoten V in Stufe T_W.
9 Falls noch Knoten in Stufe T_W, dann gehe nach 5.
10 Numeriere die Knoten der Stufenstruktur von W nach Stufen, in den Stufen nach Zusammenhang mit den niedrigsten neu numerierten Knoten und bei gleichem Zusammenhang nach zunehmendem Grad.

Dabei wird man mehrfach auftretende Teilalgorithmen (Ordnen nach wachsendem Grad, Bestimmen der Stufenstruktur und Stufentiefe, Numerierung) als Unterprogramme schreiben (Ü 2.5.3 – Ü 2.5.5). Für die Implementierung auf einem Rechner ist das anschauliche Kugelmodell natürlich nicht geeignet. Man muß vielmehr die Besetztheitsstruktur der Matrix bzw. die Kanten des zugehörigen Graphen durch eine *Adjazenzmatrix* (*Zusammenhangsmatrix*) beschreiben. Besitzt die Maschine einzeln adressierbare Bits, so kann man ein *Bitmuster* verwenden:

$$\boldsymbol{BITA} := (\mathrm{bit}_{mn})_{m,n=1(1)N} \quad \text{mit} \quad \mathrm{bit}_{mn} := \begin{cases} 1\,, & \text{falls } a_{mn} \neq 0\,, \\ 0 & \text{sonst.} \end{cases} \tag{2}$$

Als Beispiele für Bitmuster können die Matrizen $\boldsymbol{A}$ und $\hat{\boldsymbol{A}}$ in (1) und (12) dienen, wenn man sich anstelle der Sternchen (und der Zahlen) das Bit 1 und anstelle der Punkte das Bit 0 denkt.

Selbst wenn man 16 oder 32 (oder noch mehr) Bits auf dem Speicherplatz einer REAL-Größe (Gleitpunktzahl) unterbringt, nimmt das Bitmuster bei großem N doch einen beträchtlichen Raum ein. Günstiger ist deshalb eine *Kompaktspeicherung der Adjazenzmatrix*:

$$\begin{aligned} \boldsymbol{CT} &:= (\text{Vektor der Spaltenindizes der zeilenweise angeordneten} \\ &\qquad \text{Nichtnullelemente ohne Diagonalelemente}), \\ \boldsymbol{ZB} &:= (\text{Vektor der Indizes derjenigen Elemente von } \boldsymbol{CT}\text{, mit} \\ &\qquad \text{denen eine neue Zeile beginnt}). \end{aligned} \tag{3}$$

Beispiel 2.5.3. In Matrix $\boldsymbol{A}$ (vgl. (1)) sind die Elemente a_{14}, a_{23}, a_{24}, ... von Null verschieden. Man erhält also die beiden Vektoren

n	1	2	3	4	5	6	7	8	9	10	11	12	13	14	15	16	17	18	19	20	21	22	23	24
CT(n)	**4**	**3**	4	8	9	**2**	8	9	**1**	2	5	9	**4**	7	**8**	10	**5**	**2**	3	6	**2**	3	4	**6**
ZB(n)	1	2	6	9	13	15	17	18	21	24														

Dabei wurde der Deutlichkeit halber bei den Komponenten von $\boldsymbol{CT}$ der erste Spaltenindex jeder Zeile fett gedruckt.

Man benötigt also, wenn man wie im obigen Beispiel auf die Darstellung der Diagonalelemente verzichtet, (NNE $- N$) Speicherplätze für $\boldsymbol{CT}$ und N Speicherplätze für den zugehörigen Zeilenbeginnvektor $\boldsymbol{ZB}$. Moderne Maschinen besitzen für solche ganzzahligen (INTEGER-)Felder wirtschaftliche Speichermöglichkeiten, bei denen mehrere ganze Zahlen auf dem Platz einer REAL-Zahl stehen.

Das Ergebnis eines Algorithmus zur Bandbreitenreduzierung ist eine neue Numerierung, die durch einen Permutationsvektor $\boldsymbol{p}$ beschrieben wird. Mit Hilfe der zugehörigen Permutationsmatrix $\boldsymbol{Q}$, in der die Spalten der Einheitsmatrix in der durch $\boldsymbol{p}$ vorgeschriebenen Reihenfolge stehen (Ü 2.3.3), kann das Gleichungssystem

$$\boldsymbol{Ax} = \boldsymbol{b} \quad \text{in}$$

$$\hat{\boldsymbol{A}}\hat{\boldsymbol{x}} = \hat{\boldsymbol{b}} \quad \text{mit} \quad \hat{\boldsymbol{A}} := \boldsymbol{Q}^{\mathsf{T}}\boldsymbol{AQ}\,, \qquad \hat{\boldsymbol{b}} := \boldsymbol{Qb}\,, \quad \hat{\boldsymbol{x}} := \boldsymbol{Qx}\,, \tag{4}$$

transformiert werden. Es hängt von der Programmierung des $\boldsymbol{LDL}^{\mathsf{T}}$- oder $\hat{\boldsymbol{L}}\hat{\boldsymbol{L}}^{\mathsf{T}}$-Algorithmus ab, ob man die Transformation (4) explizit ausführen muß oder ob lediglich der Indexvektor $\boldsymbol{p}$ zur Festlegung der Pivotreihenfolge verwendet wird. Die Durchführbarkeit der Zerlegungsalgorithmen wird durch die Umnumerierung nicht beeinträchtigt (Ü 2.5.8).

2.5.2. Kompaktspeichertechniken

Ziel der kompakten Speicherung schwach besetzter Matrizen ist es, Speicherplätze einzusparen und Rechenoperationen mit Nullelementen zu vermeiden. Schiebt man aber die Nichtnullelemente einfach zusammen und speichert ihre Werte fortlaufend in einem reellen (oder komplexen) Vektor der Dimension NNE ab, so geht die Information verloren, die man vorher aus der Position des Elements in der Matrix ablesen konnte. Man muß also zusätzliche Indexvektoren einführen, die die Stellung des Elements beschreiben. Das kann, wie wir sehen werden, auf verschiedene Arten geschehen. Grob gesprochen, muß man aber für jedes Nichtnullelement drei Informationen speichern, den Wert und zwei „Koordinaten". Kompaktspeicherung lohnt sich also nur, wenn auch 3 NNE noch wesentlich kleiner als N^2 ist. Die zweite Schwierigkeit tritt zutage, wenn man mit dem Lösungsalgorithmus beginnen will: Bei der Spaltenpivotsuche sind die Beträge aller Elemente zu vergleichen, die früher einmal in der Matrix untereinander angeordnet waren. Jetzt müssen sie durch spezielle Suchalgorithmen aufgefunden werden. Noch schwieriger wird es, wenn durch die Addition von Vielfachen der Pivotzeile zu anderen Zeilen Nichtnullelemente an Positionen entstehen, die vorher Nullelemente enthielten (*Auffüllung*, vgl. (2.3.20)). Diese neuen Nichtnullelemente müssen in die kompakt gespeicherte Matrix einsortiert werden. Wir geben einige Kompaktspeichertechniken an:

Kompaktspeicherung mit Zeilen- und Spaltenindizes

$$\left.\begin{array}{ll}\boldsymbol{WA} := & (\text{Vektor der Werte der Nichtnullelemente von } \boldsymbol{A}),\\ \boldsymbol{ZI} := & (\text{Vektor der Zeilenindizes der Nichtnullelemente}),\\ \boldsymbol{SI} := & (\text{Vektor der Spaltenindizes der Nichtnullelemente}),\\ \multicolumn{2}{l}{\text{Speicherbedarf: NNE REAL- und 2 NNE INTEGER-Größen.}}\end{array}\right\} \quad (5)$$

Dabei kann man die Elemente sowohl spaltenweise als auch zeilenweise als auch in beliebiger anderer Anordnung zusammenschieben.

Kompaktspeicherung mit Zeilenindizes und Spaltenbeginnvektor

$$\left.\begin{array}{ll}\boldsymbol{WA} := & (\text{Vektor der spaltenweise angeordneten Nichtnullelemente}),\\ \boldsymbol{ZI} := & (\text{Vektor der Zeilenindizes zu den Komponenten von } \boldsymbol{WA}),\\ \boldsymbol{SB} := & (\text{Vektor der Indizes derjenigen Komponenten von } \boldsymbol{ZI},\\ & \text{mit denen eine neue Spalte beginnt}),\\ \multicolumn{2}{l}{\text{Speicherbedarf: NNE REAL- und } N + \text{NNE INTEGER-Größen.}}\end{array}\right\} \quad (6)$$

Ebenso kann man natürlich — wie im Fall der Adjazenzmatrix (3) — die Spaltenindizes und einen zugehörigen Zeilenbeginnvektor speichern. Beim Programmieren von Algorithmen für voll besetzte Matrizen verzichtet man gelegentlich aus programmtechnischen Gründen auf die Doppelindizierung der Matrixelemente und speichert sie — etwa spaltenweise — hintereinander in einen Vektor. Die Position des Elements a_{mn} innerhalb des Vektors läßt sich dann mit Hilfe der *Speicherabbildungsfunktion*

$$(\text{Nummer von } a_{mn}) = m + (n - 1)\, N \quad (7)$$

durch e i n e natürliche Zahl eindeutig beschreiben. Nach dieser Vorschrift kann man für die Nichtnullelemente schwach besetzter Matrizen die Komponentennummer ausrechnen und zur Charakterisierung der Position benutzen.

Kompaktspeicherung mit Speicherabbildungsfunktion

$$\left.\begin{array}{ll}\boldsymbol{WA} := & (\text{Vektor der spaltenweise angeordneten Nichtnullelemente}),\\ \boldsymbol{SAF} := & (\text{Vektor der Werte der Speicherabbildungsfunktion}\\ & \text{für die Nichtnullelemente}),\\ \multicolumn{2}{l}{\text{Speicherbedarf: NNE REAL- und NNE INTEGER-Größen}}\end{array}\right\} \quad (8)$$

Beispiel 2.5.4. Die folgende Matrix ist von der Struktur des „Autographen“ in Abb. 2.1.6 (vgl. Ü 2.1.13):

$$A = \begin{pmatrix} \cdot & a_{12} & \cdot & \cdot & \cdot & \cdot & \cdot & \cdot & \cdot \\ \cdot & \cdot & \cdot & a_{24} & a_{25} & \cdot & \cdot & \cdot & \cdot \\ a_{31} & \cdot & \cdot & \cdot & \cdot & \cdot & \cdot & \cdot & \cdot \\ \cdot & \cdot & a_{43} & \cdot & \cdot & \cdot & \cdot & a_{48} & \cdot \\ \cdot & \cdot & \cdot & a_{54} & \cdot & \cdot & \cdot & \cdot & a_{59} \\ \cdot & \cdot & a_{63} & \cdot & \cdot & \cdot & a_{67} & \cdot & \cdot \\ \cdot & \cdot & \cdot & \cdot & \cdot & a_{76} & \cdot & \cdot & \cdot \\ \cdot & \cdot & \cdot & \cdot & \cdot & \cdot & a_{87} & \cdot & a_{89} \\ \cdot & \cdot & \cdot & \cdot & \cdot & \cdot & \cdot & a_{98} & \cdot \end{pmatrix}. \tag{9}$$

Offenbar ist $N = 9$ und NNE $= 14$. Die Komponenten von ***WA***, ***ZI*** und ***SI*** bei spaltenweiser Speicherung nach Schema (5), von ***WA***, ***ZI*** und ***SB*** nach Schema (6) und von ***WA*** und ***SAF*** nach Schema (8) sind der folgenden Tabelle zu entnehmen:

n	1	2	3	4	5	6	7	8	9	10	11	12	13	14
WA(n)	a_{31}	a_{12}	a_{43}	a_{63}	a_{24}	a_{54}	a_{25}	a_{76}	a_{67}	a_{87}	a_{48}	a_{98}	a_{59}	a_{89}
ZI(n)	3	1	4	6	2	5	2	7	6	8	4	9	5	8
SI(n)	1	2	3	3	4	4	5	6	7	7	8	8	9	9
SB(n)	1	2	3	5	7	8	9	11	13					
SAF(n)	3	10	22	24	29	32	38	52	60	62	67	72	77	80

Das Aufstellen von *Suchalgorithmen*, die den Wert des Elements a_{mn} herausfinden, falls dieser Koeffizient von Null verschieden ist, überlassen wir den Übungen (Ü 2.5.15). Sollen neu entstandene Nichtnullelemente an der richtigen Stelle eingeordnet werden, so müssen alle nachfolgenden Komponenten im Wertevektor ***WA*** und in den Indexvektoren um eine Position nach hinten verschoben werden (Ü 2.5.16). Bei den Speichertechniken (5) und (8) kann man auf das Einordnen verzichten und das neue Element am Ende anfügen. Dann müssen aber die zugehörigen Suchalgorithmen jeweils das gesamte Feld durchmustern.

Weniger Such- und Einsortierzeit wird benötigt, wenn man die etwas komplizierteren Speichertechniken der *verketteten Listen* (*verbundenen Listen*, engl. *linked lists*) benutzt:

Kompaktspeicherung mit Zeilenindizes, Spaltenbeginnvektor und spaltenweiser Verkettung

$$\left.\begin{array}{lll} \boldsymbol{WA} & := & \text{(Vektor der spaltenweise angeordneten Nichtnullelemente)}, \\ \boldsymbol{ZI} & := & \text{(Vektor der Zeilenindizes zu den Komponenten von } \boldsymbol{WA}\text{)}, \\ \boldsymbol{SB} & := & \text{(Vektor der Indizes derjenigen Komponenten von } \boldsymbol{ZI}, \\ & & \text{mit denen eine neue Spalte beginnt)}, \\ \boldsymbol{NS} & := & \text{(Position des nächsten Elements derselben Spalte im} \\ & & \text{Vektor } \boldsymbol{ZI}\text{, bzw. Null, falls kein solches vorhanden)}, \\ \multicolumn{3}{l}{\text{Speicherbedarf: NNE REAL- und } N+2 \text{ NNE INTEGER-Größen.}} \end{array}\right\} \tag{10}$$

Neue Nichtnullelemente können am Ende angefügt oder auf die Plätze neu entstandener Nullelemente gesetzt werden.

Beispiel 2.5.5. Wir veranschaulichen auch diese Speichertechnik mit Hilfe der Matrix (9). Benutzt man Zeile 4 als Pivotzeile, um das Element a_{63} zu beseitigen, so liefert der Gauß-Schritt das neue Element $a_{68} := 0 - a_{48}a_{63}/a_{43}$. Es kann auf den Platz von a_6 gesetzt werden, obwohl es nicht in die dritte Spalte gehört, wenn man die Indizes von ***NS*** die auf das nächste Spaltenelement verweisen, passend abändert. Zeilenindizes und Spaltenbeginn ändern sich nicht, sie können aus der vorigen Tabelle entnommen werden

Wir geben nur die Komponenten von ***NS*** vor und ***NS'*** nach dem Gauß-Schritt an:

n	1	2	3	4	5	6	7	8	9	10	11	12	13	14
NS(n)	0	0	4	0	6	0	0	0	10	0	12	0	14	0
NS'(n)	0	0	0	12	6	0	0	0	10	0	4	0	14	0

Spalte 8 der Matrix beginnt also wie bisher bei SB(8) = 11. Den Zeilenindex des ersten Nichtnullelements findet man in ZI(11) = 4. Der Index NS'(11) = 4 weist auf das nächste Nichtnullelement der Spalte, sein Zeilenindex ist ZI(4) = 6. Der Index NS'(4) = 12 weist auf das nächste Nichtnullelement der Spalte, sein Zeilenindex ist ZI(12) = 9. Weitere Nichtnullelemente gibt es in Spalte 8 nicht, denn es ist NS'(12) = 0.

In der Kompaktspeichertechnik (10) ist es einfach, das nächste Spaltenelement aufzufinden. Zur Bestimmung weiterer Zeilenelemente müssen dagegen alle Komponenten von ***ZI*** durchgemustert werden. Will man das vermeiden, so müssen die Elemente auch noch zeilenweise verkettet werden. Eine *doppelt verkettete Liste* erhält man aus (10), wenn man auch noch ***SI***, den Vektor der Spaltenindizes, ***ZB*** den zugehörigen Zeilenbeginnvektor und ***NZ***, einen Indexvektor für die Verweise auf das nächste Zeilenelement, speichert. Damit verdoppelt sich die Anzahl der INTEGER-Größen und beträgt nun $2N + 4$ NNE. Nach Rheinboldt, Mesztenyi [1] kann man den Speicheraufwand durch eine besondere Technik aber wieder um 2 NNE reduzieren:

Zyklische, doppelt verkettete Liste nach Rheinboldt, Mesztenyi

WA := (N Nullen, dann Werte der Nichtnullelemente),
ZINZ := (Zeilenindizes für genau ein Element jeder Zeile, sonst Hinweis auf nächstes Zeilenelement),
SINS := (Spaltenindizes für genau ein Element jeder Spalte, sonst Hinweis auf nächstes Spaltenelement),
Speicherbedarf: N + NNE REAL- und $2 \cdot (N + \text{NNE})$ INTEGER-Größen. (11)

Beispiel 2.5.6. Zur Erläuterung bauen wir die doppelt verkettete Liste zur Matrix ***A*** aus (9) auf. Dazu werden ein REAL-Vektor und zwei INTEGER-Vektoren der Dimension N + NNE = 23 benötigt. Zuerst speichern wir die Werte der Nichtnullelemente in beliebiger Reihenfolge auf die Positionen $N + 1$ bis N + NNE des Vektors ***WA***. Anschließend wird unter genau einem Element jeder Zeile der Zeilenindex (im Vektor ***ZINZ***) und unter genau einem Element jeder Spalte der Spaltenindex (im Vektor ***SINS***) eingetragen. Die zugehörigen Hinweise auf ein weiteres Nichtnullelement derselben Zeile bzw. Spalte kommen auf die ersten N Positionen von ***ZINZ*** und ***SINS***. Ist ein solches nicht vorhanden, so wird die eigene Komponentennummer eingetragen. Das Element verweist dann auf sich selbst. Beispielsweise ist ZINZ(10) = 3 der Zeilenindex von a_{31}. Die dritte Zeile enthält kein weiteres Nichtnullelement, also wird ZINZ(3) = 10 gesetzt. Dagegen ist ZINZ(11) = 6 der Zeilenindex von a_{63}. Ein weiteres Nichtnullelement der 6. Zeile ist a_{67}, es steht in Position 18, also wird ZINZ(6) = 18 gesetzt. Damit sich der Kreis schließt, verweisen wir vom Element a_{67} in Position 18 wieder zurück auf das erste Nichtnullelement der 6. Zeile, indem wir ZINZ(18) = 11 setzen. Ebenso verfährt man mit allen noch freien Plätzen von ***ZINZ*** und ***SINS***, bis beide Indexvektoren eine Permutation der natürlichen Zahlen von 1 bis N + NNE = 23 enthalten:

n	1	2	3	4	5	6	7	8	9	10	11	12	13	14	15	16	17	18	19	20	21	22	23
WA(n)	0	0	0	0	0	0	0	0	0	a_{31}	a_{63}	a_{43}	a_{54}	a_{76}	a_{87}	a_{98}	a_{12}	a_{67}	a_{89}	a_{24}	a_{25}	a_{48}	a_{59}
ZINZ(n)	17	21	10	22	23	18	14	19	16	3	6	4	5	7	8	9	1	11	15	2	20	12	13
SINS(n)	10	17	12	20	21	14	18	22	23	1	3	11	4	6	7	8	2	15	9	13	5	16	19

Mit der Kompaktspeicherung (11) ist es möglich, zyklisch alle Nichtnullelemente einer beliebigen Zeile oder Spalte nacheinander aufzurufen, ohne irgendwelche Listen durchmustern zu müssen (Ü 2.5.15). Neue Nichtnullelemente können am Ende der Liste angefügt werden; es müssen lediglich die entsprechenden Zeilen- und Spaltenweiser so abgeändert werden, daß die neuen Elemente in den Zyklus ihrer Zeile bzw. Spalte einbezogen werden (Ü 2.5.16).

2.5.3. Anpassung des Gauß-Algorithmus

Liegt die Koeffizientenmatrix kompakt gespeichert vor, so muß der Gauß-Algorithmus (die $\boldsymbol{LU}$-Zerlegung) modifiziert werden. Zum Aufruf und zur Abspeicherung ist das jeweilige Suchprogramm zu benutzen. Entstehen durch einen Eliminationsschritt neue Nichtnullelemente (*Auffüllung*), so müssen sie durch den entsprechenden Sortieralgorithmus eingeordnet werden (Beispiel 2.5.5). Die Anzahl der im einzelnen Eliminationsschritt neu entstehenden Nichtnullelemente heißt *lokale Auffüllung*, die Gesamtanzahl *totale* (*globale*) Auffüllung $\mathrm{FI} := \mathrm{NNE}(\boldsymbol{L}) + \mathrm{NNE}(\boldsymbol{U}) - \mathrm{NNE}(\boldsymbol{A})$. Sie hängt wesentlich von der Pivotwahl ab.

Beispiel 2.5.7. Für eine Matrix der Struktur

$$\begin{array}{ccccccc}
\times & \cdot & \times & \cdot & \times & \times & \cdot \\
\times & \cdot & \times & \cdot & \cdot & \cdot & \cdot \\
\cdot & \times & \cdot & \cdot & \times & \cdot & \times \\
\cdot & \times & \cdot & \cdot & \times & \cdot & \cdot \\
\times & \cdot & \cdot & \times & \cdot & \cdot & \cdot \\
\cdot & \cdot & \times & \cdot & \cdot & \times & \cdot \\
\cdot & \times & \cdot & \cdot & \cdot & \cdot & \times
\end{array}$$

mit $\mathrm{NNE}(\boldsymbol{A}) = 17$ vergleichen wir drei Pivotstrategien:

$$\text{a)}\ \begin{array}{ccccccc}
\mathbf{1} & \bullet & \times & \bullet & \times & \times & \bullet \\
\otimes & \cdot & \mathbf{3} & \bullet & + & + & \bullet \\
\cdot & \mathbf{2} & \bullet & \bullet & \times & \bullet & \times \\
\cdot & \otimes & \cdot & \cdot & \mathbf{5} & \bullet & + \\
\otimes & \cdot & \oplus & \mathbf{4} & + & + & \bullet \\
\cdot & \cdot & \otimes & \cdot & \oplus & \mathbf{6} & + \\
\cdot & \otimes & \cdot & \cdot & \oplus & \cdot & \mathbf{7}
\end{array}
\quad
\text{b)}\ \begin{array}{ccccccc}
\otimes & \cdot & \otimes & \cdot & \otimes & \mathbf{6} & + \\
\mathbf{1} & \bullet & \times & \bullet & \bullet & \bullet & \bullet \\
\cdot & \otimes & \cdot & \cdot & \mathbf{5} & \bullet & \times \\
\cdot & \mathbf{2} & \bullet & \bullet & \times & \bullet & \bullet \\
\otimes & \cdot & \oplus & \mathbf{4} & \bullet & + & \bullet \\
\cdot & \cdot & \mathbf{3} & \bullet & \bullet & \times & \bullet \\
\cdot & \otimes & \cdot & \cdot & \oplus & \cdot & \mathbf{7}
\end{array}
\quad
\text{c)}\ \begin{array}{ccccccc}
\otimes & \bullet & \otimes & \cdot & \times & \mathbf{4} & \bullet \\
\mathbf{2} & \bullet & \times & & \bullet & \bullet & \bullet \\
\cdot & \mathbf{6} & \cdot & \cdot & \otimes & \cdot & \times \\
\cdot & \times & \cdot & \cdot & \mathbf{5} & \cdot & \bullet \\
\times & \bullet & \bullet & \mathbf{1} & \bullet & \bullet & \bullet \\
\cdot & \bullet & \mathbf{3} & \cdot & \bullet & \times & \bullet \\
\cdot & \otimes & \cdot & \cdot & \cdot & \cdot & \mathbf{7}
\end{array}
\qquad (13)$$

$$\begin{array}{lll}
\mathrm{NNE}(\boldsymbol{U}) = 18\,, & \mathrm{NNE}(\boldsymbol{U}) = 13\,, & \mathrm{NNE}(\boldsymbol{U}) = 13\,, \\
\mathrm{NNE}(\boldsymbol{L}) = 8\,, & \mathrm{NNE}(\boldsymbol{L}) = 8\,, & \mathrm{NNE}(\boldsymbol{L}) = 4\,, \\
\mathrm{FI} = 9\,, & \mathrm{FI} = 4\,, & \mathrm{FI} = 0\,.
\end{array}$$

Dabei bezeichnet $\times$ ein bereits vorhandenes und $+$ ein neu entstandenes Nichtnullelement, $\otimes$ und $\oplus$ kennzeichnen Elemente, die durch einen Eliminationsschritt zu Null gemacht wurden. Auf diese Positionen können die Eliminationskoeffizienten, d. h. die Nichtdiagonalelemente von $\boldsymbol{L}$, geschrieben werden. Die Ziffern kennzeichnen die Pivotelemente und ihre Reihenfolge. Die Pivotzeilen sind fett gedruckt. Sie bilden die Matrix $\boldsymbol{U}$ des gestaffelten Systems. In der Anzahl $\mathrm{NNE}(\boldsymbol{L})$ sind nur die Eliminationskoeffizienten und nicht die „Diagonalelemente“ enthalten.

Lokale Auffüllung kann nur in solchen Zeilen und Spalten der restlichen Matrix (vgl. (2.3.3)) auftreten, in denen sowohl Pivotzeile als auch Pivotspalte Nichtnullelemente besitzen:

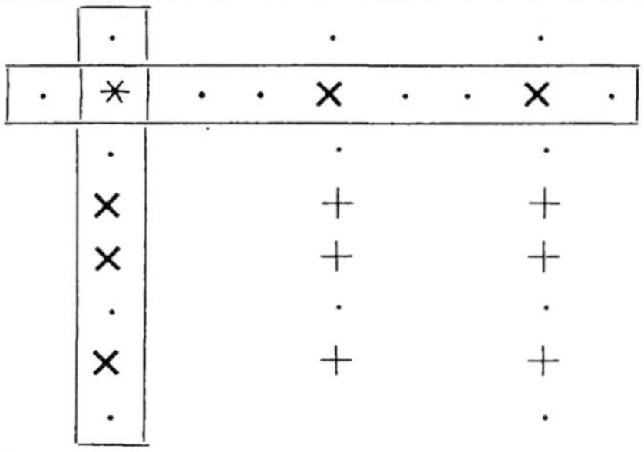

Daraus ergibt sich eine Möglichkeit, die lokale Auffüllung abzuschätzen (MARKOWITZ [1]):

Definition 2.5.8. Die maximale lokale Auffüllung

$$\mathrm{MK}(a'_{mn}) := \big(\mathrm{NNE}(z'_m) - 1\big)\big(\mathrm{NNE}(s'_n) - 1\big)$$

nennt man *Markowitz-Kosten* des Pivotkandidaten a'_{mn}. Dabei bezeichnen $\mathrm{NNE}(z'_m)$ bzw. $\mathrm{NNE}(s'_n)$ die Anzahl der Nichtnullelemente in der zugehörigen Zeile bzw. Spalte.

Die Strategien (13a) und (13b) sind Varianten der Spaltenpivotsuche: bei b) ist die Auffüllung geringer, weil in der (durch die natürliche Reihenfolge festgelegten) Pivotspalte jeweils der Kandidat mit den geringsten Markowitz-Kosten ausgewählt wurde. Die Strategie c) ist eine Variante der totalen Pivotsuche: Pivotspalte wurde diejenige (eine) Spalte mit minimaler Anzahl von Pivotkandidaten. Von diesen wurde derjenige (einer) als Pivotelement ausgewählt, der minimale Markowitz-Kosten besaß. Im obigen Beispiel wurde bei dieser Strategie eine Auffüllung völlig vermieden (vgl. auch B 2.5.4). Aber nicht immer führt eine lokal optimale Entscheidung zum global günstigsten Resultat.

Eine Auswahl der Pivotelemente mit dem Ziel, die globale Auffüllung zu minimieren, scheint mit vertretbarem Aufwand nicht realisierbar zu sein (vgl. auch B 2.5.4). Minimiert man in jedem Eliminationsschritt die lokale Auffüllung, so wird man in der Regel andere Pivotkandidaten erhalten als bei der früher empfohlenen Pivotisierung (2.2.10) bzw. (2.2.10′), die das Ziel hatte, die Fehler klein zu halten. Man muß also einen Kompromiß schließen und eine Pivotstrategie festlegen, bei der sowohl die Fehler als auch die Auffüllung möglichst klein bleiben. Statt des betragsmäßig größten wählt man aus der restlichen Matrix eine Menge $\mathbb{P}$ von „nicht zu kleinen" Pivotkandidaten und sucht unter diesen dasjenige mit kleinsten Markowitz-Kosten

Totale Pivotsuche für schwach besetzte Matrizen

n Schrittnummer, γ Parameter $(0 \leqq \gamma \leqq 1)$,

$$\left.\begin{aligned} &\mathbb{P} := \{a'_{ij}\,;\ |a'_{ij}| \geqq \gamma \cdot \max_{k,m=n(1)N} |a_{p_k,q_m}|\}\,, \\ &\mathrm{MK}(a'_{p_n,q_n}) \leqq \mathrm{MK}(a'_{ij})\,, \qquad a'_{ij} \in \mathbb{P}\,. \end{aligned}\right\} \tag{14}$$

Mit dem Parameter γ kann man steuern, ob man der Reduzierung des Fehlers oder der der (lokalen) Auffüllung den Vorrang geben will: $\gamma = 1$ liefert das betragsgrößte Pivotelement, $\gamma = 0$ das Pivot mit den geringsten Markowitz-Kosten. Ist $\gamma \neq 0$, so läßt sich leicht nachweisen, daß die Elemente der restlichen Matrix durch den n-ten Eliminationsschritt höchstens um den Faktor $\left(1 + \dfrac{1}{\gamma}\right)$ vergrößert werden (Ü 2.5.19).

Man kann den Pivotisierungsaufwand verringern, wenn man die Pivotspalte nach der geringsten Anzahl von Nichtnullelementen festlegt (Strategie (13c)) und (14) nur für die Bestimmung der Pivotzeile benutzt.

Vereinfachte Pivotsuche für schwach besetzte Matrizen

$$\left.\begin{array}{l} n \text{ Schrittnummer, } \gamma \text{ Parameter } (0 \leqq \gamma \leqq 1)\,, \\ \mathrm{NNE}(\boldsymbol{s}'_{q_n}) \leqq \mathrm{NNE}(\boldsymbol{s}'_{q_m})\,, \qquad m = n(1)\,N\,, \\ \mathbb{P} := \{a'_{ij}\,;\, |a'_{ij}| \geqq \gamma \max\limits_{k=n(1)N} |a'_{p_k,q_n}|\,,\, q_n \text{ fest}\}\,, \\ \mathrm{MK}(a'_{p_n q_n}) \leqq \mathrm{MK}(a'_{ij})\,, \qquad a'_{ij} \in \mathbb{P}\,. \end{array}\right\} \tag{15}$$

2.5.4. Bemerkungen

B 2.5.1. Die *Literatur* über *schwach besetzte Matrizen* ist in den siebziger Jahren sehr stark angewachsen. Wir verweisen auf die Monographie von Tewarson [1] und die Tagungsberichte von Reid [1], Rose, Willoughby [1], Brameller u. a. [1], Bunch, Rose [1], Barker [1], Duff, Stewart [1], Duff [1, 2] und das Programmpaket SPARSPAK (George et al. [1]).

B 2.5.2. Verfeinerte graphentheoretisch orientierte Algorithmen zur Reduzierung der Bandbreite, die auf den Teilschritten von Algorithmus 2.5.2 aufbauen, findet man u. a. bei Cuthill, McKee [1], Cheng [1] und bei Gibbs, Poole, Stockmeyer [1]. In der zuletzt genannten Arbeit wird gleichzeitig auch das *Profil* der Matrix reduziert. Darunter versteht man die Summe aller *Zeilenbandbreiten*

$$\beta_m := \max_{\substack{n=m(1)N \\ a_{mn} \neq 0}} (n-m)\,, \quad m = 1(1)N\,,$$

oder auch aller *Spaltenbandbreiten*

$$\alpha_n := \max_{\substack{m=n(1)N \\ a_{mn} \neq 0}} (m-n)\,, \qquad n = 1(1)N\,.$$

Eine Profilreduzierung ist sinnvoll, wenn der Aufspaltungsalgorithmus auf eine *variable Bandbreite* eingerichtet ist und statt des Rechtecks des Bandes (vgl. (2.3.21)) nur die tatsächlich besetzte *Hülle* (Enveloppe, Einhüllende) benutzt.

Bei dem folgenden symmetrischen Beispiel ist $\alpha = \beta = 3$. Für das „halbe" Band würden $(\beta + 1)\,N = 28$ Plätze benötigt.

$$\begin{pmatrix} \ast & \times & \times & \times & & & \\ \times & \ast & \times & & & & \\ \times & \times & \ast & 0 & \times & \times & \\ \times & & 0 & \ast & \times & & \\ & & \times & \times & \ast & & \\ & & \times & & & \ast & \times \\ & & & & & \times & \ast \end{pmatrix}$$

n	β_n
1	3
2	1
3	3
4	1
5	0
6	1
7	0

Das Profil $\pi := \sum\limits_{n=1}^{N} \beta_n$ ist gleich Neun. Für die „halbe" Hülle sind folglich nur $N + \pi = 7 + 9 = 16$ Plätze erforderlich (Ü 2.5.10).

B 2.5.3. Der Algorithmus 2.5.1 liefert eine reduzierte, aber im allgemeinen nicht die kleinste Bandbreite. Man kann Beispiele angeben, bei denen eine *fließende Stufenzerlegung* zweckmäßiger ist als die Einordnung der Knoten in feste Niveaus (Berg [32]). Gelegentlich kann das Resultat nachträglich noch durch den *Tausch benachbarter Zeilen* (und der zugehörigen Spalten) verbessert werden (Rosen [1]), als selbständiges Verfahren hat der *Rosen-Algorithmus* den Nachteil, daß er sich in einem lokalen Bandbreitenminimum festlaufen kann.

B 2.5.4. Bei unsymmetrischen Matrizen ist es nicht erforderlich, mit dem Tausch zweier Zeilen gleichzeitig auch die zugehörigen Spalten zu tauschen. Man kann deshalb versuchen, die Matrix durch Zeilen- und/oder Spaltenpermutationen in eine obere Dreiecksmatrix, eine zerlegbare Matrix oder in eine andere, für die Elimination günstige Gestalt zu transformieren, so daß im Vergleich zur Ausgangsmatrix nur wenige Eliminationsschritte erforderlich sind und sich die Lösung des Gleichungssystems $\boldsymbol{A}\boldsymbol{x} = \boldsymbol{b}$ im wesentlichen auf das Rückwärtseinsetzen reduziert (Ü 2.5.12 – Ü 2.5.14).

B 2.5.5. Programme zur Bandbreiten- und Profilreduzierung findet man u. a. in der Algorithmensammlung der ACM Transactions of Mathematical Software. Ein FORTRAN-Programmpaket zur Lösung linearer Gleichungssysteme mit symmetrischen und nicht symmetrischen schwach besetzten Matrizen wurde von EISENSTAT u. a. [1] veröffentlicht, ein FORTRAN-Programm für die BESM-6 und die ESER-Rechner, das die Kompaktspeichertechnik (11) benutzt, wurde an der TU Dresden, Sektion Mathematik, entwickelt (SCHWETLICK, BURMEISTER, LANGENSIEPEN, NAUBER [1]).

B 2.5.6. Für spezielle Problemklassen, z. B. Finite-Elemente-Systeme, wurden zahlreiche weitere Lösungsmethoden vorgeschlagen. Wir erwähnen die sogenannte *frontale Lösung*, bei der bereits während der Aufstellung des Gleichungssystems mit der Elimination begonnen wird (HOOD [1]) und die Methode der *geschachtelten Unterteilung* (*nested dissection*), bei der die Knoten entsprechend einer Hierarchie von Gittern numeriert werden, die durch fortlaufende Intervallhalbierung auseinander hervorgehen (GEORGE [1], GEORGE, LIU [1]).

2.5.5. Übungsaufgaben

Ü 2.5.1. Man bestimme die neue Numerierung, den Permutationsvektor $\boldsymbol{p}$, die Permutationsmatrix $\boldsymbol{Q}$ und die transformierte Matrix $\hat{\boldsymbol{A}}$, die zur ersten Stufenstruktur in Abb. 2.5.1, S. 87, gehören.

Ü 2.5.2. Man beschreibe die Besetztheitsstruktur der Matrix $\hat{\mathbf{A}}$ in (1) durch einen $\boldsymbol{CT}$-Vektor und den zugehörigen Zeilenbeginnvektor $\boldsymbol{ZB}$.

Ü 2.5.3. Man schreibe ein Unterprogramm GRAD, das aus $\boldsymbol{CT}$ und $\boldsymbol{ZB}$ (oder aus $\boldsymbol{BITA}$) den Grad aller N Knoten bestimmt.

Ü 2.5.4. Man schreibe ein Unterprogramm STUF(W), das mit Hilfe von $\boldsymbol{CT}$ und $\boldsymbol{ZB}$ (oder $\boldsymbol{BITA}$) zu einem vorgegebenen Startknoten W eine Stufenstruktur aufbaut.

Ü 2.5.5. Man schreibe ein Unterprogramm NUM, das die Knoten entsprechend einer vorgegebenen Stufenstruktur neu numeriert.

Ü 2.5.6. Unter Verwendung der Unterprogramme GRAD, STUF und NUM programmiere man Algorithmus 2.5.2 und einen verkürzten Algorithmus, der nur aus den Schritten 1, 2, 3 und 10 besteht.

Ü 2.5.7. Man vergleiche die beiden Programme aus Ü 2.5.6 anhand selbstgewählter Beispiele.

Ü 2.5.8. Man untersuche, ob bei der symmetrischen Zeilen/Spaltenpermutation (4) positive Definitheit, Diagonaldominanz bzw. strenge Regularität der Koeffizientenmatrix erhalten bleiben.

Ü 2.5.9. Man zeige: Bei der $\boldsymbol{LDL}^{\mathrm{T}}$-Aufspaltung von Bandmatrizen mit variabler Bandbreite übertragen sich horizontale Einschnitte in der linken Bandhälfte von $\boldsymbol{A}$ auf $\boldsymbol{L}$, vertikale Einschnitte werden dagegen möglicherweise während der Elimination aufgefüllt.

Ü 2.5.10. Man berechne die Zeilenbandbreiten und das Profil für die Matrizen $\boldsymbol{A}$ aus $\hat{\boldsymbol{A}}$ aus (1). Wieviel Platz erfordert die Speicherung der „halben" Hülle?

Ü 2.5.11. Man suche einen Graphen, für den Algorithmus 2.5.2 nicht den Durchmesser bestimmt.

Ü 2.5.12. Man transformiere die Matrix $\boldsymbol{A}$ aus (9) durch Zeilen- und Spaltenpermutationen in eine obere Dreiecksmatrix: $\boldsymbol{U} = \boldsymbol{PAQ}$.

Ü 2.5.13. Man transformiere eine Matrix der Gestalt (12) durch Zeilen- und Spaltenpermutationen in eine obere *Hessenberg-Matrix* (vgl. 2.1.1.).

Ü 2.5.14. Man geben einen Algorithmus an, der die Zeilen und Spalten einer schwach besetzten quadratischen Matrix so umordnet, daß die Anzahl der Nichtnullelemente unterhalb der Hauptdiagonalen minimal wird.

Ü 2.5.15. Man schreibe Suchprogramme SEAR (a_{mn}), die den Wert des Elements a_{mn} aus der (nach Schema (5), (6), (8), (10) oder (11)) kompakt gespeicherten Matrix herausfinden.

Ü 2.5.16. Man schreibe Einordnungsprogramme SORT(a_{mn}), die den Wert und die Position eines neu entstandenen Nichtnullelementes in die kompakt gespeicherte Matrix einsortieren.

Ü 2.5.17. Man berechne die Indexvektoren für die Kompaktspeicherung der Matrix A aus (1) entsprechend den Vorschriften (5), (6), (8), (10) und (11).

Ü 2.5.18. Für die Matrix A aus (9) bestimme man eine Pivotreihenfolge mit geringster globaler Auffüllung.

Ü 2.5.19. Für die Matrix A aus (9) mit den Nichtnullelementen $a_{12} = 2$, $a_{24} = -3$, $a_{25} = 1$, $a_{31} = 4$, $a_{43} = 6$, $a_{48} = 3$, $a_{54} = 2$, $a_{59} = -1$, $a_{63} = 2$, $a_{67} = 1$, $a_{76} = 1$, $a_{87} = -2$, $a_{89} = 2$, $a_{98} = -2$, und die rechte Seite $\boldsymbol{b} = (4, -4, 4, 5, 2, 1, 3, -2, 4)^T$ bestimme man eine Pivotreihenfolge nach der Strategie (14) mit $\gamma = 0.5$ und löse das Gleichungssystem $\boldsymbol{A}\boldsymbol{x} = \boldsymbol{b}$.

Ü 2.5.20. Man zeige: Bei Verwendung der Pivotstrategien (14) oder (15) (mit $\gamma \neq 0$) sind die Elemente der restlichen Matrix nach dem n-ten Eliminationsschritt höchstens um einen Faktor $\left(1 + \frac{1}{\gamma}\right)$ größer als vor dem n-ten Schritt (vgl. B 2.2.5).

2.6. Fehleranalyse

Fehler im Ergebnis einer numerischen Rechnung entstehen einerseits durch die *Fortpflanzung von Datenfehlern*, bei linearen Gleichungssystemen also von Fehlern der Koeffizientenmatrix und der rechten Seite, und andererseits durch unvermeidbare *Rundungsfehler* während der Abarbeitung des Lösungsalgorithmus. Im ersten Abschnitt interpretieren wir die — gleichgültig nach welchem Verfahren bestimmte — Näherungslösung im Sinne der *Rückwärtsanalyse* als exakte Lösung eines gestörten Systems und vergleichen die Störung mit den Eingangsfehlern. Im zweiten Abschnitt untersuchen wir durch eine *Vorwärtsanalyse*, wie sich Datenfehler auf das Ergebnis auswirken. Die dabei auftretenden Verstärkungsfaktoren der Eingangsfehler werden wie früher *Konditionszahlen* genannt und im dritten Abschnitt abgeschätzt. Im vierten Abschnitt wird der durch den Gauß-Algorithmus *erzeugte Fehler* im Sinne der Rückwärtsanalyse als Datenfehler interpretiert.

2.6.1. Rückwärtsanalyse

Gelöst werden soll ein lineares Gleichungssystem $\boldsymbol{A}\boldsymbol{x} = \boldsymbol{b}$. Die Koeffizienten der Matrix A und die Komponenten der rechten Seite $\boldsymbol{b}$ sind aber in der Regel das Ergebnis von Messungen oder vorangegangenen Rechnungen. Bekannt sind also nur *Näherungswerte* $\tilde{\boldsymbol{A}}$, $\tilde{\boldsymbol{b}}$ und — jedenfalls nehmen wir das an — auch *Fehlerschranken*

$$|\tilde{\boldsymbol{A}} - \boldsymbol{A}| \leqq \Delta_A , \qquad |\tilde{\boldsymbol{b}} - \boldsymbol{b}| \leqq \Delta_b . \tag{1}$$

Diese Ungleichungen sind komponentenweise zu verstehen, Δ_A und Δ_b bezeichnen also eine Matrix bzw. einen Vektor mit nichtnegativen Elementen. Mit Hilfe irgendeines Verfahrens werde nun das System

$$\tilde{\boldsymbol{A}}\boldsymbol{x} = \tilde{\boldsymbol{b}} \tag{2}$$

näherungsweise gelöst. Die erhaltene Näherungslösung $\tilde{\boldsymbol{x}}$ erfüllt dann im allgemeinen die Gleichung (2) nicht exakt. Vielmehr ergibt sich bei der „Probe" ein von Null verschiedener *Rest-* (oder *Residuums-)vektor* $\boldsymbol{r}$

$$\boldsymbol{r} := \tilde{\boldsymbol{b}} - \tilde{\boldsymbol{A}}\tilde{\boldsymbol{x}} . \tag{3}$$

Genaugenommen entstehen bei dieser Kontrollrechnung weitere Rundungsfehler, die wir aber, wenn (3) mit erhöhter Genauigkeit gerechnet wird, außer acht lassen können.

Im Sinne der *Rückwärtsanalyse* fassen wir $\tilde{\boldsymbol{x}}$ als *exakte Lösung eines gestörten Systems* (2) auf. Dabei kann man entweder die rechte Seite oder die Matrix oder auch beide als gestört ansehen.

Nimmt man $\tilde{\boldsymbol{b}}$ als gestört an, $\tilde{\boldsymbol{A}}\tilde{\boldsymbol{x}} = \tilde{\boldsymbol{b}} + \boldsymbol{\delta}$, so folgt mit (3)

$$\boldsymbol{\delta} = \tilde{\boldsymbol{A}}\tilde{\boldsymbol{x}} - \tilde{\boldsymbol{b}} = -\boldsymbol{r} . \tag{4}$$

Liegt diese Störung im Rahmen des ohnehin vorhandenen Eingangsfehlers von $\tilde{\boldsymbol{b}}$, sind also die Komponenten des Restvektors betragsmäßig nicht größer als die von $\boldsymbol{\Delta_b}$,

$$|\boldsymbol{r}| = |\boldsymbol{\delta}| \leqq \boldsymbol{\Delta_b} , \tag{5}$$

so ist $\tilde{\boldsymbol{x}}$ als „Lösung" des Ausgangssystems akzeptabel.

Nimmt man $\tilde{\boldsymbol{A}}$ als gestört an, $(\tilde{\boldsymbol{A}} + \boldsymbol{F})\,\tilde{\boldsymbol{x}} = \tilde{\boldsymbol{b}}$, so folgt mit (3)

$$\boldsymbol{F}\tilde{\boldsymbol{x}} = \boldsymbol{r} . \tag{6}$$

Dadurch sind die N^2 Elemente der Störungsmatrix $\boldsymbol{F}$ nicht eindeutig festgelegt. Wenn die Komponenten von $\tilde{\boldsymbol{x}}$ sämtlich verschieden von Null sind, kann man etwa

$$f_{mn} := \begin{cases} r_m/\tilde{x}_m, & \text{falls} \quad m = n , \\ 0, & \text{falls} \quad m \neq n \end{cases} \tag{7}$$

wählen und damit nur die Diagonalelemente von $\tilde{\boldsymbol{A}}$ als gestört ansehen. Die Näherung $\tilde{\boldsymbol{x}}$ ist als „Lösung" des Ausgangssystems akzeptabel, falls $|\boldsymbol{F}| \leqq \boldsymbol{\Delta_A}$ gilt, also falls die Restkomponenten den Ungleichungen

$$|\boldsymbol{r}| \leqq |\boldsymbol{F}|\,|\tilde{\boldsymbol{x}}| \leqq \boldsymbol{\Delta_A}\,|\tilde{\boldsymbol{x}}| \tag{8}$$

genügen.

Für den allgemeinen Fall, in dem $\tilde{\boldsymbol{x}}$ als exakte Lösung eines Systems mit gestörter rechter Seite und gestörter Matrix aufgefaßt wird, definieren wir den Begriff der akzeptablen Lösung wie folgt:

Definition 2.6.1. Eine Näherungslösung heißt *akzeptable Lösung* des Ausgangssystems $\boldsymbol{Ax} = \boldsymbol{b}$, wenn sie exakte Lösung eines gestörten Gleichungssystems

$$(\tilde{\boldsymbol{A}} + \boldsymbol{F})\,\tilde{\boldsymbol{x}} = \tilde{\boldsymbol{b}} + \boldsymbol{\delta} \tag{9}$$

ist, dessen Störungen $\boldsymbol{F}$ und $\boldsymbol{\delta}$ komponentenweise nicht größer als die Eingangsfehlerschranken $\boldsymbol{\Delta_A}$ und $\boldsymbol{\Delta_b}$ sind,

$$|\boldsymbol{F}| \leqq \boldsymbol{\Delta_A} , \qquad |\boldsymbol{\delta}| \leqq \boldsymbol{\Delta_b} . \tag{10}$$

Nach Oettli und Prager [1] kann man mit Hilfe des Restvektors entscheiden, wann eine Lösung $\tilde{\boldsymbol{x}}$ akzeptabel ist:

Satz 2.6.2. *Eine Näherungslösung $\tilde{\boldsymbol{x}}$ ist genau dann eine akzeptable Lösung des Ausgangssystems $\boldsymbol{Ax} = \boldsymbol{b}$, wenn der Restvektor $\boldsymbol{r} := \tilde{\boldsymbol{b}} - \tilde{\boldsymbol{A}}\tilde{\boldsymbol{x}}$ komponentenweise der*

Abschätzung

$$|\boldsymbol{r}| \leqq \bar{\boldsymbol{r}} := \Delta_A\,|\tilde{\boldsymbol{x}}| + \Delta_b \tag{11}$$

genügt. Dabei bezeichnet Δ_A *die Matrix der Fehlerschranken von* $\tilde{\boldsymbol{A}}$ *und* Δ_b *den Vektor der Fehlerschranken von* $\tilde{\boldsymbol{b}}$ (vgl. (1)).

Beweis. Ist $\tilde{\boldsymbol{x}}$ eine akzeptable Lösung, so gelten nach Definition 2.6.1 die Gleichung (9) und die Ungleichungen (10). Daraus folgt die Relation $\boldsymbol{F}\tilde{\boldsymbol{x}} - \boldsymbol{\delta} = \boldsymbol{r}$ und durch Übergang zu Beträgen sofort die Behauptung (11).

Für die Gegenrichtung nehmen wir an, daß (11) gilt, und konstruieren Störungen $\boldsymbol{F}$ und $\boldsymbol{\delta}$, die (9) und (10) erfüllen. Als Elemente von $\boldsymbol{F}$ wählen wir

$$f_{mn} := \begin{cases} \operatorname{sgn}(\tilde{x}_n)\dfrac{r_m}{\bar{r}_m}\Delta_{a_{mn}}, & \text{falls } \bar{r}_m \neq 0\,, \\ 0, & \text{falls } \bar{r}_m = 0 \end{cases}$$

und als Elemente von $\boldsymbol{\delta}$

$$\delta_m := \begin{cases} -\dfrac{r_m}{\bar{r}_m}\Delta_{b_m}, & \text{falls } \bar{r}_m \neq 0\,, \\ 0, & \text{falls } \bar{r}_m = 0\,. \end{cases}$$

Da $\bar{\boldsymbol{r}}$ nach (11) den Vektor der Betragsschranken von $\boldsymbol{r}$ bezeichnet, ist $|r_m|/\bar{r}_m \leqq 1$, so daß $\boldsymbol{F}$ und $\boldsymbol{\delta}$ die Ungleichungen (10) erfüllen. Setzt man f_{mn} und δ_m in (9) ein, so folgt für $m = 1(1)N$

$$\sum_{n=1}^{N}\left(a_{mn} + \frac{r_m}{\bar{r}_m}\Delta_{a_{mn}}\operatorname{sgn}(\tilde{x}_n)\right)\tilde{x}_n = b_m - \frac{r_m}{\bar{r}_m}\Delta_{b_m}\,,$$

$$\frac{r_m}{\bar{r}_m}\sum_{n=1}^{N}\Delta_{a_{mn}}\,|\tilde{x}_n| = r_m - \frac{r_m}{\bar{r}_m}\Delta_{b_m}\,,$$

und nach Multiplikation mit $\bar{r}_m/r_m$ schließlich

$$\sum_{n=1}^{N}\Delta_{a_{mn}}\,|\tilde{x}_n| + \Delta_{b_m} = \bar{r}_m\,, \qquad m = 1(1)N\,,$$

was nichts anderes ist als die in Komponenten aufgeschriebene Definition von $\bar{\boldsymbol{r}}$ (vgl. (11)). Die Komponenten f_{mn} und δ_m erfüllen also die Gleichung (9). ■

Die *Rückwärtsanalyse* liefert zwar *keine Betragsschranken* für die Differenz von Näherungslösung $\tilde{\boldsymbol{x}}$ und exakter Lösung $\boldsymbol{x}$, aber sie ermöglicht es, die *erzielte Genauigkeit mit verfügbaren oder relativ leicht zu beschaffenden Größen zu beurteilen*. Ist $\tilde{\boldsymbol{x}}$ noch nicht akzeptabel, so kann man die Näherung durch *Nachiteration* (Algorithmus 2.7.5) verbessern oder muß die *Rechnung mit höherer Genauigkeit* wiederholen.

Beispiel 2.6.3. Das lineare Gleichungssystem $\boldsymbol{A}\boldsymbol{x} = \boldsymbol{b}$ mit der Hilbert-Matrix (vgl. B 2.6.2)

$$\boldsymbol{A} := \begin{pmatrix} 1 & 1/2 & 1/3 \\ 1/2 & 1/3 & 1/4 \\ 1/3 & 1/4 & 1/5 \end{pmatrix} \tag{12}$$

und der rechten Seite $\boldsymbol{b} := (1, -1, 1)^{\mathsf{T}}$ lösen wir näherungsweise in dreistelliger Gleitpunktarithmetik mit Hilfe des Cholesky-Verfahrens (vgl. Ü 2.4.12). Mit $\tilde{\boldsymbol{b}} := \boldsymbol{b}$ und

$$\tilde{\boldsymbol{A}} := \begin{pmatrix} 1.000 & 0.500 & 0.333 \\ 0.500 & 0.333 & 0.250 \\ 0.333 & 0.250 & 0.200 \end{pmatrix} \quad \text{folgt } \tilde{\boldsymbol{L}} := \begin{pmatrix} 1.000 & & \\ 0.500 & 0.288 & \\ 0.333 & 0.292 & 0.0612 \end{pmatrix},$$

so daß die Vorwärts- und die Rückwärtselimination $\tilde{L}y = \tilde{b}$ und $\tilde{L}^T\tilde{x} = y$ die Vektoren $y := (1, -5.21, 35.8)^T$ und $\tilde{x} := (112, -611, 585)^T$ liefern. Die Kontrollrechnung, die mit sechsstelliger Arithmetik durchgeführt werden muß, ergibt $r := (-0.305, 0.213, -0.546)^T$. Da von den Elementen von $\tilde{A}$ und $\tilde{b}$ nur die Koeffizienten $\tilde{a}_{13}$, $\tilde{a}_{22}$ und $\tilde{a}_{31}$ mit Rundungsfehlern behaftet sind, $\Delta_{a_{13}} = \Delta_{a_{22}} = \Delta_{a_{31}} = 3.34_{10}-4$, erhält man für $\bar{r}$ nach (11) die Komponenten

$$\bar{r}_1 = \Delta_{a_{13}} |\tilde{x}_1| = 0.195\,, \quad \bar{r}_2 = \Delta_{a_{22}} |\tilde{x}_2| = 0.204\,, \quad \bar{r}_3 \doteq \Delta_{a_{31}} |\tilde{x}_3| = 0.0374\,.$$

Die Bedingung (11) ist also verletzt, die Lösung ist nicht akzeptabel. Deshalb wiederholen wir die Rechnung mit einer Schutzstelle (vierstelliger Arithmetik), ohne $\tilde{A}$ und $\tilde{b}$ zu verändern. Es ergibt sich

$$\tilde{\tilde{L}} := \begin{pmatrix} 1 & & \\ 0.5000 & 0.2881 & \\ 0.3330 & 0.2898 & 0.06160 \end{pmatrix}, \quad \tilde{\tilde{x}} := \begin{pmatrix} 82.19 \\ -445.1 \\ 424.5 \end{pmatrix}, \quad r := \begin{pmatrix} 0.0015 \\ -0.0017 \\ 0.0057 \end{pmatrix},$$

$$\bar{r} := (0.141, \quad 0.148, \quad 0.027)^T.$$

In diesem Fall ist $|r| < \bar{r}$, so daß die Lösung $\tilde{\tilde{x}}$ akzeptabel ist. Die erfreulich kleinen Komponenten des Restvektors r dürfen jedoch nicht zu dem Fehlschluß verleiten, daß der Fehler $\tilde{\tilde{x}} - x$ von ähnlicher Größenordnung ist. Zum Vergleich geben wir die exakte Lösung von $Ax = b$ an: $x = (75, -408, 390)^T$. Die Komponenten von $\tilde{\tilde{x}}$ haben also trotz des kleinen Restvektors noch einen relativen Fehler von etwa 10 %.

2.6.2. Vorwärtsanalyse

Bei der *Vorwärtsanalyse* schätzt man den *Gesamtfehler des Ergebnisses*, die Differenz von Näherungslösung $\tilde{x}$ und exakter Lösung x ab. Er setzt sich zusammen aus dem *erzeugten Fehler*, der von dem verwendeten Lösungsverfahren verursacht wird, und dem *fortgepflanzten Fehler*, der die Auswirkungen von Datenfehlern beschreibt (vgl. (1.2.8) und (1.2.24)). Wir beschränken uns zunächst auf den fortgepflanzten Fehler und untersuchen die Auswirkungen von Eingangsfehlern bei rundungsfehlerfreier Rechnung.

Beispiel 2.6.4. Die Inverse der Hilbert-Matrix (12) hat die Gestalt

$$A^{-1} := \begin{pmatrix} 9 & -36 & 30 \\ -36 & 192 & -180 \\ 30 & -180 & 180 \end{pmatrix}. \tag{13}$$

Für $b := (1, 1/2, 1/3)^T$ hat das Gleichungssystem $Ax = b$ also die Lösung $x := (1, 0, 0)^T$. Für den geringfügig gestörten Vektor $\tilde{b} := (1 + \varepsilon, \frac{1}{2} - \varepsilon, \frac{1}{3} + \varepsilon)^T$ erhält man dagegen $x = (1 + 75\varepsilon, -408\varepsilon, 390\varepsilon)^T$. Aus dem Eingangsfehler $\delta_b := \tilde{b} - b = (\varepsilon, -\varepsilon, \varepsilon)^T$ wird also ein etwa 400-facher Ergebnisfehler $\delta_x := \tilde{x} - x = (75\varepsilon, -408\varepsilon, 390\varepsilon)^T$.

Ist A exakt gegeben und die rechte Seite fehlerhaft, $\tilde{b} = b + \delta_b$, so ergibt sich statt der exakten Lösung x des Gleichungssystems $Ax = b$ ein Näherungsvektor $\tilde{x} = x + \delta_x$, der die Gleichung $A\tilde{x} = \tilde{b}$, also

$$A(x + \delta_x) = b + \delta_b \tag{14}$$

erfüllt. Wegen $Ax = b$ erhält man daraus, falls A regulär ist, die Gleichung

$$\delta_x = A^{-1}\delta_b\,. \tag{15}$$

Messen wir die Fehlervektoren δ_b und δ_x in irgendeiner Vektornorm, so ergibt sich mit einer passenden Matrixnorm für den *absoluten* (*fortgepflanzten*) *Fehler* des Lösungsvektors die Abschätzung

$$\|\delta_x\| = \|A^{-1}\delta_b\| \leqq \|A^{-1}\| \, \|\delta_b\|\,. \tag{16}$$

Dividiert man durch $||\boldsymbol{x}||$ und erweitert die rechte Seite der Ungleichung noch mit $||\boldsymbol{Ax}||/||\boldsymbol{b}||$, so folgt für den *relativen* (*fortgepflanzten*) *Fehler* des Lösungsvektors

$$\frac{||\boldsymbol{\delta}_x||}{||\boldsymbol{x}||} \leqq \frac{||\boldsymbol{A}^{-1}||\,||\boldsymbol{Ax}||}{||\boldsymbol{x}||}\,\frac{||\boldsymbol{\delta}_b||}{||\boldsymbol{b}||} \leqq ||\boldsymbol{A}^{-1}||\,||\boldsymbol{A}||\,\frac{||\boldsymbol{\delta}_b||}{||\boldsymbol{b}||}\,. \tag{17}$$

Die Fehler der rechten Seite $\boldsymbol{b}$ werden durch $||\boldsymbol{A}^{-1}||$ bzw. $||\boldsymbol{A}^{-1}||\,||\boldsymbol{A}||$ verstärkt. Wie in Vorlesung 1.2 nennen wir diese Verstärkungsfaktoren *Konditionszahlen.*

Definition 2.6.5 (Kondition des linearen Gleichungssystems $\boldsymbol{Ax} = \boldsymbol{b}$). Ist $||\cdot||_M$ irgendeine Matrixnorm und $\boldsymbol{A}$ eine reguläre Matrix, so heißen

$$\operatorname{acond}_M(\boldsymbol{A}) := ||\boldsymbol{A}^{-1}||_M \quad \text{und} \quad \operatorname{cond}_M(\boldsymbol{A}) := ||\boldsymbol{A}^{-1}||_M\,||\boldsymbol{A}_M||$$

absolute bzw. *relative Konditionszahl der Aufgabe* $\boldsymbol{Ax} = \boldsymbol{b}$ *bezüglich der Norm* $||\cdot||_M$.

Damit erhalten wir aus (16) und (17) die folgenden Abschätzungen für *den absoluten und den relativen* (*fortgepflanzten*) *Fehler von* $\tilde{\boldsymbol{x}}$ *in Abhängigkeit vom Fehler der rechten Seite*

$$||\boldsymbol{\delta}_x|| \leqq \operatorname{acond}(\boldsymbol{A})\,||\boldsymbol{\delta}_b||\,, \qquad \frac{||\boldsymbol{\delta}_x||}{||\boldsymbol{x}||} \leqq \operatorname{cond}(\boldsymbol{A})\,\frac{||\boldsymbol{\delta}_b||}{||\boldsymbol{b}||}\,. \tag{18}$$

Sie sind auch in folgendem Zusammenhang nützlich: Für das Gleichungssystem $\boldsymbol{Ax} = \boldsymbol{b}$ seien nach irgendeinem Verfahren eine Näherungslösung $\tilde{\boldsymbol{x}}$ und der zugehörige Restvektor

$$\boldsymbol{r} := \boldsymbol{b} - \boldsymbol{A}\tilde{\boldsymbol{x}} \tag{19}$$

berechnet worden. Interpretiert man $\boldsymbol{r}$ als Störung $\boldsymbol{\delta}_b := -\boldsymbol{r}$ der rechten Seite, so ergeben sich aus (18) Abschätzungen für *den absoluten und den relativen* (*fortgepflanzten*) *Fehler von* $\tilde{\boldsymbol{x}}$ *in Abhängigkeit vom Restvektor* (19)

$$||\boldsymbol{\delta}_x|| \leqq \operatorname{acond}(\boldsymbol{A})\,||\boldsymbol{r}||\,, \qquad \frac{||\boldsymbol{\delta}_x||}{||\boldsymbol{x}||} \leqq \operatorname{cond}(\boldsymbol{A})\,\frac{||\boldsymbol{r}||}{||\boldsymbol{b}||}\,. \tag{20}$$

Es sei nun die rechte Seite exakt gegeben und die Koeffizientenmatrix $\boldsymbol{A}$ fehlerbehaftet: $\tilde{\boldsymbol{A}} = \boldsymbol{A} + \boldsymbol{\delta}_A$. Um abzuschätzen, wie sich $\boldsymbol{\delta}_A$ auf die Lösung auswirkt, setzen wir analog zu (14)

$$(\boldsymbol{A} + \boldsymbol{\delta}_A)(\boldsymbol{x} + \boldsymbol{\delta}_x) = \boldsymbol{b} \tag{21}$$

und erhalten wegen $\boldsymbol{Ax} = \boldsymbol{b}$ nach Multiplikation mit $\boldsymbol{A}^{-1}$

$$(\boldsymbol{I} + \boldsymbol{A}^{-1}\boldsymbol{\delta}_A)\,\boldsymbol{\delta}_x = -\boldsymbol{A}^{-1}\boldsymbol{\delta}_A\boldsymbol{x}\,. \tag{22}$$

Wenn $\boldsymbol{A}^{-1}\boldsymbol{\delta}_A$ hinreichend klein ist und sich demzufolge die Matrix $\boldsymbol{I} + \boldsymbol{A}^{-1}\boldsymbol{\delta}_A$ nicht zu sehr von der Einheitsmatrix unterscheidet, wird die Inverse $(\boldsymbol{I} + \boldsymbol{A}^{-1}\boldsymbol{\delta}_A)^{-1}$ existieren, so daß man (22) nach $\boldsymbol{\delta}_x$ umstellen kann. Genauer gilt das folgende Störungslemma:

Lemma 2.6.6. *Ist* $\boldsymbol{B}$ *eine* $N \times N$*-Matrix mit* $||\boldsymbol{B}|| < 1$, *so existiert die Inverse* $(\boldsymbol{I} + \boldsymbol{B})^{-1}$. *Ist* $||\cdot||$ *eine Matrixnorm mit* $||\boldsymbol{I}|| = 1$, *so gilt die Abschätzung*

$$||(\boldsymbol{I} + \boldsymbol{B})^{-1}|| \leqq \frac{1}{1 - ||\boldsymbol{B}||}\,. \tag{23}$$

B e w e i s. Wir nehmen an, daß das homogene lineare Gleichungsysstem $(\boldsymbol{I} + \boldsymbol{B})\,\boldsymbol{x} = 0$ eine nichttriviale Lösung $\boldsymbol{x}$, $\boldsymbol{x} \neq 0$, besitzt. Dann ergibt sich aus $\boldsymbol{x} = -\boldsymbol{Bx}$ mit Hilfe der Verträglichkeitsbedingung (2.1.20) $||\boldsymbol{x}|| = ||\boldsymbol{Bx}|| \leqq ||\boldsymbol{B}||\,||\boldsymbol{x}||$, und nach

Division durch $||\boldsymbol{x}||$ weiter $1 \leqq ||\boldsymbol{B}||$ im Widerspruch zur Voraussetzung. Folglich hat das homogene System nur die triviale Lösung, das heißt, $\boldsymbol{I} + \boldsymbol{B}$ ist regulär (vgl. Ü 2.1.5). Zum Beweis von Ungleichung (23) benutzen wir die Identität $\boldsymbol{I} = (\boldsymbol{I} + \boldsymbol{B})(\boldsymbol{I} + \boldsymbol{B})^{-1} = (\boldsymbol{I} + \boldsymbol{B})^{-1} + \boldsymbol{B}(\boldsymbol{I} + \boldsymbol{B})^{-1}$. Wegen $||\boldsymbol{I}|| = 1$ ergibt sich mit Hilfe der Dreiecksungleichung (2.1.13) und der Submultiplikativität der Matrixnorm

$$1 \geqq ||(\boldsymbol{I} + \boldsymbol{B})^{-1}|| - ||\boldsymbol{B}(\boldsymbol{I} + \boldsymbol{B})^{-1}|| \geqq ||(\boldsymbol{I} + \boldsymbol{B})^{-1}|| \, (1 - ||\boldsymbol{B}||)\,,$$

woraus nach Division durch $(1 - ||\boldsymbol{B}||)$ die Ungleichung (23) folgt. ■

Setzt man $\boldsymbol{B} := \boldsymbol{A}^{-1}\boldsymbol{\delta}_A$ und ist $||\boldsymbol{A}^{-1}\boldsymbol{\delta}_A|| < 1$, so existiert nach dem Störungslemma die Inverse $(\boldsymbol{I} + \boldsymbol{A}^{-1}\boldsymbol{\delta}_A)^{-1}$ und kann mit Hilfe von (23) abgeschätzt werden. Also erhält man aus (22)

$$||\boldsymbol{\delta}_x|| \leqq \frac{1}{1 - ||\boldsymbol{A}^{-1}\boldsymbol{\delta}_A||} \, ||\boldsymbol{A}^{-1}\boldsymbol{\delta}_A \boldsymbol{x}||\,.$$

Daraus ergibt sich, wenn man noch einmal die Submultiplikativität der Norm verwendet, schließlich die folgende Abschätzung für den *relativen (fortgepflanzten) Fehler von* $\tilde{\boldsymbol{x}}$ *in Abhängigkeit vom Fehler der Matrix* $\boldsymbol{A}$

$$\frac{||\boldsymbol{\delta}_x||}{||\boldsymbol{x}||} \leqq \frac{||\boldsymbol{A}^{-1}\boldsymbol{\delta}_A||}{1 - ||\boldsymbol{A}^{-1}\boldsymbol{\delta}_A||} \leqq \frac{\operatorname{cond}(\boldsymbol{A}) \dfrac{||\boldsymbol{\delta}_A||}{||\boldsymbol{A}||}}{1 - \operatorname{cond}(\boldsymbol{A}) \dfrac{||\boldsymbol{\delta}_A||}{||\boldsymbol{A}||}}\,, \qquad \text{falls} \quad ||\boldsymbol{A}^{-1}|| \, ||\boldsymbol{\delta}_A|| < 1\,. \tag{24}$$

In ähnlicher Weise kann man den Fehler von $\tilde{\boldsymbol{x}}$ auch für den Fall abschätzen, daß sowohl die Koeffizientenmatrix $\boldsymbol{A}$ als auch die rechte Seite $\boldsymbol{b}$ fehlerbehaftet ist (Ü 2.6.4).

Beispiel 2.6.7. Für die Hilbert-Matrix $\boldsymbol{A}$ aus Beispiel 2.6.3 ergeben sich mit (13), wenn man die Spaltensummennorm (2.1.24) verwendet, die Konditionszahlen $\operatorname{acond}_1(\boldsymbol{A}) = ||\boldsymbol{A}^{-1}||_1 = 408$, $\operatorname{cond}_1(\boldsymbol{A}) = ||\boldsymbol{A}^{-1}||_1 \, ||\boldsymbol{A}||_1 \approx 1.83 \cdot 408 \approx 748$. Die Fehlermatrix $\boldsymbol{\delta}_A := \tilde{\boldsymbol{A}} - \boldsymbol{A}$ hat die Norm $||\boldsymbol{\delta}_A||_1 \leqq 0.00034$. Die Bedingung $||\boldsymbol{A}^{-1}||_1 \, ||\boldsymbol{\delta}_A||_1 < 1$ ist erfüllt so daß die Abschätzung (24) verwendet werden darf:

$$\frac{||\boldsymbol{\delta}_x||_1}{||\boldsymbol{x}||_1} \leqq \frac{7.48 \dfrac{0.00034}{1.83}}{1 - 7.48 \dfrac{0.00034}{1.83}} \approx 0.162\,.$$

Sie sagt aus, daß die Ersetzung der drei Eingangsgrößen $a_{13} = a_{22} = a_{31} = 1/3$ durch die Näherungen $\tilde{a}_{13} = \tilde{a}_{22} = \tilde{a}_{31} = 0.333$ einen relativen Ergebnisfehler von etwa 16% verursacht. Dieser Fehler ist unabhängig vom verwendeten Lösungsalgorithmus, denn wir hatten eine rundungsfehlerfreie Rechnung vorausgesetzt. Man kann die Fehlerschranke nur verkleinern, indem man $||\boldsymbol{\delta}_A||$ verkleinert. Die Lösung des Gleichungssystems $\boldsymbol{A}\boldsymbol{x} = \boldsymbol{b}$ mit der Hilbert-Matrix (12) ist ein Beispiel für eine schlecht konditionierte Aufgabe.

2.6.3. Abschätzung der Konditionszahlen

Die Definition 2.6.5 für die absolute und die relative Konditionszahl verwendet eine *Norm der inversen Matrix*. Da $\boldsymbol{A}^{-1}$ in der Regel nicht bekannt ist, muß man sich in der Praxis darauf beschränken, die *Konditionszahlen* zu *schätzen*.

Aus der Identität $I = A^{-1}A$ folgt sofort, falls man eine Norm mit $||I|| = 1$ verwendet, die triviale untere Schranke

$$1 \leqq ||A^{-1}||\, ||A|| = \operatorname{cond}(A)\,. \tag{25}$$

Für symmetrische Matrizen ist die Spektralnorm nach Satz 2.1.17 gleich dem Spektralradius (Ü 2.6.5). Die relative Spektralkondition ergibt sich also in diesem Fall als Quotient der Beträge von betragsmäßig größtem und betragsmäßig kleinstem Eigenwert der Matrix A

$$\operatorname{cond}_2(A) := \frac{\max\limits_{n=1(1)N} |\alpha_n|}{\min\limits_{n=1(1)N} |\alpha_n|}\,, \qquad A y_n = \alpha_n y_n\,, \quad n = 1(1)N\,. \tag{26}$$

Kennt man Schranken für die Eigenwerte (vgl. Abschnitt 4.1.3), so kann man $\operatorname{cond}_2(A)$ abschätzen. Wegen

$$\max_{n=1(1)N} \alpha_n = \max_{||x||_2=1} (Ax, x)\,, \qquad \min_{n=1(1)N} \alpha_n = \min_{||x||_2=1} (Ax, x) \tag{27}$$

(vgl. SCHWARZ [1], S. 109), kann man z. B. die Spektralkondition positiv definiter symmetrischer Matrizen durch die Diagonalelemente abschätzen (Ü 2.6.7 und Ü 2.6.8):

$$\operatorname{cond}_2(A) \geqq \frac{\max\limits_{n=1(1)N} a_{nn}}{\min\limits_{n=1(1)N} a_{nn}}\,. \tag{28}$$

Für beliebige reguläre Matrizen und jede zugeordnete Matrixnorm gilt (Ü 2.6.9)

$$\max_{x \neq o} \frac{||A^{-1}x||}{||x||} = 1/\min_{z \neq o} \frac{||Az||}{||z||}\,. \tag{29}$$

Damit ergibt sich für die relative Konditionszahl die Darstellung

$$\operatorname{cond}(A) = \frac{\max\limits_{||x||=1} ||Ax||}{\min\limits_{||x||=1} ||Ax||}\,. \tag{30}$$

Sie gestattet eine anschauliche Interpretation: Die Vektoren x mit $||x|| = 1$ beschreiben die Oberfläche einer Einheits-„Kugel" (vgl. Abb. 2.1.5., S. 48). Fassen wir Ax als Bildvektor von x auf, so ist die relative Konditionszahl gleich dem Quotienten der Normen des am stärksten gestreckten und des am stärksten gestauchten Radiusvektors. Sie ist also ein Maß für die Verzerrung, der die Einheitskugel durch die Abbildung $y = Ax$ unterworfen wird.

Liefert das verwendete Lösungsverfahren eine genäherte Inverse $C \approx A^{-1}$ und die zugehörige Restmatrix $R := I - CA$, so kann man die Konditionszahlen mit Hilfe des Störungslemmas durch

$$\operatorname{acond}(A) \leqq \frac{||C||}{1 - ||R||}\,, \qquad \operatorname{cond}(A) \leqq \frac{||A||\, ||C||}{1 - ||R||} \tag{31}$$

abschätzen (Ü 2.6.11). Unwirtschaftlich ist es dagegen, nur für die Abschätzung (31) die Matrix R zu berechnen, denn die Multiplikation zweier (voll besetzter) Matrizen kostet N^3 Multiplikationen, die wegen der drohenden Auslöschung auch noch doppelt genau ausgeführt werden müßten.

Liefert das verwendete Lösungsverfahren eine LU- oder eine LDL^T-Zerlegung, bei der L und U Produkte elementarer Matrizen sind (vgl. (2.3.12)), so kann man $||L^{-1}||$

und $||U^{-1}||$ mit Hilfe der Normen dieser elementaren Matrizen abschätzen. Die Abschätzungen werden aber bei großen Matrizen sehr grob (Ü 2.6.10).

Einen Näherungswert für $\operatorname{cond}_1(A)$, der u. a. in den Programmpaketen LINPACK (vgl. DONGARRA et al. [1]) und NUMATH [1] verwendet wird, erhält man durch folgenden heuristischen Algorithmus:

Algorithmus 2.6.8. Genäherte Bestimmung von $\operatorname{cond}_1(A)$

1 Bestimme einen Vektor d so, daß die Lösung w des Systems $A^T w = d$ eine möglichst große Norm erhält

2 Löse das System $Az = w$

Setze $\widetilde{\operatorname{cond}}_1(A) := ||A||_1 \, ||z||_1/||w||_1$

Wegen $z = A^{-1}w$ ist $||z||_1/||w||_1 \leqq ||A^{-1}||_1$, so daß der Näherungswert $\widetilde{\operatorname{cond}}_1(A)$ der Abschätzung

$$\frac{||z||_1}{||A^{-1}||_1 ||w||_1} \operatorname{cond}_1(A) \leqq \widetilde{\operatorname{cond}}_1(A) \leqq \operatorname{cond}_1(A) \tag{32}$$

genügt. Durch den Schritt 1 soll erreicht werden, daß der Quotient $||z||_1/||w||_1$ die Norm von A^{-1} möglichst gut annähert. Liegt eine LU-Zerlegung von A vor, so sind im Schritt 1 und im Schritt 2 jeweils zwei Systeme mit Dreiecksmatrizen zu lösen:

$$U^T v = d\,, \qquad L^T w = v\,, \qquad Ly = w\,, \qquad Uz = y\,. \tag{33}$$

Die Koeffizientenmatrix des ersten Teilschritts ist eine Linksdreiecksmatrix, v wird also durch Vorwärtselimination (vgl. Algorithmus 2.3.7) bestimmt:

$$v_n = (d_n - \sum_{k=1}^{n-1} u_{kn} v_k)/u_{nn}\,. \tag{34}$$

Berechnet man die Produkte $u_{kn}v_k$, sobald v_k vorliegt, und akkumuliert sie in Teilsummen s_n, die zu Beginn auf Null gestellt werden, $s_n := 0$, $n = 1(1)N$, so kann man die v_n wie folgt bestimmen:

$$\left[\begin{array}{l} n = 1(1)N \\ v_n := (d_n - s_n)/u_{nn} \\ \left[\begin{array}{l} k = n+1(1)N \\ s_k := s_k + u_{nk} v_n \end{array}\right. \end{array}\right. \tag{35}$$

Um eine möglichst große Betragssummennorm des Vektors v zu erzielen, wählt man im n-ten Schritt denjenigen d_n-Wert (im einfachsten Fall aus der Menge $\{+1, -1\}$) der die größte Betragssumme $|v_n| + \sum_{k=n+1}^{N} |s_k|$ liefert:

$$\max_{d_n \in \{+1,-1\}} \left[\left| \frac{d_n - s_n}{u_{nn}} \right| + \sum_{k=n+1}^{N} \left| s_k + u_{nk} \frac{d_n - s_n}{u_{nn}} \right| \right]. \tag{36}$$

Das ist lediglich ein heuristisches Vorgehen, denn das lokale Maximum des n-ten Schrittes liefert nicht notwendig den optimalen d_n-Wert für das globale Maximum (vgl. B 2.6.3).

2.6.4. Erzeugter Fehler des Gauß-Algorithmus

Wir untersuchen, welche Fehler beim Gauß-Algorithmus durch die drei Teilschritte $\boldsymbol{LU}$-Zerlegung $\boldsymbol{PA} = \boldsymbol{LU}$, Vorwärtselimination $\boldsymbol{Ly} = \boldsymbol{Pb}$ und Rückwärtselimination $\boldsymbol{Ux} = \boldsymbol{y}$ erzeugt werden. Dazu interpretieren wir die Zwischenergebnisse im Sinne der Rückwärtsanalyse jeweils als exakte Lösungen eines gestörten Systems: Die $\boldsymbol{LU}$-Zerlegung liefert zwei Dreiecksmatrizen $\tilde{\boldsymbol{L}}$ und $\tilde{\boldsymbol{U}}$, wir interpretieren sie als exakte Faktoren einer gestörten Matrix,

$$\hat{\boldsymbol{A}} + \boldsymbol{F} = \tilde{\boldsymbol{L}}\tilde{\boldsymbol{U}}\,, \qquad \hat{\boldsymbol{A}} = \boldsymbol{PA}\,. \tag{37}$$

Die Vorwärtselimination $\tilde{\boldsymbol{L}}\boldsymbol{y} = \boldsymbol{Pb}$ liefert einen Näherungsvektor $\tilde{\boldsymbol{y}}$, wir interpretieren ihn als exakte Lösung von

$$(\boldsymbol{L} + \boldsymbol{\delta}_L)\,\tilde{\boldsymbol{y}} = \boldsymbol{Pb} =: \boldsymbol{d}\,. \tag{38}$$

Die Rückwärtselimination schließlich liefert den Näherungsvektor $\tilde{\boldsymbol{x}}$, er wird interpretiert als exakte Lösung von

$$(\boldsymbol{U} + \boldsymbol{\delta}_U)\,\tilde{\boldsymbol{x}} = \tilde{\boldsymbol{y}}\,. \tag{39}$$

Insgesamt wird $\tilde{\boldsymbol{x}}$ also aufgefaßt als exakte Lösung des Systems $(\boldsymbol{L} + \boldsymbol{\delta}_L)\,(\boldsymbol{U} + \boldsymbol{\delta}_U)\,\tilde{\boldsymbol{x}} = \boldsymbol{Pb} = \boldsymbol{d}$, das sich mit (37) in der Form

$$(\hat{\boldsymbol{A}} + \boldsymbol{\delta}_A)\,\tilde{\boldsymbol{x}} = \boldsymbol{d}\,, \qquad \boldsymbol{\delta}_A := \boldsymbol{F} + \boldsymbol{L}\boldsymbol{\delta}_U + \boldsymbol{\delta}_L\boldsymbol{U} + \boldsymbol{\delta}_L\boldsymbol{\delta}_U \tag{40}$$

schreiben läßt. Verschafft man sich Schranken für die Normen der drei Fehlermatrizen $\boldsymbol{F}$, $\boldsymbol{\delta}_L$ und $\boldsymbol{\delta}_U$, so kann $\|\boldsymbol{\delta}_A\|$ abgeschätzt werden. Der Einfluß dieser fiktiven Störung der Koeffizientenmatrix auf den Lösungsvektor läßt sich dann mit Hilfe der durch Vorwärtsanalyse hergeleiteten Formel (24) beurteilen.

Als erstes bestimmen wir die *Fehlermatrix* $\boldsymbol{F}$, die bei der *Aufspaltung* von $\hat{\boldsymbol{A}} = \boldsymbol{PA}$ entsteht. Bezeichnen wir die Startmatrix $\hat{\boldsymbol{A}}$ mit $\tilde{\boldsymbol{A}}^{(1)}$ und die bereits teilweise umgerechnete Matrix vor dem n-ten Schritt mit $\tilde{\boldsymbol{A}}^{(n)}$ (vgl. $\boldsymbol{A}'$ in (2.3.3)), so erhält der n-te Schritt $\boldsymbol{A}^{(n+1)} = \boldsymbol{E}_n\boldsymbol{A}^{(n)}$ bei Berücksichtigung der neu hinzukommenden Fehler die Gestalt

$$\tilde{\boldsymbol{A}}^{(n+1)} = \tilde{\boldsymbol{A}}^{(n)} - \tilde{\boldsymbol{l}}_n\boldsymbol{e}_n^{\mathsf{T}}\tilde{\boldsymbol{A}}^{(n)} + \boldsymbol{F}_n\,, \qquad n = 1(1)N-1\,. \tag{41}$$

Dabei haben wir für die Eliminationsmatrix $\boldsymbol{E}_n$ die Formel (2.3.8) verwendet und die absoluten Fehler der Elemente $\tilde{a}_{jk}^{(n+1)}$ zu einer Matrix $\boldsymbol{F}_n$ zusammengefaßt. Beim n-ten Gauß-Schritt bleiben die ersten n Zeilen und die ersten $n-1$ Spalten unverändert. Die Fehlermatrizen besitzen also (für $N = 5$) die folgende Struktur

$$\boldsymbol{F}_1 = \begin{pmatrix} 0 & 0 & 0 & 0 & 0 \\ \times & \times & \times & \times & \times \\ \times & \times & \times & \times & \times \\ \times & \times & \times & \times & \times \\ \times & \times & \times & \times & \times \end{pmatrix}, \quad \boldsymbol{F}_2 = \begin{pmatrix} 0 & 0 & 0 & 0 & 0 \\ 0 & 0 & 0 & 0 & 0 \\ 0 & \times & \times & \times & \times \\ 0 & \times & \times & \times & \times \\ 0 & \times & \times & \times & \times \end{pmatrix},$$

$$\boldsymbol{F}_3 = \begin{pmatrix} 0 & 0 & 0 & 0 & 0 \\ 0 & 0 & 0 & 0 & 0 \\ 0 & 0 & 0 & 0 & 0 \\ 0 & 0 & \times & \times & \times \\ 0 & 0 & \times & \times & \times \end{pmatrix}, \quad \boldsymbol{F}_4 = \begin{pmatrix} 0 & 0 & 0 & 0 & 0 \\ 0 & 0 & 0 & 0 & 0 \\ 0 & 0 & 0 & 0 & 0 \\ 0 & 0 & 0 & 0 & 0 \\ 0 & 0 & 0 & \times & \times \end{pmatrix}$$

Addiert man die $N-1$ Gleichungen (41), so ergibt sich

$$\left.\begin{aligned} &\sum_{n=2}^{N} \tilde{\boldsymbol{A}}^{(n)} = \sum_{n=1}^{N-1} \tilde{\boldsymbol{A}}^{(n)} - \sum_{n=1}^{N-1} \tilde{\boldsymbol{l}}_n \boldsymbol{e}_n^{\mathsf{T}} \tilde{\boldsymbol{A}}^{(n)} + \sum_{n=1}^{N-1} \boldsymbol{F}_n\,, \\ &\tilde{\boldsymbol{A}}^{(N)} + \sum_{n=1}^{N-1} \tilde{\boldsymbol{l}}_n \boldsymbol{e}_n^{\mathsf{T}} \tilde{\boldsymbol{A}}^{(n)} = \hat{\boldsymbol{A}} + \boldsymbol{F}\,, \qquad \boldsymbol{F} := \sum_{n=1}^{N-1} \boldsymbol{F}_n\,. \end{aligned}\right\} \tag{42}$$

Das Produkt $\boldsymbol{e}_n^{\mathsf{T}}\tilde{\boldsymbol{A}}^{(n)}$ liefert die n-te Zeile von $\tilde{\boldsymbol{A}}^{(n)}$. Sie wird von späteren Schritten nicht mehr beeinflußt, so daß sie unverändert in der Ergebnismatrix $\tilde{\boldsymbol{A}}^{(N)} = \tilde{\boldsymbol{U}}$ enthalten ist. Es gilt also $\boldsymbol{e}_n^{\mathsf{T}}\tilde{\boldsymbol{A}}^{(n)} = \boldsymbol{e}_n^{\mathsf{T}}\tilde{\boldsymbol{A}}^{(N)}$. Damit kann die linke Seite von (42) wegen (2.3.12) zu $\tilde{\boldsymbol{L}}\tilde{\boldsymbol{U}}$ zusammengefaßt werden, und es ergibt sich (37).

Um $\boldsymbol{F}$ abschätzen zu können, müssen die Elemente der Matrizen $\boldsymbol{F}_n$, also die absoluten Fehler der Elemente $\tilde{a}_{jk}^{(n+1)}$, bestimmt werden. Der n-te Eliminationsschritt hat in Komponentenschreibweise (vgl. Algorithmus 2.2.2) die Gestalt

$$a_{jk}^{(n+1)} = a_{jk}^{(n)} - l_{jn} a_{nk}^{(n)}\,, \qquad l_{jn} = a_{jn}^{(n)}/a_{nn}^{(n)}\,.$$

Die Division wird in der Gleitpunktarithmetik des Rechners nur näherungsweise ausgeführt, es gilt nach (1.2.14)

$$\tilde{l}_{jn} = (1+\varepsilon)\, \tilde{a}_{jn}^{(n)}/\tilde{a}_{nn}^{(n)}\,,$$

oder umgestellt

$$0 = \tilde{a}_{jn}^{(n)} - \tilde{l}_{jn}\tilde{a}_{nn}^{(n)} + f_{jn}^{(n+1)}\,, \qquad j = n+1(1)N\,. \tag{43}$$

Dabei bezeichnet $f_{jn}^{(n+1)} := \varepsilon \tilde{a}_{jn}^{(n)}$ den absoluten Fehler, mit dem die in der „restlichen“ Pivotspalte erzeugten Nullen behaftet sind. Für die übrigen Elemente der „restlichen“ Matrix gilt

$$\tilde{a}_{jk}^{(n+1)} = [\tilde{a}_{jk}^{(n)} - \tilde{l}_{jn}\tilde{a}_{nk}^{(n)}(1+\varepsilon)]\,(1+\varepsilon)\,, \qquad j, k = n+1(1)N\,. \tag{44}$$

Dafür schreiben wir

$$\tilde{a}_{jk}^{(n+1)} = \tilde{a}_{jk}^{(n)} - \tilde{l}_{jn}\tilde{a}_{nk}^{(n)} + f_{jk}^{(n+1)}$$

und erhalten für den so definierten absoluten Fehler von $\tilde{a}_{jk}^{(n+1)}$ mit Hilfe von (44)

$$f_{jk}^{(n+1)} := \varepsilon[\tilde{a}_{jk}^{(n)} - (2+\varepsilon)\,\tilde{l}_{jn}\tilde{a}_{nk}^{(n)}]$$

und daraus wegen $|\tilde{l}_{jn}| \leqq 1$ schließlich (in erster Näherung) die Abschätzung

$$|f_{jk}^{(n+1)}| \leqq 3 \text{ eps} \max_{l,m} |\tilde{a}_{lm}^{(n)}|\,. \tag{45}$$

Für die Matrix $\boldsymbol{F}$ gilt also, wenn man die spezielle Struktur der $\boldsymbol{F}_n$ berücksichtigt, elementweise die Abschätzung

$$|\boldsymbol{F}| \leqq 3 \cdot \text{eps} \cdot a \cdot \begin{pmatrix} 0 & 0 & & 0 & 0 \\ 1 & 1 & & 1 & 1 \\ 1 & 2 & & 2 & 2 \\ \vdots & \vdots & & \vdots & \vdots \\ 1 & 2 & \ldots & N-1 & N-1 \end{pmatrix}, \qquad a := \max_{l,m,n} |a_{lm}^{(n)}|\,.$$

Die Größe a, also das Betragsmaximum aller während des gesamten Eliminationsprozesses auftretenden Koeffizienten $a_{jk}^{(n)}$, kann im Verlauf der Rechnung bestimmt werden (vgl. auch Ü 2.6.18). Für die Norm von $\boldsymbol{F}$ ergibt sich

$$\|\boldsymbol{F}\|_\infty \leqq 1.5(N^2 + N)\, a \text{ eps}\,. \tag{46}$$

Um $\boldsymbol{\delta}_L$ und $\boldsymbol{\delta}_U$ abschätzen zu können, muß analysiert werden, welche *Fehler beim Lösen eines gestaffelten Systems* auftreten. Dabei ist es unwesentlich, ob die Koeffizientenmatrix Links- oder Rechtsdreiecksgestalt hat. Wir betrachten das System

$$\begin{aligned}
&c_{11}x_1 && = d_1\,,\\
&c_{21}x_1 + c_{22}x_2 && = d_2\,,\\
&\vdots\\
&c_{N1}x_1 + c_{N2}x_2 + \ldots + c_{NN}x_N && = d_N\,.
\end{aligned}$$

Nach (1.2.14) wird das Ergebnis jeder arithmetischen Operation durch einen Modifikator $\varrho := 1 + \varepsilon$ verfälscht. Bei den additiven Operationen wirkt sich ϱ auf beide Operanden aus, bei den multiplikativen Operationen kann er jedem der beiden Operanden zugeschlagen werden:

$$\begin{aligned}
x_1 &= d_1/(c_{11}\varrho)\,,\\
x_2 &= (d_2 - c_{21}x_1\varrho)\,\varrho/(c_{22}\varrho) = (d_2 - (c_{21}\varrho)\,x_1)/(c_{22}\varrho^2)\,,\\
&\vdots\\
x_N &= [d_N - (\ldots((c_{N1}x_1\varrho + c_{N2}x_2\varrho)\,\varrho + c_{N3}x_3\varrho)\,\varrho + \ldots + c_{N,N-1}x_{N-1}\varrho)]/(c_{NN}\varrho^2)\,.
\end{aligned}$$

Fassen wir alle Modifikatoren als Störungen der Elemente c_{jk} auf, so kann das System in der Gestalt $(\boldsymbol{C} + \boldsymbol{\delta}_C)\,\tilde{\boldsymbol{x}} = \boldsymbol{d}$ mit

$$\boldsymbol{C} + \boldsymbol{\delta}_C = \begin{pmatrix}
c_{11}\varrho & & & & \\
c_{21}\varrho & c_{22}\varrho^2 & & & \\
c_{31}\varrho^2 & c_{32}\varrho^2 & c_{33}\varrho^2 & & \\
\vdots & \vdots & \vdots & & \\
c_{N1}\varrho^{N-1} & c_{N2}\varrho^{N-1} & c_{N3}\varrho^{N-2} & \ldots & c_{NN}\varrho^2
\end{pmatrix}$$

geschrieben werden. Wegen

$$\varrho^m = (1 + \varepsilon)^m = 1 + m\varepsilon_0\,, \qquad |\varepsilon_0| \leqq \frac{\text{eps}}{1 - N\cdot\text{eps}}$$

(vgl. Ü 1.2.12) ergibt sich daraus

$$|\boldsymbol{\delta}_C| \leqq \begin{pmatrix}
1 & & & & & \\
1 & 2 & & & & \\
2 & 2 & 2 & & & \\
3 & 3 & 2 & 2 & & \\
\vdots & \vdots & \vdots & \vdots & & \\
N-1 & N-1 & N-2 & N-3 & \ldots\; 2 & 2
\end{pmatrix} \frac{\text{eps}}{1 - N\cdot\text{eps}} \cdot \max_{j,k} |c_{jk}|$$

und weiter

$$\|\boldsymbol{\delta}_C\|_\infty \leqq \frac{N(N-1)}{2}\,\frac{\text{eps}}{1 - N\cdot\text{eps}} \max_{j,k} |c_{jk}|\,. \tag{47}$$

Diese Abschätzung kann für beide Dreiecksmatrizen $\boldsymbol{\delta}_L$ und $\boldsymbol{\delta}_U$ verwendet werden: Wegen $\max |l_{jk}| = 1$ und $\max |u_{jk}| \leqq a$ ist

$$\|\boldsymbol{L}\|_\infty \leqq N\,, \qquad \|\boldsymbol{\delta}_L\|_\infty \leqq \frac{N(N-1)}{2}\,\frac{\text{eps}}{1 - N\cdot\text{eps}}\,,$$

$$\|\boldsymbol{U}\|_\infty \leqq aN\,, \qquad \|\boldsymbol{\delta}_U\|_\infty \leqq \frac{N(N-1)}{2}\,\frac{a\,\text{eps}}{1 - N\cdot\text{eps}}\,.$$

Zusammen mit (46) ergibt sich daraus für $\|\delta_A\|_\infty$, wenn man N^2 eps < 1 annimmt,

$$\|\delta_A\|_\infty \leqq \left(N^3 + O(N^2)\right) \frac{a \cdot \text{eps}}{1 - N \cdot \text{eps}}, \qquad a := \max_{l,m,n} |a_{lm}^{(n)}| . \tag{48}$$

Für große N ist diese Schranke für den erzeugten Fehler sehr grob. Experimentelle Erfahrungen besagen (Forsythe, Moler [1], S. 119), daß die Annahme $\|\delta_A\|_\infty \approx \approx N \cdot a \cdot \text{eps}$ dem tatsächlichen Fehlerverhalten in der Regel eher gerecht wird als (48).

2.6.5. Bemerkungen

B 2.6.1. Für Matrixnormen mit $\|\boldsymbol{I}\| = 1$ hat die *relative Konditionszahl* der Einheitsmatrix den *optimalen Wert* $\text{cond}(\boldsymbol{I}) = 1$. Es ergibt sich die Frage, ob man Gleichungssysteme geeignet vorbehandeln kann, so daß sie eine möglichst gute (also kleine) Kondition bekommen. Das wäre sicher dann der Fall, wenn $\boldsymbol{A}$ „in die Nähe" der Einheitsmatrix transformiert werden könnte. Andererseits soll solch eine sogenannte *Vorkonditionierung* keinen großen Rechenaufwand kosten. Eine Möglichkeit bietet die schon in anderem Zusammenhang (B 2.2.1) benutzte *Zeilen- und Spaltenskalierung* $\boldsymbol{A}' := \boldsymbol{D}_1^{-1}\boldsymbol{A}\boldsymbol{D}_2^{-1}$ mit Diagonalmatrizen $\boldsymbol{D}_1$ und $\boldsymbol{D}_2$, die hier so zu wählen wären, daß $\text{cond}(\boldsymbol{A}')$ minimal wird. Bisher scheinen aber optimale $\boldsymbol{D}_1$, $\boldsymbol{D}_2$ nur für spezielle Matrixtypen und spezielle Normen bekannt zu sein (Ü 2.6.13, vgl. auch Forsythe, Moler [1], S. 47).

Bei *symmetrischen Matrizen* kann durch eine *Kongruenztransformation* $\boldsymbol{A}' := \boldsymbol{H}^{-1}\boldsymbol{A}\boldsymbol{H}^{-\mathrm{T}}$ mit einer nichtsingulären Hilfsmatrix $\boldsymbol{H}$ die optimale Spektralkondition $\text{cond}_2(\boldsymbol{A}') = 1$ erreicht werden: Wegen $\boldsymbol{H}\boldsymbol{A}'\boldsymbol{H}^{-1} = \boldsymbol{A}(\boldsymbol{H}\boldsymbol{H}^\mathrm{T})^{-1}$ ist $\boldsymbol{A}'$ ähnlich zu $\boldsymbol{A}(\boldsymbol{H}\boldsymbol{H}^\mathrm{T})^{-1}$. Ähnliche Matrizen besitzen die gleichen Eigenwerte. Könnte man nun $\boldsymbol{H}$ so wählen, daß $\boldsymbol{H}\boldsymbol{H}^\mathrm{T} = \boldsymbol{A}$ gilt, so wäre $\boldsymbol{A}'$ ähnlich zur Einheitsmatrix, und es wäre $\text{cond}_2(\boldsymbol{A}') = 1$. Eine Matrix $\boldsymbol{H}$ ist also umso besser als Konditionierungsmatrix geeignet, je besser $\boldsymbol{H}\boldsymbol{H}^\mathrm{T}$ die Matrix $\boldsymbol{A}$ approximiert. Bei diagonal dominanten, positiv definiten Matrizen ist bereits $\boldsymbol{H} = \boldsymbol{H}^\mathrm{T} = \boldsymbol{D}^{1/2} := \text{diag}(\sqrt{a_{11}}, \ldots, \sqrt{a_{NN}})$ verwendbar. Diese Wahl von $\boldsymbol{H}$ entspricht einer Zeilen- und Spaltenskalierung mit $\boldsymbol{D}_1 = \boldsymbol{D}_2 = \boldsymbol{D}^{1/2}$. Oft günstiger, aber auch aufwendiger ist, $\boldsymbol{A}$ additiv in $\boldsymbol{R}^\mathrm{T} + \boldsymbol{D} + \boldsymbol{R}$ zu zerlegen (vgl. (2.7.6)), und $\boldsymbol{H} := \boldsymbol{D}^{1/2} + \omega\boldsymbol{R}^\mathrm{T}$ zu wählen. Der Parameter ω ist so zu bestimmen, daß das Produkt $\boldsymbol{H}\boldsymbol{H}^\mathrm{T} = \boldsymbol{D} + \omega(\boldsymbol{D}^{1/2}\boldsymbol{R} + \boldsymbol{R}^\mathrm{T}\boldsymbol{D}^{1/2}) + \omega^2\boldsymbol{R}^\mathrm{T}\boldsymbol{R}$ die Matrix $\boldsymbol{A}$ möglichst gut annähert (Axelsson [1]). Am günstigsten, aber auch am aufwendigsten ist, $\boldsymbol{H} := \hat{\boldsymbol{L}}$ zu wählen, wo $\hat{\boldsymbol{L}}\hat{\boldsymbol{L}}^\mathrm{T}$ eine (zumindest genäherte) Cholesky-Aufspaltung von $\boldsymbol{A}$ darstellt (vgl. Satz 2.4.6). Einen Überblick über *Vorkonditionierungen im Zusammenhang mit der Methode der konjugierten Gradienten* (Abschnitt 2.8.5.) findet man bei Schwarz [2].

B 2.6.2. Da die Kondition in konkreten Fällen oft schwer abzuschätzen ist, wurden zu Vergleichszwecken *Testmatrizen* mit (in Abhängigkeit von Parametern oder von der Matrixordnung) schnell wachsenden Konditionszahlen hergeleitet (Gregory, Karney [1], Zielke [2, 3]). Man kann z. B. ganzzahlige Matrizen finden, deren Inverse explizit angebbare, ebenfalls ganzzahlige Koeffizienten besitzen (Ü 2.6.15):

Dekker-Matrizen $\boldsymbol{D}_N$ (ganzzahlig, nicht symmetrisch)

$$a_{mn} := \frac{N}{m+n-1} \binom{N+m-1}{m-1} \binom{N-1}{N-n}, \quad a_{mn}^{(-1)} := (-1)^{m+n}\, a_{mn}\,,$$

$$\text{Konditionszahl: } \text{cond}_\mathrm{F}\,(\boldsymbol{D}_N) > \left(\frac{2^{3N}}{13N}\right)^2,$$

$$\text{Beispiel: } \boldsymbol{D}_4 = \begin{pmatrix} 4 & 6 & 4 & 1 \\ 10 & 20 & 15 & 4 \\ 20 & 45 & 36 & 10 \\ 35 & 84 & 70 & 20 \end{pmatrix}, \quad \boldsymbol{D}_4^{-1} = \begin{pmatrix} 4 & -6 & 4 & -1 \\ -10 & 20 & -15 & 4 \\ 20 & -45 & 36 & -10 \\ -35 & 84 & -70 & 20 \end{pmatrix}, \quad \text{cond}_F(\boldsymbol{D}_4) = 18212\,.$$

Zielke-Matrizen $\boldsymbol{Z}_N$ (symmetrisch, indefinit, parameterabhängig)

$$a_{mn} = \begin{cases} a+1 & \text{für} \quad m = 1(1)N\,, \quad n = 1(1)N-m\,, \\ a-1 & \text{für} \quad m = n = N\,, \\ a & \text{sonst}\,, \end{cases}$$

$$a_{mn}^{(-1)} = \begin{cases} -a & \text{für } m = n = 1\,, \\ a & \text{für } m = 1,\, n = N \text{ und } m = N,\, n = 1\,, \\ -a-1 & \text{für } m = n = N\,, \\ 1 & \text{für } m = 1(1)N-1\,, \quad n = N-m\,, \\ 0 & \text{sonst}\,, \end{cases}$$

Eigenwerte: $|\lambda_{\max}| \approx Na, \quad |\lambda_{\min}| \approx \frac{1}{2a}$,

Konditionszahlen: $\operatorname{cond}_F(\boldsymbol{Z}_N) = \operatorname{cond}_2(\boldsymbol{Z}_N) \approx 2Na^2$,

$$\text{Beispiel: } \boldsymbol{Z}_6 = \begin{bmatrix} a+1 & a+1 & a+1 & a+1 & a+1 & a \\ a+1 & a+1 & a+1 & a+1 & a & a \\ a+1 & a+1 & a+1 & a & a & a \\ a+1 & a+1 & a & a & a & a \\ a+1 & a & a & a & a & a \\ a & a & a & a & a & a-1 \end{bmatrix},$$

$$\boldsymbol{Z}_6^{-1} = \begin{bmatrix} -a & 0 & 0 & 0 & 1 & a \\ 0 & 0 & 0 & 1 & -1 & 0 \\ 0 & 0 & 1 & -1 & 0 & 0 \\ 0 & 1 & -1 & 0 & 0 & 0 \\ 1 & -1 & 0 & 0 & 0 & 0 \\ a & 0 & 0 & 0 & 0 & -a-1 \end{bmatrix}.$$

Hilbert-Matrizen $\boldsymbol{H}_N$ (symmetrisch, positiv definit, Inverse ganzahlig)

$$a_{mn} = \frac{1}{m+n-1},$$

$$a_{mn}^{(-1)} = \frac{(-1)^{m+n}}{m+n-1} b_m b_n \quad \text{mit} \quad b_m := \frac{(N+m-1)!}{(m-1)!\,^2(N-m)!},$$

Konditionszahlen:

N	3	4	5	10
$\operatorname{cond}_2(\boldsymbol{H}_N)$	$5.2 \cdot 10^2$	$1.6 \cdot 10^4$	$4.8 \cdot 10^5$	$1.6 \cdot 10^{13}$
$\operatorname{cond}_F(\boldsymbol{H}_N)$	$3.7 \cdot 10^2$	$1.0 \cdot 10^4$		

$$\text{Beispiel: } \boldsymbol{H}_4 = \begin{pmatrix} 1 & 1/2 & 1/3 & 1/4 \\ 1/2 & 1/3 & 1/4 & 1/5 \\ 1/3 & 1/4 & 1/5 & 1/6 \\ 1/4 & 1/5 & 1/6 & 1/7 \end{pmatrix}, \quad \boldsymbol{H}_4^{-1} = \begin{pmatrix} 16 & -120 & 240 & -140 \\ -120 & 1200 & -2700 & 1680 \\ 240 & -2700 & 6480 & -4200 \\ -140 & 1680 & -4200 & 2800 \end{pmatrix}.$$

Alle diese Testmatrizen besitzen eine *schlechte Kondition bezüglich der Aufgabe* $\boldsymbol{Ax} = \boldsymbol{b}$ (bzw. der Inversenberechnung $\boldsymbol{AX} = \boldsymbol{I}$). Das bedeutet, daß sich Eingangsfehler ungünstig auf das Ergebnis auswirken. Falsch wäre es dagegen, aus der schlechten Kondition auch auf einen großen *erzeugten Fehler des verwendeten Verfahrens* zu schließen. So kann z. B. für Hilbert-Matrizen gezeigt werden, daß Rundungsfehler, die vom Eliminationsverfahren herrühren, weniger Einfluß haben als Eingangsfehler (FORSYTHE, MOLER [1], S. 94).

B 2.6.3. Der Algorithmus 2.6.8 zur *Schätzung der relativen Konditionszahl* geht auf CLINE, MOLER, STEWART, WILKINSON [1] zurück. Modifikationen dieser cond_1-Schätzung und Vorschläge zur Schätzung der Spektralkondition

$$\operatorname{cond}_2(\boldsymbol{A}) := \frac{\max \sigma_n}{\min \sigma_n} \tag{49}$$

findet man in dem Bericht von CLINE, CONN, VAN LOAN [1] (in (49) bezeichnen die σ_n die Singulärwerte von $\boldsymbol{A}$, d. h. die positiven Wurzeln aus den Eigenwerten von $\boldsymbol{A}^{\mathrm{T}}\boldsymbol{A}$, vgl. Abschnitt 3.3.2). Tests mit stochastisch erzeugten Matrizen lieferten folgende Resultate:

In 78% von 250 Beispielen lag $\widetilde{\text{cond}}_1(\boldsymbol{A})/\text{cond}_1(\boldsymbol{A})$ zwischen 0.99 und 1.0. In 78% von 1000 Beispielen lag $\sigma_{\min}/\tilde{\sigma}_{\min}$ zwischen 0.8 und 1.0. Bei $\sigma_{\max}$ waren die Abweichungen zwischen geschätztem und exaktem Wert größer, in der Mehrzahl der Fälle lag $\tilde{\sigma}_{\max}/\sigma_{\max}$ in der Nähe von 0.5.

Zur Konditionsschätzung läßt sich auch die *Nachiteration* (Algorithmus 2.7.5) verwenden (vgl. FORSYTHE, MOLER [1], S. 56). Dabei wird zu einer Näherung $\tilde{\boldsymbol{x}}$ mit Hilfe des doppelt genau berechneten Restvektors $\boldsymbol{r} = \boldsymbol{b} - \boldsymbol{A}\tilde{\boldsymbol{x}}$ aus dem System $\boldsymbol{A}\boldsymbol{\delta}_{\boldsymbol{x}} = -\boldsymbol{r}$ ein Korrekturvektor $\boldsymbol{\delta}_{\boldsymbol{x}}$ bestimmt. Es ist $\boldsymbol{\delta}_{\boldsymbol{x}} = -\boldsymbol{A}^{-1}\boldsymbol{r}$, und folglich $\|\boldsymbol{A}^{-1}\| \geqq \|\boldsymbol{\delta}_{\boldsymbol{x}}\|/\|\boldsymbol{r}\|$, so daß sich

$$\widetilde{\text{cond}}(\boldsymbol{A}) := \|\boldsymbol{A}\|\ \|\boldsymbol{\delta}_{\boldsymbol{x}}\|/\|\boldsymbol{r}\| \tag{50}$$

zur Bestimmung einer unteren Schranke für $\text{cond}(\boldsymbol{A})$ eignet. Die Formel (50) hat den Vorteil, daß zur Abschätzung von $\|\boldsymbol{A}^{-1}\|$ keine zusätzlichen Rechnungen erforderlich sind.

Zur *Konditionsschätzung schwach besetzter Matrizen* verweisen wir auf GRIMES, LEWIS [1].

2.6.6. Übungsaufgaben

Ü 2.6.1. Mit Hilfe der in Ü 2.3.16 berechneten $\boldsymbol{LU}$-Zerlegung bestimme man in sechsstelliger Gleitpunktarithmetik eine Näherungslösung $\tilde{\boldsymbol{x}}$ für das Gleichungssystem $\boldsymbol{A}\boldsymbol{x} = \boldsymbol{b}$, $\boldsymbol{b} := (3, -2, 1, 0, 4)^{\mathrm{T}}$, und (mit erhöhter Genauigkeit) den zugehörigen Restvektor $\boldsymbol{r} = \boldsymbol{b} - \boldsymbol{A}\tilde{\boldsymbol{x}}$. Ist $\tilde{\boldsymbol{x}}$ akzeptabel, wenn $\Delta_{a_{jk}} = \Delta_{b_j} = 10^{-5}$ vorgegeben wird?

Ü 2.6.2. Man berechne $\text{acond}_1(\boldsymbol{A})$, $\text{acond}_\infty(\boldsymbol{A})$, $\text{cond}_1(\boldsymbol{A})$ und $\text{cond}_\infty(\boldsymbol{A})$ für die Matrizen aus Ü 2.3.11 und Ü 2.3.16.

Ü 2.6.3. Für das Gleichungssystem $\boldsymbol{A}\boldsymbol{x} = \boldsymbol{b}$ mit der Koeffizientenmatrix aus Ü 2.3.16 bestimme man Schranken für den fortgepflanzten Fehler unter der Annahme, daß

a) nur die Matrix fehlerbehaftet ist und $\|\boldsymbol{\delta}_{\boldsymbol{A}}\|_1 \leqq 10^{-5}$ gilt,

b) nur die rechte Seite fehlerbehaftet ist und $\|\boldsymbol{b}\|_1 = 10$, $\|\boldsymbol{\delta}_{\boldsymbol{b}}\|_1 \leqq 10^{-5}$ gilt,

c) sowohl $\boldsymbol{A}$ als auch $\boldsymbol{b}$ fehlerbehaftet sind und $\|\boldsymbol{\delta}_{\boldsymbol{A}}\|_1 \leqq 10^{-3}$, $\|\boldsymbol{\delta}_{\boldsymbol{b}}\|_1 \leqq 10^{-3}$ gilt (vgl. Ü 2.6.4).

Ü 2.6.4. Nach dem Vorbild von (24) schätze man den fortgepflanzten Fehler $\boldsymbol{\delta}_{\boldsymbol{x}}$ für den Fall ab, daß sowohl die Koeffizientenmatrix $\boldsymbol{A}$ als auch die rechte Seite $\boldsymbol{b}$ fehlerbehaftet ist:

$$\|\boldsymbol{\delta}_{\boldsymbol{x}}\| \leqq \frac{\text{acond}(\boldsymbol{A})\ (\|\boldsymbol{\delta}_{\boldsymbol{b}}\| + \|\boldsymbol{x}\|\ \|\boldsymbol{\delta}_{\boldsymbol{A}}\|)}{1 - \text{acond}(\boldsymbol{A})\ \|\boldsymbol{\delta}_{\boldsymbol{A}}\|},$$

$$\frac{\|\boldsymbol{\delta}_{\boldsymbol{x}}\|}{\|\boldsymbol{x}\|} \leqq \frac{\text{cond}(\boldsymbol{A}) \left(\dfrac{\|\boldsymbol{\delta}_{\boldsymbol{b}}\|}{\|\boldsymbol{b}\|} + \dfrac{\|\boldsymbol{\delta}_{\boldsymbol{A}}\|}{\|\boldsymbol{A}\|}\right)}{1 - \text{cond}(\boldsymbol{A})\dfrac{\|\boldsymbol{\delta}_{\boldsymbol{A}}\|}{\|\boldsymbol{A}\|}}.$$

Ü 2.6.5. Man beweise mit Hilfe von Satz 2.1.17, daß für symmetrische Matrizen Spektralnorm und Spektralradius übereinstimmen.

Ü 2.6.6. Man beweise (26) mit Hilfe von Definition 2.6.5 und Ü 2.6.5.

Ü 2.6.7. Man beweise (27).

Ü 2.6.8. Man beweise die Ungleichung (28) mit Hilfe von (27).

Ü 2.6.9. Man beweise (29).

Ü 2.6.10. Man schätze $\|\boldsymbol{L}^{-1}\|$ und $\|\boldsymbol{U}^{-1}\|$ für diagonal dominante Matrizen $\boldsymbol{A} = \boldsymbol{LU}$ ab und bestimme auf diese Weise Schranken für $\|\boldsymbol{A}^{-1}\| = \|\boldsymbol{U}^{-1}\boldsymbol{L}^{-1}\|$. Hinweis. Man verwende B 2.2.5 und (2.3.12).

Ü 2.6.11. Man beweise die Ungleichungen (31) mit Hilfe des Störungslemmas.

Ü 2.6.12. Für die Näherungslösung $\tilde{x}$ aus Beispiel 2.6.1 berechne man aus

$$\tilde{A}\delta_x = \tilde{L}\tilde{L}^T\delta_x = -r$$

einen Korrekturvektor δ_x und schätze mit Hilfe von $\|\tilde{A}\|_1$, $\|\delta_x\|_1$ und $\|r\|_1$ die Konditionszahlen $\text{cond}_1(\tilde{A})$ und $\text{acond}_1(\tilde{A})$. Man vergleiche mit den exakten Konditionszahlen $\text{cond}_1(A)$ und $\text{acond}_1(A)$ der Matrix A.

Ü 2.6.13. Man vergleiche einige Konditionszahlen der Aufgabe $Ax = b$ für die Matrizen A und $\hat{A}$ aus Ü 2.2.15 und Ü 2.2.16 und stelle fest, ob die Äquilibrierung die Kondition verbessert. Sind die Matrizen D_Z, D_S, bzw. $D_Z^{1/2}$ die (bezüglich irgendeiner Norm) bestmöglichen?

Ü 2.6.14. Man bestimme die Inverse der Matrix

$$A = \begin{pmatrix} 1 & -1 & 1 \\ -1 & \varepsilon & \varepsilon \\ 1 & \varepsilon & \varepsilon \end{pmatrix}, \qquad \varepsilon \ll 1$$

(Björck, Dahlquist [1], S. 142), berechne ihre Konditionszahlen $\text{cond}_1(A)$ und $\text{cond}_\infty(A)$ und suche Skalierungsfaktoren D_1; D_2 zur Konditionsverbesserung. Die symmetrische Zeilensummenskalierung $D_1 = D_2 = D_Z^{1/2}$ führt hier nicht zum Erfolg.

Ü 2.6.15. Man zeige: Hat A ganzzahlige Koeffizienten und ist $\det A = \pm 1$, so ist auch die Inverse ganzzahlig.

Ü 2.6.16. Man schreibe die Testmatrizen D_k, Z_k, H_k und ihre Inversen für $k = 1(1)3$ auf und bestimme ihre Konditionszahlen cond_1 und cond_∞.

Ü 2.6.17. Für die Hilbert-Matrix aus Beispiel 2.6.3 schätze man die Störungsmatrix δ_A ab, die dem vom Gauß-Algorithmus erzeugten Fehler entspricht (vgl. (48)).

Ü 2.6.18. Man bestimme eine Betragsschranke a für die Koeffizienten $a_{lm}^{(n)}$, $l, m = 1(1)N$, $n = 1(1)N-1$, die während des Gauß-Algorithmus mit teilweiser Pivotsuche auftreten.

2.7. Iterationsverfahren

Für eindeutig lösbare lineare Gleichungssysteme liefern die bisher behandelten *direkten Methoden* (zumindest theoretisch) nach endlich vielen Schritten die exakte Lösung. Mit *iterativen Methoden* versucht man dagegen, eine gegebene Näherungslösung durch wiederholtes Anwenden einer — meist relativ einfachen — Iterationsvorschrift lediglich zu verbessern, und zwar so lange, bis der Fehler für den gewünschten Zweck hinreichend klein geworden ist.

Beispiel 2.7.1. Gegeben sei das folgende lineare Gleichungssystem

$$\left.\begin{aligned} 10x_1 - x_2 \qquad\quad + 2x_4 &= 11\,, \\ x_1 + 12x_2 - x_3 + 2x_4 &= 14\,, \\ -2x_1 + x_2 + 15x_3 \qquad &= 14\,, \\ x_1 - 2x_2 \qquad\quad + 20x_4 &= 19\,. \end{aligned}\right\} \tag{1}$$

Da die Nichtdiagonalelemente gegenüber den Diagonalelementen (betragsmäßig) klein sind, liefert das verkürzte System

$$\left.\begin{aligned} 10x_1^{(0)} &= 11\,, \\ 12x_2^{(0)} &= 14\,, \\ 15x_3^{(0)} &= 14\,, \\ 20x_4^{(0)} &= 19 \end{aligned}\right\} \tag{2}$$

bereits einen brauchbaren Näherungsvektor $x^{(0)}$ für die gesuchte Lösung x. Um ihn zu verbessern, stellen wir im System (1) die erste Gleichung nach x_1, die zweite nach x_2, ...

um und erhalten für das Gleichungssystem eine *iterierfähige Gestalt* (*Fixpunktgestalt*)

$$\left.\begin{aligned} x_1 &= (11 + x_2 - 2x_4)/10\,, \\ x_2 &= (14 - x_1 + x_3 - 2x_4)/12\,, \\ x_3 &= (14 + 2x_1 - x_2)/15\,, \\ x_4 &= (19 - x_1 + 2x_2)/20\,. \end{aligned}\right\} \quad (3)$$

Setzt man auf der rechten Seite die Komponenten des Näherungsvektors $\boldsymbol{x}^{(0)}$ ein, so ergibt sich ein neuer Näherungsvektor $\boldsymbol{x}^{(1)}$ nach der Vorschrift

$$\left.\begin{aligned} x_1^{(k)} &= (11 + x_2^{(k-1)} - 2x_4^{(k-1)})/10\,, \\ x_2^{(k)} &= (14 - x_1^{(k-1)} + x_3^{(k-1)} - 2x_4^{(k-1)})/12\,, \\ x_3^{(k)} &= (14 + 2x_1^{(k-1)} - x_2^{(k-1)})/15\,, \\ x_4^{(k)} &= (19 - x_1^{(k-1)} + 2x_2^{(k-1)})/20\,, \end{aligned}\right\} \quad (4)$$

wenn man den Schrittzähler k zunächst gleich Eins setzt. Wir berechnen einige Näherungen nach diesem *Gesamtschrittverfahren* (*Jacobi-Verfahren*):

k	0	1	2	3
$x_1^{(k)}$	1.100	1.027	0.9972	1.0000
$x_2^{(k)}$	1.167	0.995	0.9960	1.0009
$x_3^{(k)}$	0.933	1.002	1.0040	0.9999
$x_4^{(k)}$	0.950	1.012	0.9981	0.9997

Hat man für x_1 eine neue Näherung $x_1^{(k)}$ bestimmt, so liegt es nahe, diesen neuen Wert sofort anstelle von $x_1^{(k-1)}$ in die Rechnung einzubeziehen (B 2.7.2). Entsprechend kann man bei der Berechnung von $x_n^{(k)}$ bereits auf die neuen Werte $x_1^{(k)}, \ldots, x_{n-1}^{(k)}$ zurückgreifen. Man erhält das *Einzelschrittverfahren* (*Gauß-Seidel-Verfahren*; *Nekrasov-Verfahren*)

$$\left.\begin{aligned} x_1^{(k)} &= (11 + x_2^{(k-1)} - 2x_4^{(k-1)})/10\,, \\ x_2^{(k)} &= (14 - x_1^{(k)} + x_3^{(k-1)} - 2x_4^{(k-1)})/12\,, \\ x_3^{(k)} &= (14 + 2x_1^{(k)} - x_2^{(k)})/15\,, \\ x_4^{(k)} &= (19 - x_1^{(k)} + 2x_2^{(k)})/20\,. \end{aligned}\right\} \quad (5)$$

Wir geben wieder einige Näherungen an:

k	0	1	2	3
$x_1^{(k)}$	1.1000	1.0267	1.000311	1.000042
$x_2^{(k)}$	1.1667	1.0006	1.000480	0.999992
$x_3^{(k)}$	0.9333	1.0035	1.000009	1.000006
$x_4^{(k)}$	0.9500	0.9987	1.000032	0.999997

Offenbar liefern (bei diesem Beispiel!) zwei Schritte des Einzelschrittverfahrens eine bessere Näherung als drei Schritte des Gesamtschrittverfahrens (vgl. Ü 2.7.5 und B 2.7.2).

2.7.1. Elementare Iterationsverfahren

Zur allgemeinen Herleitung von Gesamt- und von Einzelschrittverfahren spalten wir die Koeffizientenmatrix $\boldsymbol{A}$ additiv in eine linke untere Dreiecksmatrix $\boldsymbol{L}$, eine Diagonalmatrix $\boldsymbol{D}$ und eine rechte obere Dreiecksmatrix $\boldsymbol{R}$ auf,

$$
\begin{array}{ccccccc}
\boldsymbol{A} & = & \boldsymbol{L} & + & \boldsymbol{D} & + & \boldsymbol{R}
\end{array}
$$

$$
\begin{bmatrix} * & + & + & + & + \\ \times & * & + & + & + \\ \times & \times & * & + & + \\ \times & \times & \times & * & + \\ \times & \times & \times & \times & * \end{bmatrix} = \begin{bmatrix} 0 & & & & \\ \times & 0 & & & \\ \times & \times & 0 & & \\ \times & \times & \times & 0 & \\ \times & \times & \times & \times & 0 \end{bmatrix} + \begin{bmatrix} * & & & & \\ & * & & & \\ & & * & & \\ & & & * & \\ & & & & * \end{bmatrix} + \begin{bmatrix} 0 & + & + & + & + \\ & 0 & + & + & + \\ & & 0 & + & + \\ & & & 0 & + \\ & & & & 0 \end{bmatrix}, \tag{6}
$$

Die Diagonalelemente von $\boldsymbol{L}$ und $\boldsymbol{R}$ sind hier im Gegensatz zu den Dreiecksmatrizen $\boldsymbol{L}$ und $\boldsymbol{U}$ der multiplikativen Aufspaltung (vgl. (2.3.7) und (2.4.1)) sämtlich gleich Null. Das Ausgangssystem $\boldsymbol{Ax} = \boldsymbol{b}$ läßt sich mit (6) in der Form

$$\boldsymbol{Dx} = \boldsymbol{b} - \boldsymbol{Lx} - \boldsymbol{Rx} \tag{7}$$

schreiben. Ist die Matrix $\boldsymbol{D}$ regulär, d. h., sind alle a_{nn} verschieden von Null, so erhält man daraus durch Multiplikation mit $\boldsymbol{D}^{-1}$ eine *iterierfähige Gestalt* (*Fixpunktgestalt*). Setzt man nun für den Vektor $\boldsymbol{x}$ auf der rechten Seite einen Näherungsvektor $\boldsymbol{x}^{(k-1)}$ ein und bezeichnet den links stehenden Vektor $\boldsymbol{x}$ mit $\boldsymbol{x}^{(n)}$, so ergibt sich das Iterationsverfahren

$$\boldsymbol{x}^{(k)} := \boldsymbol{D}^{-1}\boldsymbol{b} - \boldsymbol{D}^{-1}(\boldsymbol{L} + \boldsymbol{R})\, \boldsymbol{x}^{(k-1)} \,. \tag{8}$$

Das ist nichts anderes als das bereits aus (4) bekannte *Gesamtschrittverfahren*, hier in Matrixschreibweise dargestellt. Beim Einzelschrittverfahren werden die bereits bekannten Komponenten des neuen Näherungsvektors $\boldsymbol{x}^{(k)}$ sofort in die Rechnung einbezogen. Aus (5) ist abzulesen, daß das diejenigen Komponenten sind, die mit Koeffizienten unterhalb der Hauptdiagonalen, also mit Koeffizienten von $\boldsymbol{L}$, multipliziert werden:

$$\boldsymbol{Dx}^{(k)} = \boldsymbol{b} - \boldsymbol{Lx}^{(k)} - \boldsymbol{Rx}^{(k-1)} \,. \tag{9}$$

Ist $\boldsymbol{D}$ regulär, so kann man (9) nach $\boldsymbol{x}^{(k)}$ umstellen (Ü 2.7.1) und erhält das *Einzelschrittverfahren* in Matrixschreibweise:

$$\boldsymbol{x}^{(k)} := (\boldsymbol{D} + \boldsymbol{L})^{-1}\, \boldsymbol{b} - (\boldsymbol{D} + \boldsymbol{L})^{-1}\, \boldsymbol{Rx}^{(k-1)} \,. \tag{10}$$

Wir geben noch den zugehörigen Algorithmus an:

Algorithmus 2.7.2. Einzelschrittverfahren zur iterativen Lösung linearer Gleichungssysteme ESV (N, $\boldsymbol{A}$, $\boldsymbol{b}$, $\boldsymbol{x}$)

$\boldsymbol{x}^{(0)} := \boldsymbol{x}$ Startvektor
K maximale Schrittanzahl
ε Genauigkeitsschranke
$k = 1(1)K$ Schrittzähler
$m = 1(1)N$ Zeilenindex
$x_m^{(k)} := (b_m - \sum\limits_{n=1}^{m-1} a_{mn}x_n^{(k)} - \sum\limits_{n=m+1}^{N} a_{mn}x_n^{(k-1)})\; a_{mm}$,
falls $||\boldsymbol{x}^{(k)} - \boldsymbol{x}^{(k-1)}||/||\boldsymbol{x}^{(k)}|| < \varepsilon$, dann stop.

Er läßt sich besonders einfach programmieren. Man kann auf den oberen Index (Schrittzähler) verzichten, braucht für $\boldsymbol{x}$ nur ein Feld zu vereinbaren und wird die alte Komponente durch die neue überspeichern, sobald die für den Genauigkeitstest benötigte Differenz berechnet worden ist. Beim Gesamtschrittverfahren muß man dagegen *Speicherplätze* sowohl für den alten als auch für den neuen Näherungsvektor vereinbaren (Ü 2.7.3). *Der Rechenaufwand* beträgt je Schritt N^2 wesentliche Rechenoperationen.

Gesamt- und Einzelschrittverfahren liefern für die Lösung des Gleichungssystems in Ü 2.7.4 Folgen von Näherungsvektoren, deren Komponenten monoton zu- bzw. abnehmen (vgl. auch B 2.7.9). Die Korrekturen

$$\delta_m^{(k)} := x_m^{(k)} - x_m^{(k-1)} \tag{11}$$

haben dort also für alle k das gleiche Vorzeichen. In solchen Fällen wird man sich der Lösung schneller nähern, wenn man die Korrekturen durch Multiplikation mit einem *Relaxationsfaktor* ω, $\omega > 1$, verstärkt. Man berechnet also mit Hilfe irgendeines Iterationsverfahrens zunächst einen *vorläufigen* Wert $\tilde{x}_m^{(k)}$ und addiert anschließend zu $x_m^{(k-1)}$ die durch einen geeigneten Relaxationsfaktor ω verstärkte Differenz $\tilde{x}_m^{(k)} - x_m^{(k-1)}$:

Algorithmus 2.7.3. Relaxation zur Konvergenzbeschleunigung von Iterationsverfahren REL $(N, \boldsymbol{x}, \tilde{\boldsymbol{x}}, \omega)$

$k = 1(1)K$	Schrittzähler
$m = 1(1)N$	Zeilenindex
$x_m^{(k)} := x_m^{(k-1)} + \omega(\tilde{x}_m^{(k)} - x_m^{(k-1)})$.	

Für $\omega = 1$ ist das Relaxationsverfahren offenbar mit dem zugrundeliegenden Iterationsverfahren identisch. Da $\omega > 1$ gewählt wird, spricht man auch von *Überrelaxation* (engl. *over relaxation*). Hätten die Korrekturen $\delta_n^{(k)}$ (in Abhängigkeit von k) wechselndes Vorzeichen, so würde man zweckmäßig $\omega < 1$ wählen. Eine solche *Unterrelaxation* scheint aber in praktisch bedeutsamen Problemen nur selten sinnvoll zu sein.

Berechnet man den vorläufigen Wert $\tilde{x}_m^{(k)}$ mit Hilfe des Einzelschrittverfahrens (10), so erhält man das Verfahren der *sukzessiven Überrelaxation* (SOR)

Algorithmus 2.7.4. SOR-Verfahren zur iterativen Lösung linearer Gleichungssysteme SOR $(N, \boldsymbol{A}, \boldsymbol{b}, \boldsymbol{x}, \omega)$

$\boldsymbol{x}^{(0)}$, $x_0 \in \mathbb{R}^N$,	Startvektor
K	maximale Schrittanzahl
ω	Relaxationsfaktor
$k = 1(1)K$	Schrittzähler
$m = 1(1)N$	Zeilenindex
$x_m^{(k)} := \frac{\omega}{a_{mm}} [b_m - \sum_{n=1}^{m-1} a_{mn} x_n^{(k)} - \sum_{n=m+1}^{N} a_{mn} x_n^{(k-1)}] + (1 - \omega)\, x_m^{(k-1)}$	
falls $\|\|\boldsymbol{x}^{(k)} - \boldsymbol{x}^{(k-1)}\|\| / \|\|\boldsymbol{x}^{(k)}\|\| < \varepsilon$, dann stop.	

Mit der früher verwendeten additiven Aufspaltung von $\boldsymbol{A}$ läßt sich auch das SOR-Verfahren in Matrixschreibweise darstellen (Ü 2.7.6):

$$\boldsymbol{x}^{(k)} := \omega(\boldsymbol{D} + \omega\boldsymbol{L})^{-1}\, \boldsymbol{b} + (\boldsymbol{D} + \omega\boldsymbol{L})^{-1}\, [(1 - \omega)\, \boldsymbol{D} - \omega\boldsymbol{R}]\, \boldsymbol{x}^{(k-1)} . \tag{12}$$

Berechnet man den vorläufigen Wert $\tilde{x}_m^{(k)}$ mit Hilfe des Gesamtschrittverfahrens (8), so erhält man das in der Praxis allerdings seltener benutzte *Jacobi-Überrelaxationsverfahren* (JOR).

In (2.6.20) war der Restvektor $\boldsymbol{r} = \boldsymbol{b} - \boldsymbol{A}\tilde{\boldsymbol{x}}$ einer Näherungslösung $\tilde{\boldsymbol{x}}$ verwendet worden, um deren Fehler $\boldsymbol{\delta}_x := \tilde{\boldsymbol{x}} - \boldsymbol{x}$ abzuschätzen. Man kann ihn aber auch zu einer nachträglichen Verbesserung von $\tilde{\boldsymbol{x}}$ benutzen. Aus $\boldsymbol{A}\boldsymbol{x} = \boldsymbol{A}(\tilde{\boldsymbol{x}} - \boldsymbol{\delta}_x) = \boldsymbol{b}$ folgt sofort

$$\boldsymbol{A}\boldsymbol{\delta}_x = -\boldsymbol{r}\,, \qquad \boldsymbol{x} = \tilde{\boldsymbol{x}} - \boldsymbol{\delta}_x\,. \tag{13}$$

Die Korrektur $\boldsymbol{\delta}_x$ ist also Lösung eines linearen Gleichungssystems, das sich vom Ausgangssystem nur durch die rechte Seite unterscheidet. Zu seiner Lösung wird man zweckmäßig die bereits früher benutzte multiplikative $\boldsymbol{LU}$-Aufspaltung der Matrix $\boldsymbol{A}$ verwenden. (Diese Matrix $\boldsymbol{L}$ darf nicht mit der Matrix $\boldsymbol{L}$ aus der additiven Aufspaltung (6) verwechselt werden.) Da die $\boldsymbol{LU}$-Aufspaltung im allgemeinen fehlerbehaftet ist,

$$\boldsymbol{LU} - \boldsymbol{A} := \boldsymbol{\delta}_A \neq \boldsymbol{O}\,, \tag{14}$$

liefert (13) statt der exakten Lösung $\boldsymbol{x}$ nur eine verbesserte Näherungslösung, man erhält also ein Iterationsverfahren:

Algorithmus 2.7.5. Nachiteration zur Verbesserung einer Näherungslösung NIT $(N, \boldsymbol{A}, \boldsymbol{b}, \boldsymbol{L}, \boldsymbol{U}, \boldsymbol{x})$

	$\boldsymbol{L}$, $\boldsymbol{U}$	Faktoren einer genäherten $\boldsymbol{LU}$-Zerlegung von $\boldsymbol{A}$
	ε, K	Genauigkeitsschranke, maximale Schrittanzahl
	$k = 1(1)K$	Schrittzähler
1	$\boldsymbol{r} := \boldsymbol{b} - \boldsymbol{A}\boldsymbol{x}$	Restberechnung (mit erhöhter Genauigkeit)
2	$\boldsymbol{L}\boldsymbol{y} = -\boldsymbol{r}$	Vorwärtselimination
3	$\boldsymbol{U}\boldsymbol{\delta}_x = \boldsymbol{y}$	Rückwärtselimination
4	$\boldsymbol{x} := \boldsymbol{x} - \boldsymbol{\delta}_x$	Verbesserung der Näherung
	falls $\|\|\boldsymbol{\delta}_x\|\|/\|\|\boldsymbol{x}\|\| < \varepsilon$, dann stop	

Der Algorithmus benötigt Speicherplatz für die Matrix $\boldsymbol{A}$, die rechte Seite $\boldsymbol{b}$, die Faktoren $\boldsymbol{L}$ und $\boldsymbol{U}$, die Näherungslösung $\boldsymbol{x}$ und für einen Hilfsvektor, in dem nacheinander die Komponenten von $\boldsymbol{r}$, $\boldsymbol{y}$ und $\boldsymbol{\delta}_x$ gespeichert werden. Für die Komponenten des Vektors $\boldsymbol{A}\boldsymbol{x}$ verwendet man, um Auslöschung zu vermeiden, den Algorithmus 1.3.3. Mit $\boldsymbol{z}_1 := (a_{11}, a_{12}, \dots, a_{1N})^{\mathsf{T}}$ erhält man zum Beispiel r_1 durch ASK (N, x, z_1, PP) und eine anschließende (einfach genaue) Subtraktion $r_1 := b_1 - PP$. Die Dreiecksfaktoren $\boldsymbol{L}$ und $\boldsymbol{U}$ können durch GEL$(0, N, \boldsymbol{A}, \boldsymbol{O})$ (Algorithmus 2.2.2) hergestellt werden. Für die Vor- und die Rückrechnung eignet sich VUR $(N, \boldsymbol{G}, \boldsymbol{p}, -\boldsymbol{r})$ (Algorithmus 2.3.7).

Für die Untersuchungen der nächsten Abschnitte kann man auch hier alle Teilschritte zu einer einzigen Gleichung zusammenfassen,

$$\boldsymbol{x}^{(k)} := \boldsymbol{U}^{-1}\boldsymbol{L}^{-1}\boldsymbol{b} + \boldsymbol{U}^{-1}\boldsymbol{L}^{-1}\boldsymbol{\delta}_A\boldsymbol{x}^{(k-1)}\,. \tag{15}$$

Das bedeutet jedoch nicht, daß im konkreten Fall das Matrizenprodukt $\boldsymbol{U}^{-1}\boldsymbol{L}^{-1}\boldsymbol{\delta}_A$ etwa tatsächlich ausgerechnet wird.

2.7.2. Konsistenz und Konvergenz

Bei allen bisher behandelten Iterationsverfahren ergibt sich die neue Näherung dadurch, daß der alte Näherungsvektor mit einer Matrix multipliziert und anschließend ein konstanter Vektor addiert wird:

$$\boldsymbol{x}^{(k)} := \boldsymbol{T}\boldsymbol{x}^{(k-1)} + \boldsymbol{v}\,. \tag{16}$$

Iterationsverfahren dieser Gestalt heißen *linear* (weil $\boldsymbol{x}^{(k)}$ linear von $\boldsymbol{x}^{(k-1)}$ abhängt), *stationär* (weil $\boldsymbol{T}$ und $\boldsymbol{v}$ unabhängig von der Schrittnummer sind) und *einstufig* (weil nur der letzte und nicht noch weitere ältere Näherungsvektoren verwendet werden). Die Matrix $\boldsymbol{T}$ nennen wir *Iterationsmatrix*. Allgemein kann man ein Iterationsverfahren vom Typ (16) herleiten, indem man das Ausgangssystem $\boldsymbol{Ax} = \boldsymbol{b}$ mit Hilfe einer *erzeugenden Matrix* $\boldsymbol{C}$ in eine *iterierfähige Gestalt* (*Fixpunktgestalt*)

$$\boldsymbol{x} = \boldsymbol{x} + \boldsymbol{C}(\boldsymbol{b} - \boldsymbol{Ax}) \tag{17}$$

bringt, denn dann ist offenbar

$$\boldsymbol{T} = \boldsymbol{I} - \boldsymbol{CA}\,, \qquad \boldsymbol{v} = \boldsymbol{Cb}\,. \tag{18}$$

An die erzeugende Matrix stellen wir zwei Forderungen: Da man anstelle des Ausgangsproblems die Gleichung (17) lösen will, muß $\boldsymbol{C}$ so beschaffen sein, daß eine Lösung $\boldsymbol{x}^*$ von (17) auch Lösung von $\boldsymbol{Ax} = \boldsymbol{b}$ ist (*Konsistenz*). Da man (17) mit Hilfe der Vorschrift (16), (18) iterativ lösen will, muß $\boldsymbol{C}$ so beschaffen sein, daß die Folge der Näherungsvektoren $\boldsymbol{x}^{(k)}$ gegen $\boldsymbol{x}^*$ strebt (*Konvergenz*).

Definition 2.7.6. Die Ausgangsgleichung $\boldsymbol{Ax} = \boldsymbol{b}$ und die Fixpunktgleichung $\boldsymbol{x} = \boldsymbol{Tx} + \boldsymbol{v}$ heißen *vollständig konsistent*, wenn jede Lösung der einen auch Lösung der anderen Gleichung ist.

Die Gleichung (17) kann mehr Lösungen besitzen als $\boldsymbol{Ax} = \boldsymbol{b}$. Wählt man z. B. für $\boldsymbol{C}$ die Nullmatrix, so ist jedes $\boldsymbol{x}$, $\boldsymbol{x} \in \mathbb{R}^N$, Lösung von (17), und die Iterationsvorschrift (16) liefert die konvergente (aber triviale) Folge $\boldsymbol{x}^{(0)} = \boldsymbol{x}^{(1)} = \ldots = \boldsymbol{x}^{(k)} = \ldots$ Um solche entarteten Fälle auszuschließen, muß für $\boldsymbol{C}$ eine reguläre Matrix gewählt werden.

Satz 2.7.7 (Konsistenz von Iterationsverfahren). *Ist* $\boldsymbol{A}$ *regulär, so ist* (17) *genau dann vollständig konsistent zur Ausgangsgleichung* $\boldsymbol{Ax} = \boldsymbol{b}$, *wenn die erzeugende Matrix* $\boldsymbol{C}$ *ebenfalls regulär ist.*

Den Beweis überlassen wir den Übungen. ■

Wäre die Inverse $\boldsymbol{A}^{-1}$ bekannt und würde man $\boldsymbol{C} = \boldsymbol{A}^{-1}$ wählen, so ergäbe sich für jeden beliebigen Startvektor $\boldsymbol{x}^{(0)}$ bereits im ersten Iterationsschritt die exakte Lösung:

$$\boldsymbol{x}^{(1)} := (\boldsymbol{I} - \boldsymbol{A}^{-1}\boldsymbol{A})\,\boldsymbol{x}^{(0)} + \boldsymbol{A}^{-1}\boldsymbol{b} = \boldsymbol{A}^{-1}\boldsymbol{b} = \boldsymbol{x}^*\,.$$

Man muß also erwarten, daß (16) um so besser konvergiert, je besser $\boldsymbol{C}$ die Inverse von $\boldsymbol{A}$ approximiert.

Beim Gesamtschrittverfahren ist $\boldsymbol{C} = \boldsymbol{D}^{-1}$ (vgl. Ü 2.7.12). Im Beispiel 2.7.1 sind die Diagonalelemente von $\boldsymbol{A}$ wesentlich größer als die Nichtdiagonalelemente, so daß hier $\boldsymbol{D}^{-1}$ offenbar bereits eine brauchbare Näherung der Inversen $\boldsymbol{A}^{-1}$ darstellt und die Folge der Vektoren $\boldsymbol{x}^{(k)}$ konvergiert. Auch die erzeugenden Matrizen für die übrigen Iterationsverfahren kann man als Approximationen von $\boldsymbol{A}^{-1}$ auffassen. Besonders deutlich wird das bei der Nachiteration, wo $\boldsymbol{C} = (\boldsymbol{LU})^{-1}$ gilt und $\boldsymbol{LU}$ eine (genäherte) Dreiecksaufspaltung von $\boldsymbol{A}$ ist.

Wir untersuchen nun die Konvergenz der Folge der Näherungsvektoren $\boldsymbol{x}^{(k)}$.

Definition 2.7.8. Eine Folge von Vektoren $\boldsymbol{x}^{(k)}$, $k = 0, 1, 2, \ldots$, heißt *konvergent* (*gegen den Grenzvektor* $\boldsymbol{x}^*$), wenn in irgendeiner Vektornorm $\|\cdot\|$ gilt

$$\lim_{k\to\infty} \|\boldsymbol{x}^{(k)} - \boldsymbol{x}^*\| = 0 \,.$$

Wegen der Äquivalenz der Vektornormen (Satz 2.1.12) konvergiert die Folge dann auch bezüglich jeder anderen Norm, und zwar gegen den gleichen Grenzvektor.

Sind $\boldsymbol{A}$ und $\boldsymbol{C}$ reguläre Matrizen, so existiert eine eindeutig bestimmte Lösung $\boldsymbol{x}^*$ der Ausgangsgleichung und der Fixpunktgleichung: $\boldsymbol{x}^* = \boldsymbol{T}\boldsymbol{x}^* + \boldsymbol{v}$. Subtrahiert man diese Gleichung von (16) und bezeichnet die Fehlervektoren mit $\boldsymbol{\delta}_{\boldsymbol{x}}^{(k)} := \boldsymbol{x}^{(k)} - \boldsymbol{x}^*$, so ergibt sich rekursiv

$$\boldsymbol{\delta}_{\boldsymbol{x}}^{(k)} = \boldsymbol{T}\boldsymbol{\delta}_{\boldsymbol{x}}^{(k-1)} = \boldsymbol{T}^2\boldsymbol{\delta}_{\boldsymbol{x}}^{(k-2)} = \ldots = \boldsymbol{T}^k\boldsymbol{\delta}_{\boldsymbol{x}}^{(0)} \tag{19}$$

und nach Übergang zu Normen ($\|\cdot\|_{\mathrm{M}}$ bezeichne irgendeine zur Vektornorm $\|\cdot\|$ passende Matrixnorm)

$$\|\boldsymbol{\delta}_{\boldsymbol{x}}^{(k)}\| \leqq \|\boldsymbol{T}\|_{\mathrm{M}} \|\boldsymbol{\delta}_{\boldsymbol{x}}^{(k-1)}\| \leqq \|\boldsymbol{T}^2\|_{\mathrm{M}}\, \boldsymbol{\delta}_{\boldsymbol{x}}^{(k-2)} \leqq \ldots \leqq \|\boldsymbol{T}^k\|_{\mathrm{M}} \|\boldsymbol{\delta}_{\boldsymbol{x}}^{(0)}\| \,.$$

Mit der Bezeichnung $L := \|\boldsymbol{T}\|_{\mathrm{M}}$ folgt wegen der Submultiplikativität der Matrixnorm (Ü 2.1.36) schließlich

$$\|\boldsymbol{\delta}_{\boldsymbol{x}}^{(k)}\| \leqq L \|\boldsymbol{\delta}_{\boldsymbol{x}}^{(k-1)}\| \leqq \ldots \leqq L^k \|\boldsymbol{\delta}_{\boldsymbol{x}}^{(0)}\| \,. \tag{20}$$

Definition 2.7.9. Genügen die absoluten Fehler aufeinanderfolgender Iterierter $\boldsymbol{x}^{(k-1)}, \boldsymbol{x}^{(k)}$ für hinreichend großes k einer Abschätzung der Gestalt $\|\boldsymbol{\delta}_{\boldsymbol{x}}^{(k)}\| \leqq q \|\boldsymbol{\delta}_{\boldsymbol{x}}^{(k-1)}\|^p$ so nennt man p die *Konvergenzordnung* und q den *Konvergenzfaktor* der Iteration.

Für die Iteration (16) sind der Konvergenzfaktor $q = L$ und die Konvergenzordnung $p = 1$ aus (20) unmittelbar abzulesen.

Satz 2.7.10 (Konvergenz des Iterationsverfahrens (16)). *Die Folge der Vektoren $\boldsymbol{x}^{(k)}$ konvergiert für jeden Startvektor $\boldsymbol{x}^{(0)}$ linear (d. h. mit der Konvergenzordnung $p = 1$) gegen die eindeutig bestimmte Lösung $\boldsymbol{x}^*$ des Ausgangssystems $\boldsymbol{A}\boldsymbol{x} = \boldsymbol{b}$ ($\boldsymbol{A}$ regulär),*

a) *wenn $L := \|\boldsymbol{T}\|_{\mathrm{M}} < 1$ und*
b) *genau dann, wenn $\varrho(\boldsymbol{T}) < 1$ gilt.*

Beweis. Die Behauptung a) folgt für $k \to \infty$ unmittelbar aus (20). Für die Behauptung b) setzen wir zusätzlich voraus, daß die Iterationsmatrix $\boldsymbol{T}$ von einfacher Struktur ist, d. h., daß sie zu den N (nicht notwendig voneinander verschiedenen) Eigenwerten τ_n genau N linear unabhängige Eigenvektoren besitzt:

$$\boldsymbol{T}\boldsymbol{y}_n = \tau_n\boldsymbol{y}_n\,, \qquad n = 1(1)N\,. \tag{21}$$

Verwendet man die Eigenvektoren als Basis des $\mathbb{R}^N$, so kann der Fehlervektor $\boldsymbol{\delta}_{\boldsymbol{x}}^{(0)}$ eindeutig als Linearkombination der Gestalt

$$\boldsymbol{\delta}_{\boldsymbol{x}}^{(0)} = \sum_{n=1}^{N} c_n\boldsymbol{y}_n \tag{22}$$

dargestellt werden. Multipliziert man diese Gleichung von links wiederholt mit der Matrix $\boldsymbol{T}$ und berücksichtigt die Eigenwertrelation (21), so folgt mit (19)

$$\boldsymbol{\delta}_{\boldsymbol{x}}^{(k)} = \boldsymbol{T}^k\boldsymbol{\delta}_{\boldsymbol{x}}^{(0)} = \sum_{n=1}^{N} c_n\tau_n^k\boldsymbol{y}_n\,. \tag{23}$$

Notwendig und hinreichend dafür, daß die Summe unabhängig vom Fehlervektor $\boldsymbol{\delta}_{\boldsymbol{x}}^{(0)}$, also unabhängig von dessen Koordinaten c_n, für $k \to \infty$ verschwindet, ist nun offenbar, daß jeder Summand gegen Null strebt. Das ist aber genau dann der Fall, wenn alle Eigenwerte τ_n betragsmäßig kleiner als Eins sind, also wenn der Spektralradius von $\boldsymbol{T}$ kleiner als Eins ist.

Ohne die Zusatzvoraussetzung kann man die Behauptung b) beweisen, wenn man benutzt, daß sich jede quadratische Matrix auf Jordansche Normalform (vgl. Abschnitt 4.1.2) transformieren läßt: $\boldsymbol{T} = \boldsymbol{SJS}^{-1}$. Für die Potenzen $\boldsymbol{T}^k$ folgt daraus $\boldsymbol{T}^k = \boldsymbol{SJ}^k\boldsymbol{S}^{-1}$, und $\boldsymbol{J}^k$ konvergiert für $k \to \infty$ genau dann gegen die Nullmatrix, wenn die Potenzen aller Jordan-Kästchen gegen Null(matrizen) konvergieren, also wenn alle Eigenwerte von $\boldsymbol{T}$ betragsmäßig kleiner als Eins sind. ∎

Abschließend geben wir noch zwei wichtige Fehlerabschätzungen an:

Satz 2.7.11 (Fehler der k-ten Näherung). *Genügt die Iterationsmatrix* $\boldsymbol{T}$ *der Voraussetzung* a) *des Satzes* 2.7.10, *so gelten für den absoluten Fehler des k-ten Näherungsvektors der Iteration* (16) *die A-posteriori-Abschätzung*

$$\frac{1}{1+L}\,||\boldsymbol{x}^{(k+1)} - \boldsymbol{x}^{(k)}|| \leqq ||\boldsymbol{\delta}_{\boldsymbol{x}}^{(k)}|| \leqq \frac{1}{1-L}\,||\boldsymbol{x}^{(k+1)} - \boldsymbol{x}^{(k)}|| \leqq$$

$$\leqq \frac{L}{1-L}\,||\boldsymbol{x}^{(k)} - \boldsymbol{x}^{(k-1)}|| \tag{24}$$

und die A-priori-Abschätzung

$$||\boldsymbol{\delta}_{\boldsymbol{x}}^{(k)}|| \leqq \frac{L^k}{1-L}\,||\boldsymbol{x}^{(1)} - \boldsymbol{x}^{(0)}|| \,. \tag{25}$$

Beweis. Mit Hilfe der Dreiecksungleichung und (20) folgt aus der Identität $\boldsymbol{x}^{(k+1)} - \boldsymbol{x}^{(k)} = \boldsymbol{x}^{(k+1)} - \boldsymbol{x}^* - (\boldsymbol{x}^{(k)} - \boldsymbol{x}^*)$ die Abschätzung

$$||\boldsymbol{x}^{(k+1)} - \boldsymbol{x}^{(k)}|| \leqq ||\boldsymbol{\delta}_{\boldsymbol{x}}^{(k+1)}|| + ||\boldsymbol{\delta}_{\boldsymbol{x}}^{(k)}|| \leqq (L+1)\,||\boldsymbol{\delta}_{\boldsymbol{x}}^{(k)}|| \,.$$

Ebenso ergibt sich aus der Identität $\boldsymbol{x}^{(k)} - \boldsymbol{x}^* = \boldsymbol{x}^{(k)} - \boldsymbol{x}^{(k+1)} - (\boldsymbol{x}^* - \boldsymbol{x}^{(k+1)})$ die Abschätzung

$$||\boldsymbol{\delta}_{\boldsymbol{x}}^{(k)}|| \leqq ||\boldsymbol{x}^{(k+1)} - \boldsymbol{x}^{(k)}|| + L\,||\boldsymbol{\delta}_{\boldsymbol{x}}^{(k)}|| \,.$$

Aus beiden zusammen erhält man (24). Für die Differenz aufeinanderfolgender Näherungen folgt aus (16) rekursiv

$$\boldsymbol{x}^{(k+1)} - \boldsymbol{x}^{(k)} = \boldsymbol{T}\boldsymbol{x}^{(k)} + \boldsymbol{v} - \boldsymbol{T}\boldsymbol{x}^{(k-1)} - \boldsymbol{v} =$$
$$= \boldsymbol{T}(\boldsymbol{x}^{(k)} - \boldsymbol{x}^{(k-1)}) = \ldots = \boldsymbol{T}^k(\boldsymbol{x}^{(1)} - \boldsymbol{x}^{(0)})$$

und daraus analog zu (20)

$$||\boldsymbol{x}^{(k+1)} - \boldsymbol{x}^{(k)}|| \leqq L\,||\boldsymbol{x}^{(k)} - \boldsymbol{x}^{(k-1)}|| \leqq \ldots = L^k\,||\boldsymbol{x}^{(1)} - \boldsymbol{x}^{(0)}|| \,. \tag{26}$$

Setzt man diese Abschätzung für $||\boldsymbol{x}^{(k+1)} - \boldsymbol{x}^{(k)}||$ in (24) ein, so ergibt sich (25). ∎

Die *A-priori-Abschätzung* ist im allgemeinen gröber als die A-posteriori-Abschätzung. Sie hat aber den Vorteil, daß man sie vor der Rechnung (*prior* (lat.) — *eher, früher*) anwenden kann, denn man benötigt außer einer Norm der Iterationsmatrix nur die beiden ersten Näherungen. Soll eine Näherung bestimmt werden, die von der exakten Lösung um weniger als ein vorgegebenes ε abweicht, so liefert die Forderung $\frac{L^K}{1-L}\,||\boldsymbol{x}^{(1)} - \boldsymbol{x}^{(0)}|| < \varepsilon$ eine Abschätzung der dazu erforderlichen Schrittanzahl K:

$$K > \ln\left[\frac{\varepsilon(1-L)}{||\boldsymbol{x}^{(1)} - \boldsymbol{x}^{(0)}||}\right] \Big/ \ln L \,. \tag{27}$$

Nach der Berechnung neuer Näherungen kann man die *A-posteriori-Abschätzung* anwenden (*posterior* (lat.) — *später*). In der Regel wird die geforderte Genauigkeit bereits mit etwas weniger als K Schritten erreicht.

2.7.3. Konvergenzkriterien

Nach Satz 2.7.10 ist für die Konvergenz eines Iterationsverfahrens (16) hinreichend, daß irgendeine Norm der Iterationsmatrix $\boldsymbol{T}$ kleiner als Eins bleibt. Beim Gesamtschrittverfahren (8) hat $\boldsymbol{T}$ die Gestalt

$$\boldsymbol{T}_{\mathrm{G}} := \begin{pmatrix} 0 & -\frac{a_{12}}{a_{11}} & & -\frac{a_{1,N-1}}{a_{11}} & -\frac{a_{1N}}{a_{11}} \\ -\frac{a_{21}}{a_{22}} & 0 & & -\frac{a_{2,N-1}}{a_{22}} & -\frac{a_{2N}}{a_{22}} \\ \vdots & \vdots & & \vdots & \vdots \\ -\frac{a_{N1}}{a_{NN}} & -\frac{a_{N2}}{a_{NN}} & & -\frac{a_{N,N-1}}{a_{NN}} & 0 \end{pmatrix}. \tag{28}$$

Mit der Zeilensummennorm (2.1.23) und der Spaltensummennorm (2.1.24) ergibt sich der

Satz 2.7.12 (Konvergenz des Gesamtschrittverfahrens (8)). *Das Gesamtschrittverfahren* (8) *konvergiert, wenn alle Zeilenbetragssummen oder alle Spaltenbetragssummen der Iterationsmatrix* $\boldsymbol{T}_{\mathrm{G}}$ *kleiner als Eins bleiben*:

$$\left.\begin{aligned} z_m &:= \sum_{\substack{n=1\\ n\neq m}}^{N} \left|\frac{a_{mn}}{a_{mm}}\right|, \quad m = 1(1)N, \quad z_0 := \max_m z_m, \\ L_\infty &:= z_0 < 1 \quad (\textit{starkes Zeilensummenkriterium}), \end{aligned}\right\} \tag{29}$$

$$\left.\begin{aligned} s_n &:= \sum_{\substack{m=1\\ m\neq n}}^{N} \left|\frac{a_{mn}}{a_{mm}}\right|, \quad n = 1(1)N, \quad s_0 := \max_n s_n, \\ L_1 &:= s_0 < 1 \quad (\textit{starkes Spaltensummenkriterium}). \end{aligned}\right\} \tag{30}$$

Beim Einzelschrittverfahren (10) ist es komplizierter, die Iterationsmatrix in Komponentenschreibweise explizit anzugeben. Nach SASSENFELD [1] kann aber $\|\boldsymbol{T}_{\mathrm{E}}\|_\infty$ in folgender Weise abgeschätzt werden: Man bezeichnet $\boldsymbol{T}_{\mathrm{E}}\boldsymbol{x}$ mit $\boldsymbol{y}$ und erhält aus $\boldsymbol{y} := -(\boldsymbol{D} + \boldsymbol{L})^{-1}\boldsymbol{R}\boldsymbol{x}$ durch leichte Umformung $\boldsymbol{y} = -\boldsymbol{D}^{-1}\boldsymbol{L}\boldsymbol{y} - \boldsymbol{D}^{-1}\boldsymbol{R}\boldsymbol{x}$, woraus sich für die Komponenten von $\boldsymbol{y}$ die Abschätzung

$$|y_m| \leqq \sum_{n=1}^{m-1} \left|\frac{a_{mn}}{a_{mm}}\right| |y_n| + \sum_{n=m+1}^{N} \left|\frac{a_{mn}}{a_{mm}}\right| |x_n|, \quad m = 1(1)N,$$

ergibt. Speziell folgt für $m = 1$

$$|y_1| \leqq \sum_{n=2}^{N} \left|\frac{a_{1n}}{a_{11}}\right| |x_n| \leqq \left(\sum_{n=2}^{N} \left|\frac{a_{1n}}{a_{11}}\right|\right) \max_n |x_n| =: k_1 \|\boldsymbol{x}\|_\infty,$$

wobei die Betragssumme der ersten Zeile von $\boldsymbol{T}_{\mathrm{E}}$ mit k_1 bezeichnet wurde. Im Sinne einer vollständigen Induktion nehmen wir an, daß für $j = 2(1)m-1$ eine analoge Abschätzung

$$|y_j| \leqq k_j \|\boldsymbol{x}_\infty\| \tag{31}$$

gilt und zeigen, daß (31) dann auch für $j = m$ gültig ist:

$$|y_m| \leqq \sum_{n=1}^{m-1} \left|\frac{a_{mn}}{a_{mm}}\right| k_n \,\|\boldsymbol{x}\|_\infty + \left(\sum_{n=m+1}^{N} \left|\frac{a_{mn}}{a_{mm}}\right|\right) \|\boldsymbol{x}\|_\infty := k_m \,\|\boldsymbol{x}\|_\infty .$$

Folglich gilt (31) für jedes m, $m = 1(1)N$. Damit kann die Maximumnorm von $\boldsymbol{y} = \boldsymbol{T}_\mathrm{E}\boldsymbol{x}$ abgeschätzt werden:

$$\|\boldsymbol{T}_\mathrm{E}\boldsymbol{x}\|_\infty = \max_m |y_m| \leqq (\max_m k_m) \,\|\boldsymbol{x}\|_\infty := k_0 \,\|\boldsymbol{x}\|_\infty . \tag{32}$$

Das bedeutet aber (vgl. Ü 2.1.37), daß k_0 eine obere Schranke für $\|\boldsymbol{T}_\mathrm{E}\|_\infty$ ist.

Satz 2.7.13 (Konvergenz des Einzelschrittverfahrens (10)). *Das Einzelschrittverfahren* (10) *konvergiert, falls die modifizierten Zeilensummen k_m kleiner als Eins bleiben:*

$$k_1 := \sum_{n=2}^{N} \left|\frac{a_{1n}}{a_{11}}\right|, \qquad k_m := \sum_{n=1}^{m-1} \left|\frac{a_{mn}}{a_{mm}}\right| k_n + \sum_{n=m+1}^{N} \left|\frac{a_{mn}}{a_{mm}}\right|, \qquad m = 2(1)N ,$$

$$k_0 := \max_m k_m , \qquad L_\infty := k_0 < 1 \qquad (\textit{Sassenfeld-Kriterium}).$$

Benutzt man die in den Sätzen 2.7.12 und 2.7.13 definierten Normen bzw. Normschranken L_1 und L_∞ als Konstanten L in den Abschätzungen (24), (25) und (27), so muß die Vektornorm jeweils so gewählt werden, daß die Verträglichkeitsbedingung (2.1.20) erfüllt ist, bei L_∞ also die Maximumnorm $\|\cdot\|_\infty$ und bei L_1 die Betragssummennorm $\|\cdot\|_1$.

Beispiel 2.7.14. Für die Iterationsmatrix in (4) ergibt sich die maximale Zeilenbetragssumme $z_0 = \max\{\frac{3}{10}, \frac{4}{12}, \frac{3}{15}, \frac{3}{20}\} = 1/3$. Das Zeilensummenkriterium ist erfüllt, das Gesamtschrittverfahren konvergiert. Verlangt man eine Genauigkeit von $\|\boldsymbol{\delta}_x^{(k)}\|_\infty < 0.005$, so liefert die A-priori-Abschätzung (25) mit $L = z_0$ und $\|\boldsymbol{x}^{(1)} - \boldsymbol{x}^{(0)}\|_\infty < 0.18$ die folgende untere Schranke für die Anzahl K der benötigten Iterationsschritte (vgl. (27)):

$$K > \ln \frac{0.005\,(1 - 1/3)}{0.18} \Big/ \ln(1/3) \approx 3.63$$

also $K = 4$. Die A-posteriori-Abschätzung (24) zeigt, daß die verlangte Genauigkeit schon nach drei Schritten erreicht wird, denn mit $\|\boldsymbol{x}^{(3)} - \boldsymbol{x}^{(2)}\|_\infty < 0.005$ folgt $\|\boldsymbol{\delta}_x^{(3)}\|_\infty < 0.0025$. Durch Vergleich mit der (in diesem Beispiel bekannten) exakten Lösung erkennt man, daß auch diese Abschätzung noch zu grob ist und die verlangte Genauigkeit tatsächlich bereits nach zwei Schritten vorliegt: $\|\boldsymbol{\delta}_x^{(2)}\|_\infty = 0.004$.

Zur Konvergenzuntersuchung des Relaxationsverfahrens SOR setzen wir voraus, daß die Koeffizientenmatrix $\boldsymbol{A}$ symmetrisch und positiv definit ist. Wir benutzen das notwendige und hinreichende Konvergenzkriterium $\varrho(\boldsymbol{T}) < 1$. Dazu gehen wir von der Eigenwertrelation $\boldsymbol{T}\boldsymbol{y} = \tau\boldsymbol{y}$ aus, die für die spezielle Iterationsmatrix $\boldsymbol{T}_\mathrm{S}$ des SOR-Verfahrens (vgl. (12) oder Ü 2.7.12) nach Multiplikation mit $2(\boldsymbol{D} + \omega\boldsymbol{L})$ in der Form

$$2[(1 - \omega)\,\boldsymbol{D} - \omega\boldsymbol{R}]\,\boldsymbol{y} = 2(\boldsymbol{D} + \omega\boldsymbol{L})\,\tau\boldsymbol{y}$$

oder mit Hilfe der additiven Zerlegung (6) in der Gestalt

$$[(2 - \omega)\,\boldsymbol{D} - \omega\boldsymbol{A} + \omega(\boldsymbol{L} - \boldsymbol{R})]\,\boldsymbol{y} = [(2 - \omega)\,\boldsymbol{D} + \omega\boldsymbol{A} + \omega(\boldsymbol{L} - \boldsymbol{R})]\,\tau\boldsymbol{y}$$

geschrieben werden kann. Multipliziert man nun von links mit $\boldsymbol{y}^\mathrm{T}$, so folgt mit den Abkürzungen $d := \boldsymbol{y}^\mathrm{T}\boldsymbol{D}\boldsymbol{y}$, $a := \boldsymbol{y}^\mathrm{T}\boldsymbol{A}\boldsymbol{y}$, $b := \boldsymbol{y}^\mathrm{T}(\boldsymbol{L} - \boldsymbol{R})\,\boldsymbol{y}$ die Beziehung

$$(2 - \omega)\,d - \omega a + \omega b = [(2 - \omega)\,d + \omega a + \omega b]\,\tau . \tag{33}$$

Da A als positiv definit vorausgesetzt wurde, ist a positiv. Auch d ist positiv, denn die Diagonalelemente einer positiv definiten Matrix sind sämtlich positiv (Ü 2.1.14). Wegen der vorausgesetzten Symmetrie von A ist $R = L^T$, so daß b verschwindet: $b = y^T L y - y^T L^T y = y^T L y - y^T L y = 0$. Damit ergibt sich aus (33) für alle Eigenwerte der Matrix T_S die Darstellung

$$\tau = \frac{\left(\frac{2}{\omega} - 1\right) d - a}{\left(\frac{2}{\omega} - 1\right) d + a}. \tag{34}$$

Wählt man nun ω so, daß der Faktor $\frac{2}{\omega} - 1$ positiv ist, d. h. daß $0 < \omega < 2$ gilt, so ist jeder Eigenwert τ betragsmäßig kleiner als Eins und damit $\varrho(T_S) < 1$. Es gilt also der folgende

Satz 2.7.15 (Konvergenz des SOR-Verfahrens; OSTROWSKI, REICH). *Ist die Koeffizientenmatrix A symmetrisch und positiv definit, so konvergiert der SOR-Algorithmus genau dann für jeden Startvektor $x^{(0)}$, wenn der Relaxationsparameter ω aus dem Intervall $0 < \omega < 2$ gewählt wird.*

Da das SOR-Verfahren (12) für $\omega = 1$ auf (10) zurückführt, ist die positive Definitheit von A auch hinreichendes Konvergenzkriterium für das Einzelschrittverfahren.

Die Frage nach der günstigsten Wahl des Relaxationsparameters konnte bisher nur für sehr spezielle Matrixklassen beantwortet werden (B 2.7.4), wie sie vor allem bei der Lösung von Randwertproblemen für gewöhnliche und (elliptische) partielle Differentialgleichungen mit Hilfe von Differenzenverfahren auftreten:

Satz 2.7.16 (optimaler Relaxationsfaktor). *Ist die Koeffizientenmatrix A symmetrisch, positiv definit und von der Gestalt einer tridiagonalen Blockmatrix, deren Diagonalblöcke selbst Diagonalmatrizen sind, so nimmt der Spektralradius der Iterationsmatrix T_S des SOR-Verfahrens für*

$$\omega_b := 2/(1 + \sqrt{1 - \mu^2}), \qquad \mu = \varrho(T_G), \tag{35}$$

seinen kleinsten Wert an:

$$\varrho(T_S) = \omega_b - 1. \tag{36}$$

Dabei bezeichnet μ den Spektralradius der Iterationsmatrix T_G des Gesamtschrittverfahrens (8).

Ist A eine Stieltjes-Matrix, so liefert (35) einen geeigneten (wenn auch nicht den optimalen) Wert, und für den Spektralradius der Matrix T_S gilt statt (36) die Abschätzung (KAHAN, vgl. YOUNG [1], S. 395)

$$\omega_b - 1 \leqq \varrho(T_S) \leqq \sqrt{\omega_b - 1}. \tag{37}$$

Wir stellen einige weitere Konvergenzkriterien für die behandelten Iterationsverfahren zusammen:

Satz 2.7.17 (Konvergenzkriterien für (8), (10), (12) und (15))

a) *Ist A streng diagonal dominant, so konvergieren das Gesamt- und das Einzelschrittfahren.*

b) *Ist A streng diagonal dominant, so konvergiert das Einzelschrittverfahren nicht langsamer* (vgl. Bemerkung 2.7.8) *als das Gesamtschrittverfahren.*

c) *Ist* $\boldsymbol{A}$ *schwach diagonal dominant und nicht zerlegbar, so konvergieren Gesamt- und Einzelschrittverfahren (schwaches Zeilensummenkriterium).*

d) *Ist* $\boldsymbol{A}$ *symmetrisch und streng diagonal dominant mit sämtlich positiven Diagonalelementen, so konvergiert das SOR-Verfahren für* $0 < \omega < 2$.

e) *Ist* $\boldsymbol{A}$ *symmetrisch, nicht zerlegbar und schwach diagonal dominant mit sämtlich positiven Diagonalelementen, so konvergiert das SOR-Verfahren für* $0 < \omega < 2$.

f) *Gilt für eine genäherte* $\boldsymbol{LU}$*-Zerlegung der Matrix* $\boldsymbol{A}$ *die Ungleichung*

$$\operatorname{acond}(\boldsymbol{A})\,\|\boldsymbol{LU} - \boldsymbol{A}\| = \operatorname{cond}(\boldsymbol{A})\,\|\boldsymbol{LU} - \boldsymbol{A}\|/\|\boldsymbol{A}\| < 1/2\,,$$

so konvergiert die Nachiteration.

Beweis. Die Behauptungen a) und b) folgen unmittelbar aus (2.1.11) sowie dem Zeilensummen- und dem Sassenfeld-Kriterium, wenn man $k_0 \leqq z_0$ berücksichtigt. Die Behauptungen d) und e) ergeben sich aus den Sätzen 2.1.5, 2.1.6 und 2.7.15. Zum Beweis von c) verweisen wir auf die Literatur (Collatz [1], Schwarz [1]). Zur Herleitung von f) benutzen wir (14) und schreiben $\boldsymbol{LU}$ in der Gestalt $\boldsymbol{LU} = \boldsymbol{A}(\boldsymbol{I} + \boldsymbol{A}^{-1}\boldsymbol{\delta}_A)$. Die Iterationsmatrix der Nachiteration kann damit in der Form

$$\boldsymbol{T} = (\boldsymbol{LU})^{-1}\,\boldsymbol{\delta}_A = (\boldsymbol{I} + \boldsymbol{A}^{-1}\boldsymbol{\delta}_A)\,\boldsymbol{A}^{-1}\boldsymbol{\delta}_A$$

geschrieben und mit Hilfe des Störungslemmas 2.6.6 abgeschätzt werden:

$$\|\boldsymbol{T}\| \leqq \|\boldsymbol{A}^{-1}\boldsymbol{\delta}_A\|/(1 - \|\boldsymbol{A}^{-1}\boldsymbol{\delta}_A\|)\,.$$

Benutzt man noch (2.6.24) und verlangt, daß die obere Schranke kleiner als Eins bleibt, so ergibt sich f). Bei gut konditionierten Matrizen konvergiert die Nachiteration also bereits mit einer relativ ungenauen Aufspaltung $\boldsymbol{LU} \approx \boldsymbol{A}$, bei schlecht konditionierten Matrizen ist dagegen eine genauere Dreiecksaufspaltung erforderlich. ■

2.7.4. Bemerkungen

B 2.7.1. Ein Iterationsverfahren der Gestalt (16) benötigt bei voll besetzten Matrizen $\boldsymbol{A}$ bzw. $\boldsymbol{T}$ je Schritt etwa N^2 wesentliche Rechenoperationen. Bezüglich der Rechenzeit wäre es also den direkten Verfahren nur dann überlegen, wenn es bereits nach weniger als $N/3$ (bei symmetrischen Matrizen sogar nach weniger als $N/6$) Schritten eine Näherung mit ausreichender Genauigkeit liefern würde. Das ist im allgemeinen nicht erreichbar. Bezüglich des Speicherplatzes und des Programmieraufwands können Iterationsverfahren dagegen vorteilhaft sein, insbesondere wenn $\boldsymbol{A}$ bzw. $\boldsymbol{T}$ eine spezielle Struktur besitzen. Es muß dann lediglich ein Unterprogramm für das Produkt einer festen, im Verlauf der Rechnung weder durch Auffüllung in seiner Struktur veränderten noch durch Rundungsfehler verfälschten Matrix mit einem Vektor bereitgestellt werden, das in der Regel je Schritt einmal aufgerufen wird. Dazu kann die Matrix kompakt gespeichert sein. Bei speziellen Matrizen, wie sie z. B. bei Randwertproblemen von Differentialgleichungen auftreten, braucht man möglicherweise nur wenige Teilblöcke zu speichern, oder man kann sogar auf eine Speicherung völlig verzichten (Ü 2.7.19). Diese Vorteile können bei beschränkter Speicherkapazität (z. B. auf Kleinrechnern) den Ausschlag zugunsten der Iterationsverfahren geben. Eine große Bedeutung haben Iterationsmethoden in den letzten Jahren auch für die Mehrgitter-Verfahren (Multigrid-Verfahren) gewonnen. Dabei werden Randwertprobleme von Differentialgleichungen durch eine Folge von linearen Gleichungssystemen unterschiedlicher Dimension approximiert und iterativ berechnete Näherungslösungen dieser Systeme geschickt kombiniert (Hackbusch [1]). Schließlich dienen die behandelten Iterationsverfahren als Grundtypen wichtiger Lösungsmethoden für nichtlineare Gleichungssysteme, bei denen eine direkte Lösung in der Regel nicht möglich ist (Ortega, Rheinboldt [1], Schwetlick [1]).

B 2.7.2. Die Erwartung, daß das Einzelschrittverfahren schneller konvergiert als das Gesamtschrittverfahren, trifft zusätzlich zu den genannten (vgl. Satz 2.7.17) für weitere wichtige Klassen von Matrizen zu (D. M. Young [1], S. 120 ff., vgl. auch Albrand [1]):

Satz 2.7.18 (Stein, Rosenberg). *Besitzt die Iterationsmatrix T_G des Gesamtschrittverfahrens keine negativen Koeffizienten, so gilt $\varrho(T_G) = \varrho(T_E) = 0$ oder $\varrho(T_E) < \varrho(T_G) < 1$ oder $\varrho(T_G) = \varrho(T_E) = 1$ oder $\varrho(T_E) > \varrho(T_G) > 1$.*

Demgegenüber lassen sich aber auch Beispiele finden, für die das Einzelschrittverfahren divergiert, obwohl das Gesamtschrittverfahren konvergiert (Ü 2.7.5 und Ü 2.7.6).

B 2.7.3. Beim Sassenfeld-Kriterium hängt die Konstante k_0 offensichtlich von der Zeilennumerierung ab. Steht z. B. die Zeile mit maximaler Zeilenbetragssumme an erster Stelle, so kann k_0 nicht kleiner ausfallen als die Zeilensummennorm $z_0 = ||T_G||_\infty$. Es ist deshalb zweckmäßig, beim Einzelschrittverfahren Zeilen mit kleinerer Zeilenbetragssumme an den Anfang zu stellen (Ü 2.7.15).

B 2.7.4. Der optimale Relaxationsparameter des SOR-Verfahrens ergibt sich aus der Minimaxaufgabe

$$\varrho(T_S) = \min_{0<\omega<2} \max_{n=1(1)N} |\tau_n| ,$$

wo τ_n die (vom Parameter ω abhängenden) Eigenwerte der Matrix T_S bezeichnen. Für Matrizen mit der Determinanteneigenschaft aus Ü 2.7.18 kann diese Extremalaufgabe dadurch gelöst werden (Satz 2.7.15), daß man einen Zusammenhang zwischen den Eigenwerten τ der Matrix T_S und den Eigenwerten μ der Matrix T_G sowie dem Relaxationsparameter ω herstellt (Ü 2.7.17 und Ü 2.7.18): $\mu = (\tau + \omega - 1)/\omega\sqrt{\tau}$. Genaueres dazu findet man in den Büchern von Varga [1] und D. M. Young [1]. Das SOR-Verfahren wurde in vielfältiger Weise weiterentwickelt und modifiziert. Beim *symmetrischen SOR-Verfahren* (SSOR) werden z. B. die Zeilen abwechselnd in natürlicher und in umgekehrter Reihenfolge durchlaufen. Die Iterationsmatrix eines solchen Doppelschritts ist symmetrisch so daß ihre Eigenwerte sämtlich reell sind und damit leichter abgeschätzt werden können.

B 2.7.5. Ändert man die erzeugende Matrix C des Iterationsverfahrens von Schritt zu Schritt, so wird aus (16) ein *instationäres Iterationsverfahren* $x^{(k)} = T_k x^{(k-1)} + C_k b$, $T_k = I - C_k A$. Im einfachsten Fall wählt man $C_k = \omega_k I$ (*Richardson-Verfahren*) und bestimmt die Folge der ω_k aus der Forderung, daß der Fehler der K-ten Näherung (K fest) möglichst klein wird. Ebenso kann man beim SOR-Verfahren den Relaxationsparameter von Schritt zu Schritt ändern. Zur Lösung von Gleichungssystemen mit speziellen Blockmatrizen (Ü 2.7.4) wurde das *Verfahren der alternierenden Richtungen* (*ADI*) entwickelt, dessen instationäre Variante wesentlich schneller konvergiert als das SOR-Verfahren (D. M. Young [1]). Eine allgemeine Theorie instationärer Iterationsverfahren findet man bei Schott [1].

B 2.7.6. Benutzt man nicht nur die letzte, sondern weitere der bereits berechneten Näherungen $x^{(0)}, x^{(1)} \ldots, x^{(k)}$, so erhält man *mehrstufige Iterationsverfahren*. Bei den *semiiterativen Verfahren* (*SI- oder Čebyšev-Verfahren*) berechnet man eine neue Folge $y^{(k)}$ von Näherungsvektoren durch Linearkombination aller vorangegangenen Näherungen $x^{(j)}$, $j = 0(1)k$, wobei die Koeffizienten der Linearkombination so bestimmt werden, daß der Fehler von $y^{(k)}$ ein Minimum annimmt (Varga [1], Marčuk, Kuznecov [1], S. 63ff., Smolarski [1]).

B 2.7.7. Relaxations- und SI-Verfahren sind Methoden der *Konvergenzbeschleunigung*. Aus der Kenntnis einiger Näherungen versucht man, das Verhalten der Folge zu *extrapolieren*, weshalb diese Verfahren oft auch *Extrapolationsmethoden* genannt werden. Beobachtet man z. B. eine annähernde Proportionalität aufeinanderfolgender Differenzenvektoren, $x^{(k+1)} - x^{(k)} \approx \tau(x^{(k)} - x^{(k-1)})$, oder aufeinanderfolgender Restvektoren, $r^{(k+1)} \approx \tau r^{(k)}$, so kann man annehmen, daß auch die Fehlervektoren dieser Proportionalität genügen:

$$x^{(k+1)} - x^* \approx \tau(x^{(k)} - x^*)$$

(diese Annahme ist richtig, wenn die Iterationsmatrix einen dominanten Eigenwert besitzt, vgl. Abschnitt 4.2.1). Stellt man nach x^* um, so erhält man zwar im allgemeinen noch nicht den exakten, aber doch zumindest einen verbesserten Näherungsvektor:

$$x^* \approx \bar{x}^{(k+1)} := x^{(k+1)} + \frac{c}{1-c}(x^{(k+1)} - x^{(k)})$$

Dieses Vorgehen heißt *Ljusternik-Extrapolation* (vgl. auch MAESS [1]). Weitere Extrapolationsverfahren findet man u. a. in den Büchern von BREZINSKI [1], [2] und SAMARSKIJ, NIKOLAEV [1].

B 2.7.8. Aus der Formel (23) bzw. der Abschätzung (25) wird deutlich, daß die Fehlerschranken um so schneller klein werden, je kleiner die Eigenwerte bzw. die verwendete Norm der Iterationsmatrix $\boldsymbol{T}$ sind. Man kann deshalb den Spektralradius oder auch eine beliebige Norm der Iterationsmatrix als Maß für die Konvergenzgeschwindigkeit benutzen und nennt

$$R_\infty(\boldsymbol{T}) := -\ln \varrho(\boldsymbol{T}) \quad \text{und} \quad R_k(\boldsymbol{T}) := -\frac{1}{k}\ln \|\boldsymbol{T}^k\|$$

asymptotische bzw. *mittlere Konvergenzgeschwindigkeit* des Verfahrens (16) (vgl. D. M. YOUNG [1]). Wegen $\|\boldsymbol{T}^k\| \leqq \|\boldsymbol{T}\|^k$ ist $-\ln \|\boldsymbol{T}\|$ eine untere Schranke für $R_\infty(\boldsymbol{T})$. Neben dem in Definition 2.7.9 eingeführten Quotientenkonvergenzfaktor (Q-Faktor) werden auch Wurzelkonvergenzfaktoren (R-Faktoren) zum Vergleich von Iterationsverfahren benutzt (ORTEGA, RHEINBOLDT [1], S. 281—298, BURMEISTER, SCHMIDT [1]).

B 2.7.9. Beim Lösen von Ü 2.7.4 fällt auf, daß die Folge der Näherungsvektoren $\underline{\boldsymbol{x}}^{(k)}$ monoton zu- und die der Näherungsvektoren $\overline{\boldsymbol{x}}^{(k)}$ monoton abnimmt, $\underline{\boldsymbol{x}}^{(0)} < \underline{\boldsymbol{x}}^{(1)} < \ldots < \boldsymbol{x}^* < \ldots < \overline{\boldsymbol{x}}^{(1)} < \overline{\boldsymbol{x}}^{(0)}$. Die Ungleichungskette ist komponentenweise zu verstehen. Dieses monotone Verhalten hat eine Folge von Näherungsvektoren dann, wenn die Iterationsmatrix $\boldsymbol{T}$ zwei Vektoren $\boldsymbol{x}, \boldsymbol{y}$ mit $\boldsymbol{x} \leqq \boldsymbol{y}$ auf zwei Bildvektoren $\boldsymbol{Tx}$, $\boldsymbol{Ty}$ mit $\boldsymbol{Tx} \leqq \boldsymbol{Ty}$ abbildet. Man nennt solche Matrizen *synton* (in der älteren Literatur auch *isoton*). Matrizen, die den Ungleichungssinn umkehren, für die also aus $\boldsymbol{x} \leqq \boldsymbol{y}$ die Ungleichung $\boldsymbol{Tx} \geqq \boldsymbol{Ty}$ folgt, heißen *antiton*. Wenn man durch geeignete Maßnahmen (Abrundung bei den $\underline{\boldsymbol{x}}^{(k)}$, Aufrundung bei den $\overline{\boldsymbol{x}}^{(k)}$) verhindert, daß die Ungleichungen durch Rundungsfehler verfälscht werden, erhält man in jedem Schritt eine Einschließung für die gesuchte Lösung und erspart sich damit — allerdings um den Preis einer doppelten Rechnung — jede weitere Fehlerabschätzung. Eine gewisse Schwierigkeit liegt in der Praxis darin, geeignete Startvektoren $\underline{\boldsymbol{x}}^{(0)}$ und $\overline{\boldsymbol{x}}^{(0)}$ zu bestimmen. Für Einzelheiten verweisen wir auf die Spezialliteratur (vgl. z. B. COLLATZ [1], BOHL [1], WERNER [1]).

2.7.5. Übungsaufgaben

Ü 2.7.1. Man zeige: Ist die Diagonalmatrix $\boldsymbol{D}$ regulär, so sind auch die Dreiecksmatrizen $\boldsymbol{D} + \boldsymbol{L}$ und $\boldsymbol{D} + \boldsymbol{R}$ regulär.

Ü 2.7.2. Man programmiere den Algorithmus 2.7.2. Für den Genauigkeitstest verwende man die Betragssummennorm $\|\cdot\|_1$.

Ü 2.7.3. Man gebe (analog zum Algorithmus 2.7.2) einen Algorithmus für das Gesamtschrittverfahren an.

Ü 2.7.4. Mit Hilfe des Gesamt- und des Einzelschrittverfahrens bestimme man, ausgehend von den Startvektoren $\underline{\boldsymbol{x}}^{(0)} := (0, 0, \ldots, 0)^{\mathsf{T}}$ und $\overline{\boldsymbol{x}}^{(0)} := (1, 1, \ldots, 1)^{\mathsf{T}}$, je fünf Näherungsvektoren $\underline{\boldsymbol{x}}^{(k)}$, $\overline{\boldsymbol{x}}^{(k)}$, $k = 1(1)\,5$, für das Gleichungssystem $\boldsymbol{Ax} = \boldsymbol{b}$ mit der tridiagonalen Blockmatrix

$$\boldsymbol{A} := \begin{pmatrix} \boldsymbol{D}_3 & -\boldsymbol{I}_3 & \boldsymbol{O} \\ -\boldsymbol{I}_3 & \boldsymbol{D}_3 & -\boldsymbol{I}_3 \\ \boldsymbol{O} & -\boldsymbol{I}_3 & \boldsymbol{D}_3 \end{pmatrix} \quad \text{mit} \quad \boldsymbol{D}_3 := \begin{pmatrix} 4 & -1 & 0 \\ -1 & 4 & -1 \\ 0 & -1 & 4 \end{pmatrix}, \quad \boldsymbol{I}_3 := \begin{pmatrix} 1 & 0 & 0 \\ 0 & 1 & 0 \\ 0 & 0 & 1 \end{pmatrix}$$

und der rechten Seite $\boldsymbol{b} := (1/4, 1/4, \ldots, 1/4)^{\mathsf{T}}$.

Ü 2.7.5. Zur Lösung des Gleichungssystems

$$\begin{aligned} x_1 - 9x_2 - 4x_3 &= 1\,, \\ 2x_1 + x_2 - 0{,}67x_3 &= 1\,, \\ -4x_1 - 3x_2 + x_3 &= 1 \end{aligned}$$

berechne man mit dem Startvektor $\boldsymbol{x}^{(0)} = (1, 1, 1)^{\mathsf{T}}$ je fünf Näherungen mit Hilfe des Gesamt- und des Einzelschrittverfahrens. Wie groß sind die Spektralradien der zugehörigen Iterationsmatrizen $\boldsymbol{T}_{\mathrm{G}}$ und $\boldsymbol{T}_{\mathrm{E}}$? Kann man die Reihenfolge der Zeilen so verändern, daß auch das Einzelschrittverfahren konvergiert?

Ü 2.7.6. Man versuche, Beispiele für 2×2- und 3×3-Systeme zu konstruieren, für die das Gesamtschrittverfahren konvergiert und das Einzelschrittverfahren divergiert. Dazu stelle man die *charakteristischen Gleichungen* für $\boldsymbol{T}_G$ und $\boldsymbol{T}_E$ auf (vgl. (4.1.10)).

Ü 2.7.7. Man schreibe das SOR-Verfahren und die Nachiteration in Matrixschreibweise (vgl. (12) und (15)).

Ü 2.7.8. Analog zum Algorithmus 2.7.4 und zur Formel (12) formuliere man das Jacobi-Überrelaxationsverfahren (JOR) in Komponenten- und in Matrixschreibweise.

Ü 2.7.9. Man löse das lineare Gleichungssystem aus Ü 2.7.4. näherungsweise mit Hilfe des SOR-Verfahrens. Zur Bestimmung des optimalen Relaxationsparameters berechne man $\mu = \varrho(\boldsymbol{T}_G)$ $\left(\text{der exakte Wert ist } \mu = \cos\frac{\pi}{4}\right)$.

Ü 2.7.10. Für die Matrizen aus Ü 2.1.7 und Ü 2.3.16 bestimme man genäherte $\boldsymbol{LU}$-Aufspaltungen (mit dreistelliger Mantisse) und löse anschließend die zugehörigen Gleichungssysteme mit $\boldsymbol{b} = (5.36, 30.3, 12.5)^T$ bzw. $\boldsymbol{b} = (1, 0, 0, 0, 0)^T$ so genau wie möglich.

Ü 2.7.11. Man beweise Satz 2.7.7.

Ü 2.7.12. Man bestätige, daß die erzeugenden Matrizen $\boldsymbol{C}$ und die Iterationsmatrizen $\boldsymbol{T}$ für die behandelten Iterationsverfahren die folgende Gestalt besitzen:

Verfahren	erzeugende Matrix	Iterationsmatrix
Gesamtschrittverfahren	$\boldsymbol{D}^{-1}$	$-\boldsymbol{D}^{-1}(\boldsymbol{L} + \boldsymbol{R})$
Einzelschrittverfahren	$(\boldsymbol{D} + \boldsymbol{L})^{-1}$	$-(\boldsymbol{D} + \boldsymbol{L})^{-1}\boldsymbol{R}$
SOR-Verfahren	$\omega(\boldsymbol{D} + \omega\boldsymbol{L})^{-1}$	$(\boldsymbol{D} + \omega\boldsymbol{L})^{-1}[(1 - \omega)\boldsymbol{D} - \omega\boldsymbol{R}]$
JOR-Verfahren	$\omega\boldsymbol{D}^{-1}$	$\boldsymbol{D}^{-1}[(1 - \omega)\boldsymbol{D} - \omega(\boldsymbol{L} + \boldsymbol{R})]$
Nachiteration	$\boldsymbol{U}^{-1}\boldsymbol{L}^{-1}$	$\boldsymbol{U}^{-1}\boldsymbol{L}^{-1}(\boldsymbol{LU} - \boldsymbol{A})$

Ü 2.7.13. Mit Hilfe des Sassenfeld-Kriteriums weise man nach, daß das Einzelschrittverfahren für das Gleichungssystem (5) konvergiert. Wieviel Schritte sind (nach A-priori-Abschätzung (25) bzw. (27)) erforderlich, um $\|\boldsymbol{\delta}_x^{(k)}\| \leqq 0.00005$ zu erreichen? Wie genau sind die im Beispiel 2.7.1 angegebenen Näherungen $\boldsymbol{x}^{(2)}$ und $\boldsymbol{x}^{(3)}$ nach A-posteriori-Abschätzung?

Ü 2.7.14. Wie groß ist der relative Fehler $\|\boldsymbol{\delta}_x^{(k)}\|/\|\boldsymbol{x}^{(k)}\|$ der k-ten Näherung, wenn man die Iteration mit dem Genauigkeitstest $\|\boldsymbol{x}^{(k)} - \boldsymbol{x}^{(k-1)}\|/\|\boldsymbol{x}^{(k)}\| < \varepsilon$ abbricht?

Ü 2.7.15. Zur iterativen Lösung von (1) benutze man ein Einzelschrittverfahren mit der Zeilenreihenfolge 4, 3, 2, 1. Mit dem gleichen Startvektor $\boldsymbol{x}^{(0)} = \boldsymbol{D}^{-1}\boldsymbol{b}$ wie im Beispiel 2.7.1. berechne man die ersten drei Näherungen. Man modifiziere das Sassenfeld-Kriterium entsprechend der gewählten Zeilenreihenfolge und berechne die zugehörige Konstante k_0, die für eine Genauigkeitsschranke $\varepsilon = 0.005$ erforderliche Schrittanzahl K (nach A-priori-Abschätzung) und die Genauigkeit der Näherungen $\boldsymbol{x}^{(2)}$ und $\boldsymbol{x}^{(3)}$ (nach A-posteriori-Abschätzung).

Ü 2.7.16. Für selbstgewählte Matrixklassen bestimme man den optimalen Relaxationsfaktor ω aus der Extremalforderung in B 2.7.4.

Ü 2.7.17. Man zeige: Besitzt $\boldsymbol{A}$ die additive Zerlegung $\boldsymbol{A} = \boldsymbol{L} + \boldsymbol{I} + \boldsymbol{R}$, so kann die charakteristische Gleichung $\det(\boldsymbol{T}_S - \tau\boldsymbol{I}) = 0$ der SOR-Matrix im Fall $\tau \neq 0$ auf die Gestalt

$$\det\left(\frac{1}{\sqrt{\tau}}\boldsymbol{R} + \sqrt{\tau}\boldsymbol{L} + \frac{\tau + \omega - 1}{\omega\sqrt{\tau}}\boldsymbol{I}\right) = 0$$

gebracht werden.

Ü 2.7.18. Man zeige: Hat die Matrix $\boldsymbol{B} = \boldsymbol{L} + \boldsymbol{R}$ Blocktridiagonalgestalt mit Nullmatrizen in der Diagonalen, so gilt für alle $\alpha \neq 0$

$$\det\left(\alpha\boldsymbol{L} + \frac{1}{\alpha}\boldsymbol{R} + \mu\boldsymbol{I}\right) = \det(\boldsymbol{L} + \boldsymbol{R} + \mu\boldsymbol{I}).$$

Ü 2.7.19. Man schreibe ein Unterprogramm zur Berechnung des Produkts $\boldsymbol{Ax}$, wo $\boldsymbol{A}$ die Koeffizientenmatrix aus Ü 2.7.4 und $\boldsymbol{x}$ einen beliebigen Vektor passender Dimension bezeichnet.

2.8. Projektionsverfahren

Projektionsverfahren (*Abstiegsverfahren, Gradientenverfahren*) sind spezielle *instationäre Iterationsverfahren* (B 2.7.5). Wir beschreiben das prinzipielle Vorgehen anhand der Lösung linearer Gleichungssysteme, obwohl das Hauptanwendungsgebiet bei komplizierteren Problemen (nichtlinearen Systemen, Minimierungsaufgaben, allgemeineren Operatorgleichungen) liegt.

2.8.1. Allgemeine Herleitung

Für die gesuchte Lösung $\boldsymbol{x}^*$ des linearen Gleichungssystems $\boldsymbol{A}\boldsymbol{x} = \boldsymbol{b}$ sei eine Näherung $\boldsymbol{x}^{(k-1)}$ bekannt. Wir geben einen Projektionsvektor $\boldsymbol{p}^{(k)}$ vor und suchen eine neue Näherung $\boldsymbol{x}^{(k)}$ in der dadurch vorgeschriebenen Richtung (Abb. 2.8.1).

$$\boldsymbol{x}^{(k)} := \boldsymbol{x}^{(k-1)} - u_k \boldsymbol{p}^{(k)} . \tag{1}$$

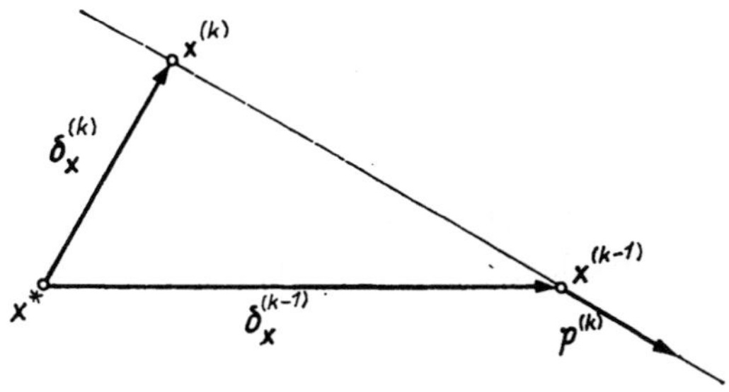

Abb. 2.8.1. Projektionsverfahren

Offenbar wird die Norm des Fehlervektors $\boldsymbol{\delta}_{\boldsymbol{x}}^{(k)} := \boldsymbol{x}^{(k)} - \boldsymbol{x}^*$ dann am kleinsten, wenn er *orthogonal* zur Projektionsrichtung ist, wenn also das *Skalarprodukt* von Fehlervektor und Projektionsvektor verschwindet:

$$(\boldsymbol{x}^{(k)} - \boldsymbol{x}^*, \boldsymbol{p}^{(k)}) = 0 . \tag{2}$$

Setzt man den Ansatz (1) in diese Forderung ein und multipliziert aus, so läßt sich der noch unbekannte Parameter u_k als Quotient zweier Skalarprodukte bestimmen:

$$u_k = \frac{(\boldsymbol{x}^{(k-1)} - \boldsymbol{x}^*, \boldsymbol{p}^{(k)})}{(\boldsymbol{p}^{(k)}, \boldsymbol{p}^{(k)})} . \tag{3}$$

Die beiden Fehlervektoren $\boldsymbol{\delta}_{\boldsymbol{x}}^{(k)}$ und $\boldsymbol{\delta}_{\boldsymbol{x}}^{(k-1)}$ bilden zusammen mit dem Vektor $u_k \boldsymbol{p}^{(k)}$ ein rechtwinkliges Dreieck, also gilt nach dem *Satz des Pythagoras*, wenn man die Länge der Vektoren mit Hilfe der Euklidischen Norm (2.1.14) mißt,

$$||\boldsymbol{\delta}_{\boldsymbol{x}}^{(k)}||_2^2 = ||\boldsymbol{\delta}_{\boldsymbol{x}}^{(k-1)}||_2^2 - u_k^2 \, ||\boldsymbol{p}^{(k)}||_2^2 . \tag{4}$$

Die Normen der Fehlervektoren bilden demnach eine streng monoton abnehmende Folge, solange man Projektionsvektoren vermeidet, die orthogonal zu $\boldsymbol{\delta}_{\boldsymbol{x}}^{(k-1)}$ sind. Genauer gilt:

Satz 2.8.1 (Konvergenz des allgemeinen Projektionsverfahrens). *Das Ausgangssystem $\boldsymbol{A}\boldsymbol{x} = \boldsymbol{b}$ sei eindeutig lösbar. Verwendet man zyklisch M Projektionsvektoren $\boldsymbol{p}^{(m)}$, $m = 1(1)M$, so konvergiert die von* (1) *und* (3) *erzeugte Folge von Näherungsvektoren $\boldsymbol{x}^{(k)}$ für jeden Startvektor $\boldsymbol{x}^{(0)}$ gegen einen Grenzvektor $\boldsymbol{x}'$, der den Orthogonalitäts-*

relationen

$$(\boldsymbol{x}' - \boldsymbol{x}^*, \boldsymbol{p}^{(m)}) = 0\,, \qquad m = 1(1)M\,, \tag{5}$$

genügt. Enthalten die Projektionsvektoren N linear unabhängige Vektoren, so ist $\boldsymbol{x}' = \boldsymbol{x}^*$ *die gesuchte Lösung.*

Den Beweis findet man bei KIESEWETTER, MAESS ([1], S. 61 ff.). ■

Um das Projektionsverfahren praktisch durchführen zu können, muß der Fehlervektor $\boldsymbol{\delta}_x^{(k-1)}$, der die noch unbekannte Lösung $\boldsymbol{x}^*$ enthält, durch bekannte Größen ausgedrückt werden. Das gelingt, wenn man $\boldsymbol{\delta}_x^{(k-1)}$ zugunsten des Produkts $\boldsymbol{A\delta}_x^{(k-1)}$ eliminiert, denn wegen $\boldsymbol{Ax}^* = \boldsymbol{b}$ ist das Produkt gleich dem negativen Restvektor,

$$\boldsymbol{r}^{(k-1)} := \boldsymbol{b} - \boldsymbol{Ax}^{(k-1)} = \boldsymbol{Ax}^* - \boldsymbol{Ax}^{(k-1)} = -\boldsymbol{A\delta}_x^{(k-1)}\,.$$

Dieses Eliminieren kann durch geeignete Wahl der Projektionsrichtungen, aber auch durch Verwendung geeigneter allgemeinerer Skalarprodukte erfolgen.

2.8.2. Skalarprodukte

Ähnlich wie man Normen einführt, indem man gewisse Eigenschaften des Betrags zugrunde legt, kann man allgemein ein Skalarprodukt zweier Elemente $\boldsymbol{x}$ und $\boldsymbol{y}$ eines endlichdimensionalen linearen Raumes $\mathbb{X}$ definieren, indem man wichtige Eigenschaften des üblichen (Euklidischen) Skalarprodukts zweier Vektoren des $\mathbb{R}^N$ (vgl. (1.3.22))

$$(\boldsymbol{x}, \boldsymbol{y}) := \boldsymbol{x}^{\mathrm{T}}\boldsymbol{y} = \sum_{n=1}^{N} x_n y_n \tag{7}$$

verwendet.

Definition 2.8.2 (Axiome des Skalarprodukts). Ist jedem Paar $\boldsymbol{x}, \boldsymbol{y}$ von Elementen eines reellen linearen Raumes $\mathbb{X}$ eine reelle Zahl $(\boldsymbol{x}, \boldsymbol{y})$ zugeordnet, die die folgenden drei Eigenschaften besitzt, so soll $(\boldsymbol{x}, \boldsymbol{y})$ *Skalarprodukt* von $\boldsymbol{x}$ und $\boldsymbol{y}$ heißen:

(S1) Das Skalarprodukt jedes (vom Nullelement verschiedenen) Elements mit sich selbst ist *positiv*,

$$(\boldsymbol{x}, \boldsymbol{x}) > 0\,, \qquad \boldsymbol{x} \neq \boldsymbol{o}\,.$$

(S2) Das Skalarprodukt ist *linear* (d. h. *additiv* und *homogen*) bezüglich des ersten Faktors,

$$(c\boldsymbol{x} + d\boldsymbol{y}, \boldsymbol{z}) = c(\boldsymbol{x}, \boldsymbol{z}) + d(\boldsymbol{y}, \boldsymbol{z})\,, \qquad c, d \quad \text{reell}\,.$$

(S3) Das Skalarprodukt ist *kommutativ,*

$$(\boldsymbol{x}, \boldsymbol{y}) = (\boldsymbol{y}, \boldsymbol{x})\,.$$

Man bestätigt leicht, daß das Euklidische Skalarprodukt zweier Vektoren des $\mathbb{R}^N$ diesen Axiomen genügt (Ü 2.8.1). Aber auch

$$(\boldsymbol{x}, \boldsymbol{y})_{\mathrm{G}} := \boldsymbol{x}^{\mathrm{T}}\boldsymbol{G}\boldsymbol{y} = \sum_{m=1}^{N} \sum_{n=1}^{N} g_{mn} x_m y_n \tag{8}$$

definiert ein *Skalarprodukt*, wenn $\boldsymbol{G}$ eine *symmetrische, positiv definite Matrix* ist. Man kann sogar zeigen, daß sich jedes Skalarprodukt über dem $\mathbb{R}^N$ in dieser Form darstellen läßt (Ü 2.8.2); das Euklidische ergibt sich offenbar, wenn man für $\boldsymbol{G}$ die Einheitsmatrix wählt.

Die Euklidische Vektornorm $\|\boldsymbol{x}\|_2$ kann als Quadratwurzel des Skalarprodukts $(\boldsymbol{x}, \boldsymbol{x})$ geschrieben werden. Ebenso *induziert* auch *das allgemeine Skalarprodukt eine Norm*

$$\|\boldsymbol{x}\|_G := (\boldsymbol{x}, \boldsymbol{x})_G^{1/2} . \tag{9}$$

Um das einzusehen, braucht man nur nachzuweisen, daß $\|\cdot\|_G$ die drei Normaxiome (Definition 2.1.10) erfüllt. Dazu benötigt man die folgende, nach BUNJAKOVSKIJ, CAUCHY und SCHWARZ benannte Ungleichung (Ü 2.8.3 und Ü 2.8.4).

$$|(\boldsymbol{x}, \boldsymbol{y})_G| \leqq \|\boldsymbol{x}\|_G \, \|\boldsymbol{y}\|_G . \tag{10}$$

Geometrisch läßt sich der Übergang von der Euklidischen zur *G-Norm* durch die Verformung der Einheitskugel $\|\boldsymbol{x}\|_2^2 = \boldsymbol{x}^T\boldsymbol{x} = 1$ in ein Ellipsoid $\|\boldsymbol{x}\|_G^2 = \boldsymbol{x}^T\boldsymbol{G}\boldsymbol{x} = 1$ interpretieren (vgl. Abb. 2.1.5, S. 48).

Wenn das Euklidische Skalarprodukt zweier Vektoren $\boldsymbol{x}$ und $\boldsymbol{y}$ verschwindet, sind die beiden Vektoren *orthogonal*. Diese Eigenschaft motiviert die folgende Definition.

Definition 2.8.3 (*G*-Orthogonalität). Zwei Vektoren $\boldsymbol{x}$ und $\boldsymbol{y}$ des $\mathbb{R}^N$ heißen *G-orthogonal* (*konjugiert*), wenn ihr allgemeines, mit der positiv definiten *Gewichtsmatrix* $\boldsymbol{G}$ gebildetes Skalarprodukt verschwindet: $(\boldsymbol{x}, \boldsymbol{y})_G = 0$.

Diese *verallgemeinerte Orthogonalität* entspricht nicht mehr der üblichen geometrischen Vorstellung. Sind zwei Vektoren *G*-orthogonal, so sind $\boldsymbol{x}$ und $\boldsymbol{G}\boldsymbol{y}$ bzw. $\boldsymbol{G}\boldsymbol{x}$ und $\boldsymbol{y}$ orthogonal im herkömmlichen Sinne:

$$(\boldsymbol{x}, \boldsymbol{y})_G = (\boldsymbol{x}, \boldsymbol{G}\boldsymbol{y}) = (\boldsymbol{G}\boldsymbol{x}, \boldsymbol{y}) = 0 . \tag{11}$$

Zeichnet man das Ellipsoid $\|\boldsymbol{x}\|_G^2 =$ const., so kann man $\boldsymbol{x}$ als Radiusvektor und $\boldsymbol{y}$ als Tangentenvektor interpretieren, $\boldsymbol{x}$ und $\boldsymbol{y}$ sind also im Sinne der Kegelschnitttheorie *konjugierte Richtungen*, und $\boldsymbol{G}\boldsymbol{x}$ ist *äußerer Normalenvektor* (vgl. Abb. 2.8.2 und B 2.8.2).

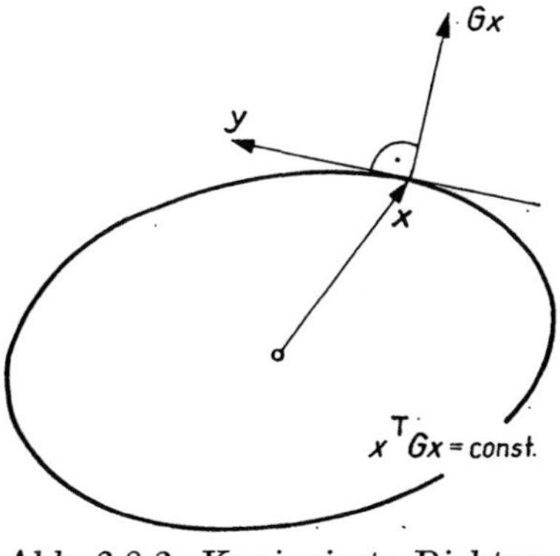

Abb. 2.8.2. Konjugierte Richtungen (*G*-Orthogonalität)

2.8.3. Überblick über Projektionsverfahren

In der Literatur findet man eine große Anzahl von Projektionsverfahren. Sie unterscheiden sich durch die Wahl des Skalarprodukts und durch die Festlegung der Projektionsvektoren:

1. $\boldsymbol{G} = \boldsymbol{I}$, man verwendet das Euklidische Skalarprodukt.

1. a) $\boldsymbol{p}^{(m)} := \boldsymbol{z}_m := (a_{m1}, a_{m2}, \dots, a_{mN})^T , \qquad m = 1(1)N .$

Die transponierten Zeilen der Matrix A werden zyklisch als Projektionsvektoren benutzt (*Zeilenapproximation mit eindimensionalen Unterräumen, Projektion auf Hyperebenen, Kaczmarz-Verfahren*).

1. b) $p^{(m)} := \sum_{j \in J_m} u_j z_j$. Statt einer Projektionsrichtung wird ein Projektionsunterraum gewählt, der jeweils von einigen (transponierten) Zeilen der Matrix aufgespannt wird. Die J_m sind Indexmengen, die die Nummern der betreffenden Zeilen enthalten (*Zeilenapproximation mit mehrdimensionalen Unterräumen, Projektion auf Schnitträume von Hyperebenen*).

2. $G := A$, man verwendet die Koeffizientenmatrix A selbst als Gewichtsmatrix. Dazu muß A symmetrisch und positiv definit sein.

2. a) $p^{(m)} := e_m$, $m = 1(1)N$. Die Einheitsvektoren des $\mathbb{R}^N$ werden zyklisch als Projektionsrichtungen gewählt (*Einzelschrittverfahren*).

2. b) $p^{(k)} := r^{(k-1)} := b - Ax^{(k-1)}$. Der letzte Restvektor wird neuer Projektionsvektor (*Gradientenverfahren*).

2. c) $p^{(k)} := r^{(k-1)} - v_k p^{(k-1)}$, $(p^{(k)}, p^{(k-1)})_A = 0$. In der von $r^{(k-1)}$ und $p^{(k-1)}$ aufgespannten Ebene wird die neue Projektionsrichtung A-orthogonal zur alten gewählt (*Verfahren der konjugierten Gradienten*).

3. $G := A^T A$, man verwendet die Matrix $A^T A$ als Gewichtsmatrix. Sie ist stets symmetrisch und, falls A regulär ist, auch positiv definit (Ü 2.8.15).

3. a) $p^{(m)} := e_m$, $m = 1(1)N$. Die Einheitsvektoren des $\mathbb{R}^N$ werden zyklisch als Projektionsrichtungen gewählt (*Spaltenapproximation mit eindimensionalen Unterräumen*).

3. b) $p^{(m)} := \sum_{j \in J_m} u_j e_j$. Statt einer Projektionsrichtung wird ein Projektionsunterraum gewählt, der jeweils von einigen Einheitsvektoren des $\mathbb{R}^N$ aufgespannt wird (*Spaltenapproximation mit mehrdimensionalen Unterräumen*).

3. c) $p^{(k)} := r^{(k-1)} := b - Ax^{(k-1)}$. Der letzte Restvektor wird neuer Projektionsvektor (*Verfahren von Krasnosel'skij und Krejn*).

2.8.4. Verfahren der konjugierten Gradienten

Etwas eingehender beschäftigen wir uns lediglich mit den Verfahren 2. b) und 2. c), bei denen die als symmetrisch und positiv definit vorausgesetzte Koeffizientenmatrix A als Gewichtsmatrix verwendet wird. Benutzt man in (3) für $(.,.)$ das allgemeine Skalarprodukt $(.,.)_A$ und setzt für $p^{(k)}$ den Restvektor $r^{(k-1)}$ ein, so erhält man

$$u_k = \frac{(x^{(k-1)} - x^*, r^{(k-1)})_A}{(r^{(k-1)}, r^{(k-1)})_A}. \tag{12}$$

Für den Zähler ergibt sich mit Hilfe von (8) und dem Kommutativitätsaxiom (S3)

$$(x^{(k-1)} - x^*, r^{(k-1)})_A = r^{(k-1)T} A (x^{(k-1)} - x^*) = -r^{(k-1)T} r^{(k-1)}.$$

Schreibt man auch noch den Nenner als Euklidisches Skalarprodukt, so erhält man das *Gradientenverfahren*

$$x^{(k)} = x^{(k-1)} - u_k r^{(k-1)}, \qquad u_k = -\frac{\|r^{(k-1)}\|_2^2}{(r^{(k-1)}, Ar^{(k-1)})}, \qquad k = 0, 1, \ldots \tag{13}$$

In dieser Form kostet jeder Schritt $2N^2 + 3N$ *Rechenoperationen*, da für den Rest das Produkt $Ax^{(k-1)}$ und für den Nenner das Produkt $Ar^{(k-1)}$ berechnet werden muß. Man kann den Rechenaufwand nahezu halbieren, wenn man die Restvektoren nicht aus der Definitionsgleichung $\boldsymbol{r} := \boldsymbol{b} - \boldsymbol{A}\boldsymbol{x}$, sondern rekursiv nach der Vorschrift

$$\boldsymbol{r}^{(k)} := \boldsymbol{r}^{(k-1)} + u_k \boldsymbol{A}\boldsymbol{r}^{(k-1)}, \qquad k = 1, 2, \ldots, \tag{14}$$

bestimmt. Dabei können sie allerdings durch Rundungsfehler mehr und mehr verfälscht werden. Deshalb ist es zweckmäßig, nach einer gewissen Anzahl von Schritten den Rest zur Kontrolle noch einmal direkt aus der Definitionsgleichung zu berechnen, und zwar wegen drohender Auslöschung mit erhöhter Genauigkeit.

Beim Lösen konkreter Beispiele wird deutlich (Ü 2.8.8), daß das Gradientenverfahren nur sehr langsam konvergiert. Deshalb wurde von HESTENES und STIEFEL [1] vorgeschlagen, als neue Projektionsrichtung nicht $\boldsymbol{r}^{(k-1)}$ selbst zu wählen, sondern vom zweiten Schritt an in der von $\boldsymbol{r}^{(k-1)}$ und $\boldsymbol{p}^{(k-1)}$ aufgespannten Ebene einen Vektor

$$\boldsymbol{p}^{(k)} = \boldsymbol{r}^{(k-1)} - v_k \boldsymbol{p}^{(k-1)} \tag{15}$$

zu bestimmen, der $\boldsymbol{A}$-orthogonal zur alten Projektionsrichtung ist, d. h.

$$(\boldsymbol{p}^{(k)}, \boldsymbol{p}^{(k-1)})_{\boldsymbol{A}} = 0\,. \tag{16}$$

Aus dieser Orthogonalitätsforderung läßt sich v_k berechnen,

$$v_k := \frac{(\boldsymbol{r}^{(k-1)}, \boldsymbol{p}^{(k-1)})_{\boldsymbol{A}}}{(\boldsymbol{p}^{(k-1)}, \boldsymbol{p}^{(k-1)})_{\boldsymbol{A}}}, \tag{17}$$

und u_k bekommt nach (3) die Gestalt

$$u_k := -\frac{(\boldsymbol{r}^{(k-1)}, \boldsymbol{p}^{(k)})}{(\boldsymbol{p}^{(k)}, \boldsymbol{p}^{(k)})_{\boldsymbol{A}}}, \tag{18}$$

womit man den Lösungs- und den Restvektor aus

$$\boldsymbol{x}^{(k)} = \boldsymbol{x}^{(k-1)} - u_k \boldsymbol{p}^{(k)}, \qquad \boldsymbol{r}^{(k)} = \boldsymbol{r}^{(k-1)} + u_k \boldsymbol{A}\boldsymbol{p}^{(k)} \tag{19}$$

berechnen kann.

Es zeigt sich nun, daß der Projektionsvektor $\boldsymbol{p}^{(k)}$ nicht nur $\boldsymbol{A}$-orthogonal zum Vorgänger $\boldsymbol{p}^{(k-1)}$, sondern sogar zu allen älteren Projektionsvektoren $\boldsymbol{p}^{(j)}, j = 1(1)k-1$, ist und weiter, daß der Restvektor $\boldsymbol{r}^{(k)}$ orthogonal (im Euklidischen Sinne) zu allen vorangegangenen Restvektoren ist. Das bedeutet, daß man nach N Schritten einen Restvektor $\boldsymbol{r}^{(N)}$ erhält, der orthogonal zu den N orthogonalen Vektoren $\boldsymbol{r}^{(0)}, \boldsymbol{r}^{(1)}, \ldots, \boldsymbol{r}^{(N-1)}$ ist. Im N-dimensionalen Raum kann ein solcher Vektor nur der Nullvektor sein. Das Verfahren liefert also (zumindest theoretisch) nach N Schritten die exakte Lösung.

Satz 2.8.4 (Konvergenz des Verfahrens der konjugierten Gradienten). *Ist $\boldsymbol{A}$ symmetrisch und positiv definit und berechnet man die Vektoren $\boldsymbol{p}^{(k)}, \boldsymbol{x}^{(k)}, \boldsymbol{r}^{(k)}$ nach den Formeln* (15) *bis* (19), *so gilt für alle $k \geqq 2$ und $j = 1(1)k-1$*

$$(\boldsymbol{r}^{(k-1)}, \boldsymbol{r}^{(j-1)}) = 0\,, \tag{20}$$

$$(\boldsymbol{r}^{(k-1)}, \boldsymbol{p}^{(j)}) = 0\,, \tag{21}$$

$$(\boldsymbol{p}^{(k)}, \boldsymbol{p}^{(j)})_{\boldsymbol{A}} = 0\,. \tag{22}$$

Den Beweis führen wir durch *vollständige Induktion* nach k.

Induktionsbeginn: Nach (16) ist $(\boldsymbol{p}^{(2)}, \boldsymbol{p}^{(1)})_{\boldsymbol{A}} = 0$, und wegen $\boldsymbol{p}^{(1)} = \boldsymbol{r}^{(0)}$ folgt mit

(19) und (18)

$$(\boldsymbol{r}^{(1)}, \boldsymbol{p}^{(1)}) = (\boldsymbol{r}^{(1)}, \boldsymbol{r}^{(0)}) = (\boldsymbol{r}^{(0)}, \boldsymbol{r}^{(0)}) - \frac{(\boldsymbol{r}^{(0)}, \boldsymbol{p}^{(1)})}{(\boldsymbol{p}^{(1)}, \boldsymbol{A}\boldsymbol{p}^{(1)})} (\boldsymbol{A}\boldsymbol{p}^{(1)}, \boldsymbol{r}^{(0)}) = 0\,.$$

Induktionsannahme: Für ein beliebig fixiertes k seien die drei Orthogonalitätsrelationen (20) bis (22) erfüllt.

Induktionsschluß: Es ist zu zeigen, daß die drei Relationen auch für $k + 1$ richtig sind. Zum Nachweis, daß analog zu (20)

$$(\boldsymbol{r}^{(k)}, \boldsymbol{r}^{(j-1)}) = 0 \quad \text{für} \quad j = 1(1)k \tag{23}$$

gilt, ersetzen wir zunächst $\boldsymbol{r}^{(k)}$ mit Hilfe von (19)

$$(\boldsymbol{r}^{(k)}, \boldsymbol{r}^{(j-1)}) = (\boldsymbol{r}^{(k-1)}, \boldsymbol{r}^{(j-1)}) + u_k(\boldsymbol{A}\boldsymbol{p}^{(k)}, \boldsymbol{r}^{(j-1)})$$

und anschließend im letzten Skalarprodukt $\boldsymbol{r}^{(j-1)}$ mit Hilfe von (15)

$$(\boldsymbol{r}^{(k)}, \boldsymbol{r}^{(j-1)}) = (\boldsymbol{r}^{(k-1)}, \boldsymbol{r}^{(j-1)}) + u_k(\boldsymbol{A}\boldsymbol{p}^{(k)}, \boldsymbol{p}^{(j)}) + u_k v_j(\boldsymbol{A}\boldsymbol{p}^{(k)}, \boldsymbol{p}^{(j-1)}).$$

Für $j = 1(1)k-1$ verschwindet jedes der drei rechts stehenden Skalarprodukte nach Induktionsannahme (20) bzw. (22). Für $j = k$ verschwindet nur das letzte, aber mit (18) ergibt sich für die Summe der beiden ersten Terme, wenn man noch einmal (15) benutzt,

$$\begin{aligned}(\boldsymbol{r}^{(k)}, \boldsymbol{r}^{(k-1)}) &= (\boldsymbol{r}^{(k-1)}, \boldsymbol{r}^{(k-1)}) - (\boldsymbol{r}^{(k-1)}, \boldsymbol{p}^{(k)}) = \\ &= (\boldsymbol{r}^{(k-1)}, \boldsymbol{r}^{(k-1)} - \boldsymbol{p}^{(k)}) = v_k(\boldsymbol{r}^{(k-1)}, \boldsymbol{p}^{(k-1)})\,,\end{aligned} \tag{24}$$

und das letzte Skalarprodukt verschwindet wegen Induktionsannahme (21). Damit ist die Gültigkeit von (23) nachgewiesen, die Annahme (20) ist also richtig.

Zum Nachweis, daß, analog zu (21),

$$(\boldsymbol{r}^{(k)}, \boldsymbol{p}^{(j)}) = 0 \quad \text{für} \quad j = 1(1)k \tag{25}$$

gilt, benutzen wir zunächst wieder die Rekursionsvorschrift (19) für die Restvektoren und erhalten für $j = 1(1)k-1$

$$(\boldsymbol{r}^{(k)}, \boldsymbol{p}^{(j)}) = (\boldsymbol{r}^{(k-1)} + u_k\boldsymbol{A}\boldsymbol{p}^{(k)}, \boldsymbol{p}^{(j)}) = (\boldsymbol{r}^{(k-1)}, \boldsymbol{p}^{(j)}) + u_k(\boldsymbol{p}^{(k)}, \boldsymbol{p}^{(j)})_{\boldsymbol{A}} = 0\,,$$

denn die letzten beiden Skalarprodukte verschwinden wegen (21) und (22). Für $j = k$ ersetzen wir $\boldsymbol{p}^{(k)}$ mit Hilfe von (15) und erhalten wegen (24)

$$(\boldsymbol{r}^{(k)}, \boldsymbol{p}^{(k)}) = (\boldsymbol{r}^{(k)}, \boldsymbol{r}^{(k-1)}) - v_k(\boldsymbol{r}^{(k)}, \boldsymbol{p}^{(k-1)}) = 0\,.$$

Zum Nachweis, daß analog zu (22)

$$(\boldsymbol{p}^{(k+1)}, \boldsymbol{p}^{(j)})_{\boldsymbol{A}} = 0 \quad \text{für} \quad j = 1(1)k \tag{26}$$

gilt, können wir uns auf den Fall $j = 1(1)k-1$ beschränken, denn für $j = k$ gilt (26) nach Konstruktion (vgl. (16)). Wir ersetzen $\boldsymbol{p}^{(k+1)}$ mit Hilfe von (15) und erhalten

$$(\boldsymbol{p}^{(k+1)}, \boldsymbol{p}^{(j)})_{\boldsymbol{A}} = (\boldsymbol{r}^{(k)} - v_{k+1}\boldsymbol{p}^{(k)}, \boldsymbol{p}^{(j)})_{\boldsymbol{A}} = (\boldsymbol{r}^{(k)}, \boldsymbol{A}\boldsymbol{p}^{(j)})\,, \tag{27}$$

denn $(\boldsymbol{p}^{(k)}, \boldsymbol{p}^{(j)})_{\boldsymbol{A}}$ verschwindet nach Induktionsannahme (22). In (27) ersetzen wir $\boldsymbol{A}\boldsymbol{p}^{(j)}$ mit Hilfe von (19) durch die Differenz der beiden Restvektoren $\boldsymbol{r}^{(j)}$ und $\boldsymbol{r}^{(j-1)}$, wodurch sich schließlich

$$(\boldsymbol{p}^{(k+1)}, \boldsymbol{p}^{(j)})_{\boldsymbol{A}} = \frac{1}{u_j}[(\boldsymbol{r}^{(k)}, \boldsymbol{r}^{(j)}) - (\boldsymbol{r}^{(k)}, \boldsymbol{r}^{(j-1)})] = 0$$

ergibt, denn die beiden Skalarprodukte in den eckigen Klammern verschwinden wegen (23).

Die für die letzte Gleichung benötigte Voraussetzung $u_j \neq 0$ ergibt sich sofort aus (18), denn wegen (15) und (21) ist

$$(\boldsymbol{r}^{(k-1)}, \boldsymbol{p}^{(k)}) = (\boldsymbol{r}^{(k-1)}, \boldsymbol{r}^{(k-1)} - v_k \boldsymbol{p}^{(k-1)}) = (\boldsymbol{r}^{(k-1)}, \boldsymbol{r}^{(k-1)}) .$$

Damit ist jedes u_k negativer Quotient zweier Normquadrate

$$u_k = -\frac{(\boldsymbol{r}^{(k-1)}, \boldsymbol{r}^{(k-1)})}{(\boldsymbol{p}^{(k)}, \boldsymbol{p}^{(k)})_{\boldsymbol{A}}} = -\frac{\|\boldsymbol{r}^{(k-1)}\|_2^2}{\|\boldsymbol{p}^{(k)}\|_{\boldsymbol{A}}^2} \tag{28}$$

und als solcher stets von Null verschieden. ■

Abschließend formen wir, um den Rechenaufwand für die Berechnung der v_k zu verringern, noch den Quotienten in (17) um. Für den Zähler ergibt sich mit (19) und (20)

$$(\boldsymbol{r}^{(k-1)}, \boldsymbol{A}\boldsymbol{p}^{(k-1)}) = \frac{1}{u_{k-1}} (\boldsymbol{r}^{(k-1)}, \boldsymbol{r}^{(k-1)}) .$$

Der dadurch in (17) entstehende Nenner $u_{k-1}(\boldsymbol{p}^{(k-1)}, \boldsymbol{p}^{(k-1)})_{\boldsymbol{A}}$ läßt sich wegen (28) durch $-(\boldsymbol{r}^{(k-2)}, \boldsymbol{r}^{(k-2)})$ ersetzen:

$$v_k = -\|\boldsymbol{r}^{(k-1)}\|_2^2 / \|\boldsymbol{r}^{(k-2)}\|_2^2 . \tag{29}$$

Damit ergibt sich aus (15) bis (19) der folgende Algorithmus:

Algorithmus 2.8.5. CG-Verfahren zur Lösung linearer Gleichungssysteme mit symmetrischer, positiv definiter Koeffizientenmatrix CGV $(N, \boldsymbol{A}, \boldsymbol{b}, \boldsymbol{x})$

$\boldsymbol{x}$	Startvektor
ε, K	Genauigkeitsschranke, maximale Schrittanzahl
$\boldsymbol{p} := \boldsymbol{r} := \boldsymbol{b} - \boldsymbol{A}\boldsymbol{x}$	erster Projektionsvektor
$e_0 := \|\boldsymbol{r}\|_2^2$	Normquadrat des Restvektors
┌ $k = 1(1)\,K$	Schrittzähler
│ $\boldsymbol{q} := \boldsymbol{A}\boldsymbol{p}$	Hilfsvektor
│ $d_k := \boldsymbol{q}^{\mathsf{T}}\boldsymbol{p}$	$\boldsymbol{A}$-Normquadrat des Projektionsvektors
│ $f := e_{k-1}/d_k$	Faktor
│ $\boldsymbol{x} := \boldsymbol{x} + f \cdot \boldsymbol{p}$	neuer Näherungsvektor
│ $\boldsymbol{r} := \boldsymbol{r} - f \cdot \boldsymbol{q}$	neuer Restvektor
│ $e_k := \|\boldsymbol{r}\|_2^2$	zugehöriges Normquadrat
│ falls $e_k/e_0 < \varepsilon$, dann stop	
│ $f := e_k/e_{k-1}$	Faktor
└ $\boldsymbol{p} := \boldsymbol{r} + f \cdot \boldsymbol{p}$	neuer Projektionsvektor

---

Der Schrittzähler k bei den Vektoren $\boldsymbol{x}^{(k)}$, $\boldsymbol{r}^{(k)}$ und $\boldsymbol{p}^{(k)}$ wurde weggelassen um deutlichzumachen, daß man die alten Vektoren zweckmäßig sofort durch die neuen überspeichert. Wenn die c_k und d_k nicht für Konditions- oder Eigenwertschätzungen verwendet werden sollen, genügt für die d_k ein Speicherplatz, für die e_k benötigt man dagegen drei, da zur Berechnung von v_k nach (29) der alte und der neue e-Wert gebraucht werden und e_0 für den Abbruchtest aufgehoben werden muß.

Der *Rechenaufwand* pro Schritt ergibt sich aus dem Aufwand für die Berechnung von $\boldsymbol{A}\boldsymbol{x}$ (bei voll besetzten Matrizen N^2, bei schwach besetzten NNE Multiplikationen) sowie der Berechnung von zwei Skalarprodukten und drei Produkten aus Skalar und Vektor. Insgesamt sind also je Schritt etwa

$$\mathrm{RAW}_{\mathrm{CG}} = \begin{cases} K(N^2 + 5N) & \text{bei voll besetzten Matrizen,} \\ K(\mathrm{NNE} + 5N) & \text{bei schwach besetzten Matrizen} \end{cases} \tag{30}$$

wesentliche Rechenoperationen erforderlich. Die Schrittanzahl K ist zwar theoretisch höchstens gleich N, praktisch verfälschen aber Rundungsfehler, insbesondere bei schlecht konditionierten und großen Gleichungssystemen, die Orthogonalität, so daß oft erst nach $2N^2$ oder $3N^2$ Schritten eine annehmbare Genauigkeit erreicht wird.

Beispiel 2.8.6. Mit Hilfe des CG-Verfahrens lösen wir das Gleichungssystem $\boldsymbol{Ax} = \boldsymbol{b}$ mit

$$\boldsymbol{A} := \begin{pmatrix} 4 & -1 & -1 & 0 \\ -1 & 4 & 0 & -1 \\ -1 & 0 & 4 & -1 \\ 0 & -1 & -1 & 4 \end{pmatrix} \quad \text{und} \quad \boldsymbol{b} := (1, 1, 1, 1)^{\mathrm{T}} \quad \text{bzw.} \quad \boldsymbol{b} := (1, 0, 0, 0)^{\mathrm{T}}.$$

x_1	x_2	x_3	x_4	r_1	r_2	r_3	r_4	e	p_1	p_2	p_3	p_4	q_1	q_2	q_3	q_4	d
0	0	0	0	1	1	1	1	4	1	1	1	1	2	2	2	2	8
$\frac{1}{2}$	$\frac{1}{2}$	$\frac{1}{2}$	$\frac{1}{2}$	0	0	0	0										

x_1	x_2	x_3	x_4	r_1	r_2	r_3	r_4	e	p_1	p_2	p_3	p_4	q_1	q_2	q_3	q_4	d
0	0	0	0	1	0	0	0	1	1	0	0	0	4	-1	-1	0	4
$\frac{1}{4}$	0	0	0	0	$\frac{1}{4}$	$\frac{1}{4}$	0	$\frac{1}{8}$	$\frac{1}{8}$	$\frac{1}{4}$	$\frac{1}{4}$	0	0	$\frac{7}{8}$	$\frac{7}{8}$	$-\frac{1}{2}$	$\frac{7}{16}$
$\frac{1}{14}$	$\frac{1}{14}$	$\frac{1}{14}$	0	0	0	0	$\frac{1}{7}$	$\frac{1}{49}$	$\frac{1}{49}$	$\frac{2}{49}$	$\frac{2}{49}$	$\frac{7}{49}$	0	0	0	$\frac{24}{49}$	$\frac{24}{343}$
$\frac{7}{24}$	$\frac{2}{24}$	$\frac{2}{24}$	$\frac{1}{24}$	0	0	0	0										

Im ersten Fall ergibt sich die exakte Lösung bereits nach dem ersten Schritt, bei der zweiten rechten Seite werden drei Schritte benötigt. Rundungsfehler haben wir durch das Rechnen mit Brüchen völlig vermieden, sie wären bei diesem kleinen Beispiel aber ohnehin belanglos.

2.8.5. Vorkonditionierte Gradientenverfahren

Man kann zeigen (Axelsson [1]), daß die Anzahl der zum Erreichen einer vorgegebenen Genauigkeit benötigten Iterationsschritte beim CG-Verfahren mit $\sqrt{\operatorname{cond}(\boldsymbol{A})}$ wächst. Es liegt deshalb nahe, die Schrittanzahl durch Vorkonditionierung (vgl. B 2.6.1) zu verringern. Die Kongruenztransformation mit einer Matrix $\boldsymbol{H}^{-1}$ führt das Ausgangssystem $\boldsymbol{Ax} = \boldsymbol{b}$ über in $\hat{\boldsymbol{A}}\hat{\boldsymbol{x}} = \hat{\boldsymbol{b}}$ mit $\hat{\boldsymbol{A}} := \boldsymbol{H}^{-1}\boldsymbol{A}\boldsymbol{H}^{-\mathrm{T}}$, $\hat{\boldsymbol{x}} := \boldsymbol{H}^{\mathrm{T}}\boldsymbol{x}$, $\check{\boldsymbol{b}} := \boldsymbol{H}^{-1}\boldsymbol{b}$. Ist $\boldsymbol{H}$ eine Diagonalmatrix, so können die transformierten Größen leicht berechnet werden. Ist $\boldsymbol{H}$ dagegen eine Dreiecksmatrix, so wäre es unwirtschaftlich, die Transformation explizit auszuführen, denn eine schwache Besetztheit von $\boldsymbol{A}$ würde beim Übergang zu $\hat{\boldsymbol{A}}$ verlorengehen. Man führt deshalb Algorithmus 2.8.5 zwar in den transformierten Größen aus, berechnet aber $\hat{\boldsymbol{q}} := \hat{\boldsymbol{A}}\hat{\boldsymbol{p}} = \boldsymbol{H}^{-1}\boldsymbol{A}\boldsymbol{H}^{-\mathrm{T}}\hat{\boldsymbol{p}}$ in drei Teilschritten

$$\boldsymbol{H}^{\mathrm{T}}\boldsymbol{y} = \hat{\boldsymbol{p}} \qquad \text{(Berechnung eines Hilfsvektors } \boldsymbol{y}\text{),} \tag{31}$$

$$\boldsymbol{z} := \boldsymbol{A}\boldsymbol{y} \qquad \text{(Multiplikation mit der Matrix } \boldsymbol{A}\text{),} \tag{32}$$

$$\boldsymbol{H}\hat{\boldsymbol{q}} = \boldsymbol{z} \qquad \text{(Berechnung des Vektors } \hat{\boldsymbol{q}}\text{).} \tag{33}$$

Außerdem müssen in der Anlaufrechnung der transformierte Näherungsvektor $\hat{x} = H^T x$ durch Multiplikation mit H^T und der transformierte Restvektor $\hat{r}$ durch Aösung des Gleichungssystems $H\hat{r} = r$ bestimmt werden. Nach Beendigung der Iteration ergibt sich die Lösung aus dem Gleichungssystem $H^T x = \hat{x}$. Dazu verwendet man die Unterprogramme, die ohnehin für (33) und (31) geschrieben werden müssen.

Neuer *Speicherplatz* wird nicht benötigt, denn die Vektoren y und z können nacheinander auf dem Platz von $\hat{q}$ untergebracht werden. Der *Rechenaufwand je Schritt* steigt um den Aufwand, den man für die Lösung der beiden Gleichungssysteme (31) und (33) braucht. Die Matrix H muß also so gewählt werden, daß dieser Aufwand möglichst gering bleibt. Wenn der Rechner die Besetztheitsstruktur der Matrix A durch ein Bitmuster oder eine kompakt gespeicherte Adjazenzmatrix (vgl. Vorlesung 2.5) bereits kennt, sollte man für H eine Dreiecksmatrix mit derselben Struktur wie das entsprechende Dreieck von A wählen.

In der Literatur (Schwarz [2]) werden folgende Varianten empfohlen:

$$H := D^{1/2} + \omega R^T ,$$

wo D und R durch die additive Aufspaltung $A := R^T + D + R$ festgelegt sind (vgl. (2.7.6)) und ω einen noch geeignet zu wählenden Parameter bezeichnet (*SSOR-Vorkonditionierung*, vgl. auch B 2.6.1), und

$$H := \tilde{L} , \qquad \tilde{L}\tilde{L}^T \approx A ,$$

wo $\tilde{L}$ durch eine *unvollständige Cholesky-Zerlegung* (bei der alle neu entstehenden Nichtnullelemente einfach weggelassen werden) oder eine *modifizierte Cholesky-Zerlegung* (bei der alle neu entstehenden Nichtnullelemente zum Diagonalelement der jeweiligen Zeile addiert werden) bestimmt wird. Man kann zeigen, daß solche Zerlegungen für wichtige Klassen von Matrizen, z. B. M-Matrizen, existieren (Ü 2.8.13).

2.8.6. Bemerkungen

B 2.8.1. Bei der Definition des Skalarprodukts haben wir uns auf lineare Räume über dem Körper der reellen Zahlen beschränkt. Über dem Körper der komplexen Zahlen definiert man (x, y) als komplexe Zahl und verlangt statt der Kommutativität (S3) die Eigenschaft (S3') $(x, y) = \overline{(y, x)}$, wo die Überstreichung den Übergang zur konjugiert komplexen Zahl bezeichnet.

B 2.8.2. Projektionsverfahren benötigen nur sehr schwache Voraussetzungen über die Koeffizientenmatrix. Sie können z. B. auch auf rechteckige lineare Gleichungssysteme angewendet werden, die nicht eindeutig lösbar oder widersprüchlich sind (Householder, Bauer [1], Tanabe [1, 2], Marčuk, Kuznecov [1], Peters [1, 2], Maess [2]), und liefern dann eine Lösung mit gewissen Extremaleigenschaften (Lösungs- bzw. Restvektor mit kleinster Norm, vgl. auch Kapitel 3). Allerdings ist die Konvergenzgeschwindigkeit oft unbefriedigend. Bei Systemen mit regulären Matrizen dürfte höchstens das Verfahren der konjugierten Gradienten konkurrenzfähig zu direkten Verfahren sein, und auch dieses nur bei Matrizen spezieller Struktur und Rechenanlagen geringerer Speicherkapazität (vgl. auch B 2.7.1).

B 2.8.3. Die Bezeichnung *Gradientenverfahren* rührt daher, daß der (mit $-1/2$ multiplizierte) Restvektor $r := b - Ax$ *Gradientenvektor* zu der quadratischen Funktion

$$f(x_1, x_2, \dots, x_N) := \|x - x^*\|_A^2 = (x - x^*)^T A(x - x^*)$$

ist. Allgemein wird der Gradient einer Funktion von N Veränderlichen definiert als Vektor der ersten partiellen Ableitungen:

$$\mathbf{grad}\, f := \left(\frac{\partial f}{\partial x_1}, \frac{\partial f}{\partial x_2}, \ldots, \frac{\partial f}{\partial x_N}\right)^{\mathrm{T}}.$$

Er ist äußerer Normalenvektor zu den Flächen $f(x_1, \ldots, x_N) = \text{const}$. Der Vektor $\boldsymbol{r}^{(k)} = -\frac{1}{2}\, \mathbf{grad}\, f = \boldsymbol{b} - \boldsymbol{A}\boldsymbol{x}^{(k)}$ ist also Normalenvektor eines Ellipsoids $\|\boldsymbol{x} - \boldsymbol{x}^*\|_{\boldsymbol{A}}^2 = \text{const}$ im Punkt $\boldsymbol{x} = \boldsymbol{x}^{(k)}$ und zeigt in negative Gradientenrichtung, also in Richtung abnehmender Werte. Deshalb werden Gradientenverfahren auch als *Abstiegsverfahren* bezeichnet.

B 2.8.4. Das von Hestenes und Stiefel entwickelte *Verfahren der konjugierten Gradienten* wurde von zahlreichen Mathematikern (u. a. wesentlich von Rutishauser) untersucht und im Hinblick auf eine schnellere Konvergenz weiterentwickelt. Literatur dazu findet man in dem Buch von Schwarz [1]. *Vorkonditionierungsmethoden* wurden seit Ende der siebziger Jahre von verschiedenen Autoren und in unterschiedlichen Zusammenhängen vorgeschlagen. Wir verweisen auf den Artikel von Schwarz [2], in dem man auch die Ergebnisse einiger numerischer Tests findet. Sie deuten darauf hin, daß die *partielle Cholesky-Zerlegung* für Gleichungssysteme günstig ist, die durch die *Finite-Elemente-Methode* erzeugt wurden, während die *modifizierte Cholesky-Zerlegung* sich bei Systemen bewährt, die von *Differenzenverfahren* herrühren.

2.8.7. Übungsaufgaben

Ü 2.8.1. Man beweise, daß das Euklidische Skalarprodukt $(\boldsymbol{x}, \boldsymbol{y}) := \boldsymbol{x}^{\mathrm{T}}\boldsymbol{y}$ und das allgemeine Skalarprodukt $(\boldsymbol{x}, \boldsymbol{y})_{\boldsymbol{G}} := \boldsymbol{x}^{\mathrm{T}}\boldsymbol{G}\boldsymbol{y}$, $\boldsymbol{G}$ symmetrisch und positiv definit, den Axiomen (S1), (S2) und (S3) der Definition 2.8.2 genügen.

Ü 2.8.2. Man zeige: Ist $(\boldsymbol{x}, \boldsymbol{y})^*$ irgendein Skalarprodukt im $\mathbb{R}^N$, so läßt sich eine symmetrische, positiv definite Matrix $\boldsymbol{G}$ finden, so daß $(\boldsymbol{x}, \boldsymbol{y})^* = \boldsymbol{x}^{\mathrm{T}}\boldsymbol{G}\boldsymbol{y}$ gilt.

Ü 2.8.3. Man beweise die Ungleichung von Bunjakovskij-Cauchy-Schwarz.

Ü 2.8.4. Man zeige, daß die *energetische Norm* $\|\boldsymbol{x}\|_{\boldsymbol{G}} := \sqrt{\boldsymbol{x}^{\mathrm{T}}\boldsymbol{G}\boldsymbol{x}}$ den Normaxiomen genügt und beweise die Ungleichung $\sqrt{\gamma_1}\, \|\boldsymbol{x}\|_2 \leqq \|\boldsymbol{x}\|_{\boldsymbol{G}} \leqq \sqrt{\gamma_N}\, \|\boldsymbol{x}\|_2$. Dabei bezeichnet $\boldsymbol{G}$ eine symmetrische, positiv definite Matrix und γ_1 und γ_N ihren kleinsten bzw. größten Eigenwert.

Ü 2.8.5. Man schreibe und programmiere einen Algorithmus für die Projektionsverfahren 1. a) und 2. a).

Ü 2.8.6. Man schreibe das Projektionsverfahren 2. a) als Algorithmus und weise nach, daß es sich dabei um das Einzelschrittverfahren (Gauß-Seidel-Verfahren) handelt.

Ü 2.8.7. Man schreibe das Gradientenverfahren (13) als instationäres Iterationsverfahren in der Gestalt $\boldsymbol{x}^{(k)} := \boldsymbol{T}_k\boldsymbol{x}^{(k-1)} + \boldsymbol{C}_k\boldsymbol{b}$ (vgl. B 2.7.5).

Ü 2.8.8. Mit Hilfe des Gradientenverfahrens (13) berechne man, ausgehend vom Startvektor $\boldsymbol{x}^{(0)} := (0, 0, 0, 0)^{\mathrm{T}}$, fünf Näherungsvektoren für die Lösung des linearen Gleichungssystems $\boldsymbol{A}\boldsymbol{x} = \boldsymbol{b}$ mit

$$\boldsymbol{A} := \begin{pmatrix} 5 & 7 & 6 & 5 \\ 7 & 10 & 8 & 7 \\ 6 & 8 & 10 & 9 \\ 5 & 7 & 9 & 10 \end{pmatrix}, \quad \boldsymbol{b} := \begin{pmatrix} 23 \\ 32 \\ 33 \\ 31 \end{pmatrix}.$$

Ü 2.8.9. Man löse das System $\boldsymbol{A}\boldsymbol{x} = \boldsymbol{b}$ aus Ü 2.8.8 mit Hilfe des CG-Verfahrens.

Ü 2.8.10. Man löse das System $\boldsymbol{A}\boldsymbol{x} = \boldsymbol{b}$ mit der Matrix $\boldsymbol{A}$ aus Ü 2.2.15 und der rechten Seite $\boldsymbol{b} := (0, 1, 0, 0)^{\mathrm{T}}$ mit Hilfe des CG-Verfahrens.

Ü 2.8.11. Durch Vorkonditionierung mit der Matrix $\boldsymbol{H} := \operatorname{diag}(10, 2, 10, 2)$ führe man das System aus Ü 2.8.10 in die Gestalt $\hat{\boldsymbol{A}}\hat{\boldsymbol{x}} = \hat{\boldsymbol{b}}$ über und löse das transformierte System mit dem CG-Verfahren.

Ü 2.8.12. Man schreibe ein Programm für das CG-Verfahren (Algorithmus 2.8.5) und erweitere das Programm durch Unterprogramme (entsprechend (31) und (33)) zu einem *CG-Algorithmus mit Vorkonditionierung*.

Ü 2.8.13. Für die Matrix $\boldsymbol{A}$ aus Ü 2.7.4 berechne man eine *unvollständige* $\tilde{\boldsymbol{L}}\tilde{\boldsymbol{L}}^{\mathrm{T}}$*-Zerlegung*, bei der $\tilde{\boldsymbol{L}}$ die gleiche Besetztheitsstruktur aufweisen soll wie das linke untere Dreieck von $\boldsymbol{A}$.

Ü 2.8.14. Man löse das System $\boldsymbol{A}\boldsymbol{x} = \boldsymbol{b}$ aus Ü 2.7.4 mit Hilfe des CG-Algorithmus zunächst ohne Vorkonditionierung und anschließend mit Vorkonditionierung mit der Konditionierungsmatrix $\boldsymbol{H} := \tilde{\boldsymbol{L}}$ aus Ü 2.8.13.

Ü 2.8.15. Man zeige: Ist $\boldsymbol{A}$ regulär, so sind die Matrizen $\boldsymbol{A}^{\mathrm{T}}\boldsymbol{A}$ und $\boldsymbol{A}\boldsymbol{A}^{\mathrm{T}}$ symmetrisch und positiv definit.

3. Überbestimmte lineare Gleichungssysteme

3.1. Methode der kleinsten Quadrate

Die *Methode der kleinsten Quadrate* geht auf GAUSS zurück. Sie wird u. a. in der *Regressionsanalyse der mathematischen Statistik* verwendet und ist für viele Probleme aus der Praxis von Bedeutung.

3.1.1. Problemstellung

Wir erläutern die Aufgabenstellung an zwei Beispielen:

Beispiel 3.1.1. Das Körpergewicht eines Neugeborenen nimmt in den ersten Wochen annähernd linear zu:

t in Wochen	0	1	2	3	4	6	8
G in g	3250	3070	3200	3400	3650	3680	3900

Gesucht ist eine Gerade $G = c_0 + c_1 t$, die diesen *Wachstumsprozeß* möglichst gut wiedergibt.

Beispiel 3.1.2. Bei der *adiabatischen Zustandsänderung eines Gases* besteht zwischen der Temperatur und dem Volumen der Zusammenhang $T = kV^{1-\beta}$. Aus den Messungen

V in l	1	2	3	4	5
T in K	405	307	260	231	211

für ein speziellen Gas sollen die Parameter k und β so bestimmt werden, daß das angegebene Gesetz die Meßreihe möglichst gut annähert.

In beiden Beispielen handelt es sich um Probleme der *Ausgleichsrechnung*: Gesucht sind N *Parameter* $x_1, x_2, \ldots, x_N$, die einen biologischen, medizinischen, physikalischen, ökonomischen, ... Prozeß

$$y = f(t; x_1, x_2, \ldots, x_N) \tag{1}$$

steuern. Im ersten Beispiel sind das die Koeffizienten c_0 und c_1 der Geradengleichung, im zweiten die Größen k und β. Sie lassen sich nicht unmittelbar messen. Unter verschiedenen Versuchsbedingungen $t_1, t_2, \ldots, t_M$, im ersten Beispiel sind das verschiedene Zeitpunkte, im zweiten verschiedene Volumina, können aber *Meßwerte*

$$y_m := f_m(x_1, x_2, \ldots, x_N) := f(t_m; x_1, x_2, \ldots, x_N), \qquad m = 1(1)M, \tag{2}$$

für die abhängige Veränderliche y bestimmt werden. Da Meßfehler unvermeidbar sind, wird man eine größere Anzahl von Experimenten durchführen, als zur Bestimmung der Unbekannten unbedingt erforderlich wäre ($M > N$) und dadurch versuchen, die Meßfehler „auszugleichen". Das möglicherweise nichtlineare Gleichungssystem (2) ist in diesem Fall überbestimmt und deshalb im allgemeinen widersprüchlich. Anstelle einer Lösung sucht man Parameter $x_1, x_2, \dots, x_N$, die alle M Gleichungen zwar nicht exakt, aber doch *möglichst gut* erfüllen, eine sogenannte *Pseudolösung*. Dazu definiert man die *Reste* (*Residuen*)

$$r_m := y_m - f_m(x_1, x_2, \dots, x_N), \qquad m = 1(1)M, \tag{3}$$

und verlangt, daß irgendeine *Norm des Restvektors* $\boldsymbol{r} := (r_1, \dots, r_M)^{\mathsf{T}}$ möglichst klein wird:

$$\|\boldsymbol{r}\| = \min! \tag{4}$$

Verwendet man die *Betragssummen-* oder die *Maximumnorm* (vgl. (2.1.16) und (2.1.15)), so heißt die Extremalaufgabe (4) *diskrete L_1- bzw. L_∞-Approximation*, im zweiten Fall auch *diskretes Čebyšev-Problem*. Verwendet man die *Euklidische Vektornorm* (2.1.14) ,so führt (4) auf die *Gaußsche Methode der kleinsten Quadrate*:

$$\|\boldsymbol{r}\|_2^2 = \sum_{m=1}^{N} \left(y_m - f_m(x_1, x_2, \dots, x_N)\right)^2 = \min! \tag{5}$$

3.1.2. Lineare Ausgleichsrechnung

Hängt die Funktion f linear von den Unbekannten $x_1, x_2, \dots, x_N$ ab,

$$f_m(x_1, x_2, \dots, x_N) = a_{m0} + a_{m1}x_1 + a_{m2}x_2 + \dots + a_{mN}x_N, \quad m = 1(1)M, \tag{6}$$

so spricht man von *linearer Ausgleichsrechnung*.

Ein nichtlineares Problem kann man, wie beim Newton-Verfahren, dadurch linearisieren, daß man die Funktion in der Umgebung bereits bekannter Näherungswerte in eine Taylor-Reihe entwickelt und diese nach den linearen Termen abbricht.

Faßt man die Koeffizienten a_{mn} zu einer $M \times N$-Matrix $\boldsymbol{A}$, die Absolutglieder $y_m - a_{m0}$ zu einem Konstantenvektor $\boldsymbol{b}$ und die Unbekannten x_n zu einem Vektor $\boldsymbol{x}$ zusammen, so ergibt sich aus (2) und (6) das *überbestimmte lineare Gleichungssystem*

$$\boldsymbol{A} \cdot \boldsymbol{x} = \boldsymbol{b}, \tag{7}$$

$$\begin{bmatrix} \times & \times & \times \\ \times & \times & \times \\ \times & \times & \times \\ \times & \times & \times \\ \times & \times & \times \\ \times & \times & \times \end{bmatrix} \cdot \begin{pmatrix} \times \\ \times \\ \times \end{pmatrix} = \begin{bmatrix} \times \\ \times \\ \times \\ \times \\ \times \\ \times \end{bmatrix}$$

und aus (5) das *lineare Ausgleichsproblem*

$$\|\boldsymbol{r}\|_2^2 = (\boldsymbol{b} - \boldsymbol{A}\boldsymbol{x})^{\mathsf{T}} (\boldsymbol{b} - \boldsymbol{A}\boldsymbol{x}) = \min! \tag{8}$$

Wir betrachten zunächst den Fall, daß die Matrix $\boldsymbol{A}$ *spaltenregulär* ist, d. h. daß ihre N Spalten linear unabhängig sind: $\operatorname{rg}(\boldsymbol{A}) = N$. Der allgemeinere rangdefiziente Fall $\operatorname{rg}(\boldsymbol{A}) < \min(M, N)$ wird in den Vorlesungen 3.3 und 3.4 behandelt.

Satz 3.1.3 (Kleinste-Quadrate-Lösung des linearen Ausgleichsproblems). *Sind die N Spalten der $M \times N$-Matrix $\boldsymbol{A}$ eines überbestimmten linearen Gleichungssystems $\boldsymbol{A}\boldsymbol{x} = \boldsymbol{b}$ linear unabhängig* ($\operatorname{rg}(\boldsymbol{A}) = N$), *so hat das Extremalproblem* $\|\boldsymbol{b} - \boldsymbol{A}\boldsymbol{x}\|_2 =$

$=$ min! *genau eine Lösung, die Kleinste-Quadrate-Lösung*

$$\boldsymbol{x} = (\boldsymbol{A}^\mathsf{T}\boldsymbol{A})^{-1}\boldsymbol{A}^\mathsf{T}\boldsymbol{b}\,. \tag{9}$$

Beweis. Durch Ausmultiplizieren des Skalarprodukts $\boldsymbol{r}^\mathsf{T}\boldsymbol{r}$ ergibt sich $||\boldsymbol{r}||_2^2 = \boldsymbol{b}^\mathsf{T}\boldsymbol{b} - \boldsymbol{x}^\mathsf{T}\boldsymbol{A}^\mathsf{T}\boldsymbol{b} - \boldsymbol{b}^\mathsf{T}\boldsymbol{A}\boldsymbol{x} + \boldsymbol{x}^\mathsf{T}\boldsymbol{A}^\mathsf{T}\boldsymbol{A}\boldsymbol{x}$. Die Matrix $\boldsymbol{A}^\mathsf{T}\boldsymbol{A}$ ist die Gramsche Matrix der linear unabhängigen Spalten von $\boldsymbol{A}$ und demzufolge regulär (Ü 3.1.1). Man kann deshalb die beiden mittleren Terme wie folgt erweitern

$$||\boldsymbol{r}||_2^2 = \boldsymbol{b}^\mathsf{T}\boldsymbol{b} - \boldsymbol{x}^\mathsf{T}(\boldsymbol{A}^\mathsf{T}\boldsymbol{A})\,(\boldsymbol{A}^\mathsf{T}\boldsymbol{A})^{-1}\boldsymbol{A}^\mathsf{T}\boldsymbol{b} - \boldsymbol{b}^\mathsf{T}\boldsymbol{A}(\boldsymbol{A}^\mathsf{T}\boldsymbol{A})^{-1}\,(\boldsymbol{A}^\mathsf{T}\boldsymbol{A})\,\boldsymbol{x} + \boldsymbol{x}^\mathsf{T}\boldsymbol{A}^\mathsf{T}\boldsymbol{A}\boldsymbol{x}\,.$$

Wenn man, ähnlich der quadratischen Ergänzung bei quadratischen Gleichungen, noch $\boldsymbol{b}^\mathsf{T}\boldsymbol{A}(\boldsymbol{A}^\mathsf{T}\boldsymbol{A})^{-1}\boldsymbol{A}^\mathsf{T}\boldsymbol{b}$ addiert und wieder subtrahiert, so kann man die vier mittleren Terme zu einem Produkt zusammenfassen, das sich als gewichtete Norm (vgl. (2.8.9)) mit der Gewichtsmatrix $\boldsymbol{G} = (\boldsymbol{A}^\mathsf{T}\boldsymbol{A})^{-1}$ interpretieren läßt,

$$||\boldsymbol{r}||_2^2 = ||\boldsymbol{A}^\mathsf{T}\boldsymbol{A}\boldsymbol{x} - \boldsymbol{A}^\mathsf{T}\boldsymbol{b}||_G^2 + \boldsymbol{b}^\mathsf{T}\boldsymbol{b} - \boldsymbol{b}^\mathsf{T}\boldsymbol{A}(\boldsymbol{A}^\mathsf{T}\boldsymbol{A})^{-1}\boldsymbol{A}\boldsymbol{b}^\mathsf{T}\,,$$

denn $(\boldsymbol{A}^\mathsf{T}\boldsymbol{A})^{-1}$ ist wie $\boldsymbol{A}^\mathsf{T}\boldsymbol{A}$ eine symmetrische, positiv definite Matrix (Ü 3.1.2 und Ü 3.1.3). Jede Norm ist eine nichtnegative Zahl. Folglich wird die Norm des Restes genau dann minimal, wenn die gewichtete Norm verschwindet,

$$\min_{\boldsymbol{x}\in\mathbb{R}^N} ||\boldsymbol{r}||_2^2 = \min_{\boldsymbol{x}\in\mathbb{R}^N} ||\boldsymbol{b} - \boldsymbol{A}\boldsymbol{x}||_2^2 = \boldsymbol{b}^\mathsf{T}\boldsymbol{b} - \boldsymbol{b}^\mathsf{T}\boldsymbol{A}(\boldsymbol{A}^\mathsf{T}\boldsymbol{A})^{-1}\boldsymbol{A}^\mathsf{T}\boldsymbol{b}\,, \tag{10}$$

also wenn

$$\boldsymbol{A}^\mathsf{T}\boldsymbol{A}\boldsymbol{x} = \boldsymbol{A}^\mathsf{T}\boldsymbol{b} \tag{11}$$

gilt. Das System (11) heißt *System der Gaußschen Normalgleichungen*. Es ergibt sich offenbar aus dem überbestimmten Ausgangssystem (7) durch Multiplikation mit $\boldsymbol{A}^\mathsf{T}$. Dieser Übergang wird (*erste*) *Gaußsche Transformation* genannt. Die $N \times N$-Matrix $\boldsymbol{A}^\mathsf{T}\boldsymbol{A}$ ist regulär, also läßt sich die Lösung des linearen Ausgleichsproblems (8) explizit in der Gestalt (9) angeben. ■

Beispiel 3.1.4. Im Beispiel 3.1.1 ist eine Gerade $G = c_0 + c_1 \cdot t$ gesucht, deren Parameter möglichst gut dem überbestimmten Gleichungssystem

$$\left.\begin{aligned} c_0 + 0 \cdot c_1 &= 3250\,,\\ c_0 + 1 \cdot c_1 &= 3070\,,\\ &\vdots\\ c_0 + 8 \cdot c_1 &= 3900 \end{aligned}\right\} \tag{12}$$

genügen sollen. Setzt man $\boldsymbol{b} := (3250,\ 3070,\ 3200,\ 3400,\ 3650,\ 3680,\ 3900)^\mathsf{T}$,

$$\boldsymbol{A} := \begin{pmatrix} 1 & 1 & 1 & 1 & 1 & 1 & 1\\ 0 & 1 & 2 & 3 & 4 & 6 & 8 \end{pmatrix}^\mathsf{T}, \qquad \boldsymbol{x} := \begin{pmatrix} c_0\\ c_1 \end{pmatrix},$$

so ergeben sich die Normalgleichungen

$$\begin{pmatrix} 7 & 24\\ 24 & 130 \end{pmatrix} \begin{pmatrix} c_0\\ c_1 \end{pmatrix} = \begin{pmatrix} 24150\\ 87550 \end{pmatrix}$$

mit der Kleinste-Quadrate-Lösung $c_0 = \dfrac{1\,038\,300}{334} \approx 3110$, $c_1 = \dfrac{33\,250}{334} \approx 100$, also einer wöchentlichen Gewichtszunahme von etwa 100 g. Läßt man die Gewichtsabnahme in der ersten Woche außer acht, verzichtet also auf die erste Gleichung in (12)), so paßt sich die Gerade dem Wachstumsprozeß noch besser an (gestrichelte Gerade in Abb. 3.1.1):

$$\begin{pmatrix} 6 & 24\\ 24 & 130 \end{pmatrix} \cdot \begin{pmatrix} c_0\\ c_1 \end{pmatrix} = \begin{pmatrix} 20900\\ 87\,550 \end{pmatrix}, \qquad c_0 = \frac{615800}{204} \approx 3020, \quad c_1 = \frac{23700}{204} \approx 116\,.$$

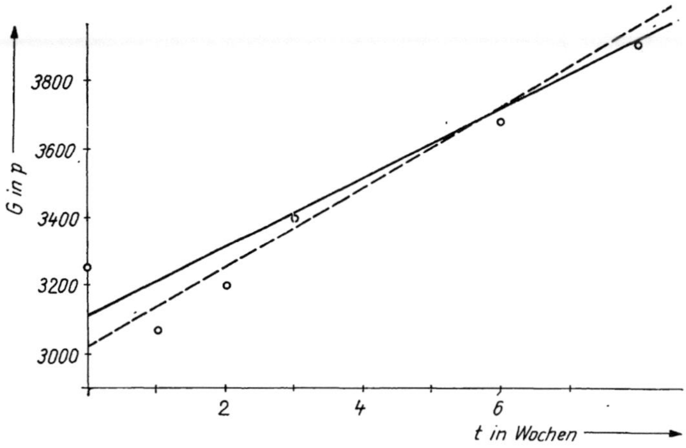

Abb. 3.1.1. Ausgleichsgeraden für einen Wachstumsprozeß

Beispiel 3.1.5. Im Beispiel 3.1.2 hängen die gemessenen Temperaturen nichtlinear von den Parametern k und β ab. Durch Logarithmieren, $\ln k + (1 - \beta) \ln V = \ln T$, erhält man aber einen linearen Zusammenhang zwischen den umgerechneten Meßgrößen $b_m := \ln T_m$ und den Parametern $x_1 := \ln k$ und $x_2 := 1 - \beta$. Das überbestimmte lineare Gleichungssystem (7) hat hier die Gestalt

$$\left.\begin{aligned} x_1 + 0.0000x_2 &= 6.0039\,, \\ x_1 + 0.69315x_2 &= 5.7268\,, \\ x_1 + 1.0986x_2 &= 5.5607\,, \\ x_1 + 1.3863x_2 &= 5.4424\,, \\ x_1 + 1.6094x_2 &= 5.3519\,. \end{aligned}\right\} \tag{13}$$

Daraus ergibt sich das System der Gaußschen Normalgleichungen

$$\begin{aligned} 5 \cdot \quad x_1 + 4.7875x_2 &= 28.086\,, \\ 4.7875x_1 + 6.1995x_2 &= 26.237 \end{aligned}$$

mit der Lösung $x_1 = 6.0054$, $x_2 = -0.40554$, oder, auf die gesuchten Parameter umgerechnet, $\beta = 1 - x_2 \approx 1.406$ $k = e^{x_1} \approx 406$.

Ebenso wie den im letzten Beispiel verwendeten *Potenzansatz* $y = c \cdot t^d$ kann man auch einen *Exponentialansatz* $y = c \cdot e^{td}$ durch Logarithmieren auf ein lineares Ausgleichsproblem zurückführen (Ü 3.1.6, vgl. auch B 3.1.2). Ferner kann nichtlineares Verhalten des Prozesses (1) durch einen *Polynomansatz* (ein *Ausgleichspolynom*)

$$y = f(t; x_1, \ldots, x_N) := x_1 + x_2 t + \ldots + x_N t^{N-1} \tag{14}$$

angenähert werden. Hier hängt f linear von den unbekannten Parametern ab, so daß es sich von vornherein um ein lineares Ausgleichsproblem handelt. Liegen M Meßwerte vor, so hat die Koeffizientenmatrix $\boldsymbol{A}$ des überbestimmten linearen Gleichungssystems (7) die Gestalt

$$\boldsymbol{A} = \begin{pmatrix} 1 & t_1 & \ldots & t_1^{N-1} \\ 1 & t_2 & \ldots & t_2^{N-1} \\ \vdots & \vdots & & \vdots \\ 1 & t_M & \ldots & t_M^{N-1} \end{pmatrix}. \tag{15}$$

Für die Koeffizientenmatrix und die rechte Seite des Systems der Gaußschen Normalgleichungen ergibt sich daraus

$$\boldsymbol{A}^{\mathsf T}\boldsymbol{A} = \begin{pmatrix} N & \sum t_m & & \sum t_m^N \\ \sum t_m & \sum t_m^2 & & \sum t_m^{N+1} \\ \vdots & \vdots & & \vdots \\ \sum t_m^N & \sum t_m^{N+1} & \dots & \sum t_m^{2N-2} \end{pmatrix}, \quad \boldsymbol{A}^{\mathsf T}\boldsymbol{b} = \begin{pmatrix} \sum_m \\ \sum t_m y_m \\ \vdots \\ \sum t_m^{N-1} y_m \end{pmatrix}, \tag{16}$$

wobei für den Summationsindex überall $m = 1(1)M$ gelten soll (Ü 3.1.7).

3.1.3. Lösung der Normalgleichungen

Bei einer größeren Anzahl von unbekannten Parametern benötigt man zur Lösung des linearen Ausgleichsproblems *numerische Verfahren.* Da $\boldsymbol{A}^{\mathsf T}\boldsymbol{A}$ symmetrisch und (im spaltenregulären Fall) auch positiv definit ist, kann man das System (11) mit Hilfe des *Cholesky-Verfahrens* (Abschnitt 2.4.2) lösen. Dabei muß man aber beachten, daß die Gauß-Transformation die *Kondition* verschlechtert: Die relative Spektralkonditionszahl wird beim Übergang vom überbestimmten Ausgangsproblem (7) zum System der Gaußschen Normalgleichungen (11) quadriert (Ü 3.4.9). Für schlecht konditionierte Systeme ist es deshalb günstiger, die Kleinste-Quadrate-Lösung mit Hilfe eines *Orthogonalisierungsverfahrens* direkt aus (7) zu berechnen (Vorlesung 3.2).

Für Systeme mit *schwach besetzten Matrizen* eignet sich das *Verfahren der konjugierten Gradienten* (Abschnitt 2.8.4). Wollte man den Algorithmus 2.8.5 auf das System der Normalgleichungen anwenden, so müßte $\boldsymbol{A}^{\mathsf T}\boldsymbol{A}$ explizit bestimmt werden. Dabei könnte sich die Anzahl der Nichtnullelemente vergrößern (Ü 3.1.9). Ohne große Schwierigkeiten kann der Algorithmus aber so abgeändert werden, daß er sich unmittelbar auf das überbestimmte Ausgangssystem (7) anwenden läßt. Dazu wird der Restvektor $\boldsymbol{r} := \boldsymbol{A}^{\mathsf T}\boldsymbol{b} - \boldsymbol{A}^{\mathsf T}\boldsymbol{A}\boldsymbol{x}$ in den zwei Teilschritten $\boldsymbol{v} := \boldsymbol{b} - \boldsymbol{A}\boldsymbol{x}$, $\boldsymbol{r} := \boldsymbol{A}^{\mathsf T}\boldsymbol{v}$ bestimmt und d_k als $(\boldsymbol{A}^{\mathsf T}\boldsymbol{A})$-Normquadrat des Projektionsvektors berechnet. Der angepaßte CG-Algorithmus hat dann die folgende Gestalt.:

Algorithmus 3.1.6. CG-Verfahren zur Bestimmung der Kleinste-Quadrate-Lösung überbestimmter linearer Gleichungssysteme CGQ $(M, N, \boldsymbol{A}, \boldsymbol{b}, \boldsymbol{x})$

$\boldsymbol{x}$	Startvektor
$\varepsilon,\ K$	Genauigkeitsschranke, maximale Schrittanzahl
$\boldsymbol{v} := \boldsymbol{b} - \boldsymbol{A}\boldsymbol{x}$	Restberechnung
$\boldsymbol{r} := \boldsymbol{A}^{\mathsf T}\boldsymbol{v}$	
$e_0 := \boldsymbol{r}^{\mathsf T}\boldsymbol{r}$	Normquadrat des Restvektors
$\boldsymbol{p} := \boldsymbol{r}$	erster Projektionsvektor
$k = 1(1)\,K$	Schrittzähler
$\quad \boldsymbol{q} := \boldsymbol{A}\boldsymbol{p}$	Hilfsvektor
$\quad d_k := \boldsymbol{q}^{\mathsf T}\boldsymbol{q}$	$(\boldsymbol{A}^{\mathsf T}\boldsymbol{A})$-Normquadrat des Projektionsvektors
$\quad f := e_{k-1}/d_k$	
$\quad \boldsymbol{x} := \boldsymbol{x} + f \cdot \boldsymbol{p}$	neuer Näherungsvektor
$\quad \boldsymbol{v} := \boldsymbol{v} - f \cdot \boldsymbol{q}$	
$\quad \boldsymbol{r} := \boldsymbol{A}^{\mathsf T}\boldsymbol{v}$	neuer Restvektor
$\quad e_k := \boldsymbol{r}^{\mathsf T}\boldsymbol{r}$	Normquadrat des Restvektors
$\quad$ falls $e_k/e_0 < \varepsilon$, dann stop	
$\quad f := e_k/e_{k-1}$	
$\quad \boldsymbol{p} := \boldsymbol{r} + f \cdot \boldsymbol{p}$	neuer Projektionsvektor

Der *Rechenaufwand* wird im wesentlichen von den beiden Produkten $\boldsymbol{A} \cdot \boldsymbol{p}$ und $\boldsymbol{A}^T \boldsymbol{v}$ bestimmt. Zu ihrer Berechnung schreibt man Unterprogramme, die die spezielle Besetztheitsstruktur ausnutzen. Hinzukommen wie früher (vgl. (2.8.30)) zwei Skalarprodukte und drei Produkte aus Skalar und Vektor. Insgesamt ergibt sich also

$$\mathrm{RAW}_{\mathrm{CGQ}} = \begin{cases} K(2M \cdot N + 2M + 3N) & \text{bei voll besetzten Matrizen,} \\ K(2 \cdot \mathrm{NNE} + 2M + 3N) & \text{bei schwach besetzten Matrizen.} \end{cases}$$

3.1.4. Bemerkungen

B 3.1.1. Die beiden gerechneten Varianten im Beispiel 3.1.4 zeigen, daß stark abweichende Meßwerte („Ausreißer") einen wesentlichen Einfluß auf die Kleinste-Quadrate-Lösung besitzen. Wir verzichten hier darauf, Pseudolösungen, die im Sinne der Betragssummen- oder der Maximumnorm optimal sind, zu bestimmen, weil die Verfahren etwas komplizierter sind (STIEFEL [1]). Numerisch ist aber das Ergebnis einer Čebyšev-Approximation günstiger, weil es eine minimale Betragsschranke liefert, die gleichmäßig für alle Restkomponenten gilt. Die durch eine diskrete Čebyšev-Approximation erreichbare Verbesserung läßt sich mit Hilfe der Normungleichungen aus Ü 2.1.22 abschätzen: Für jeden Vektor $\boldsymbol{r}$ aus dem $\mathbb{R}^M$ gilt $\frac{1}{\sqrt{M}} \|\boldsymbol{r}_2\| \leqq \|\boldsymbol{r}\|_\infty$. Bezeichnet $\boldsymbol{r}^*$ den Restvektor der Kleinste Quadrate-Lösung und $\boldsymbol{r}'$ den Restvektor der Čebyšev-Lösung, so gilt $\|\boldsymbol{r}^*\|_2 \leqq \|\boldsymbol{r}\|_2$ und $\|\boldsymbol{r}'\|_\infty \leqq \|\boldsymbol{r}\|_\infty$. Daraus ergibt sich die Einschließung

$$\frac{1}{\sqrt{M}} \|\boldsymbol{r}^*\|_2 \leqq \|\boldsymbol{r}'\|_\infty \leqq \|\boldsymbol{r}^*\|_\infty$$

für die Maximumnorm des Restes (und damit für die Beträge aller Restkomponenten) der Čebyšev-Lösung.

B 3.1.2. Wenn man Potenz- oder Exponentialansätze durch Logarithmieren auf ein lineares Ausgleichsproblem zurückführt, wird statt der Quadratsumme der Reste r_m (vgl. (3)) die Quadratsumme

$$\sum_{m=1}^{M} \tilde{r}_m^2 := \sum_{m=1}^{M} (\ln y_m - \ln f_m(x_1, x_2, \dots, x_N))^2 \tag{17}$$

minimiert. Das bewirkt eine Verzerrung, die besonders dann zu einer starken Verfälschung führt, wenn y-Werte von unterschiedlicher Größenordnung auftreten (vgl. Ü 3.1.6). Nach BERG [3] kann man für kleine $|r_m/y_m|$ die Verzerrung weitgehend ausgleichen, wenn man statt (17) eine gewichtete Quadratsumme der $\tilde{r}_m$ minimiert: Aus (3) ergibt sich $\ln (y_m - r_m') = \ln f_m(x_1, \dots, x_N)$, und für kleine $|r_m/y_m|$ folgt wegen $\ln (1 + x) = x - O(x^2)$ weiter

$$\ln (y_m - r_m) = \ln \left[y_m \left(1 - \frac{r_m}{y_m}\right)\right] \approx \ln y_m - \frac{r_m}{y_m}.$$

Daraus erhält man $r_m \approx y_m \tilde{r}_m$ und wegen (5) schließlich die Extremalaufgabe

$$\sum_{m=1}^{M} y_m^2 (\ln y_m - \ln f_m(x_1, \dots, x_N))^2 = \min ! \tag{18}$$

3.1.5. Übungsaufgaben

Ü 3.1.1. Eine Matrix $\boldsymbol{C}$, deren Koeffizienten Skalarprodukte einer vorgegebenen Menge von Vektoren $\boldsymbol{z}_1, \boldsymbol{z}_2, \dots, \boldsymbol{z}_n$ sind, $c_{mn} := (\boldsymbol{z}_m, \boldsymbol{z}_n)$, $m, n = 1(1)N$, heißt *Gramsche Matrix* der Vektoren. Man zeige: Sind die N Vektoren linear unabhängig, so ist die Gramsche Matrix regulär.

Ü 3.1.2. Man zeige: Für jede Matrix $\boldsymbol{A}$ ist das Produkt $\boldsymbol{A}^T\boldsymbol{A}$ symmetrisch. Ist $\boldsymbol{A}$ eine $M \times N$-Matrix mit dem Rang N, so ist $\boldsymbol{A}^T\boldsymbol{A}$ überdies positiv definit.

Ü 3.1.3. Man zeige: Ist eine Matrix $\boldsymbol{B}$ symmetrisch und positiv definit, so ist auch $\boldsymbol{B}^{-1}$ symmetrisch und positiv definit.

Ü 3.1.4. Unter der Annahme, daß die Volumina und die Temperaturen mit einem Meßfehler von $\pm 2\%$ behaftet sind, bestimme man mit Hilfe der Intervallrechnung (Vorlesung 1.4) Fehlerschranken für die im Beispiel 3.1.5 berechneten Konstanten β und k.

Ü 3.1.5. Man zeige: Die Extremalforderung (18) führt auf die gewichteten Gaußschen Normalgleichungen $\boldsymbol{A}^T\boldsymbol{G}\boldsymbol{A}\boldsymbol{x} = \boldsymbol{A}^T\boldsymbol{G}\boldsymbol{b}$ mit $\boldsymbol{G} := \operatorname{diag}(y_1^2, y_2^2, \dots, y_M^2)$.

Ü 3.1.6. Eine Unfallstatistik weist folgende Abhängigkeit der Anzahl y der Unfälle (ohne Totalschäden) von der Schadenshöhe h (in TM) aus

$h \in$	[0, 2)	[2, 4)	[4, 6)	[6, 8)	[8, 10)	[10, 12)	[12, 14)
y	282	55	19	9	5	3	2

Man approximiere die Tabellenwerte durch eine Potenzfunktion $y = ch^d$ und durch eine Exponentialfunktion $y = ce^{dh}$. Welche Funktion ist besser geeignet? Hinweis: Man verwende (10).

Ü 3.1.7. Während eines elektrischen Vorgangs wurde in Abständen von 0.15 s die Spannung U gemessen:

t in s	0.00	0.15	0.30	0.45	0.60	0.75	0.90	1.05	1.20	1.35	1.50
U in V	0.12	2.83	4.82	6.38	5.82	4.39	3.21	2.37	1.41	0.99	0.02

Man approximiere den Vorgang $U = U(t)$ durch ein Polynom fünften Grades.

Ü 3.1.8. Man bestimme die Kleinste-Quadrate-Lösung des Systems (13) mit Hilfe des angepaßten CG-Verfahrens (Algorithmus 3.1.6).

Ü 3.1.9. Man vergleiche die Besetztheitsstruktur einer schwach besetzten Matrix $\boldsymbol{A}$ der Gestalt

$$\boldsymbol{A} = \begin{pmatrix} \times & \cdot & \cdot & \cdot \\ \cdot & \times & \times & \cdot \\ \cdot & \cdot & \times & \cdot \\ \cdot & \times & \cdot & \times \\ \times & \times & \times & \times \\ \times & \cdot & \cdot & \times \end{pmatrix} \quad \text{mit der Struktur von } \boldsymbol{A}^T\boldsymbol{A}.$$

Ü 3.1.10. Faßt man die Quadratsumme in (5) als Funktion $F(x_1, \dots, x_N)$ der unbekannten Parameter $x_1, \dots, x_N$ auf, so ist das Verschwinden aller ersten partiellen Ableitungen $\dfrac{\partial F(x_1, \dots, x_N)}{\partial x_n}$, $n = 1(1)N$, notwendig für das Vorliegen eines Minimums. Man zeige, daß diese Bedingung im Fall des linearen Ausgleichsproblems $F(x_1, \dots, x_N) := (\boldsymbol{b} - \boldsymbol{A}\boldsymbol{x})^T \times (\boldsymbol{b} - \boldsymbol{A}\boldsymbol{x}) = \min!$ auf die Gaußschen Normalgleichungen (11) führt.

Ü 3.1.11. Für den Potenzansatz $y = c \cdot t^d$ und den Exponentialansatz $y = c \cdot e^{td}$ bestimme man $x_1 := \ln c$ und $x_2 := d$ aus den Bedingungen $\dfrac{\partial F(x_1, x_2)}{\partial x_1} = 0$, $\dfrac{\partial F(x_1, x_2)}{\partial x_2} = 0$. Dabei bezeichne F die gewichtete Quadratsumme in (18).

Ü 3.1.12. Man bestimme x_1, x_2 mit Hilfe von Ü 3.1.11 für die Unfallstatistik aus Ü 3.1.6. Man berechne die Reste und vergleiche sie mit denen, die sich in Ü 3.1.6 ergeben haben.

3.2. Orthogonalisierungsverfahren

Mit Hilfe von Orthogonalisierungsverfahren kann man die Kleinste-Quadrate-Lösung überbestimmter linearer Gleichungssysteme $\boldsymbol{A}\boldsymbol{x} = \boldsymbol{b}$ bestimmen, ohne zuvor die Gaußschen Normalgleichungen aufstellen zu müssen. Ähnlich wie beim Gauß-Algorithmus wird das Ausgangssystem mit elementaren Matrizen schrittweise in ein gestaffeltes System transformiert. Allgemein kann sich die Kondition eines Systems durch solche Multiplikationen verschlechtern (Ü 3.2.1). Multipliziert man aber mit orthogonalen Matrizen, so bleiben Spektral- und Frobenius-Norm der Matrix und damit auch ihre entsprechenden Konditionszahlen unverändert:

Lemma 3.2.1. *Ist Q eine orthogonale Matrix ($Q^T Q = I_M$) und A eine $M \times N$-Matrix, so gilt $||QA||_2 = ||A||_2$, $||QA||_F = ||A||_F$ und (falls $M = N$ und A regulär)* $\operatorname{cond}_2(QA) = \operatorname{cond}_2(A)$, $\operatorname{cond}_F(QA) = \operatorname{cond}_F(A)$.

Beweis. Die Matrizen $(QA)^T QA$ und $A^T A$ stimmen wegen der Orthogonalität von Q überein, also haben sie trivialerweise die gleichen Eigenwerte und den gleichen Spektralradius. Ist A regulär, so gilt Entsprechendes für $(QA)^{-1}$ und A^{-1}. Damit ist das Lemma für den Fall von *Spektralnorm* und *Spektralkondition* bewiesen.

Für das Quadrat der *Frobenius-Norm* gilt, wenn man die Spalten von A mit s_n, $n = 1(1)N$, bezeichnet, nach (2.1.28)

$$||A||_F^2 = \sum_{n=1}^{N} \sum_{m=1}^{M} a_{mn}^2 = \sum_{n=1}^{N} ||s_n||_2^2 .$$

Da die Euklidische Norm eines Vektors durch die Multiplikation mit einer orthogonalen Matrix nicht verändert wird,

$$||Qx||_2^2 = x^T Q^T Q x = ||x||_2^2 , \tag{1}$$

gilt $||QA||_F^2 = \sum_{n=1}^{N} ||Qs_n||_2^2 = \sum_{n=1}^{N} ||s_n||_2^2 = ||A||_F^2$ und eine entsprechende Gleichung für die Inverse $(QA)^{-1}$. ■

3.2.1. Spiegelungen

Zur Transformation von $Ax = b$ in ein gestaffeltes System benutzen wir zunächst Spiegelungsmatrizen. Im ersten Schritt soll die Ausgangsmatrix $A^{(1)} := (A \mid b)$ durch Linksmultiplikation mit einer orthogonalen Matrix Q_1 übergehen in

$$A^{(2)} := Q_1 A^{(1)} = \begin{pmatrix} r_{11} & r_{12} & \cdots & r_{1N} & c_1 \\ 0 & a_{22}^{(2)} & \cdots & a_{2N}^{(2)} & b_2^{(2)} \\ \vdots & \vdots & & \vdots & \vdots \\ 0 & a_{M2}^{(2)} & \cdots & a_{MN}^{(2)} & b_M^{(2)} \end{pmatrix}. \tag{2}$$

Gesucht wird also eine orthogonale Matrix Q_1, die den Vektor der ersten Spalte von A auf ein Vielfaches des ersten Einheitsvektors abbildet, $Q_1 s_1 = r_{11} e_1$. Für die späteren Schritte verallgemeinern wir die Aufgabe noch etwas und verlangen von Q_k, $k = 1(1)N$, die Abbildung

$$x' := Q_k x = (x_1, x_2, \dots, x_{k-1}, r_k, 0, \dots, 0)^T . \tag{3}$$

Es sollen also $k - 1$ Komponenten eines Vektors x aus $\mathbb{R}^M$ unverändert bleiben und alle übrigen, mit Ausnahme des Pivotelements x_k, zu Null werden. Nach HOUSEHOLDER eignet sich dazu eine elementare Matrix der Gestalt

$$Q_k := I_M - 2 w_k w_k^T , \qquad ||w_k||_2 = 1 , \tag{4}$$

wo w_k ein auf die Euklidische Länge Eins normierter Vektor der Gestalt

$$w_k := (0, \dots, 0, w_{kk}, \dots, w_{kM})^T \tag{5}$$

ist. Bei ihm sind also gerade diejenigen Komponenten gleich Null, die im Vektor $\boldsymbol{x}$ unverändert bleiben sollen.

Offensichtlich ist $\boldsymbol{Q}_k$ symmetrisch, $\boldsymbol{Q}_k^\mathsf{T} = \boldsymbol{Q}_k$, und orthogonal, denn es gilt

$$\boldsymbol{Q}_k^\mathsf{T}\boldsymbol{Q}_k = \boldsymbol{Q}_k^2 = \boldsymbol{I}_M - 4\boldsymbol{w}_k\boldsymbol{w}_k^\mathsf{T} + 4\boldsymbol{w}_k\boldsymbol{w}_k^\mathsf{T}\boldsymbol{w}_k\boldsymbol{w}_k^\mathsf{T} = \boldsymbol{I}_M\,,$$

weil man wegen (4) im letzten Produkt die beiden inneren Faktoren $\boldsymbol{w}_k^\mathsf{T}\boldsymbol{w}_k = \|\boldsymbol{w}_k\|_2^2$ durch Eins ersetzen kann. Für das Produkt $\boldsymbol{Q}_k\boldsymbol{x}$ erhält man aus (4)

$$\boldsymbol{x}' := \boldsymbol{Q}_k\boldsymbol{x} = \boldsymbol{x} - 2z\boldsymbol{w}_k\,, \qquad z := (\boldsymbol{w}_k, \boldsymbol{x})\,. \tag{6}$$

Schreibt man das Skalarprodukt z in der Form $z = \|\boldsymbol{x}\|_2 \cos\langle\boldsymbol{w}_k, \boldsymbol{x}\rangle$, so erhält man eine anschauliche geometrische Interpretation: Der Bildvektor $\boldsymbol{x}'$ ergibt sich aus $\boldsymbol{x}$ durch Spiegelung an derjenigen Ebene, zu der $\boldsymbol{w}_k$ der Normalenvektor ist (Abb. 3.2.1)

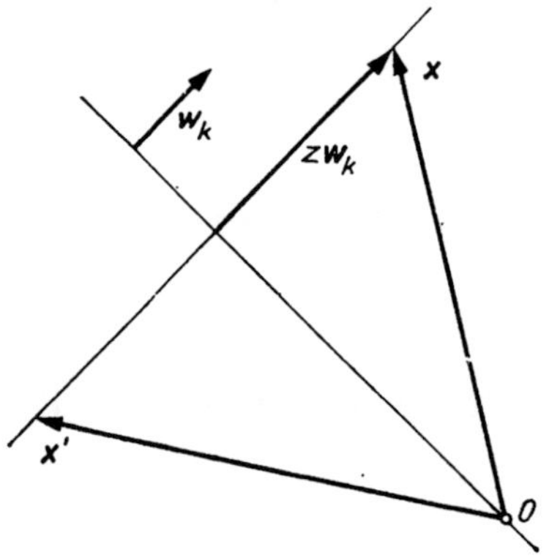

Abb. 3.2.1. Geometrische Interpretation der Spiegelung

Aus (3) und (6) kann der Vektor $\boldsymbol{w}_k$ berechnet werden. Seine Richtung $\boldsymbol{v}_k$ ist bis auf das Vorzeichen durch (6) festgelegt:

$$\boldsymbol{v}_k := \boldsymbol{x} - \boldsymbol{x}' = (0, \dots, 0, x_k - r_k, x_{k+1}, \dots, x_M)^\mathsf{T} = \tilde{\boldsymbol{x}} - r_k\boldsymbol{e}_k\,, \tag{7}$$

wo $\tilde{\boldsymbol{x}}$ nur diejenigen Komponenten von $\boldsymbol{x}$ enthält, die bei der Transformation (6) verändert werden sollen: $\tilde{\boldsymbol{x}} = (0, \dots, 0, x_k, \dots, x_M)^\mathsf{T}$. Da $\boldsymbol{Q}_k$ orthogonal ist, gilt wegen (1) die Gleichung $\|\boldsymbol{x}'\|_2 = \|\boldsymbol{x}\|_2$, also

$$r_k^2 = \sum_{m=k}^{M} x_m^2 = \|\tilde{\boldsymbol{x}}\|_2^2\,. \tag{8}$$

Das Vorzeichen von r_k wählen wir so, daß beim Berechnen von $x_k - r_k$ keine gültigen Ziffern ausgelöscht werden, also

$$\operatorname{sgn} r_k = -\operatorname{sgn} x_k\,. \tag{9}$$

Schließlich muß noch $\|\boldsymbol{v}_k\|_2$ bestimmt werden. Dazu verwenden wir (7) und (8):

$$\|\boldsymbol{v}_k\|_2^2 = (x_k - r_k)^2 + \sum_{m=k+1}^{M} x_m^2 = 2 \cdot r_k \cdot (r_k - x_k) =: 2/f_k\,. \tag{10}$$

Der normierte Spiegelungsvektor $\boldsymbol{w}_k = \sqrt{f_k/2}\,\boldsymbol{v}_k$ selbst wird nicht benötigt.

Wir beschreiben die Spiegelung durch

$$\boldsymbol{v}_k := \boldsymbol{v}(M, k; \tilde{\boldsymbol{x}}) = \boldsymbol{v}(M, k; 0, \dots, 0, x_k, \dots, x_M)\,. \tag{11}$$

Dabei ist in Klammern angegeben, von welchen Parametern der Spiegelungsvektor abhängt. Die zugehörige Spiegelungsmatrix $\boldsymbol{Q}_k$ hat die Gestalt

$$\boldsymbol{Q}_k := \boldsymbol{Q}(M, k; \tilde{\boldsymbol{x}}) = \boldsymbol{I}_M - f_k \boldsymbol{v}_k \boldsymbol{v}_k^{\mathsf{T}} . \tag{12}$$

Soll mit ihrer Hilfe ein beliebiger, von $\boldsymbol{x}$ verschiedener Vektor $\boldsymbol{y}$, $\boldsymbol{y} \in \mathbb{R}^M$, gespiegelt werden, so berechnet man analog zu (6) zunächst das Skalarprodukt $z := (\boldsymbol{v}_k, \boldsymbol{y})$ und anschließend den Bildvektor $\boldsymbol{y}' := \boldsymbol{Q}_k \boldsymbol{y}$ durch Abänderung der letzten $M - k + 1$ Komponenten von $\boldsymbol{y}$:

$$z := (\boldsymbol{v}_k, \boldsymbol{y}) , \qquad \boldsymbol{y}' := \boldsymbol{y} - f_k \cdot z \cdot \boldsymbol{v}_k . \tag{13}$$

Soll eine Matrix transformiert werden, $\boldsymbol{Y}' := \boldsymbol{Q}_k \boldsymbol{Y}$, so wird jede ihrer Spalten nach (13) umgerechnet. Wir fassen die Rechenschritte zusammen:

Algorithmus 3.2.2. Spiegelung HTR $(M, N, k, \tilde{\boldsymbol{x}}, \boldsymbol{Y})$

$\tilde{\boldsymbol{x}} = (0, \dots, 0, x_k, x_{k+1}, \dots, x_M)^{\mathsf{T}}$	Vektor, der die Spiegelung festlegt
$\boldsymbol{y}_k,\ n = k+1(1)N,$	Spalten von $\boldsymbol{Y}$, die transformiert werden sollen
$s := \sum_{m=k}^{M} x_m^2$	Normquadrat von $\tilde{\boldsymbol{x}}$
$t := \sqrt{s}$	
falls $x_k > 0$, dann $t := -t$	
$f := 1/(s - t \cdot x_k)$	Normierungsfaktor
$x_k := x_k - t$	Änderung des Pivotelements (Berechnung von r_k)
$n = k+1(1)N$	Spaltenzähler
$\quad z := (\boldsymbol{x}, \boldsymbol{y}_n)$	Skalarprodukt von $\boldsymbol{x}$ und $\boldsymbol{y}_n$
$\quad c := z \cdot f$	
$\quad m = k(1)M$	Komponentenzähler
$\quad\quad y_{mn} := y_{mn} - c \cdot x_m$	Transformation von $\boldsymbol{y}_n$

Speicherplatz wird für den Vektor $\tilde{\boldsymbol{x}}$ und die Matrix $\boldsymbol{Y}$ benötigt. Den Spiegelungsvektor $\boldsymbol{v}_k$ berechnet man auf dem Platz von $\tilde{\boldsymbol{x}}$. Der Rechenaufwand setzt sich aus $M - k + 1$ Multiplikationen, einer Division und einer Wurzelberechnung für die Bestimmung der Spiegelungsparameter und aus je $2(M + 1 - k)$ Multiplikationen für die Transformation der Spalten von $\boldsymbol{Y}$ zusammen.

Transponiert man (3) und (12) und berücksichtigt die Symmetrie von $\boldsymbol{Q}_k$, so folgt

$$(\boldsymbol{x}')^{\mathsf{T}} = \boldsymbol{x}^{\mathsf{T}} \boldsymbol{Q}_k , \qquad (\boldsymbol{y}')^{\mathsf{T}} = \boldsymbol{y}^{\mathsf{T}} \boldsymbol{Q}_k = \boldsymbol{y}^{\mathsf{T}} - f_k \cdot z \cdot \boldsymbol{v}_k^{\mathsf{T}} . \tag{14}$$

Der Algorithmus ist also auch verwendbar, wenn die Spiegelung gesucht ist, die einen Zeilenvektor

$$\tilde{\boldsymbol{x}}^{\mathsf{T}} = (0, \dots, 0, x_k, x_{k+1}, \dots, x_M) \tag{15}$$

durch Rechtsmultiplikation mit $\boldsymbol{Q}_k$ auf

$$\tilde{\boldsymbol{x}}'^{\mathsf{T}} = \tilde{\boldsymbol{x}}^{\mathsf{T}} \boldsymbol{Q}_k = (0, \dots, 0, r_k, 0, \dots, 0) \tag{16}$$

abbildet.

Beispiel 3.2.3. Mit dem Algorithmus 3.2.2 spiegeln wir den Vektor $\boldsymbol{y} := (1, -2, 3, 9, 9)^{\mathsf{T}}$ an der zu $\boldsymbol{v}_3 = \boldsymbol{v}(5, 3; 0, 0, -2, 3, 6)$ orthogonalen Ebene. Damit ergibt sich $\tilde{\boldsymbol{x}} = (0, 0, -2, 3, 6)^{\mathsf{T}}$, $s = 49$, $t = 7$, $f = 1/63$ und $\boldsymbol{v}_3 = (0, 0, -9, 3, 6)^{\mathsf{T}}$. Mit $z := (\boldsymbol{v}_3, \boldsymbol{y}) =$

$= 54$ folgt daraus $\boldsymbol{y}' = \boldsymbol{Q}_3\boldsymbol{y} = \frac{1}{7}(7, -14, 75, 45, 27)^{\mathsf{T}}$. Wir weisen noch einmal darauf hin, daß weder der normierte Spiegelungsvektor $\boldsymbol{w}_3 = \sqrt{f/2}\,\boldsymbol{v}_3$ noch die Spiegelungsmatrix $\boldsymbol{Q}_3 = \boldsymbol{I}_5 - 2\boldsymbol{w}_3\boldsymbol{w}_3^{\mathsf{T}}$ explizit berechnet wird.

3.2.2. QR-Zerlegung durch Spiegelungen

Durch Spiegelungen soll nun das überbestimmte Gleichungssystem $\boldsymbol{A}\boldsymbol{x} = \boldsymbol{b}$ in ein gestaffeltes System transformiert werden. Der erste Schritt ist bereits in (2) angegeben. Der allgemeine (k-te) Schritt soll

$$\boldsymbol{A}^{(k+1)} := \boldsymbol{Q}_k\boldsymbol{A}^{(k)} = \begin{pmatrix} r_{11} & \cdots & & & \cdots & r_{1N} & c_1 \\ 0 & \ddots & & & & \vdots & \vdots \\ \cdot & & r_{kk} & \cdots & \cdots & r_{kN} & c_k \\ \cdot & & 0 & a_{k+1,k+1}^{(k+1)} & \cdots & a_{k+1,N}^{(k+1)} & b_{k+1}^{(k+1)} \\ \cdot & & \vdots & \vdots & & \vdots & \vdots \\ 0 & \cdots & 0 & a_{M,k+1}^{(k+1)} & \cdots & a_{M,N}^{(k+1)} & b_M^{(k+1)} \end{pmatrix} \tag{17}$$

liefern. Wir zeigen, daß er ausführbar ist und sich die Ausgangsmatrix durch N solcher Schritte in das Produkt einer orthogonalen Matrix $\boldsymbol{Q}$ und einer Rechtsdreiecksmatrix $\boldsymbol{R}$ aufspalten läßt (wobei wir diesen für quadratische Matrizen erklärten Begriff sinngemäß auf Rechtecksmatrizen ausdehnen:

Satz 3.2.4 (**QR**-Zerlegung). *Jede spaltenreguläre $M \times N$-Matrix $\boldsymbol{A}$ $(M \geqq N = \operatorname{rg}(\boldsymbol{A}))$ läßt sich durch Spiegelungen in das Produkt einer orthogonalen $M \times M$-Matrix $\boldsymbol{Q}$ und einer $M \times N$-Matrix $\boldsymbol{R}$ aufspalten, die unterhalb der Hauptdiagonalen nur Nullen enthält.*

Beweis. Wir nehmen an, daß $\boldsymbol{A}$ bereits mit $k - 1$ Spiegelungsmatrizen multipliziert wurde: $\boldsymbol{A}^{(k)} = \boldsymbol{Q}_{k-1}\boldsymbol{A}^{(k-1)} = \ldots = \boldsymbol{Q}_{k-1} \ldots \boldsymbol{Q}_2\boldsymbol{Q}_1\boldsymbol{A}$. Im k-ten Schritt verwenden wir diejenige Spiegelung, die durch den Vektor $\boldsymbol{v}_k := \boldsymbol{v}(M, k; 0, \ldots, 0, a_{kk}^{(k)}, \ldots, a_M^{(k)})^{\mathsf{T}}$ festgelegt wird. Sie ist nach Algorithmus 3.2.2 ausführbar, wenn $s := \sum_{m=k}^{M} a_{mk}^{(k)^2}$ verschieden von Null ist. Diese Bedingung ist gesichert, da $\boldsymbol{A}$ als spaltenregulär vorausgesetzt wurde. Wäre nämlich $s = 0$, so hätten die k ersten Spalten von $\boldsymbol{A}^{(k-1)}$ sämtlich höchstens unter den ersten $k - 1$ Komponenten von Null verschiedene Elemente. Also wären diese Spalten linear abhängig.

Nach N Spiegelungen sind die Ausgangsmatrix $\boldsymbol{A}$ und die rechte Seite $\boldsymbol{b}$ übergegangen in

$$\boldsymbol{Q}_N \ldots \boldsymbol{Q}_2\boldsymbol{Q}_1\boldsymbol{A} =: \boldsymbol{R}\,, \qquad \boldsymbol{Q}_N \ldots \boldsymbol{Q}_2\boldsymbol{Q}_1\boldsymbol{b} =: \boldsymbol{c} \tag{18}$$

der Gestalt

$$(\boldsymbol{R} \mid \boldsymbol{c}) = \left(\begin{array}{c|c} \boldsymbol{R}_{NN} & \boldsymbol{c}_N \\ \hline \boldsymbol{O}_{M-N,N} & \boldsymbol{c}_{M-N} \end{array}\right) = \left(\begin{array}{ccccc|c} r_{11} & \cdots & & \cdots & r_{1N} & c_1 \\ 0 & \ddots & & & \vdots & \vdots \\ & & \ddots & & \vdots & \vdots \\ 0 & \cdots & & 0 & r_{NN} & c_N \\ \hline 0 & \cdots & & \cdots & 0 & c_{N+1} \\ \vdots & & & & \vdots & \vdots \\ 0 & \cdots & & \cdots & 0 & c_M \end{array}\right). \tag{19}$$

Multipliziert man die Gleichungen (18) von links mit $\boldsymbol{Q}_N^{-1} = \boldsymbol{Q}_N, \dots, \boldsymbol{Q}_1^{-1} = \boldsymbol{Q}_1$ so folgt

$$\boldsymbol{A} = \boldsymbol{Q}\boldsymbol{R}\,, \qquad \boldsymbol{b} = \boldsymbol{Q}\boldsymbol{c}\,, \qquad \boldsymbol{Q} := \boldsymbol{Q}_1\boldsymbol{Q}_2 \dots \boldsymbol{Q}_N\,, \tag{20}$$

wobei wir das Produkt der $\boldsymbol{Q}_k$ zu einer ebenfalls orthogonalen, aber im allgemeinen nicht symmetrischen Matrix $\boldsymbol{Q}$ zusammengefaßt haben (Ü 3.2.2). ■

Aus (19) ist abzulesen, daß das überbestimmte Ausgangssystem $\boldsymbol{Ax} = \boldsymbol{b}$ durch die Spiegelungen in ein *gestaffeltes System* $\boldsymbol{Rx} = \boldsymbol{c}$ übergegangen ist. Es zerfällt in zwei Teilsysteme, ein *eindeutig lösbares*,

$$\boldsymbol{R}_{NN}\boldsymbol{x} = \boldsymbol{c}_N\,, \tag{21}$$

und ein *widersprüchliches*

$$\boldsymbol{O}_{M-N,N}\boldsymbol{x} = \boldsymbol{c}_{M-N}\,. \tag{22}$$

Wir zeigen, daß die Lösung von (21) die Euklidische Norm des Restvektors $\boldsymbol{r} = \boldsymbol{b} - \boldsymbol{Ax}$ minimiert, also mit der *Kleinste-Quadrate-Lösung* (3.1.9) übereinstimmt: Wegen (1) und (20) folgt

$$||\boldsymbol{r}||_2^2 = ||\boldsymbol{Q}^\mathsf{T}\boldsymbol{r}||_2^2 = ||\boldsymbol{c} - \boldsymbol{Rx}||_2^2 = ||\boldsymbol{c}_N - \boldsymbol{R}_{NN}\boldsymbol{x}||_2^2 + ||\boldsymbol{c}_{M-N}||_2^2\,. \tag{23}$$

Die Norm des Restes wird also genau dann minimal, wenn (21) gilt.

Im folgenden Algorithmus sind die Rechenschritte zusammengestellt.

Algorithmus 3.2.5. $\boldsymbol{QR}$-Verfahren zur Bestimmung der Kleinste-Quadrate-Lösung überbestimmter linearer Gleichungssysteme QRQ ($M, N, \boldsymbol{A}, \boldsymbol{b}$)

$\boldsymbol{s}_n,\ n = 1(1)N,\ \boldsymbol{s}_n \in \mathbb{R}^M,$	Spalten der Matrix $\boldsymbol{A}$
$\boldsymbol{b},\ \boldsymbol{b} \in \mathbb{R}^M,$	rechte Seite
$\boldsymbol{f},\ \boldsymbol{f} \in \mathbb{R}^N,$	Vektor der Normierungsfaktoren
$\boldsymbol{d},\ \boldsymbol{d} \in \mathbb{R}^N,$	Vektor der Diagonalelemente von $\boldsymbol{R}$
1 ⌈ $k = 1(1)N$	
$\boldsymbol{x} := (0, \dots, 0, a_{kk}, \dots, a_{Mk})^\mathsf{T}$	
HTR ($M, N, k, \boldsymbol{x}, \boldsymbol{A}$)	Spiegelung mit Algorithmus 3.2.2
$f_k := f$	Speicherung des Normierungsfaktors
⌊ $d_k := t$	Speicherung des Diagonalelements r_{kk}
2 ⌈ $k = 1(1)N$	Spiegelung der rechten Seite
$z := \sum_{m=k}^{M} a_{mk} b_m$	Skalarprodukt von $\boldsymbol{v}_k$ und $\boldsymbol{b}$
$c := z \cdot f_k$	
⌈ $m = k(1)M$	Komponentenzähler
⌊ $b_m := b_m - c \cdot a_{mk}$	Umrechnung von b_m
3 $b_N := b_N/d_N$	Rückwärtselimination
⌈ $n = 2(1)N$	
$m := N + 1 - n$	Zeilenzähler
$c := b_m - \sum_{k=m+1}^{N} a_{mk} b_k$	
⌊ $b_m := c/d_m$	aktuelle Lösungskomponente

Nach Ablauf des Algorithmus stehen die Komponenten der Kleinste-Quadrate-Lösung $\boldsymbol{x} = \boldsymbol{R}_{NN}^{-1}\boldsymbol{c}_N$ auf dem Platz der ersten N Komponenten von $\boldsymbol{b}$. Die restlichen Speicherplätze von $\boldsymbol{b}$ enthalten die transformierten Komponenten $\boldsymbol{b}_m^{(N)}$, $m = N + 1(1)M$, also den Teilvektor $\boldsymbol{c}_{M-N}$, dessen Norm gleich der Norm des minimalen Restvektors ist (vgl. (23)). Die Diagonalelemente r_{nn} des gestaffelten Systems (21) sind in einem gesonderten Vektor $\boldsymbol{d}$ gespeichert, die übrigen Elemente r_{mn}, $m < n$, stehen auf den Speicherplätzen der a_{mn}. Im „linken unteren Trapez" von $\boldsymbol{A}$, also auf dem Platz der a_{mn} mit $m \geqq n$, werden die Vektoren $\boldsymbol{v}_k$ erzeugt. Man kann sie erneut verwenden, wenn die Rechnung mit derselben Matrix und einer geänderten rechten Seite wiederholt werden soll. In einem solchen Fall müssen lediglich die Programmteile 2 und 3 noch einmal durchlaufen werden. Ist dagegen solch eine Wiederholung nicht vorgesehen, so fügt man die rechte Seite (oder, falls vorhanden, auch mehrere) wie früher beim Gauß-Algorithmus als zusätzliche Spalte(n) an die Matrix $\boldsymbol{A}$ an und transformiert sie wie die Spalten von $\boldsymbol{A}$. Dazu muß N im Aufruf des Spiegelungsalgorithmus durch $N + L$ (L Anzahl der rechten Seiten) ersetzt und der Programmteil 2 herausgenommen werden. Der Vektor $\boldsymbol{f}$ ist dann überflüssig.

Der *Rechenaufwand* für die $\boldsymbol{QR}$-Zerlegung beträgt

$$\mathrm{RAW}_{\mathrm{QR}} = N^2\left(M - \frac{N}{3} + 1\right) + \frac{7}{3}N \tag{24}$$

multiplikative Operationen (einschließlich der N Wurzelberechnungen). Für die Transformation jeder rechten Seite und die zugehörige Rückwärtselimination werden noch $N\left(2M - \frac{N-5}{2}\right)$ wesentliche Rechenoperationen benötigt. Damit ist der Aufwand etwa doppelt so groß wie der für die Gauß-Transformation und die Lösung des Systems der Normalgleichungen.

Tab. 3.2.1. Lösung des überbestimmten Systems (3.1.13) durch $\boldsymbol{QR}$-Zerlegung mit Spiegelungsmatrizen

	$\boldsymbol{v}$	$\boldsymbol{A}$		$\boldsymbol{b}$	
	3.236068	1.000000	0.000000	6.003887	
	1.000000	1.000000	0.693147	5.726847	
	1.000000	1.000000	1.098612	5.560682	
	1.000000	1.000000	1.386294	5.442418	
	1.000000	1.000000	1.609438	5.351852	
f_1	0.138197	1	0.661615	5.736650	$f_1 \cdot z$
	0	−2.236068	−2.141031	−12.560303	
	1.302551	0	0.031532	−0.009803	
	0.436997	0	0.436997	−0.175969	
	0.724679	0	0.724679	−0.294233	
	0.947823	0	0.947823	−0.384792	
f_2	0.604023	0	1	−0.403249	$f_2 \cdot z$
	$\boldsymbol{R}_{NN}$	−2.236068	−2.141031	−12.560303	$\boldsymbol{c}_N$
		0	−1.271019	0.515450	
	$\boldsymbol{O}_{M-N,N}$	0	0	0.000250	$\boldsymbol{c}_{M-N}$
		0	0	−0.002007	
		0	0	−0.002584	

Tab. 3.2.2. Speicherinhalt nach der QR-Zerlegung und der Rückwärtselimination für das System (3.1.13)

$(A \mid b)$	3.236068	−2.141031	**6.005443**
	1.000000	1.302551	**−0.405540**
	1.000000	0.436997	0.000250
	1.000000	0.724679	−0.002007
	1.000000	0.947823	−0.002584
f^T	0.138197	0.604023	
d^T	−2.236068	−1.271019	

Beispiel 3.2.6. Wir berechnen die Kleinste-Quadrate-Lösung des überbestimmten Systems (3.1.13). In Tab. 3.2.1 ist ein Rechenschema für die Handrechnung angegeben. In Tab. 3.2.2 findet man die Speicherbelegung nach Abschluß von QR-Faktorisierung und Rückwärtselimination.

3.2.3. Ebene Drehungen

Neben den Spiegelungsmatrizen sind auch Drehungsmatrizen geeignet, eine Matrix in das Produkt einer orthogonalen und einer Dreiecksmatrix aufzuspalten.

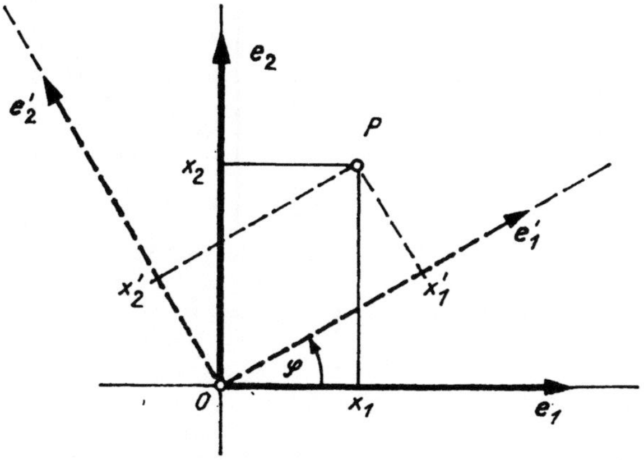

Abb. 3.2.2. Ebene Drehung

Aus der Elementargeometrie ist bekannt, daß die Koordinaten eines Punktes in der Ebene bei einer Drehung des Achsenkreuzes um einen Winkel φ wie folgt transformiert werden (Abb. 3.2.2):

$$\begin{pmatrix} x_1 \\ x_2 \end{pmatrix} = \begin{pmatrix} c & -s \\ s & c \end{pmatrix} \cdot \begin{pmatrix} x_1' \\ x_2' \end{pmatrix}, \qquad \begin{pmatrix} x_1' \\ x_2' \end{pmatrix} = \begin{pmatrix} c & s \\ -s & c \end{pmatrix} \cdot \begin{pmatrix} x_1 \\ x_2 \end{pmatrix}. \tag{25}$$

Dabei werden hier und im folgenden die Abkürzungen

$$c := \cos \varphi\,, \qquad s := \sin \varphi\,, \qquad t := \tan \varphi$$

verwendet. Im $\mathbb{R}^N$ läßt sich eine Drehung in der von zwei Einheitsvektoren e_j und e_k aufgespannten Ebene demnach durch Linksmultiplikation mit der Transponierten der Drehungsmatrix

$$Q := Q(M, j, k; c, s) = \begin{pmatrix} 1 & & & & & & & & \\ & \ddots & & & & & & & \\ & & 1 & & & & & & \\ & & & c & & & -s & & \\ & & & & 1 & & & & \\ & & & & & \ddots & & & \\ & & & & & & 1 & & \\ & & & s & & & c & & \\ & & & & & & & 1 & \\ & & & & & & & & \ddots \\ & & & & & & & & & 1 \end{pmatrix} \tag{26}$$

realisieren; Q ist eine elementare Matrix, in der bis auf $q_{jj} = q_{kk} = c$ alle Diagonalelemente gleich Eins und bis auf $q_{kj} = -q_{jk} = s$ alle Nichtdiagonalelemente gleich Null sind. Wegen der trigonometrischen Relation $c^2 + s^2 = 1$ sind Drehungsmatrizen orthogonal. Im Gegensatz zu den Spiegelungsmatrizen sind sie dagegen schiefsymmetrisch.

Wir untersuchen, wie sich eine ebene Drehung, also eine Linksmultiplikation mit Q^{T}, auf eine Matrix A auswirkt:

$$\underset{Q^{\mathrm{T}}}{\begin{pmatrix} 1 & & & & & \\ & c & & s & & \\ & & 1 & & & \\ & -s & & c & & \\ & & & & 1 & \\ & & & & & 1 \end{pmatrix}} \cdot \underset{A}{\begin{pmatrix} + & + & + & + & + & + \\ + & + & + & + & + & + \\ + & + & + & + & + & + \\ + & + & + & + & + & + \\ + & + & + & + & + & + \\ + & + & + & + & + & + \end{pmatrix}} =: \underset{A'}{\begin{pmatrix} + & + & + & + & + & + \\ * & * & * & * & * & * \\ + & + & + & + & + & + \\ * & * & * & * & * & * \\ + & + & + & + & + & + \\ + & + & + & + & + & + \end{pmatrix}}. \tag{27}$$

Betroffen sind nur die Zeilen j und k. Sie werden nach der Vorschrift

$$\left.\begin{aligned} \text{Zeile } j &:= c \cdot (\text{Zeile } j) + s \cdot (\text{Zeile } k)\,, \\ \text{Zeile } k &:= -s \cdot (\text{Zeile } j) + c \cdot (\text{Zeile } k) \end{aligned}\right\} \tag{28}$$

umgerechnet, das heißt nach folgendem Algorithmus:

Algorithmus 3.2.7. Ebene Drehung (Rotation) ROT (M, N, j, k, c, s, A)

---

j, k Indizes der Drehebene

c, s Kosinus und Sinus des Drehwinkels

$n = 1(1)\,N$

$\quad a'_{jn} := c a_{jn} + s a_{kn}$

$\quad a'_{kn} := -s a_{jn} + c a_{kn}$

Eine solche Drehung kostet 4 N Multiplikationen. Diesen Aufwand kann man fast auf die Hälfte reduzieren: Man faßt A als skalierte Matrix auf, $A = D \cdot B$, wendet die Spiegelung auf $D \cdot B$ an und fordert, daß dabei wieder eine skalierte Matrix $A' = D' \cdot B'$ entsteht.

$$A' = Q^{\mathsf{T}}A = Q^{\mathsf{T}}DB =: D'Q'^{\mathsf{T}}B =: D'B' . \tag{29}$$

Wir setzen also

$$DQ = Q'D' \tag{30}$$

und fordern, daß Q' anstelle der vier von Null und Eins verschiedenen Elemente $c, -s, s, c$ die Koeffizienten $\bar{f}, -g, f, \bar{g}$ besitzt, von denen nur zwei von Eins verschieden sind. Wenn wir die von der Transformation nicht betroffenen Elemente d_n, $n \neq j, k$, beiseite lassen, erhalten wir aus (30) das nichtlineare Gleichungssystem

$$\begin{pmatrix} d_j & \\ & d_k \end{pmatrix} \cdot \begin{pmatrix} c & -s \\ s & c \end{pmatrix} = \begin{pmatrix} \bar{f} & -g \\ f & \bar{g} \end{pmatrix} \cdot \begin{pmatrix} d_j' & \\ & d_k' \end{pmatrix} \tag{31}$$

für die gesuchten Koeffizienten und die umgerechneten Skalierungsfaktoren. Das System ist eindeutig lösbar, sobald man zwei Koeffizienten gleich Eins gesetzt hat. Wir geben vier Lösungen an:

$$\bar{f} = \bar{g} = 1 , \quad d_j' = cd_j , \quad d_k' = cd_k , \quad f = tq , \quad g = t/q , \tag{32}$$

$$f = g = 1 , \quad d_j' = sd_k , \quad d_k' = sd_j , \quad \bar{f} = 1/(tq) , \quad \bar{g} = q/t , \tag{33}$$

$$f = \bar{g} = 1 , \quad d_j' = sd_k , \quad d_k' = cd_k , \quad \bar{f} = 1/(tq) , \quad g = t/q , \tag{36}$$

$$\bar{f} = g = 1 , \quad d_j' = cd_j , \quad d_k' = sd_j , \quad f = tq , \quad \bar{g} = q/t . \tag{35}$$

Dabei ist $q := d_k/d_j$. Für den Parametersatz (32) erhält man statt des Algorithmus 3.2.7 modifzierte Formeln in der numerisch günstigen Gestalt

$$\text{neuer Wert} := \text{alter Wert} + \text{Korrektur} . \tag{36}$$

Algorithmus 3.2.8. Ebene Drehung einer skalierten Matrix (schnelle Rotation) ROS ($M, N, j, k, f, g, \boldsymbol{B}$)

---

j, k Indizes der Drehebene
f, g Drehungsparameter (vgl. (32))

$\lceil n = 1(1)\, N$
$b_{jn}' := b_{jn} + fb_{kn}$
$\lfloor b_{kn}' := b_{kn} - gb_{jn}$

Der Drehwinkel soll nun so bestimmt werden, daß ein Nichtdiagonalelement b_{kl} aus der Zeile k auf Null abgebildet wird: $b_{kl}' = b_{kl} - gb_{jl} = 0$. Dadurch ist der Parameter g bereits festgelegt, $g := b_{kl}/b_{jl}$, $b_{jl} \neq 0$. Wegen (32) folgt weiter $f := q^2 g$ und $t^2 := fg$. Damit ist das Tangensquadrat des Drehwinkels bestimmt, und c^2 ergibt sich aus der trigonometrischen Beziehung $c^2 := 1/(1 + t^2)$. Die Drehung wird durch die von $\boldsymbol{e}_j$ und $\boldsymbol{e}_k$ aufgespannte Drehebene und den Koeffizienten b_{kl}, der auf Null abgebildet werden soll, nur bis auf das Vorzeichen des Drehwinkels festgelegt. Diese Mehrdeutigkeit wird umgangen, wenn man *Wurzelberechnungen vermeidet.* Dazu speichern wir statt der Skalierungsfaktoren d_n ihre Quadrate und können dann die Transformation allein mit Hilfe der Größen f, g, t^2 und c^2 ausführen:

Algorithmus 3.2.9. Berechnung der Drehungsparameter und der Skalierungsfaktoren ROP $(M, N, j, k, l, f, g, \boldsymbol{B}, \boldsymbol{d})$

$j,\ k$	Indizes der Drehebene	
$k,\ l$	Indizes des Elements von $\boldsymbol{B}$, das zu Null werden soll	
$\boldsymbol{d}, \boldsymbol{d} \in \mathbb{R}^M$,	Vektor der Quadrate der Skalierungsfaktoren	
$g := b_{kl}/b_{jl}$,	$f := g d_k/d_j$	Drehungsparameter
$d_j := d_j/(1 + fg)$,	$d_k := d_k/(1 + fg)$	Quadrate der Skalierungsfaktoren

Die beiden Algorithmen 3.2.8 und 3.2.9 benötigen Speicherplatz für die skalierte Matrix $\boldsymbol{B}$, den Vektor $\boldsymbol{d}$ der Quadrate der Skalierungsfakoren und, falls erforderlich, für die Drehungsparameter f und g. Der Rechenaufwand setzt sich aus 4 Divisionen und 2 Multiplikationen für die Berechnung der Drehungsparameter und die Umrechnung der Skalierungsfaktoren sowie $2N$ Multiplikationen für die Zeilenumrechnung zusammen. Er ist damit nur etwa halb so hoch wie bei Verwendung der ursprünglichen Drehungsformeln (Algorithmus 3.2.7).

3.2.4. $\boldsymbol{QR}$-Zerlegung durch Drehungen

Durch eine Folge von ebenen Drehungen kann man schrittweise alle Nichtnullelemente unterhalb der Hauptdiagonalen beseitigen und die Koeffizientenmatrix auf diese Weise in eine Rechtsdreiecksmatrix überführen. Eine mögliche Strategie ist in Tab. 3.2.3 angegeben.

Tab. 3.2.3. Strategie zur $\boldsymbol{QR}$-Zerlegung einer rechteckigen Matrix mit Hilfe ebener Drehungen (die Tabelle ist spaltenweise zu durchlaufen, d. h. (1, 2), ... , (1, M), (2, 3), ... , (2, M)

Drehebene				beseitigter Koeffizient			
(1, 2)				a_{21}			
(1, 3)	(2, 3)			a_{31}	a_{32}		
⋮	⋮	⋱		⋮	⋮	⋱	
(1, N)	(2, $N + 1$)	...	(N, $N + 1$)	$a_{N+1,1}$	$a_{N+1,2}$	...	$a_{N+1,N}$
⋮	⋮		⋮	⋮	⋮		⋮
(1, M)	(2, M)	...	(N, M)	a_{M1}	a_{M2}	...	a_{MN}

Nach K Drehungen, $K = N\left(M - \dfrac{N+1}{2}\right)$, sind die Ausgangsmatrix $\boldsymbol{A}$ und die rechte Seite $\boldsymbol{b}$ analog zu (18) übergegangen in

$$\boldsymbol{Q}_K^\mathrm{T} \dots \boldsymbol{Q}_2^\mathrm{T}\boldsymbol{Q}_1^\mathrm{T}\boldsymbol{A} =: \boldsymbol{R}\,, \qquad \boldsymbol{Q}_K^\mathrm{T} \dots \boldsymbol{Q}_2^\mathrm{T}\boldsymbol{Q}_1^\mathrm{T}\boldsymbol{b} =: \boldsymbol{c}\,. \tag{37}$$

Mit der Abkürzung $\boldsymbol{Q} := \boldsymbol{Q}_1\boldsymbol{Q}_2 \dots \boldsymbol{Q}_K$ erhält man daraus analog zu (20) wieder eine $\boldsymbol{QR}$-Zerlegung der Ausgangsmatrix.

Verwendet man die Algorithmen 3.2.8 und 3.2.9, so ergibt sich $\boldsymbol{R}$ als Produkt einer Diagonalmatrix $\boldsymbol{D}$ und einer skalierten Rechtsdreiecksmatrix $\boldsymbol{R}'$. Das transformierte System hat dann (vgl. (19) und (20)) die Gestalt

$$\boldsymbol{DR}'\boldsymbol{x} = \boldsymbol{Dc}' \quad \text{mit} \quad \boldsymbol{R}' = \begin{pmatrix} \boldsymbol{R}'_{NN} \\ \hdashline \boldsymbol{O}_{M-N,N} \end{pmatrix}, \qquad \boldsymbol{c}' = \begin{pmatrix} \boldsymbol{c}'_N \\ \hdashline \boldsymbol{c}_{M-N} \end{pmatrix}. \tag{38}$$

Für die Bestimmung der Kleinste-Quadrate-Lösung werden die Skalierungsfaktoren nicht benötigt. Man erhält $x = R'^{-1}_{NN}c''_N$ durch Rückwärtselimination aus den ersten N Gleichungen von (38). Für das Normquadrat des Restes ergibt sich aus den letzten $M - N$ Gleichungen analog zu (23) $\|r\|_2^2 = \sum_{m=N+1}^{M} d_m c'^2_m$. Dabei ist zu beachten, daß die Skalierungsfaktoren von Algorithmus 3.2.9 bereits quadriert geliefert werden.

Insgesamt benötigt man für die Kleinste-Quadrate-Lösung, wenn man die „schnellen" Rotationsformeln des Algorithmus 3.2.8 benutzt, etwa ebensoviel wesentliche Rechenoperationen wie bei Verwendung der Spiegelungsmatrizen (vgl. (24) und Ü 3.2.8).

Beispiel 3.2.10. Wir bestimmen die Kleinste-Quadrate-Lösung des überbestimmten Systems (3.1.13) durch QR-Zerlegung mit ebenen Drehungen nach den Algorithmen 3.2.8 und 3.2.9. Zu Beginn ist $B = A$ und $D = I$. Der Vektor der Quadrate der Skalierungsfaktoren besteht also nur aus Einsen. Die Koeffizienten $a_{21}, a_{31}, a_{41}, a_{51}, a_{32}, a_{42}, a_{52}$ werden durch 7 Drehungen beseitigt. In Tab. 3.2.4 sind das Ausgangssystem und die jeweils von der Drehung betroffenen Zeilen angegeben. Die erste Spalte enthält die Zeilennummer, die zweite die Quadrate der Skalierungsfaktoren und die letzte die Drehungsparameter f und g. Die fettgedruckten Zahlen sind die Koeffizienten des lösbaren Teils $R'_{22} \cdot x = c'_2$ des gestaffelten Systems $Rx = c$. Multipliziert man sie mit den zugehörigen Skalierungsfaktoren (den Wurzeln der angegebenen d_n), so erhält man bis auf das Vorzeichen dieselben Werte wie in Tab. 3.2.1, S. 148.

Tab. 3.2.4. „Lösung" des überbestimmten Systems (3.1.13) durch QR-Zerlegung mit Drehungsmatrizen

n	d_n	A		b	f / g
1	1	1	0.0000	6.0039	
2	1	1	0.6931	5.7268	
3	1	1	1.0986	5.5607	
4	1	1	1.3863	5.4424	
5	1	1	1.6094	5.3519	
1	0.5	2	0.6931	11.7307	1
2	0.5	0	0.6931	−0.2770	1
1	0.3333	3	1.7918	17.2914	1
3	0.6667	0	0.7520	−0.3047	0.5
1	0.25	4	3.1781	22.7338	1
4	0.75	0	0.7890	−0.3214	0.3333
1	0.2	**5**	**4.7875**	**28.0857**	1
5	0.8	0	0.8149	−0.3316	0.25
2	0.1946		1.7811	−0.7178	1.4466
3	0.2595		0	−0.0041	1.0850
2	0.1108		3.1284	−1.2666	1.7075
4	0.4270		0	−0.0034	0.4430
2	0.07435		**4.6613**	**−1.8904**	1.8811
5	0.5369		0	−0.0017	0.2605

3.2.5. Bemerkungen

B 3.2.1. Der Spiegelungsalgorithmus versagt, wenn das Normquadrat von $\tilde{x}$ zu klein wird. Dieser Fall tritt bei der $\boldsymbol{QR}$-Faktorisierung nach Algorithmus 3.2.5 ein, wenn eine Spalte (fast) linear abhängig von den vorangegangenen ist. Pivotisiert man, indem man unter den verbliebenen Spalten jeweils diejenige mit größtem s-Wert als nächsten Spiegelungsvektor wählt, so bricht der Algorithmus erst ab, wenn die Maximalanzahl linear unabhängiger Spalten (der Rang von $\boldsymbol{A}$) erreicht ist (vgl. Abschnitt 3.4.3 und Lawson, Hanson [1], S. 77).

B 3.2.2. Die $\boldsymbol{QR}$-Zerlegung kann auch zur Lösung von Gleichungssystemen mit regulärer Koeffizientenmatrix $\boldsymbol{A}$ verwendet werden. Sie kostet aber im Vergleich zum Gauß-Algorithmus etwa den doppelten Rechenaufwand (vgl. (24) und (2.2.16)). Man wird also in diesem Fall Orthogonalisierungsverfahren nur anwenden, wenn der Gauß-Algorithmus wegen einer schlechten Kondition des Systems unbefriedigende Resultate liefert (Ü 3.2.6).

B 3.2.3. Vom Rechenaufwand her sind die Spiegelungen und die (schnellen) ebenen Drehungen gleichwertig. Sie liefern bei exakter Rechnung dieselbe $\boldsymbol{QR}$-Zerlegung (vgl. Ü 3.2.9). Wird das Skalarprodukt s im Algorithmus 3.2.2 in einem Register mit größerer Stellenzahl akkumuliert, so ist die Spiegelungsvariante etwas genauer als die Drehungsvariante.

B 3.2.4. Bei der Skalierung im Algorithmus 3.2.9 muß man darauf achten, daß die Faktoren d_n nicht zu stark abnehmen, um Unterlauf zu vermeiden. Man programmiert deshalb außer (32) auch den Parametersatz (33) und benutzt jeweils die Drehung mit der geringeren d_n-Verkleinerung.

B 3.2.5. Die (theoretisch) einfachste Methode, eine Matrix in ein Produkt $\boldsymbol{Q} \cdot \boldsymbol{R}$ zu zerlegen, ist die Orthogonalisierung der Spalten von $\boldsymbol{A}$ nach dem bekannten Gram-Schmidtschen Orthonormierungsverfahren für Vektoren. Eine numerisch brauchbare Realisierung dieser Idee ist die modifizierte Gram-Schmidt-Orthonormierung (MGS-Verfahren), die von Björck, Dahlquist ([1], S. 148) beschrieben wird.

3.2.6. Übungsaufgaben

Ü 3.2.1. Man vergleiche die Konditionszahlen der Matrizen $\hat{\boldsymbol{A}}$, $\boldsymbol{E}_1\hat{\boldsymbol{A}}$, $\boldsymbol{E}_2\boldsymbol{E}_1\hat{\boldsymbol{A}}$ und $\boldsymbol{E}_3\boldsymbol{E}_2\boldsymbol{E}_1\hat{\boldsymbol{A}}$ aus Tab. 2.3.1.

Ü 3.2.2. Man zeige: Sind die Matrizen $\boldsymbol{Q}_1, \boldsymbol{Q}_2, \dots, \boldsymbol{Q}_N$ orthogonal, so ist auch ihr Produkt $\boldsymbol{Q} := \boldsymbol{Q}_1\boldsymbol{Q}_2 \dots \boldsymbol{Q}_N$ orthogonal. Dagegen kann aus der Symmetrie der $\boldsymbol{Q}_n$, $n = 1(1)N$, nicht auf die Symmetrie von $\boldsymbol{Q}$ geschlossen werden.

Ü 3.2.3. Man löse das Gleichungssystem (3.1.13) mit der neuen rechten Seite $\boldsymbol{b} := (\ln 502, \ln 375, \ln 318, \ln 283, \ln 259)^T$ und benutze dazu die bereits bekannte $\boldsymbol{QR}$-Faktorisierung der Koeffizientenmatrix $\boldsymbol{A}$ (Tab. 3.2.2 oder Tab. 3.2.4).

Ü 3.2.4. Man löse das lineare Gleichungssystem

$$\begin{aligned} 1.000\ x_1 + 0.5000x_2 + 0.3333x_3 &= 1\,, \\ 0.5000x_1 + 0.3333x_2 + 0.2500x_3 &= -1\,, \\ 0.3333x_1 + 0.2500x_2 + 0.2000x_3 &= 1 \end{aligned}$$

durch $\boldsymbol{QR}$-Zerlegung (Rechnung mit vierstelliger Mantisse) und vergleiche das Ergebnis mit dem aus Ü 2.6.10.

Ü 3.2.5. Man stelle die Drehungsmatrix (26) als elementare Matrix dar (vgl. Abschnitt 2.1.4).

Ü 3.2.6. Man schreibe und programmiere einen Algorithmus zur $\boldsymbol{QR}$-Zerlegung spaltenregulärer rechteckiger Matrizen, durch ebene Drehungen nach der Strategie der Tab. 3.2.3. Dabei benutze man die Algorithmen 3.2.8 und 3.2.9.

Ü 3.2.7. Man schreibe und programmiere einen Algorithmus zur $\boldsymbol{QR}$-Zerlegung spaltenregulärer rechteckiger Matrizen, der den Drehungsalgorithmus 3.2.7 verwendet. Man vergleiche Speicher- und Rechenaufwand mit dem des Algorithmus aus Ü 3.2.6.

Ü 3.2.8. Man vergleiche Speicher- und Rechenaufwand des Algorithmus aus Ü 3.2.6 mit dem der $\boldsymbol{QR}$-Zerlegung durch Spiegelungen (Algorithmus 3.2.5).

Ü 3.2.9. Man weise nach, daß die mit Hilfe von Spiegelungen erzeugte $\boldsymbol{QR}$-Zerlegung bis auf das Vorzeichen mit der durch ebene Drehungen erzeugten $\boldsymbol{QR}$-Zerlegung übereinstimmt.

Ü 3.2.10. Analog zu den Algorithmen 3.2.8 und 3.2.9 schreibe man drei Drehungsalgorithmen, die die Parameter (33), (34) und (35) verwenden.

3.3. Lineare Abbildungen und (verallgemeinerte) Umkehrabbildungen

Zur Veranschaulichung des Begriffs der *verallgemeinerten Inversen (g-Inversen) einer Matrix* interpretieren wir das Gleichungssystem $\boldsymbol{Ax} = \boldsymbol{b}$ geometrisch als *lineare Abbildung* A eines Vektors $\boldsymbol{x}$ auf einen Vektor $\boldsymbol{b}$ und schreiben allgemeiner

$$A\boldsymbol{x} = \boldsymbol{u}\,, \qquad \boldsymbol{x} \in \mathbb{R}^N\,, \quad \boldsymbol{u} \in \mathbb{R}^M\,. \tag{1}$$

Dadurch wird jedem Vektor $\boldsymbol{x}$ aus $\mathbb{R}^N$ eindeutig ein Vektor $\boldsymbol{u}$ aus $\mathbb{R}^M$ zugeordnet. Ist im *Bildraum* $\mathbb{R}^M$ und im *Urbildraum* $\mathbb{R}^N$ je eine *Basis* festgelegt, wir wählen der Einfachheit halber *Orthonormalbasen* $\{\boldsymbol{e}_n^{(N)}\,;\ n = 1(1)N\}$ und $\{\boldsymbol{e}_m^{(M)}\,;\ m = 1(1)M\}$,

$$(\boldsymbol{e}_n^{(N)}, \boldsymbol{e}_k^{(N)}) = \delta_{nk}\,, \qquad (\boldsymbol{e}_m^{(M)}, \boldsymbol{e}_k^{(M)}) = \delta_{mk}\,, \qquad \delta_{kl} = \begin{cases} 1 & \text{für} \quad k = l\,, \\ 0 & \text{für} \quad k \neq l\,, \end{cases} \tag{2}$$

so wird die Abbildung A durch eine Matrix $\boldsymbol{A}$ repräsentiert

$$\boldsymbol{Ax} = \boldsymbol{u}\,. \tag{1'}$$

Aus diesem Grund kann man bei festgehaltenen Basen die Abbildung mit der sie repräsentierenden Matrix identifizieren. Führt man aber in beiden Räumen mit Hilfe regulärer Matrizen $\boldsymbol{U}$ und $\boldsymbol{V}$ passenden Formats neue Basen $\hat{\boldsymbol{e}}_n^{(N)}$ und $\hat{\boldsymbol{e}}_m^{(M)}$ ein, so gilt

$$\boldsymbol{x} = \boldsymbol{U}\hat{\boldsymbol{x}}\,, \qquad \boldsymbol{u} = \boldsymbol{V}\hat{\boldsymbol{u}} \tag{3}$$

und speziell

$$\boldsymbol{u}_n = \boldsymbol{U}\hat{\boldsymbol{e}}_n^{(N)}\,, \qquad \boldsymbol{v}_m = \boldsymbol{V}\hat{\boldsymbol{e}}_m^{(M)}\,, \tag{4}$$

das heißt, die n-te Spalte von $\boldsymbol{U}$ enthält die Komponenten des n-ten neuen Basisvektors $\hat{\boldsymbol{e}}_n^{(N)}$, bezogen auf die alte Basis. Die Gleichung $\boldsymbol{Ax} = \boldsymbol{u}$ geht bei der Basistransformation (3) über in

$$\hat{\boldsymbol{A}}\hat{\boldsymbol{x}} = \hat{\boldsymbol{u}} \quad \text{mit} \quad \hat{\boldsymbol{A}} := \boldsymbol{V}^{-1}\boldsymbol{A}\boldsymbol{U}\,. \tag{5}$$

Die Abbildung A wird jetzt durch die Matrix $\hat{\boldsymbol{A}}$ repräsentiert, $\hat{\boldsymbol{A}}$ und $\boldsymbol{A}$ heißen *äquivalent* (Ü 3.3.1) und im Spezialfall $\boldsymbol{V} = \boldsymbol{U}$ *ähnlich*. Zieht man die Gesamtheit aller Basistransformationen in Betracht, so entspricht der Abbildung A eine *Klasse äquivalenter Matrizen*. Läßt man nur Orthonormalbasen zu, so müssen die Spalten von $\boldsymbol{U}$ und $\boldsymbol{V}$ wegen (4) orthonormiert sein, es muß also

$$\boldsymbol{U}^{\mathsf{T}}\boldsymbol{U} = \boldsymbol{I}_N\,, \qquad \boldsymbol{V}^{\mathsf{T}}\boldsymbol{V} = \boldsymbol{I}_M \tag{6}$$

gelten. Die Transformationsmatrizen heißen dann *orthogonal* und die Matrizen $\boldsymbol{A}$ und $\hat{\boldsymbol{A}} = \boldsymbol{V}^{\mathsf{T}}\boldsymbol{A}\boldsymbol{U}$ *orthogonal-äquivalent*. Der Abbildung A entspricht in diesem Fall eine Klasse orthogonal-äquivalenter Matrizen. Die Wirkungsweise von A wird besonders durchsichtig, wenn man in der Äquivalenzklasse eine Diagonalmatrix $\hat{\boldsymbol{A}}$ findet.

3.3.1. Definition der Pseudoinversen

Ist $M = N$ und gehört zu jedem Bildvektor $\boldsymbol{u}$ nur genau ein Urbildvektor $\boldsymbol{x}$, so existiert eine *Umkehrabbildung* A^{-1}. Die Matrix $\boldsymbol{A}$ ist dann regulär, so daß die Umkehrabbildung durch

$$\boldsymbol{x} = \boldsymbol{A}^{-1}\boldsymbol{u} \tag{7}$$

repräsentiert wird. Speziell hat auch der Nullvektor nur einen Urbildvektor. Im allgemeinen Fall können dagegen verschiedene Vektoren den gleichen Bildvektor besitzen. Insbesondere wird nicht nur ein Vektor auf den Nullvektor abgebildet, sondern die Gesamtheit aller Lösungen des homogenen linearen Gleichungssystems $\boldsymbol{Ay} = \boldsymbol{o}$. Man faßt sie zum *Nullraum* (*Kern*) der Matrix $\boldsymbol{A}$ zusammen:

$$\mathbb{N}(\boldsymbol{A}) := \{\boldsymbol{y} \; ; \boldsymbol{y} \in \mathbb{R}^N, \boldsymbol{Ay} = \boldsymbol{o}\} \,. \tag{8}$$

Offenbar ist $\mathbb{N}(\boldsymbol{A})$ ein linearer Raum, denn mit $\boldsymbol{y}_1$ und $\boldsymbol{y}_2$ aus $\mathbb{N}(\boldsymbol{A})$ ist auch jede Linearkombination $c_1\boldsymbol{y}_1 + c_2\boldsymbol{y}_2$ Element des Nullraums. Seine Dimension ist gleich dem *Defekt* (*Rangverlust*) der Matrix $\boldsymbol{A}$

$$d := \dim \mathbb{N}(\boldsymbol{A}) = N - r \,, \qquad r := \operatorname{rg}(\boldsymbol{A}) \,. \tag{9}$$

Bezeichnet man die transponierten Zeilen von $\boldsymbol{A}$, also die Spalten von $\boldsymbol{A}^\mathsf{T}$, mit $\boldsymbol{z}_m$,

$$\boldsymbol{z}_m := (a_{m1}, a_{m2}, \dots, a_{mN})^\mathsf{T} \,, \qquad m = 1(1)M \,, \tag{10}$$

so kann man $\boldsymbol{Ay} = \boldsymbol{o}$ auch in der Gestalt

$$\boldsymbol{z}_m^\mathsf{T}\boldsymbol{y} = (\boldsymbol{z}_m, \boldsymbol{y}) = 0 \,, \qquad m = 1(1)M \,, \tag{11}$$

schreiben. Das heißt, die Vektoren aus dem Nullraum von $\boldsymbol{A}$ sind orthogonal zu allen Spalten von $\boldsymbol{A}^\mathsf{T}$, also auch zu jeder Linearkombination dieser Spalten

$$\boldsymbol{z} := \sum_{m=1}^{M} u_m \boldsymbol{z}_m = \boldsymbol{A}^\mathsf{T}\boldsymbol{u} \,, \qquad \boldsymbol{u} \in \mathbb{R}^M \,. \tag{12}$$

Ebenso wie oben die Lösungen des homogenen Systems $\boldsymbol{Ay} = \boldsymbol{o}$ fassen wir auch die Linearkombinationen $\boldsymbol{z}$ zu einem linearen Teilraum des $\mathbb{R}^N$ zusammen, den wir *Wertebereich* von $\boldsymbol{A}^\mathsf{T}$ nennen:

$$\mathbb{R}(\boldsymbol{A}^\mathsf{T}) := \{\boldsymbol{z} \; ; \boldsymbol{z} \in \mathbb{R}^N, \boldsymbol{z} = \boldsymbol{A}^\mathsf{T}\boldsymbol{u}, \boldsymbol{u} \in \mathbb{R}^M\} \,. \tag{13}$$

Seine Dimension ist gleich der Anzahl der linear unabhängigen Spalten von $\boldsymbol{A}^\mathsf{T}$, also gleich dem Rang von $\boldsymbol{A}$. Der Wertebereich $\mathbb{R}(\boldsymbol{A}^\mathsf{T})$ ist *orthogonales Komplement* zum *Unterraum* $\mathbb{N}(\boldsymbol{A})$, denn er enthält die Gesamtheit aller Vektoren, die zu Vektoren aus $\mathbb{N}(\boldsymbol{A})$ orthogonal sind (vgl. (11)). Der Raum $\mathbb{R}^N$ kann demnach in die *direkte orthogonale Summe* der beiden Unterräume $\mathbb{N}(\boldsymbol{A})$ und $\mathbb{R}(\boldsymbol{A}^\mathsf{T})$ aufgespalten werden:

$$\mathbb{R}^N = \mathbb{N}(\boldsymbol{A}) \oplus \mathbb{R}(\boldsymbol{A}^\mathsf{T}) \,, \qquad \mathbb{N}(\boldsymbol{A}) \perp \mathbb{R}(\boldsymbol{A}^\mathsf{T}) \,. \tag{14}$$

Jeder Vektor aus $\mathbb{R}^N$ läßt sich eindeutig als Summe zweier orthogonaler Vektoren $\boldsymbol{y}$ aus $\mathbb{N}(\boldsymbol{A})$ und $\boldsymbol{z}$ aus $\mathbb{R}(\boldsymbol{A}^\mathsf{T})$ darstellen (Ü 3.3.2):

$$\boldsymbol{x} = \boldsymbol{y} + \boldsymbol{z} \,, \qquad (\boldsymbol{y}, \boldsymbol{z}) = 0 \,; \qquad \boldsymbol{y} \in \mathbb{N}(\boldsymbol{A}) \,, \qquad \boldsymbol{z} \in \mathbb{R}(\boldsymbol{A}^\mathsf{T}) \,. \tag{15}$$

Nur der Nullvektor gehört beiden Teilräumen an (Abb. 3.3.1).

Der Nullraum von $\boldsymbol{A}$ ist *invariant gegenüber Koordinatentransformationen* der Gestalt (3). Man spricht deshalb auch vom *Nullraum der Abbildung* A. Der zum Nullraum $\mathbb{N}(\boldsymbol{A})$ orthogonale Wertebereich $\mathbb{R}(\boldsymbol{A}^\mathsf{T})$ bleibt verständlicherweise nur bei orthogonalen

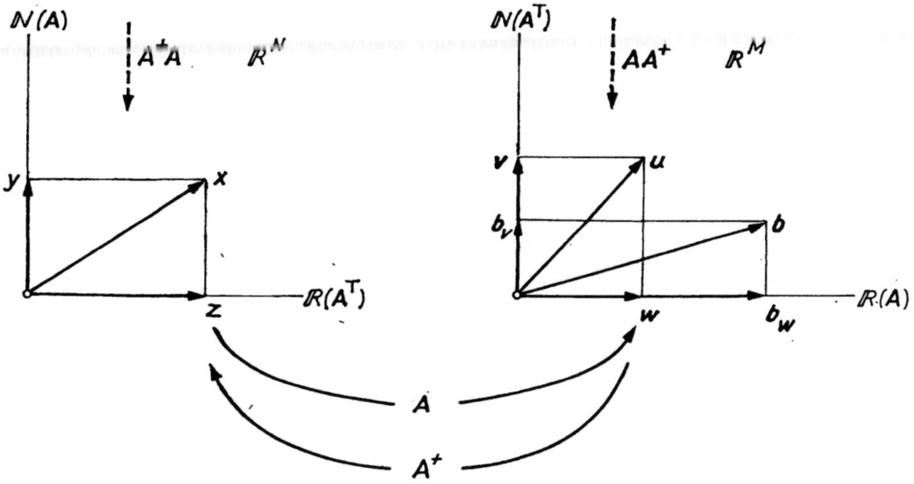

Abb. 3.3.1. Abbildung und verallgemeinerte Umkehrabbildung

Koordinatentransformationen, also bei Drehungen oder Spiegelungen, unverändert (Ü 3.3.3).

Bestimmen kann man die beiden orthogonalen Komponenten $\boldsymbol{y}$ und $\boldsymbol{z}$ der Zerlegung (15) durch *orthogonale Projektion* von $\boldsymbol{x}$ auf den entsprechenden Teilraum.

Definition 3.3.1. Eine quadratische Matrix $\boldsymbol{P}$ heißt *orthogonaler Projektor* (*Orthoprojektor*), wenn sie *idempotent und symmetrisch ist*: $\boldsymbol{P}^2 = \boldsymbol{P}$, $\boldsymbol{P}^{\mathsf{T}} = \boldsymbol{P}$.

Beide Forderungen lassen sich leicht geometrisch interpretieren. Ein projizierter Vektor $\boldsymbol{Px}$ soll sich nicht mehr ändern, wenn er derselben Projektion noch einmal unterworfen wird,

$$\boldsymbol{P}(\boldsymbol{Px}) = \boldsymbol{Px} \quad \text{für alle} \quad \boldsymbol{x} \in \mathbb{R}^N ,$$

das bedeutet $\boldsymbol{P}^2 = \boldsymbol{P}$ (*Idempotenz*). Weiter sollen Vektoren, die orthogonal zum Bildraum $\mathbb{R}(\boldsymbol{P})$ sind, auf den Nullvektor abgebildet werden. Also muß der Nullraum von $\boldsymbol{P}$ mit dem zu $\mathbb{R}(\boldsymbol{P})$ orthogonalen Teilraum $\mathbb{N}(\boldsymbol{P}^{\mathsf{T}})$ übereinstimmen (vgl. (14) und Abb. 3.3.2). Dann ist aber auch $\mathbb{R}(\boldsymbol{P}^{\mathsf{T}}) = \mathbb{R}(\boldsymbol{P})$ und folglich $\boldsymbol{P}^{\mathsf{T}} = \boldsymbol{P}$ (*Symmetrie*).

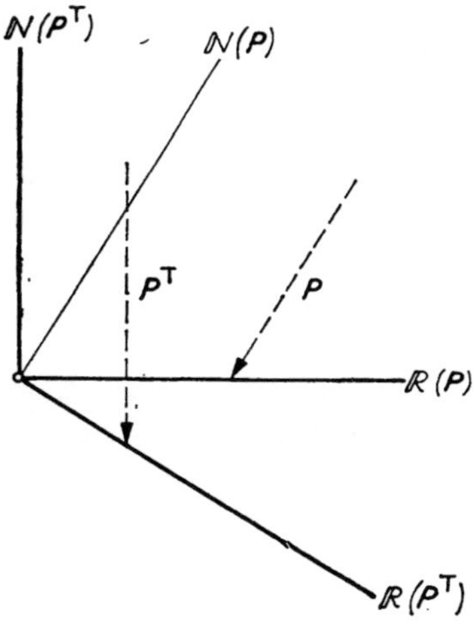

Abb. 3.3.2. Wertebereich und Nullraum eines „schiefen“ (nicht orthogonalen) Projektors

Es sei ausdrücklich darauf hingewiesen, daß ein Projektor $\boldsymbol{P}$ im allgemeinen keine orthogonale Matrix ist, denn die Relation $\boldsymbol{P}^\mathsf{T}\boldsymbol{P} = \boldsymbol{I}$ gilt wegen $\boldsymbol{P}^2 = \boldsymbol{P}$ nur für den trivialen Orthoprojektor $\boldsymbol{P} = \boldsymbol{I}$.

Bezeichnet man die orthogonalen Projektoren auf die Teilräume $\mathbb{N}(\boldsymbol{A})$ und $\mathbb{R}(\boldsymbol{A}^\mathsf{T})$ mit $\boldsymbol{P}_N$ und $\boldsymbol{Q}_N$ so gilt

$$\boldsymbol{y} = \boldsymbol{P}_N\boldsymbol{x}\,, \qquad \boldsymbol{z} = \boldsymbol{Q}_N\boldsymbol{x}\,. \tag{16}$$

Wir betrachten nun den Raum $\mathbb{R}^M$, indem nach (1) die Bildvektoren der Abbildung A liegen. Bezeichnet man die Spalten von $\boldsymbol{A}$ mit $\boldsymbol{s}_n$,

$$\boldsymbol{s}_n := (a_{1n}, a_{2n}, \dots, a_{Mn})^\mathsf{T}\,, \tag{17}$$

so kann (1′) auch in der Gestalt

$$\boldsymbol{w} = \sum_{n=1}^{N} x_n\boldsymbol{s}_n \tag{18}$$

geschrieben werden. Die Bildvektoren sind also Linearkombinationen der Spalten von $\boldsymbol{A}$, sie bilden einen linearen Teilraum des $\mathbb{R}^M$, den *Wertebereich* von $\boldsymbol{A}$ (*Spaltenraum* von $\boldsymbol{A}$):

$$\mathbb{R}(\boldsymbol{A}) = \{\boldsymbol{w}\ ;\ \boldsymbol{w} \in \mathbb{R}^M, \boldsymbol{w} = \boldsymbol{A}\boldsymbol{x}, \boldsymbol{x} \in \mathbb{R}^N\} \tag{19}$$

Seine Dimension ist gleich der Anzahl der linear unabhängigen Spalten von $\boldsymbol{A}$, also gleich dem Rang von $\boldsymbol{A}$. Mit denselben Argumenten wie im Fall des $\mathbb{R}^N$ zeigt man, daß der Nullraum von $\boldsymbol{A}^\mathsf{T}$

$$\mathbb{N}(\boldsymbol{A}^\mathsf{T}) = \{\boldsymbol{v}\ ;\ \boldsymbol{v} \in \mathbb{R}^M, \boldsymbol{A}^\mathsf{T}\boldsymbol{v} = \boldsymbol{o}\} \tag{20}$$

orthogonales Komplement zu $\mathbb{R}(\boldsymbol{A})$ ist und der Raum $\mathbb{R}^M$ in die direkte orthogonale Summe beider Teilräume zerlegt werden kann,

$$\mathbb{R}^M = \mathbb{N}(\boldsymbol{A}^\mathsf{T}) \oplus \mathbb{R}(\boldsymbol{A})\,, \qquad \mathbb{N}(\boldsymbol{A}^\mathsf{T}) \perp \mathbb{R}(\boldsymbol{A})\,. \tag{21}$$

Jeder Vektor $\boldsymbol{u}$ aus $\mathbb{R}^M$ kann folglich als Summe zweier orthogonaler Vektoren $\boldsymbol{v}$ und $\boldsymbol{w}$ dargestellt werden,

$$\boldsymbol{u} = \boldsymbol{v} + \boldsymbol{w}\,, \qquad (\boldsymbol{v}, \boldsymbol{w}) = 0\,, \qquad \boldsymbol{v} \in \mathbb{N}(\boldsymbol{A}^\mathsf{T})\,, \qquad \boldsymbol{w} \in \perp \mathbb{R}(\boldsymbol{A})\,. \tag{22}$$

Berücksichtigt man die analoge additive Zerlegung (15), so wird deutlich, daß die Abbildung (1) im allgemeinen nicht umkehrbar eindeutig ist:

$$\boldsymbol{w} = A\boldsymbol{x} = A\boldsymbol{y} + A\boldsymbol{z} = A\boldsymbol{z}\,. \tag{23}$$

Alle Vektoren $\boldsymbol{x}$, deren Projektionen auf den Raum $\mathbb{R}(\boldsymbol{A}^\mathsf{T})$ übereinstimmen, werden auf ein- und denselben Bildvektor $\boldsymbol{w}$ abgebildet. Schränkt man die Abbildung A aber auf den Teilraum $\mathbb{R}(\boldsymbol{A}^\mathsf{T})$ ein,

$$A_{\mathbb{R}} := A|_{\mathbb{R}(\boldsymbol{A}^\mathsf{T})}\,,$$

so entspricht jedem Vektor $\boldsymbol{w}$ aus $\mathbb{R}(\boldsymbol{A})$ genau ein Urbildvektor $\boldsymbol{z}$ aus $\mathbb{R}(\boldsymbol{A}^\mathsf{T})$. Damit ist auf $\mathbb{R}(\boldsymbol{A})$ eine Umkehrabbildung definiert, die wir mit $A^+ := A_{\mathbb{R}}^{-1}$ bezeichnen:

$$\boldsymbol{z} = A^+\boldsymbol{w}\,, \qquad \boldsymbol{w} \in \mathbb{R}(\boldsymbol{A}) \subset \mathbb{R}^M\,. \tag{24}$$

Erweitern wir diese lineare Abbildung durch

$$\boldsymbol{o} = A^+\boldsymbol{v}\,, \qquad \boldsymbol{v} \in \mathbb{N}(\boldsymbol{A}^\mathsf{T})\,, \tag{25}$$

auf den gesamten Raum $\mathbb{R}^M$, so ist A^+ in verallgemeinertem Sinne eine Umkehrung der Abbildung (1):

$$\boldsymbol{z} = A^+\boldsymbol{u} = A^+\boldsymbol{v} + A^+\boldsymbol{w} = A^+\boldsymbol{w} . \tag{26}$$

Bei festgelegten Basen entspricht der Abbildung A^+ genau eine Matrix. Diese $N \times M$-Matrix $\boldsymbol{A}^+$ heißt *Pseudoinverse* (*Moore-Penrose-Inverse*) zur $M \times N$-Matrix $\boldsymbol{A}$. Nullraum und Wertebereich sind wegen (25) und (24) definiert durch

$$\mathbb{N}(\boldsymbol{A}^+) = \mathbb{N}(\boldsymbol{A}^\mathsf{T}) , \qquad \mathbb{R}(\boldsymbol{A}^+) = \mathbb{R}(\boldsymbol{A}^\mathsf{T}) . \tag{27}$$

3.3.2. Singulärwerte und Singulärvektoren

Wir kehren nun zu der Aufgabe zurück, die Abbildung A durch eine Diagonalmatrix zu repräsentieren. Dazu betrachten wir zunächst die auf den Teilraum $\mathbb{R}(\boldsymbol{A}^\mathsf{T})$ eingeschränkte Abbildung $A_{\mathbb{R}}$ und ihre Umkehrabbildung $A_{\mathbb{R}}^{-1}$. Beide lassen sich besonders einfach darstellen, wenn man orthonormierte Basisvektoren $\boldsymbol{u}_n$ des $\mathbb{R}(\boldsymbol{A}^\mathsf{T})$ findet, die von der Matrix $\boldsymbol{A}$ auf solche orthonormierten Basisvektoren $\boldsymbol{v}_n$ des $\mathbb{R}(\boldsymbol{A})$ abgebildet werden, die ihrerseits von $\boldsymbol{A}^\mathsf{T}$ wieder auf die $\boldsymbol{u}_n$ zurücktransformiert werden. Wir fordern also

$$\boldsymbol{A}\boldsymbol{u}_n = \alpha_n \boldsymbol{v}_n , \qquad n = 1(1)r , \tag{28}$$

$$\boldsymbol{A}^\mathsf{T}\boldsymbol{v}_n = \alpha_n \boldsymbol{u}_n , \qquad n = 1(1)r , \tag{29}$$

wo die α_n noch unbekannte, nicht verschwindende reelle Zahlen bezeichnen. Multipliziert man (28) von links mit $\boldsymbol{A}^\mathsf{T}$ und benutzt (29), so kann man $\boldsymbol{v}_n$ eliminieren und erhält

$$\boldsymbol{A}^\mathsf{T}\boldsymbol{A}\boldsymbol{u}_n = \mu_n \boldsymbol{u}_n , \qquad n = 1(1)r , \tag{30}$$

mit der Abkürzung $\mu_n := \alpha_n^2$. Die gesuchten Basisvektoren $\boldsymbol{u}_n$ müssen also Eigenvektoren zu nicht verschwindenden Eigenwerten μ_n von $\boldsymbol{A}^\mathsf{T}\boldsymbol{A}$ sein. Diese Matrix ist symmetrisch und vom Format $N \times N$ und besitzt demnach (vgl. Abschnitt 4.1.3) ein vollständiges System von orthonormierten Eigenvektoren $\boldsymbol{u}_n$,

$$(\boldsymbol{u}_n, \boldsymbol{u}_m) = \delta_{nm} , \qquad n, m = 1(1)N . \tag{31}$$

Wegen $\operatorname{rg}(\boldsymbol{A}) = \operatorname{rg}(\boldsymbol{A}^\mathsf{T}\boldsymbol{A}) \eqqcolon r$ gehören davon genau r zu nicht verschwindenden Eigenwerten. Wir legen fest, daß das die Eigenvektoren mit den Nummern $1, 2, \ldots, r$ sind, und haben damit die gewünschten Basisvektoren für den Teilraum $\mathbb{R}(\boldsymbol{A}^\mathsf{T})$ gefunden. Für die zugehörigen Eigenwerte gilt wegen (30) und (31)

$$\mu_n = (\boldsymbol{A}\boldsymbol{u}_n, \boldsymbol{A}\boldsymbol{u}_n) > 0 , \qquad n = 1(1)r ,$$

sie sind also sogar positiv, so daß für die gesuchten Zahlen α_n

$$\alpha_n := +\sqrt{\mu_n} , \qquad n = 1(1)r , \tag{32}$$

gewählt werden kann. Die restlichen $N - r$ Eigenvektoren $\boldsymbol{u}_n$ gehören zum Eigenwert $\mu_n = 0$. Damit folgt aus (28) und (29)

$$\boldsymbol{o} = \boldsymbol{A}^\mathsf{T}\boldsymbol{A}\boldsymbol{u}_n = \alpha_n \boldsymbol{A}^\mathsf{T}\boldsymbol{v}_n = \alpha_n^2 \boldsymbol{u}_n ,$$

also $\alpha_n = 0$. Die Definition (32) bleibt folglich auch für $n = r+1(1)N$ richtig. Mit $\alpha_n = 0$ ergibt sich aus (28)

$$\boldsymbol{A}\boldsymbol{u}_n = \boldsymbol{o} , \qquad n = 1(1)N+r . \tag{33}$$

Die letzten $N - r$ Eigenvektoren $\boldsymbol{u}_n$ bilden also eine Basis des Teilraums $\mathbb{N}(\boldsymbol{A})$. Analog zu (30) erhält man aus (28) und (29)

$$\boldsymbol{A}\boldsymbol{A}^{\mathsf{T}}\boldsymbol{v}_n = \mu_n \boldsymbol{v}_n . \tag{34}$$

Die $\boldsymbol{v}_n$ sind also Eigenvektoren der Matrix $\boldsymbol{A}\boldsymbol{A}^{\mathsf{T}}$. Sie besitzt dieselben r von Null verschiedenen Eigenwerte wie $\boldsymbol{A}^{\mathsf{T}}\boldsymbol{A}$, ihre übrigen $M - r$ Eigenwerte sind gleich Null. Numerieren wir die dazu existierenden orthonormierten Eigenvektoren wie die $\boldsymbol{u}_n$, so bilden die ersten r Eigenvektoren $\boldsymbol{v}_n$ eine Basis des Teilraums $\mathbb{R}(\boldsymbol{A})$ und die restlichen $M - r$ eine Basis des Teilraums $\mathbb{N}(\boldsymbol{A}^{\mathsf{T}})$:

$$\boldsymbol{A}^{\mathsf{T}}\boldsymbol{v}_m = \boldsymbol{o} , \qquad m = r+1(1)M . \tag{35}$$

Definition 3.3.2. Die positiven Wurzeln aus den Eigenwerten der Matrix $\boldsymbol{A}^{\mathsf{T}}\boldsymbol{A}$ heißen *Singulärwerte derMatrix* $\boldsymbol{A}$. Die zugehörigen Eigenvektoren von $\boldsymbol{A}^{\mathsf{T}}\boldsymbol{A}$ heißen *Rechtssingulärvektoren von* $\boldsymbol{A}$, die zugehörigen Eigenvektoren von $\boldsymbol{A}\boldsymbol{A}^{\mathsf{T}}$ *Linkssingulärvektoren von* $\boldsymbol{A}$.

Mit diesen Bezeichnungen können wir die Ergebnisse wie folgt zusammenfassen:

Satz 3.3.3. *Eine $M \times N$-Matrix $\boldsymbol{A}$ mit dem Rang r besitzt r positive Singulärwerte α_n, $n = 1(1)r$. Dazu existieren r orthonormierte Rechtssingulärvektoren $\boldsymbol{u}_n$, $n = 1(1)r$, die eine Basis des Teilraums $\mathbb{R}(\boldsymbol{A}^{\mathsf{T}})$ bilden, und r orthonormierte Linkssingulärvektoren $\boldsymbol{v}_m$, $m = 1(1)r$, die eine Basis des Teilraums $\mathbb{R}(\boldsymbol{A})$ bilden. Ferner existieren $N - r$ orthonormierte Rechtssingulärvektoren $\boldsymbol{u}_n$, $n = r+1(1)N$, und $M - r$ orthonormierte Linkssingulärvektoren $\boldsymbol{v}_m$, $m = r+1(1)M$, zum Singulärwert $\alpha_n = 0$. Sie bilden Orthonormalbasen der Teilräume $\mathbb{N}(\boldsymbol{A})$ und $\mathbb{N}(\boldsymbol{A}^{\mathsf{T}})$.*

Eine $M \times N$-Matrix hat also insgesamt N Rechts- und M Linkssingulärvektoren. Wir fassen sie zu orthogonalen Matrizen $\boldsymbol{U}$ und $\boldsymbol{V}$ zusammen,

$$\boldsymbol{U} := (\boldsymbol{u}_1, \boldsymbol{u}_2, \dots, \boldsymbol{u}_N) , \qquad \boldsymbol{V} := (\boldsymbol{v}_1, \boldsymbol{v}_2, \dots, \boldsymbol{v}_M) ,$$

und führen sie als neue Basisvektoren ein. Dann geht $\boldsymbol{A}$ nach (5) in die orthogonaläquivalente Matrix $\hat{\boldsymbol{A}} = \boldsymbol{V}^{\mathsf{T}}\boldsymbol{A}\boldsymbol{U}$ über, die wegen (28) und (33) die folgende Gestalt hat:

$$\hat{\boldsymbol{A}} = \boldsymbol{V}^{\mathsf{T}}(\boldsymbol{A}\boldsymbol{u}_1, \dots, \boldsymbol{A}\boldsymbol{u}_r, \boldsymbol{o}, \dots, \boldsymbol{o}) = \boldsymbol{V}^{\mathsf{T}}(\alpha_1\boldsymbol{v}_1, \dots, \alpha_r\boldsymbol{v}_r, \boldsymbol{o}, \dots, \boldsymbol{o}) .$$

Daraus ergibt sich wegen der Orthogonalität der $\boldsymbol{v}_m$ die gewünschte Diagonalgestalt

$$\hat{\boldsymbol{A}} = \left(\begin{array}{c:c} \boldsymbol{A}_{rr} & \boldsymbol{O}_{r,N-r} \\ \hdashline \boldsymbol{O}_{M-r,r} & \boldsymbol{O}_{M-r,N-r} \end{array}\right), \qquad \boldsymbol{A}_{rr} := \operatorname{diag}(\alpha_1, \dots, \alpha_r) . \tag{36}$$

Die Matrix $\hat{\boldsymbol{A}}$ ist wie $\boldsymbol{A}$ vom Format $M \times N$ und enthält bis auf die ersten r Diagonalelemente $\hat{a}_{nn} = \alpha_n$, $n = 1(1)r$, nur Nullen. Ihre Pseudoinverse kann unmittelbar abgelesen werden:

$$\hat{\boldsymbol{A}}^{+} = \left(\begin{array}{c:c} \boldsymbol{A}_{rr}^{-1} & \boldsymbol{O}_{M-r,r}^{\mathsf{T}} \\ \hdashline \boldsymbol{O}_{r,N-r}^{\mathsf{T}} & \boldsymbol{O}_{M-r,N-r}^{\mathsf{T}} \end{array}\right), \qquad \boldsymbol{A}_{rr}^{-1} = \operatorname{diag}\left(\frac{1}{\alpha_1}, \dots, \frac{1}{\alpha_r}\right). \tag{37}$$

Sie ist vom Format $N \times M$ und enthält in den ersten r Diagonalelementen die reziproken Singulärwerte und sonst nur Nullen. Geht man durch $\hat{\boldsymbol{x}} = \boldsymbol{U}^{\mathsf{T}}\boldsymbol{x}$, $\hat{\boldsymbol{u}} = \boldsymbol{V}^{\mathsf{T}}\boldsymbol{u}$ wieder zu den ursprünglichen Basen zurück, so folgt

$$\boldsymbol{A} = \boldsymbol{V}\hat{\boldsymbol{A}}\boldsymbol{U}^{\mathsf{T}} , \qquad \boldsymbol{A}^{+} = \boldsymbol{U}\hat{\boldsymbol{A}}^{+}\boldsymbol{V}^{\mathsf{T}} . \tag{38}$$

Da die letzten $N - r$ Spalten und die letzten $M - r$ Zeilen von $\hat{A}$ verschwinden, haben nur die ersten r Spalten von U und V Einfluß auf das Produkt. Wir definieren

$$U_{Nr} := (u_1, \dots, u_r), \qquad V_{Mr} := (v, \dots, v_r) \tag{39}$$

und erhalten damit statt (38)

$$A = V_{Mr} A_{rr} U_{Nr}^{\mathsf{T}}, \qquad A^+ = U_{Nr} A_{rr}^{-1} V_{Mr}^{\mathsf{T}}. \tag{40}$$

Die Darstellungen (38) und (40) heißen *Singulärwertzerlegungen* der Matrizen A und A^+.

Beispiel 3.3.4. Die 4×3-Matrix $A = \begin{pmatrix} 1 & 4 & 1 \\ 2 & 3 & 1 \\ 3 & 2 & 1 \\ 4 & 1 & 1 \end{pmatrix}$ hat den Rang Zwei. Die Matrix $A^{\mathsf{T}}A$ besitzt die Eigenwerte $\mu_1 = 54$, $\mu_2 = 10$, $\mu_3 = 0$ und dazu die Eigenvektoren $u_1 = \frac{1}{3\sqrt{6}} \begin{pmatrix} 5 \\ 5 \\ 2 \end{pmatrix}$, $u_2 = \frac{1}{\sqrt{2}} \begin{pmatrix} 1 \\ -1 \\ 0 \end{pmatrix}$, $u_3 = \frac{1}{3\sqrt{3}} \begin{pmatrix} 1 \\ 1 \\ -5 \end{pmatrix}$. Sie sind Rechtssingulärvektoren von A zu den Singulärwerten $\alpha_1 = \sqrt{54}$, $\alpha_2 = \sqrt{10}$ und $\alpha_3 = 0$. Damit können der Wertebereich von A^{T} und der Nullraum von A angegeben werden:

$$\mathbb{R}(A^{\mathsf{T}}) = \{z;\ z = \hat{x}_1 u_1 + \hat{x}_2 u_2,\ \ \hat{x}_1, \hat{x}_2 \text{ beliebig reell}\},$$
$$\mathbb{N}(A) \ = \{y;\ y = \hat{x}_3 u_3,\ \hat{x}_3 \text{ beliebig reell}\}.$$

Die ersten beiden Linkssingulärvektoren erhält man wegen (28) aus $v_1 = \frac{1}{\alpha_1} A u_1$, $v_2 = \frac{1}{\alpha_2} A u_2$. Für die restlichen beiden kann man zwei beliebige orthonormierte Lösungen des homogenen Systems $AA^{\mathsf{T}}v = 0$ wählen, das sind Vektoren der Gestalt $v = (v_3 + 2v_4\ \ -2v_3 - 3v_4, v_3, v_4)^{\mathsf{T}}$. Ein vollständiges Orthonormalsystem von Linkssingulärvektoren ist

$$v_1 = \frac{1}{2}\begin{pmatrix} 1 \\ 1 \\ 1 \\ 1 \end{pmatrix}, \quad v_2 = \frac{1}{2\sqrt{5}}\begin{pmatrix} -3 \\ -1 \\ 1 \\ 3 \end{pmatrix}, \quad v_3 = \frac{1}{2\sqrt{5}}\begin{pmatrix} 1 \\ -3 \\ 3 \\ -1 \end{pmatrix}, \quad v_4 = \frac{1}{2}\begin{pmatrix} -1 \\ 1 \\ 1 \\ -1 \end{pmatrix}.$$

Damit können der Wertebereich von A und der Nullraum von A^{T} angegeben werden:

$$\mathbb{R}(A) = \{w;\ w = \hat{u}_1 v_1 + \hat{u}_2 v_2,\ \ \ \hat{u}_1, \hat{u}_2 \text{ beliebig reell}\},$$
$$\mathbb{N}(A) = \{v;\ \ v = \hat{u}_3 v_3 + \hat{u}_4 v_4,\ \ \ \hat{u}_3, \hat{u}_4 \text{ beliebig reell}\}.$$

Die Singulärwertzerlegung von A hat die Gestalt

$$A = \begin{pmatrix} 1/2 & -3/\sqrt{20} \\ 1/2 & -1/\sqrt{20} \\ 1/2 & 1/\sqrt{20} \\ 1/2 & 3/\sqrt{20} \end{pmatrix} \begin{pmatrix} \sqrt{54} & 0 \\ 0 & \sqrt{10} \end{pmatrix} \begin{pmatrix} 5/\sqrt{54} & 5/\sqrt{54} & 2/\sqrt{54} \\ 1/\sqrt{2} & -1/\sqrt{2} & 0 \end{pmatrix}.$$

Daraus ergibt sich

$$A^+ = (u_1 \mid u_2) \begin{pmatrix} 1/\alpha_1 & 0 \\ 0 & 1/\alpha_2 \end{pmatrix} \begin{pmatrix} v_1^{\mathsf{T}} \\ \cdots \\ v_2^{\mathsf{T}} \end{pmatrix} = \frac{1}{270} \begin{pmatrix} -28 & -1 & 26 & 53 \\ 53 & 26 & -1 & -28 \\ 5 & 5 & 5 & 5 \end{pmatrix}.$$

3.3.3. Eigenschaften der Pseudoinversen

Aus den Darstellungen (38), (40) für A und A^+ lassen sich die folgenden vier Relationen herleiten, die häufig zur Charakterisierung der Pseudoinversen benutzt werden.

Satz 3.3.5. *Die Pseudoinverse (Moore-Penrose-Inverse) A^+ genügt den vier Penrose-Bedingungen*

(P1) $AA^+A = A$,

(P2) $A^+AA^+ = A^+$,

(P3) $(AA^+)^{\mathsf T} = AA^+$,

(P4) $(A^+A)^{\mathsf T} = A^+A$.

Beweis. Wir zeigen zunächst, daß $\hat{A}$ und $\hat{A}^+$ den vier Bedingungen genügen. Aus (36) und (37) folgt

$$\hat{A}\hat{A}^+ = \begin{pmatrix} I_r & O_{r,M-r} \\ O_{M-r,r} & O_{M-r,M-r} \end{pmatrix}, \qquad \hat{A}^+\hat{A} = \begin{pmatrix} I_r & O_{r,N-r} \\ O_{N-r,r} & O_{N-r,N-r} \end{pmatrix}. \tag{41}$$

Beide Matrizen sind symmetrisch, also sind (P3) und (P4) erfüllt. Multipliziert man (41) mit $\hat{A}^+$ bzw. $\hat{A}$, so folgt (P2) bzw. (P1). Ersetzt man nun in (P1) A und A^+ mit Hilfe von (38), so ergibt sich $AA^+A = V\hat{A}U^{\mathsf T}U\hat{A}^+V^{\mathsf T}V\hat{A}U = V\hat{A}\hat{A}^+\hat{A}U^{\mathsf T} = V\hat{A}U^{\mathsf T} = A$ Ebenso lassen sich die übrigen Bedingungen nachprüfen. ■

Aus den Penrose-Bedingungen ergibt sich, daß A^+A und AA^+ orthogonale Projektoren sind (Ü 3.3.10). Wertebereich und Nullraum von A^+A sind $\mathbb{R}(A^{\mathsf T})$ und $\mathbb{N}(A)$. Um das einzusehen, braucht man nur x mit Hilfe von (3) zu transformieren, $x = U\hat{x}$, und (36)—(38) zu verwenden:

$$A^+Ax = U\hat{A}^+\hat{A}U^{\mathsf T}U\hat{x} = U\hat{A}^+\hat{A}\hat{x} = \sum_{n=1}^{r} \hat{x}_n u_n .$$

Wegen (40) können die Projektoren aus (16) damit explizit angegeben werden:

$$Q_N = A^+A = U_{Nr}U_{Nr}^{\mathsf T}, \qquad P_N = I_N - A^+A . \tag{42}$$

Ebenso zeigt man, daß AA^+ auf den Teilraum $\mathbb{R}(A)$ projiziert und den Nullraum $\mathbb{N}(A^{\mathsf T})$ besitzt (Ü 3.3.10):

$$Q_M = AA^+ = V_{Mr}V_{Mr}^{\mathsf T}, \qquad P_M = I_M - AA^+ . \tag{43}$$

Beispiel 3.3.6. Für die Matrix aus Beispiel 3.3.4 haben die vier Projektoren die folgende Gestalt

$$Q_N = \frac{1}{27}\begin{pmatrix} 26 & -1 & 5 \\ -1 & 26 & 5 \\ 5 & 5 & 2 \end{pmatrix}, \qquad P_N = \frac{1}{27}\begin{pmatrix} 1 & 1 & -5 \\ 1 & 1 & -5 \\ -5 & -5 & 25 \end{pmatrix},$$

$$Q_M = \frac{1}{10}\begin{pmatrix} 7 & 4 & 1 & -2 \\ 4 & 3 & 2 & 1 \\ 1 & 2 & 3 & 4 \\ -2 & 1 & 4 & 7 \end{pmatrix}, \qquad P_M = \frac{1}{10}\begin{pmatrix} 3 & -4 & -1 & 2 \\ -4 & 7 & -2 & -1 \\ -1 & -2 & 7 & -4 \\ 2 & -1 & -4 & 3 \end{pmatrix}.$$

Der folgende Satz enthält einige für die Berechnung von A^+ nützliche Darstellungen der Pseudoinversen.

Satz 3.3.7. *Die Pseudoinverse A^+ kann in der Gestalt*

$$A^+ = XA^{\mathsf T} = A^{\mathsf T}Y = A^{\mathsf T}ZA^{\mathsf T} \tag{44}$$

mit Matrizen X, Y, Z passenden Formats dargestellt werden. Speziell gilt

$$A^+ = A^{-1}, \quad \textit{falls} \quad M = N = \operatorname{rg}(A), \tag{45}$$

$$A^+ = (A^{\mathsf T}A)^{-1}A^{\mathsf T}, \quad \textit{falls} \quad M \geqq N = \operatorname{rg}(A), \tag{46}$$

$$A^+ = A^{\mathsf T}(AA^{\mathsf T})^{-1}, \quad \textit{falls} \quad N \leqq M = \operatorname{rg}(A). \tag{47}$$

Beweis. Aus der Bedingung (P2) ergeben sich durch Transponieren von A^+A und AA^+ die Relationen

$$A^+ = A^+(AA^+) = A^+(AA^+)^\mathsf{T} = (A^+A^{+\mathsf{T}})\,A^\mathsf{T}\,, \tag{48}$$

$$A^+ = (A^+A)\,A^+ = (A^+A)^\mathsf{T}\,A^+ = A^\mathsf{T}(A^{+\mathsf{T}}A^+)\,, \tag{49}$$

Benutzt man noch $A^+A^{+\mathsf{T}} = (A^\mathsf{T}A)^+$ und $A^{+\mathsf{T}}A^+ = (AA^\mathsf{T})^+$ (vgl. Ü 3.3.5), so können Matrizen X und Y angegeben werden:

$$X = (A^\mathsf{T}A)^+\,, \qquad Y = (AA^\mathsf{T})^+\,. \tag{50}$$

Eine Matrix Z erhält man, wenn man das erste A^+ auf der rechten Seite von (48) mit Hilfe von (49) ersetzt und noch einmal Ü 3.3.5 verwendet:

$$Z = (A^\mathsf{T}AA^\mathsf{T})^+\,. \tag{51}$$

Im regulären Fall (45) reduzieren sich die Nullräume $\mathbb{N}(A)$ und $\mathbb{N}(A^\mathsf{T})$ auf den Nullvektor, und die Wertebereiche $\mathbb{R}(A)$ und $\mathbb{R}(A^\mathsf{T})$ sind identisch mit dem gesamten Raum $\mathbb{R}^N = \mathbb{R}^M$. Die Projektoren A^+A und AA^+ sind demzufolge gleich der identischen Abbildung $A^+A = AA^+ = I_N$, woraus sich sofort $A^+ = A^{-1}$ ergibt.

Im spaltenregulären Fall (46) ist $A^\mathsf{T}A$ als Gramsche Matrix der N linear unabhängigen Spalten von A nichtsingulär, so daß $X = (A^\mathsf{T}A)^+ = (A^\mathsf{T}A)^{-1}$ gilt. Ebenso ist im zeilenregulären Fall (47) AA^T als Gramsche Matrix der M linear unabhängigen Zeilen von A nichtsingulär, so daß $Y = (AA^\mathsf{T})^+ = (AA^\mathsf{T})^{-1}$ gilt. ■

Aus (46) folgt $A^+A = I_N$ und aus (47) $AA^+ = I_M$. Man nennt deshalb A^+ im spaltenregulären Fall auch eine *Linksinverse* und im zeilenregulären Fall eine *Rechtsinverse* der Matrix A.

3.3.4. Bemerkung

B 3.3.1. Obwohl die Theorie der verallgemeinerten Inversen noch relativ jung ist (die grundlegende Arbeit von Penrose stammt aus dem Jahr 1955, eine frühere Arbeit von E. H. Moore aus dem Jahr 1920 hatte keine Beachtung gefunden), existiert dazu bereits eine umfangreiche Literatur. Neben der Pseudoinversen A^+ gibt es eine Anzahl weiterer g-Inverser, die jeweils nur einigen der vier Penrose-Bedingungen genügen (als oberer Index angegeben): $A^{(1)} = A^-$ *g-Inverse, innere g-Inverse*, $A^{(2)}$ *äußere g-Inverse*, $A^{(1,2)} = A_r^-$ *reflexive g-Inverse*, $A^{(1,3)} = A_l^-$ *Kleinste-Quadrate-Inverse*, $A^{(1,4)} = A_m^-$ *Minimum-Norm-Inverse*, $A^{(1,2,3)} = A_{rl}^-$ *reflexive Kleinste-Quadrate-Inverse*, $A^{(1,2,4)} = A_{rm}^-$ *reflexive Minimum-Norm-Inverse*, ... Diese allgemeineren g-Inversen sind im Gegensatz zu A^+ nicht eindeutig bestimmt, sie können aber oft einfacher berechnet werden und sind für viele Probleme aus der Praxis (z. B. der Statistik) ausreichend. Gelegentlich sind auch zusätzliche Bedingungen von Interesse. Wir verweisen auf Beklemišev [1], Ben-Israel, Greville [1], Kuhnert [1], Nashed [1, 2], Rao Mitra [1], Zielke [4, 5] und die dort angegebene Literatur.

3.3.5. Übungsaufgaben

Ü 3.3.1. Man zeige: Die Beziehung $A' := V^{-1}AU$ ist eine Äquivalenzrelation, das heißt, sie ist *reflexiv* ($A \sim A$), *symmetrisch* ($A \sim A' \to A' \sim A$) und *transitiv* ($A \sim A'$, $A' \sim A'' \to A \sim A''$).

Ü 3.3.2. Man zeige: Jeder Vektor x aus $\mathbb{R}^N$ läßt sich eindeutig als Summe zweier orthogonaler Vektoren y aus $\mathbb{N}(A)$ und z aus $\mathbb{R}(A^\mathsf{T})$ darstellen.

Ü 3.3.3. Man zeige: Sind die Transformationsmatrizen U und V in (5) orthogonal, so gilt $\mathbb{R}(\hat{A}) = \mathbb{R}(A)$ und $\mathbb{R}(\hat{A}^\mathsf{T}) = \mathbb{R}(A^\mathsf{T})$.

Ü 3.3.4. Man zeige: Die von Null verschiedenen Eigenwerte von $A^\mathsf{T}A$ und AA^T stimmen überein.

Ü 3.3.5. Mit Hilfe der vier Penrose-Bedingungen beweise man:

$$(A^\mathsf{T})^+ = (A^+)^\mathsf{T} =: A^{+\mathsf{T}}, \qquad (AA^\mathsf{T})^+ = A^{+\mathsf{T}} A^+, \quad (AA^\mathsf{T}A)^+ = A^+A^{+\mathsf{T}} A^+ .$$

Ü 3.3.6. Man beweise: Ist $B := AA^\mathsf{T}$ und $C := A^\mathsf{T}A$, so gilt $BB^+ = B^+B = AA^+$, $CC^+ = C^+C = A^+A$.

Ü 3.3.7. Man zeige, daß sich die für beliebige reguläre Matrizen A, B gültige „Rückwärtsregel" der Inversion, $(AB)^{-1} = B^{-1}A^{-1}$, auf die Pseudoinversion rechteckiger passenden Formats überträgt, $(AB)^+ = B^+A^+$, falls A spalten- und B zeilenregulär ist. Im allgemeinen Fall ist dagegen $(AB)^+ \neq B^+A^+$.

Ü 3.3.8. Man beweise, daß A^+ durch die vier Penrose-Bedingungen eindeutig bestimmt ist.

Ü 3.3.9. Man zeige: Ist P_1 Orthoprojektor mit dem Wertebereich $\mathbb{R}(P_1)$ und dem Nullraum $\mathbb{N}(P_1)$, so ist $P_2 := I - P_1$ Orthoprojektor mit dem Wertebereich $\mathbb{R}(P_2) = \mathbb{N}(P_1)$ und dem Nullraum $\mathbb{N}(P_2) = \mathbb{R}(P_1)$.

Ü 3.3.10. Man zeige: $P := AA^+$ ist Orthoprojektor mit dem Wertebereich $\mathbb{R}(A)$ und dem Nullraum $\mathbb{N}(A^\mathsf{T})$.

Ü 3.3.11. Man zeige: Hat eine $M \times N$-Matrix A die Gestalt

$$A = \begin{pmatrix} A_{rr} & O_{r,N-r} \\ O_{M-r,r} & O_{M-r,N-r} \end{pmatrix}$$

mit einer regulären Untermatrix A_{rr} und Nullmatrizen des angegebenen Formats, so gilt

$$A^+ = \begin{pmatrix} A_{rr}^{-1} & O_{M-r,r}^\mathsf{T} \\ O_{r,N-r}^\mathsf{T} & O_{M-r,N-r}^\mathsf{T} \end{pmatrix}.$$

Ü 3.3.12. Man zeige: Die Pseudoinverse eines Spaltenvektors x ist ein Zeilenvektor der Gestalt $x^+ = x^\mathsf{T}(x^\mathsf{T}/x) = x^\mathsf{T}/(\|x\|_2^2)$.

Ü 3.3.13. Man zeige: Die Pseudoinverse des dyadischen Produkts zweier Vektoren x und y ist $(xy^\mathsf{T})^+ = yx^\mathsf{T}/(\|x\|_2^2 \cdot \|y\|_2^2)$.

Ü 3.3.14. Man bestimme die Singulärwertzerlegung für die Matrix

$$A = \begin{pmatrix} a+\varepsilon & a+\varepsilon & a-2\varepsilon \\ a-\varepsilon & a-\varepsilon & a+2\varepsilon \\ a+\varepsilon & a+\varepsilon & a-2\varepsilon \\ a-\varepsilon & a-\varepsilon & a+2\varepsilon \end{pmatrix}.$$

Ü 3.3.15. Man bestimme die Singulärwertzerlegung der Matrix $A = \begin{pmatrix} 1 & -1 & 1 & -1 \\ -2 & 2 & -2 & 2 \end{pmatrix}^\mathsf{T}$ und gebe mit ihrer Hilfe die Pseudoinverse A^+, die Teilräume $\mathbb{R}(A)$, $\mathbb{R}(A^\mathsf{T})$, $\mathbb{N}(A)$, $\mathbb{N}(A^\mathsf{T})$ und die zugehörigen orthogonalen Projektoren an.

Ü 3.3.16. Man zeige: Genügt eine Matrix X den Forderungen a) es gelte $AXA = A$ und b) es existiere eine Matrix Z mit $X = A^\mathsf{T}ZA^\mathsf{T}$, so ist X eindeutig bestimmt und gleich der Pseudoinversen A^+.

Ü 3.3.17. Man zeige: Die Spektralnorm eines Orthoprojektors ist gleich Eins.

3.4. Lösungen und Pseudolösungen linearer Gleichungssysteme

Mit Hilfe der Ergebnisse der vorangegangenen Vorlesung wird die Gesamtheit der Lösungen (oder verallgemeinerten Lösungen) des linearen Gleichungssystems $Ax = b$ mit rechteckiger Koeffizientenmatrix beschrieben und die Bedeutung der speziellen verallgemeinerten Lösung $x = A^+b$ erklärt. Es wird untersucht, wie sich Störungen der rechten Seite und der Koeffizientenmatrix auf die Lösung auswirken und wann eine Näherungslösung im Sinne der Rückwärtsanalyse des Fehlers akzeptabel ist. Schließlich wird ein Algorithmus zur numerischen Berechnung von A^+b hergeleitet.

3.4.1. Lösungsdarstellungen

Liegt die rechte Seite $\boldsymbol{b}$ des linearen Gleichungssystems $\boldsymbol{Ax} = \boldsymbol{b}$ im Wertebereich von $\boldsymbol{A}$, so ist das System *lösbar* (*konsistent*). Durch die Abbildung A^+ wird dem Vektor $\boldsymbol{b}$ aus $\mathbb{R}(\boldsymbol{A})$ dann eindeutig ein Vektor $\boldsymbol{z}$ aus $\mathbb{R}(\boldsymbol{A}^{\mathrm{T}})$ zugeordnet. Dadurch erhält man eine *spezielle Lösung*

$$\boldsymbol{z} := \boldsymbol{A}^+\boldsymbol{b} . \tag{1}$$

Mit $\boldsymbol{z}$ erfüllt aber auch jeder Vektor $\boldsymbol{z} + \boldsymbol{y}$ das Ausgangssystem, wenn $\boldsymbol{y}$ aus dem Nullraum von $\boldsymbol{A}$ ist. Stellt man $\boldsymbol{y}$ mit Hilfe von (3.3.16) und (3.3.42) als Projektion eines beliebigen Vektors $\boldsymbol{x}_0$ aus $\mathbb{R}^N$ dar, so erhält man

$$\boldsymbol{x} = \boldsymbol{A}^+\boldsymbol{b} + (\boldsymbol{I}_N - \boldsymbol{A}^+\boldsymbol{A})\,\boldsymbol{x}_0 , \qquad \boldsymbol{x}_0 \in \mathbb{R}^N , \tag{2}$$

für die allgemeine Lösung des konsistenten Systems $\boldsymbol{Ax} = \boldsymbol{b}$. Da $\boldsymbol{z}$ und $\boldsymbol{y}$ orthogonal sind, gilt für die Euklidische Norm von $\boldsymbol{x}$ nach dem Satz des PYTHAGORAS

$$||\boldsymbol{x}||_2^2 = ||\boldsymbol{A}^+\boldsymbol{b}||_2^2 + ||(\boldsymbol{I}_N - \boldsymbol{A}^+\boldsymbol{A})\,\boldsymbol{x}_0||_2^2 . \tag{3}$$

Demnach ist die spezielle Lösung $\boldsymbol{A}^+\boldsymbol{b}$ unter allen Lösungen von $\boldsymbol{Ax} = \boldsymbol{b}$ diejenige mit kleinster Euklidischer Norm. Sie wird auch als *Normallösung* bezeichnet.

Liegt die rechte Seite $\boldsymbol{b}$ nicht im Wertebereich von $\boldsymbol{A}$, so ist das Gleichungssystem *unlösbar* (*inkonsistent, widersprüchlich*). Wir stellen dann $\boldsymbol{b}$ analog zu $\boldsymbol{u}$ (vgl. Abb. 3.3.1, S. 157) als Summe zweier orthogonaler Vektoren $\boldsymbol{b}_v$ und $\boldsymbol{b}_w$ dar und erhalten damit für die Norm des Restvektors $\boldsymbol{r} := \boldsymbol{b} - \boldsymbol{Ax}$

$$||\boldsymbol{r}||_2^2 = ||\boldsymbol{b}_v||_2^2 + ||\boldsymbol{b}_w - \boldsymbol{Ax}||_2^2 , \qquad \boldsymbol{b}_v \in \mathbb{N}(\boldsymbol{A}^{\mathrm{T}}) , \quad \boldsymbol{b}_w \in \mathbb{R}(\boldsymbol{A}) . \tag{4}$$

Offenbar wird $||\boldsymbol{r}||_2$ genau dann minimal, wenn der zweite Term auf der rechten Seite von (4) verschwindet, wenn $\boldsymbol{x}$ also das Gleichungssystem

$$\boldsymbol{Ax} = \boldsymbol{b}_w = \boldsymbol{AA}^+\boldsymbol{b} \tag{5}$$

erfüllt. Dieses System ist konsistent, denn $\boldsymbol{b}_w$ liegt in $\mathbb{R}(\boldsymbol{A})$. Nach (1) ist $\boldsymbol{z} := \boldsymbol{A}^+\boldsymbol{b}_w = \boldsymbol{A}^+\boldsymbol{A}^+\boldsymbol{bA} = \boldsymbol{A}^+\boldsymbol{b}$ eine spezielle Lösung und $\boldsymbol{x} = \boldsymbol{z} + \boldsymbol{y} = \boldsymbol{A}^+\boldsymbol{b} + (\boldsymbol{I}_N - \boldsymbol{A}^+\boldsymbol{A})\,\boldsymbol{x}_0$, $\boldsymbol{x}_0 \in \mathbb{R}^N$, die allgemeine Lösung von (5). Im inkonsistenten Fall ist also jedes $\boldsymbol{x}$ der Gestalt (2) *Kleinste-Quadrate-Lösung* (*Pseudolösung*) von $\boldsymbol{Ax} = \boldsymbol{b}$ und $\boldsymbol{x} = \boldsymbol{A}^+\boldsymbol{b}$ die *normkleinste Kleinste-Quadrate-Lösung* (*Pseudonormallösung, bestapproximierende Lösung*). Wir fassen die Ergebnisse zusammen:

Satz 3.4.1. *Bezeichnet* $\boldsymbol{A}^+$ *die Pseudoinverse zur Koeffizientenmatrix* $\boldsymbol{A}$ *des linearen Gleichungssystems* $\boldsymbol{Ax} = \boldsymbol{b}$, *so ist* $\boldsymbol{x} = \boldsymbol{A}^+\boldsymbol{b}$ *im regulären Fall* $\big(M = N = \mathrm{rg}\,(\boldsymbol{A})\big)$ *die eindeutig bestimmte Lösung, im konsistenten Fall* $\big(\boldsymbol{b} \in \mathbb{R}(\boldsymbol{A})\big)$ *die Lösung mit kleinster Euklidischer Norm (Normallösung) und im inkonsistenten Fall die Kleinste-Quadrate-Lösung mit kleinster Euklidischer Norm (Pseudonormallösung). Die Gesamtheit aller Lösungen bzw. Pseudolösungen wird durch* (2) *beschrieben.*

Bezüglich der Basis der Singulärvektoren $\boldsymbol{u}_n$ kann man die Komponenten von $\boldsymbol{x}$ mit Hilfe von (3.3.37) und (3.3.40) explizit angeben:

$$\hat{x}_n := \begin{cases} \hat{b}_n/\alpha_n & \text{für } n = 1(1)\,r , \\ c_n , & c_n \text{ beliebig reell, für } n = r+1(1)N . \end{cases} \tag{6}$$

3.4.2. Fehleranalyse

Zunächst untersuchen wir, wie sich *Störungen* $\boldsymbol{\delta_b}$ *der rechten Seite* $\boldsymbol{b}$ auf die Lösung auswirken. Aus (2) folgt

$$\boldsymbol{x} + \boldsymbol{\delta_x} = \boldsymbol{A}^+(\boldsymbol{b} + \boldsymbol{\delta_b}) + (\boldsymbol{I}_N - \boldsymbol{A}^+\boldsymbol{A})\,\boldsymbol{x}_0\,,$$

also

$$\boldsymbol{\delta_x} = \boldsymbol{A}^+\,\boldsymbol{\delta_b}\,. \tag{7}$$

Daraus erhält man mit $\boldsymbol{Ax} = \boldsymbol{b}$ die Normabschätzungen für *den absoluten und den relativen fortgepflanzten Fehler*

$$||\boldsymbol{\delta_x}|| \leqq \operatorname{acond}(\boldsymbol{A})\,||\boldsymbol{\delta_b}||\,, \qquad \frac{||\boldsymbol{\delta_x}||}{||\boldsymbol{x}||} \leqq \operatorname{cond}(\boldsymbol{A})\,\frac{||\boldsymbol{\delta_b}||}{||\boldsymbol{b}||}\,, \tag{8}$$

wenn man die absoluten und die relativen Konditionszahlen der Aufgabe $\boldsymbol{Ax} = \boldsymbol{b}$ in Verallgemeinerung von Definition 2.6.5 durch

$$\operatorname{acond}(\boldsymbol{A}) := ||\boldsymbol{A}^+||\,, \qquad \operatorname{cond}(\boldsymbol{A}) := ||\boldsymbol{A}||\,||\boldsymbol{A}^+|| \tag{9}$$

erklärt. Dabei bezeichnet $||\cdot||$ eine beliebige Matrixnorm. Besonders übersichtlich wird der Einfluß der Störungen, wenn man die Singulärwertzerlegung von $\boldsymbol{A}$ und $\boldsymbol{A}^+$ benutzt. Da sich die Euklidische Norm von Vektoren bei orthogonalen Transformationen nicht ändert,

$$||\boldsymbol{\delta_x}||_2 = ||\boldsymbol{U}\cdot\boldsymbol{\delta_{\hat{x}}}||_2 = ||\boldsymbol{\delta_{\hat{x}}}||_2\,, \qquad ||\boldsymbol{\delta_b}||_2 = ||\boldsymbol{V}\boldsymbol{\delta_{\hat{b}}}||_2 = ||\boldsymbol{\delta_{\hat{b}}}||_2\,,$$

genügt es, die Abschätzungen (8) in den transformierten Größen aufzuschreiben. Wegen (3.3.36) bis (3.3.40) und $||\boldsymbol{U}||_2 = ||\boldsymbol{V}||_2 = 1$ ergibt sich

$$\left.\begin{aligned} \operatorname{acond}_2(\boldsymbol{A}) &= \operatorname{acond}_2(\hat{\boldsymbol{A}}) = \max_{n=1(1)r} \frac{1}{\alpha_n} = \frac{1}{\min\limits_{n=1(1)r} \alpha_n}\,,\\ \operatorname{cond}_2(\boldsymbol{A}) &= \operatorname{cond}_2(\boldsymbol{A}) = \frac{\max\limits_{n=1(1)r} \alpha_n}{\min\limits_{n=1(1)r} \alpha_n}\,. \end{aligned}\right\} \tag{10}$$

Für die Komponenten der transformierten Fehlervektoren $\boldsymbol{\delta_{\hat{b}}}$ und $\boldsymbol{\delta_{\hat{x}}}$ besteht wegen (6) und (7) der einfache Zusammenhang

$$\delta_{\hat{x}_n} = \frac{1}{\alpha_n}\,\delta_{\hat{b}_n}\,, \qquad \delta_{\hat{x}_n}/\hat{x}_n = \delta_{\hat{b}_n}/\hat{b}_n\,, \qquad n = 1(1)r\,. \tag{11}$$

Störungen der rechten Seite wirken sich also um so stärker auf den absoluten Fehler der Lösung aus, je kleiner die (oder einige) Singulärwerte von $\boldsymbol{A}$ sind. Der relative Fehler von $\hat{x}_n$ ist gleich dem relativen Fehler von $\hat{b}_n$.

Bei *Störung der Matrixelemente* kann eine zusätzliche Schwierigkeit auftreten: Der Rang von $\boldsymbol{A} + \boldsymbol{\delta_A}$ kann sich vom Rang der Matrix $\boldsymbol{A}$ unterscheiden. In diesem Fall hängen die Elemente der Pseudoinversen nicht mehr stetig von den Elementen der Ausgangsmatrix ab.

Beispiel 3.4.2. Wir betrachten die Pseudoinverse der Matrix

$$\hat{\boldsymbol{A}} := \left(\begin{array}{ccccc:c} \alpha_1 & & & & & \boldsymbol{O}_{r,N-r} \\ & \alpha_2 & & & & \\ & & \ddots & & & \\ & & & \alpha_{r-1} & & \\ & & & & \varepsilon & \\ \hdashline & & \boldsymbol{O}_{M-r,r} & & & \boldsymbol{O}_{M-r,N-r} \end{array}\right)$$

als Funktion des Parameters ε:

$$\hat{\boldsymbol{A}}^+(\varepsilon) := \left[\begin{array}{ccccc:c} 1/\alpha_1 & & & & & \boldsymbol{O}_{r,M-r} \\ & 1/\alpha_2 & & & & \\ & & \ddots & & & \\ & & & 1/\alpha_{r-1} & & \\ & & & & 1/\varepsilon & \\ \hdashline & & \boldsymbol{O}_{N-r,r} & & & \boldsymbol{O}_{N-r,M-r} \end{array}\right].$$

Für $\varepsilon \to 0$ wächst das Element $\hat{a}_{rr}^{(+)} := 1/\varepsilon$ über alle Grenzen. Setzt man dagegen in $\hat{\boldsymbol{A}}$ den Parameter ε gleich Null, so existiert $\hat{\boldsymbol{A}}^+(0)$ und hat die Gestalt

$$\hat{\boldsymbol{A}}^+(0) := \left[\begin{array}{cccc:c} 1/\alpha_1 & & & & \boldsymbol{O}_{r-1,M+1-r} \\ & 1/\alpha_2 & & & \\ & & \ddots & & \\ & & & 1/\alpha_{r-1} & \\ \hdashline & & \boldsymbol{O}_{N+1-r,r-1} & & \boldsymbol{O}_{N+1-r,M+1-r} \end{array}\right].$$

Bei der numerischen Rechnung umgeht man diese Schwierigkeit, indem man Pivotelemente, die betragsmäßig unterhalb einer Schranke ε bleiben, durch Null ersetzt.

Definition 3.4.3. Die Zahl $\operatorname{rg}_\varepsilon(\boldsymbol{A}) := \min\limits_{\|\boldsymbol{\delta_A}\|/\|\boldsymbol{A}\| \leq \varepsilon} \operatorname{rg}(\boldsymbol{A} + \boldsymbol{\delta_A})$ heißt *numerischer Rang (Minimalrang, Pseudorang) der Matrix* $\boldsymbol{A}$ *bezüglich der Schranke* ε *(und der Norm* $\|\cdot\|$).

Wir betrachten nun den Fall, daß $\hat{\boldsymbol{A}}$ durch $\boldsymbol{\delta}_{\hat{\boldsymbol{A}}} := \operatorname{diag}(\delta_{\alpha_1}, \ldots, \delta_{\alpha_r}, 0, \ldots, 0)$ gestört wird. Dabei verwenden wir der Einfachheit halber die Abkürzung diag auch für rechteckige Matrizen. In Klammern angegeben sind die Elemente derjenigen „Diagonalen", die in der linken oberen Ecke beginnt. Alle anderen Elemente der Matrix sind gleich Null. Die Pseudoinverse der gestörten Matrix hat die Gestalt

$$(\hat{\boldsymbol{A}} + \boldsymbol{\delta}_{\hat{\boldsymbol{A}}})^+ = \operatorname{diag}\left(\frac{1}{\alpha_1 + \delta_{\alpha_1}}, \ldots, \frac{1}{\alpha_r + \delta_{\alpha_r}}, 0, \ldots, 0\right),$$

so daß nur die ersten r Lösungskomponenten von der Störung betroffen sind

$$\hat{x}_n + \delta_{\hat{x}_n} = \frac{\hat{b}_n}{\alpha_n + \delta_{\alpha_n}} = \frac{\hat{b}_n}{\alpha_n}\left(1 - \frac{\delta_{\alpha_n}}{\alpha_n} + \left(\frac{\delta_{\alpha_n}}{\alpha_n}\right)^2 - + \ldots\right).$$

Dabei wurde für die Potenzreihenentwicklung vorausgesetzt, daß die Störungen hinreichend klein sind: $|\delta_{\alpha_n}/\alpha_n| < 1$. In erster Näherung ergibt sich, wenn man wieder (6) verwendet, für *den absoluten und den relativen fortgepflanzten Fehler*

$$\delta_{\hat{x}_n} \approx -\frac{\hat{b}_n \delta_{\alpha_n}}{\alpha_n^2}, \quad \frac{\delta_{\hat{x}_n}}{\hat{x}_n} \approx -\frac{\delta_{\alpha_n}}{\alpha_n}, \quad n = 1(1)r. \tag{12}$$

Bei Störungen der Koeffizientenmatrix, die sich nur auf die Singulärwerte auswirken, den Rang der Matrix aber nicht verändern, sind also die relativen Fehler der Lösungskomponenten von der gleichen Größenordnung wie die relativen Fehler der Singulärwerte.

In ähnlich einfacher Weise kann man auch eine Rückwärtsanalyse des Fehlers durchführen. Dazu fassen wir eine irgendwie berechnete Näherungslösung $\boldsymbol{x}'$ als exakte Lösung eines Systems $\boldsymbol{A}\boldsymbol{x}' = \boldsymbol{b} + \boldsymbol{\delta_b}$ mit gestörter rechter Seite oder eines Systems $(\boldsymbol{A} + \boldsymbol{\delta_A})\,\boldsymbol{x}' = \boldsymbol{b}$ mit gestörter Koeffizientenmatrix auf. Im ersten Fall ergibt sich mit $\boldsymbol{r} := \boldsymbol{b} - \boldsymbol{A}\boldsymbol{x}'$ sofort $\boldsymbol{\delta_b} = -\boldsymbol{r}$. Die Näherungslösung $\boldsymbol{x}'$ ist also akzeptabel wenn der Restvektor in der Größenordnung des Fehlers der rechten Seite ist. Im zweiten Fall benutzen wir die Singulärwertzerlegung (3.3.38) der Matrix $\boldsymbol{A}$ und transformieren $\boldsymbol{x}'$ und $\boldsymbol{b}$ in das neue Koordinatensystem:

$$\boldsymbol{V}^{\mathsf{T}}(\boldsymbol{A} + \boldsymbol{\delta}_{\boldsymbol{A}})\, \boldsymbol{U}\boldsymbol{U}^{\mathsf{T}}\boldsymbol{x}' = \boldsymbol{V}^{\mathsf{T}}\boldsymbol{b}\,,$$

also

$$(\hat{\boldsymbol{A}} + \boldsymbol{\delta}_{\hat{\boldsymbol{A}}})\, \hat{\boldsymbol{x}}' = \hat{\boldsymbol{b}}\,.$$

Nehmen wir an, daß $\boldsymbol{\delta}_{\hat{\boldsymbol{A}}}$ dieselbe Diagonalgestalt wie $\hat{\boldsymbol{A}}$ besitzt, so folgt weiter

$$\delta_{\alpha_n} := \hat{r}_n/\hat{x}_n'\,, \qquad n = 1(1)\,r\,.$$

Die Rücktransformation der Matrix $\boldsymbol{\delta}_{\hat{\boldsymbol{A}}}$ liefert $\boldsymbol{\delta}_{\boldsymbol{A}} := \boldsymbol{V}\boldsymbol{\delta}_{\hat{\boldsymbol{A}}}\boldsymbol{U}^{\mathsf{T}}$ und wegen $\|\boldsymbol{V}\|_2 = \|\boldsymbol{U}^{\mathsf{T}}\|_2 = 1$ schließlich

$$\|\boldsymbol{\delta}_{\boldsymbol{A}}\|_2 = \|\boldsymbol{\delta}_{\hat{\boldsymbol{A}}}\|_2 = \max_{n=1(1)r} \frac{|\hat{r}_n|}{|\hat{x}_n'|}\,.$$

Die Näherung $\boldsymbol{x}'$ ist also akzeptabel, wenn die Quotienten $\hat{r}_n/\hat{x}_n'$ in der Größenordnung der Fehler der Koeffizientenmatrix $\boldsymbol{A}$ sind.

3.4.3. Berechnung von A^+b durch Spiegelungen

Ebenso wie die Inverse $\boldsymbol{A}^{-1}$ wird auch die Pseudoinverse $\boldsymbol{A}^+$ in der Regel nicht explizit benötigt. Es wäre deshalb unwirtschaftlich, zuerst $\boldsymbol{A}^+$ zu berechnen, um anschließend das Produkt $\boldsymbol{A}^+\boldsymbol{b}$ zu bilden. Günstiger ist es, das Ausgangssystem in eine Gestalt zu transformieren, aus der $\boldsymbol{A}^+\boldsymbol{b}$ leicht bestimmt werden kann.

Für den spaltenregulären Fall haben wir eine solche Möglichkeit bereits in der Vorlesung 3.2 kennengelernt. Durch Spiegelungen oder Drehungen wurde $\boldsymbol{A}$ in das Produkt $\boldsymbol{Q}\boldsymbol{R}$ aufgespalten, wo $\boldsymbol{R}$ eine „Trapezmatrix" mit regulärer oberer Dreiecksmatrix $\boldsymbol{R}_{NN}$ bezeichnete (vgl. (3.2.19)). Nach Ü 3.4.2 ist dann $\boldsymbol{A}^+ = (\boldsymbol{Q}\boldsymbol{R})^+ = \boldsymbol{R}^+\boldsymbol{Q}^{\mathsf{T}}$, und es folgt mit Ü 3.3.11

$$\boldsymbol{x} = \boldsymbol{A}^+\boldsymbol{b} = (\boldsymbol{R}_{NN}^{-1} \,\vdots\, \boldsymbol{O}_{M-N,N}^{\mathsf{T}})\, \boldsymbol{Q}^{\mathsf{T}}\boldsymbol{b} = \boldsymbol{R}_{NN}^{-1}\boldsymbol{d}_N\,. \tag{13}$$

Im rangdefizienten Fall $(\operatorname{rg}(\boldsymbol{A}) < \min(M, N))$ versagt der Algorithmus 3.2.5, sobald eine Spalte auftritt, die von den vorangegangenen linear abhängig ist. Dieser Fall liegt vor, wenn das Normquadrat der „restlichen" Spalte (die Größe s im Algorithmus 3.2.2) gleich Null wird (vgl. B 3.2.1). Um die Maximalanzahl linear unabhängiger Spalten zu finden, muß pivotisiert werden: Man berechnet vor jeder Spiegelung die Größe s für alle noch nicht transformierten Spalten $\boldsymbol{s}_k$ und wählt diejenige mit größtem s-Wert aus. Ähnlich wie die Zeilen beim Gauß-Algorithmus (Algorithmus 2.2.2) braucht man die Spalten nicht explizit umzuspeichern. Es genügt, die Reihenfolge in einem Indexvektor $\boldsymbol{p}$, $\boldsymbol{p} \in \mathbb{R}^N$, zu notieren. Nach r Schritten, $r = \operatorname{rg}_\varepsilon(\boldsymbol{A})$, findet sich keine Pivotspalte mit $s > \varepsilon$ mehr. Die Koeffizientenmatrix ist übergegangen in

$$\boldsymbol{Q}_r \dots \boldsymbol{Q}_2\boldsymbol{Q}_1\boldsymbol{A}\boldsymbol{P} =: \boldsymbol{R} = \begin{pmatrix} \boldsymbol{R}_{rr} & \boldsymbol{R}_{r,N-r} \\ \boldsymbol{O}_{M-r,r} & \boldsymbol{E}_{M-r,N-r} \end{pmatrix}. \tag{14}$$

Zur übersichtlicheren Darstellung wurden hier die Spalten, entgegen dem Vorgehen in der Praxis, durch Rechtsmultiplikation mit der Permutationsmatrix $\boldsymbol{P}$ in die vom Algorithmus benutzte Reihenfolge gebracht (vgl. Ü 2.3.2 und Ü 2.3.3). Die Spaltenquadratsummen der Teilmatrix $\boldsymbol{E}_{M-r,N-r}$ sind höchstens gleich ε. Im folgenden wird die Teilmatrix deshalb als Nullmatrix angesehen. Die Teilmatrix R_{rr} ist wie R_{NN} in (3.2.19) eine Rechtsdreiecksmatrix. Fassen wir das Produkt der Q_k analog zu (3.2.20) zu einer orthogonalen Matrix Q zusammen, so ist

$$A = QRP^{\mathsf{T}}\,, \qquad R = Q^{\mathsf{T}}AP\,, \qquad Q := Q_1Q_2 \ldots Q_r\,. \tag{15}$$

Durch Rechtsmultiplikation mit Spiegelungsmatrizen (vgl. (3.2.14) bis (3.2.16)) müssen nun noch die Elemente der Teilmatrix $R_{r,N-r}$ auf Null transformiert werden. Dazu verwenden wir den Spiegelungsalgorithmus 3.2.2. Im ersten Schritt wird die „restliche" r-te Zeile

$$\tilde{z}_r^{\mathsf{T}} = (0, \ldots, 0, a_{rr}, \ldots, a_{rN})$$

auf

$$\tilde{z}_r^{\mathsf{T}}\bar{Q}_r = (0, \ldots, 0, \hat{a}_{rr}, 0, \ldots, 0)$$

transformiert. Mit der auf diese Weise festgelegten Spiegelungsmatrix werden die Zeilen 1 bis $r - 1$ umgerechnet. Im zweiten Schritt wird

$$\tilde{z}_{r-1}^{\mathsf{T}} = (0, \ldots, 0\,, a_{r-1,r-1}, 0, a_{r-1,r+1}, \ldots, a_{r-1,N})$$

transformiert in

$$\tilde{z}_{r-1}^{\mathsf{T}}\bar{Q}_{r-1} = (0, \ldots, 0, \hat{a}_{r-1,r-1}, 0, \ldots, 0)\,.$$

Die hierdurch festgelegte Spiegelung wirkt sich nur noch auf die Zeilen 1 bis $r - 2$ aus. Im r-ten Schritt ist schließlich

$$\tilde{z}_1^{\mathsf{T}} = (a_{11}, 0, \ldots, 0, a_{1,r+1}, \ldots, a_{1N})$$

zu transformieren in

$$\tilde{z}_1^{\mathsf{T}}\bar{Q}_1 = (\hat{a}_{11}, 0, \ldots, 0)\,.$$

Die übrigen Zeilen bleiben unverändert. Insgesamt ergibt sich nach Multiplikation mit den r Spiegelungsmatrizen $\bar{Q}_r$, deren Produkt wir mit $\bar{Q}$ bezeichnen,

$$\bar{Q} := \bar{Q}_r\bar{Q}_{r-1} \ldots \bar{Q}_2\bar{Q}_1\,, \tag{16}$$

die Darstellung

$$Q^{\mathsf{T}}AP\bar{Q} = R\bar{Q} =: \hat{R} = \begin{pmatrix} \hat{R}_{rr} & O_{r,N-r} \\ O_{M-r,r} & E_{M-r,N-r} \end{pmatrix}, \tag{17}$$

also für A die Faktorisierung

$$A = Q\hat{R}\bar{Q}^{\mathsf{T}}P^{\mathsf{T}}\,. \tag{18}$$

Die Faktoren Q, $\bar{Q}$ und P sind orthogonal, also hat die Pseudoinverse A^+ nach Ü 3.4.2 die Gestalt

$$A^+ = P\bar{Q}\hat{R}^+Q^{\mathsf{T}}\,, \tag{19}$$

wobei die Pseudoinverse der Blockmatrix $\hat{R}$ leicht angegeben werden kann (Ü 3.4.3)

$$\hat{R}^+ = \begin{pmatrix} \hat{R}_{rr}^{-1} & O_{M-r,r}^{\mathsf{T}} \\ O_{r,N-r}^{\mathsf{T}} & E_{M-r,N-r}^{\mathsf{T}} \end{pmatrix}. \tag{20}$$

Damit kann man nun $x = A^+b = P\bar{Q}\hat{R}^+Q^{\mathsf{T}}b$ bestimmen, ohne zuvor A^+ explizit ausrechnen zu müssen:

Algorithmus 3.4.4. Bestimmung von $\boldsymbol{x} = \boldsymbol{A}^+\boldsymbol{b}$ durch Spiegelungen QRP $(M, N, \boldsymbol{A}, \boldsymbol{b})$

1 $\boldsymbol{R} = \boldsymbol{Q}^{\mathsf{T}}\boldsymbol{A}\boldsymbol{P}$	$\boldsymbol{QR}$-Zerlegung von $\boldsymbol{A}$ durch Linksmultiplikation mit Spiegelungsmatrizen und Pivotisierung
2 $\hat{\boldsymbol{R}} = \boldsymbol{R}\bar{\boldsymbol{Q}}$	Transformation der Trapezmatrix $\boldsymbol{R}$ auf Dreiecksgestalt durch Rechtsmultiplikation mit Spiegelungsmatrizen
3 $\boldsymbol{c} = \boldsymbol{Q}^{\mathsf{T}}\boldsymbol{b}$	Transformation der rechten Seite
4 $\boldsymbol{c}_r := (c_1, \ldots, c_r)^{\mathsf{T}}$	
$\hat{\boldsymbol{R}}_{rr}\boldsymbol{h} = \boldsymbol{c}_r$	Bestimmung des Hilfsvektors $\boldsymbol{h}$, $\boldsymbol{h} \in \mathbb{R}^r$, durch Rückwärtselimination
$\boldsymbol{y} := (h_1, \ldots, h_r, 0, \ldots, 0)^{\mathsf{T}}$, $\boldsymbol{y} \in \mathbb{R}^N$	
5 $\boldsymbol{y}' := \bar{\boldsymbol{Q}}\boldsymbol{y}$	Rücktransformation des Lösungsvektors
$\boldsymbol{x} := \boldsymbol{P}\boldsymbol{y}'$	Komponententausch entsprechend der Pivotreihenfolge

Dabei wurden die einzelnen Schritte der Kürze halber lediglich in Matrizenform angegeben, denn im wesentlichen sind gegenüber dem Algorithmus 3.2.5 nur die Pivotisierung im Schritt 1 und die Zeilentransformation im Schritt 2 hinzugekommen, die sich natürlich auch auf die Rückrechnung auswirken. Wie früher kann eine einmal bestimmte Zerlegung von $\boldsymbol{A}$ für mehrere rechte Seiten benutzt werden. Es sind dann lediglich die Schritte 3 bis 5 zu wiederholen.

Beispiel 3.4.5. Wir erläutern nur die Schritte 2, 4 und 5 des Algorithmus 3.4.4, nehmen also an, daß die Trapezmatrix $\boldsymbol{R} = \boldsymbol{Q}^{\mathsf{T}}\boldsymbol{A}\boldsymbol{P}$ und die transformierte rechte Seite $\boldsymbol{c} = \boldsymbol{Q}^{\mathsf{T}}\boldsymbol{b}$ bereits vorliegen. Außerdem lassen wir die $M - r$ Nullzeilen (oder Fast-Nullzeilen) beiseite, beschränken uns also auf das unterbestimmte Teilsystem

$$(\boldsymbol{R}_{rr} \mid \boldsymbol{R}_{r,N-r})\begin{pmatrix}\boldsymbol{x}_r\\ \boldsymbol{x}_{N-r}\end{pmatrix} = \boldsymbol{c}_r\,,\ \boldsymbol{c}_r := (5.21,\ -2.53,\ 2.82)^{\mathsf{T}}\,.$$

Tab. 3.4.1. Transformation einer Trapezmatrix auf Dreiecksgestalt durch Rechtsmultiplikation mit Spiegelungsmatrizen (10stellige Rechnung, auf 3 Stellen gerundet)

	$\boldsymbol{R}_{rr}$			$\boldsymbol{R}_{r,N-r}$			
	3.25	−2.81	6.35	4.71	5.27	2.96	−1.17
		2.93	7.75	−6.83	2.99	3.63	−2.16
			−3.23	3.31	−1.81	−2.47	1
$\boldsymbol{v}_3^{\mathsf{T}}$	0	0	−8.78	3.31	−1.81	−2.47	$f_3 = 0.0205$
	3.25	−2.81	−3.92	8.59	3.15	0.0684	−0.813
		2.93	−11.18	0.310	−0.914	−1.70	1
			5.55	0	0	0	0
$\boldsymbol{v}_2^{\mathsf{T}}$	0	6.45	0	0.310	−0.914	−1.70	$f_2 = 0.0440$
	3.25	2.43	−3.92	8.84	2.41	−1.31	1
		−3.52	−11.18	0	0	0	0
			5.55	0	0	0	0
$\boldsymbol{v}_1^{\mathsf{T}}$	13.06	0	0	8.84	2.41	−1.31	$f_1 = 0.00781$
	−9.81	2.43	−3.92	0	0	0	
		−3.52	−11.18	0	0	0	
			5.55	0	0	0	

Die drei Spiegelungen, die die Matrix $(\boldsymbol{R}_{rr} \mid \boldsymbol{R}_{r,N-r})$ im Schritt 2 in $(\hat{\boldsymbol{R}}_{rr} \mid \boldsymbol{O}_{r,N-r})$ transformieren, sind in Tab. 3.4.1 angegeben. Im Schritt 4 ist das gestaffelte System

$$\begin{aligned} -9.81h_1 + 2.43h_2 - 3.92h_3 &= 5.21\,, \\ -\,3.52h_2 - 11.18h_3 &= -2.53 \\ 5.55h_3 &= 2.82 \end{aligned}$$

zu lösen. Damit ergibt sich der Vektor

$$\boldsymbol{y} = (-0.957, \quad -0.896, \quad 0.508, \quad 0, \quad 0, \quad 0)^{\mathsf{T}}\,,$$

der im Schritt 5 mit Hilfe der drei Spiegelungsvektoren $\boldsymbol{v}_n$ aus dem Schritt 2 (vgl. Tab.3.4.1) zurücktransformiert wird:

$$\boldsymbol{y}_1 := \boldsymbol{y} - f_1\boldsymbol{v}_1\boldsymbol{v}_1^{\mathsf{T}}\boldsymbol{y}\,,$$

$$\boldsymbol{y}_2 := \boldsymbol{y}_1 - f_2\boldsymbol{v}_2\boldsymbol{v}_2^{\mathsf{T}}\boldsymbol{y}_1\,,$$

$$\boldsymbol{y}' := \boldsymbol{y}_2 - f_3\boldsymbol{v}_3\boldsymbol{v}_3^{\mathsf{T}}\boldsymbol{y}_2\,.$$

Die drei Teilschritte sind in Tab. 3.4.2 zusammengestellt. Wir nehmen an, daß $\boldsymbol{P} = \boldsymbol{I}$ ist. Also ergibt sich $\boldsymbol{x} = \boldsymbol{y}'$,

$$\boldsymbol{x} = \boldsymbol{A}^+\boldsymbol{b} = (0.317, \quad 0.669, \quad 0.500, \quad 0.941, \quad 0.0115, \quad -0.542)^{\mathsf{T}}\,.$$

Tab. 3.4.2. Rücktransformation des Vektors $\boldsymbol{y}$ im Beispiel 3.4.5.

$\boldsymbol{y}$	$\boldsymbol{v}_1$	$\boldsymbol{y}_1$	$\boldsymbol{v}_2$	$\boldsymbol{y}_2$	$\boldsymbol{v}_3$	$\boldsymbol{y}'$
−0.957	13.06	0.317	0	0.317	0	0.317
−0.896	0	−0.896	6.45	0.669	0	0.669
0.508	0	0.508	0	0.508	−8.78	0.500
0	8.84	0.863	0.310	0.938	3.31	0.941
0	2.41	0.235	−0.914	0.0133	−1.81	0.0115
0	−1.31	−0.128	−1.70	−0.540	−2.47	−0.542

3.4.4. Bemerkungen

B 3.4.1. Statt durch Spiegelungen kann $\boldsymbol{A}^+$ oder $\boldsymbol{A}^+\boldsymbol{b}$ auch durch *Drehungen* (*Givens-Verfahren*) oder durch eine *modifizierte Gram-Schmidt-Orthogonalisierung* der Spalten von $\boldsymbol{A}$ bestimmt werden (vgl. B 3.2.5). Neben diesen verschiedenen Varianten der $\boldsymbol{QR}$-Aufspaltung findet man in der Literatur eine Reihe weiterer Verfahren zur Bestimmung der Pseudoinversen: Analog zur $\boldsymbol{LU}$-Aufspaltung von regulären Matrizen können $M \times N$-Matrizen mit Hilfe des *Gauß-Algorithmus* in das Produkt einer spaltenregulären linken unteren Trapezmatrix $\boldsymbol{L}$ vom Format $M \times r$, $r = \text{rg}_\varepsilon(\boldsymbol{A})$, und einer zeilenregulären rechten oberen Trapezmatrix vom Format $r \times N$ aufgespalten werden, $\boldsymbol{A} = \boldsymbol{LU}$. Damit erhält $\boldsymbol{A}^+$ die Gestalt $\boldsymbol{A}^+ = \boldsymbol{U}^+\boldsymbol{L}^+ = \boldsymbol{U}^{\mathsf{T}}(\boldsymbol{U}\,\boldsymbol{U}^{\mathsf{T}})^{-1}\,(\boldsymbol{L}^{\mathsf{T}}\boldsymbol{L})^{-1}\boldsymbol{L}^{\mathsf{T}}$, und $\boldsymbol{A}^+\boldsymbol{b}$ läßt sich durch Lösung der Systeme $\boldsymbol{L}^{\mathsf{T}}\boldsymbol{L}\boldsymbol{y} = \boldsymbol{L}^{\mathsf{T}}\boldsymbol{b}$ und $\boldsymbol{U}\boldsymbol{U}^{\mathsf{T}}\boldsymbol{z} = \boldsymbol{y}$ und Multiplikation mit $\boldsymbol{U}^{\mathsf{T}}$ bestimmen, $\boldsymbol{x} = \boldsymbol{U}^{\mathsf{T}}\boldsymbol{z}$ (vgl. Ü 3.4.7 und Kublanovskaja [2]). Schließlich kann man die Methoden zur numerischen Eigenwert- und Eigenvektorberechnung verwenden (vgl. Kap. 4), um die *Singulärwertzerlegungen* von $\boldsymbol{A}$ und $\boldsymbol{A}^+$ zu berechnen (Wilkinson, Reinsch [1], S. 134–151).

B 3.4.2. Das Beispiel 3.4.2 zeigt, daß kleine Störungen der Ausgangsmatrix $\boldsymbol{A}$ zu wesentlichen Änderungen der Pseudoinversen $\boldsymbol{A}^+$ und damit der Pseudolösung $\boldsymbol{A}^+\boldsymbol{b}$ führen können. Die Berechnung von $\boldsymbol{A}^+$ und $\boldsymbol{A}^+\boldsymbol{b}$ sind *schlecht konditionierte* (oder, wie man auch sagt, *nicht korrekt gestellte*) Aufgaben. Eine allgemeine Methode zur stabilen Lösung solcher Probleme ist die *Tichonovsche Regularisierung* (vgl. Friedrich et al. [1], Kuhnert [1], S. 59ff.). Statt der Norm des Restes $\boldsymbol{r} = \boldsymbol{b} - \boldsymbol{A}\boldsymbol{x}$ minimiert man das Funktional $F(\boldsymbol{x}, \gamma) := \|\boldsymbol{b} - \boldsymbol{A}\boldsymbol{x}\|_2^2 + \gamma^2\,\|\boldsymbol{x}\|_2^2$. Diese Extremalaufgabe führt auf das eindeutig lösbare Gleichungssystem

$$(\boldsymbol{A}^{\mathsf{T}}\boldsymbol{A} + \gamma^2\boldsymbol{I})\,\boldsymbol{x} = \boldsymbol{A}^{\mathsf{T}}\boldsymbol{b}\,. \tag{21}$$

Eine Schwierigkeit liegt dabei in der geeigneten Wahl des Regularisierungsparameters γ. Das System (21) soll stabil lösbar sein, also darf $|\gamma|$ nicht zu klein sein. Wählt man aber γ zu groß, so wird sich die Lösung von (21) wesentlich von der eigentlich gesuchten Lösung der Gaußschen Normalgleichungen unterscheiden. Varianten des Verfahrens der konjugierten Gradienten verwenden HESTENES [1] und TANABE [3] zur Berechnung von $\boldsymbol{A}^+$ und von $\operatorname{rg}(\boldsymbol{A})$.

B 3.4.3. Die Pseudonormallösung $\boldsymbol{A}^+\boldsymbol{b}$ sowie Kleinste-Quadrate-Lösungen $\boldsymbol{A}^{(1,3)}\boldsymbol{b}$ und Minimum-Norm-Lösungen $\boldsymbol{A}^{(1,4)}\boldsymbol{b}$ (vgl. B 3.3.1) können auch iterativ mit Hilfe von Projektionsverfahren (vgl. Abschnitt 2.8.3 und MAESS [2]) bestimmt werden. Allerdings ist die Konvergenz in der Praxis oft unbefriedrigend langsam.

3.4.5. Übungsaufgaben

Ü 3.4.1. Man beweise: Die aus dem Algebra-Kurs bekannte Lösbarkeitsbedingung $\operatorname{rg}(\boldsymbol{A}) = \operatorname{rg}(\boldsymbol{A} \mid \boldsymbol{b})$ für lineare Gleichungssysteme $\boldsymbol{Ax} = \boldsymbol{b}$ ist äquivalent zu der im Abschnitt 3.4.1 verwendeten Lösbarkeitsbedingung $\boldsymbol{b} \in \mathbb{R}(\boldsymbol{A})$.

Ü 3.4.2. Man zeige: Ist $\boldsymbol{Q}$ eine orthogonale Matrix, das heißt $\boldsymbol{Q}^\mathsf{T}\boldsymbol{Q} = \boldsymbol{I}$, und sind $\boldsymbol{B}$ und $\boldsymbol{C}$ rechteckige Matrizen passenden Formats, so gilt $(\boldsymbol{QB})^+ = \boldsymbol{B}^+\boldsymbol{Q}^\mathsf{T}$ und $(\boldsymbol{CQ})^+ = \boldsymbol{Q}^\mathsf{T}\boldsymbol{C}^+$.

Ü 3.4.3. Man zeige: Ist $\boldsymbol{A}$ eine rechteckige Blockdiagonalmatrix der Gestalt

$$\boldsymbol{A} = \begin{pmatrix} \boldsymbol{A}_{rr} & \boldsymbol{O}_{r,N-r} \\ \boldsymbol{O}_{M-r,r} & \boldsymbol{E}_{M-r,N-r} \end{pmatrix},$$

so hat ihre Pseudoinverse die Gestalt

$$\boldsymbol{A}^+ = \begin{pmatrix} \boldsymbol{A}_{rr}^+ & \boldsymbol{O}_{M-r,r}^\mathsf{T} \\ \boldsymbol{O}_{r,N-r}^\mathsf{T} & \boldsymbol{E}_{M-r,N-r}^\mathsf{T} \end{pmatrix}.$$

Ü 3.4.4. Man programmiere den Algorithmus 3.4.4.

Ü 3.4.5. Mit Hilfe des Algorithmus 3.4.4 berechne man $\boldsymbol{A}^+\boldsymbol{b}$ für das unterbestimmte Gleichungssystem $\boldsymbol{Ax} = \boldsymbol{b}$ mit

$$\boldsymbol{A} := \begin{pmatrix} 2.17 & 3.25 & -5.18 & 1.73 & -2.36 \\ -2.03 & 4.21 & 3.87 & -2.19 & 4.83 \\ 1.52 & 4.59 & -3.95 & 1.03 & -0.82 \end{pmatrix}, \qquad \boldsymbol{b} := \begin{pmatrix} 6.13 \\ 5.02 \\ 7.73 \end{pmatrix}.$$

Ü 3.4.6. Mit Hilfe des Algorithmus 3.4.4 berechne man $\boldsymbol{B}^+\boldsymbol{c}$ für das überbestimmte Gleichungssystem $\boldsymbol{Bx} = \boldsymbol{c}$ mit $\boldsymbol{B} := \boldsymbol{A}^\mathsf{T}$ (aus Ü 3.4.5) und $\boldsymbol{c} := (6.31,\ -3.31,\ -2.85,\ -6.93,\ 1.75)^\mathsf{T}$.

Ü 3.4.7. Man erweitere den Gauß-Algorithmus (Algorithmus 2.2.2) derart, daß er sich zur $\boldsymbol{LU}$-Aufspaltung von $M \times N$-Matrizen eignet und schreibe Algorithmen zur Lösung der Systeme $\boldsymbol{L}^\mathsf{T}\boldsymbol{Ly} = \boldsymbol{L}^\mathsf{T}\boldsymbol{b}$ und $\boldsymbol{UU}^\mathsf{T}\boldsymbol{z} = \boldsymbol{y}$. Mit Hilfe dieser Algorithmen bestimme man $\boldsymbol{A}^+\boldsymbol{b}$ für die Gleichungssysteme aus den Beispielen 3.1.4 und 3.1.5 und aus Ü 3.4.5.

Ü 3.4.8. Man zeige, daß (21) für jedes $\gamma \neq 0$ eindeutig lösbar ist und die Lösung das in B 3.4.2 definierte Funktional $F(\boldsymbol{x}, \gamma)$ minimiert.

Ü 3.4.9. Man zeige: Die relativen Spektralkonditionszahlen der Systeme $\boldsymbol{Ax} = \boldsymbol{b}$ und $\boldsymbol{Fx} = \boldsymbol{c}$ mit $\boldsymbol{F} := \boldsymbol{A}^\mathsf{T}\boldsymbol{A}$ genügen der Relation $(\operatorname{cond}_2(\boldsymbol{A}))^2 = \operatorname{cond}_2(\boldsymbol{F})$.

4. Matrizeneigenwertprobleme

4.1. Problemstellung, Grundlagen

Beispiel 4.1.1. Eine am unteren Ende einbetonierte Kletterstange rage 4 m aus der Erde und sei am oberen Ende frei beweglich. Wie schwer darf ein Kind höchstens sein, damit es hinaufklettern kann, ohne daß sich die Stange verbiegt?

Für die elastische Verformung eines Stabes (Abb. 4.1.1) gilt:

negative Krümmung = Biegemoment/Biegesteifigkeit.

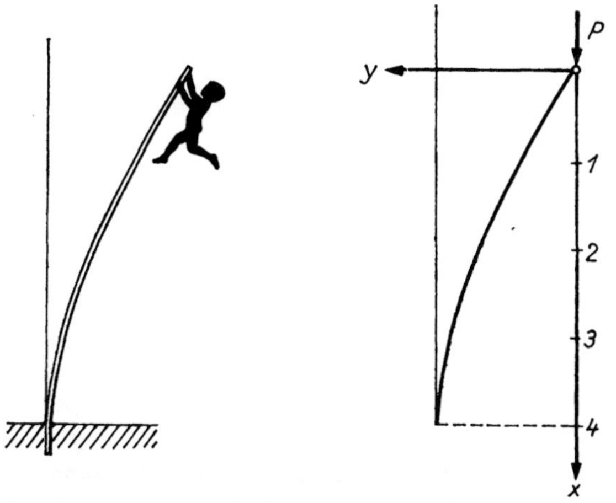

Abb. 4.1.1. Eulersche Knicklast

Die Biegesteifigkeit ergibt sich als Produkt aus dem Elastizitätsmodul E (einer Materialkonstanten) und dem axialen Flächenträgheitsmoment J, das bei konstantem Querschnitt ebenfalls eine Konstante ist. Für das Biegemoment gilt $M(x) = Py$, wenn die Kraft P in x-Richtung wirkt. Ersetzt man die Krümmung $y''/(1 + y'^2)^{3/2}$ näherungsweise durch y'' und benutzt die Abkürzung $\lambda := P/(EJ)$, so ergibt sich für die Durchbiegung $y = y(x)$ die lineare gewöhnliche Differentialgleichung zweiter Ordnung

$$-y'' = \lambda y \tag{1}$$

mit den aus Abb. 4.1.1 ablesbaren Randbedingungen $y(0) = 0$ am freien Ende und $y'(4) = 0$ am eingespannten Ende. Wir wollen dieses Differentialgleichungsproblem (das sich mit Hilfe des Ansatzes $y(x) := c \sin \sqrt{\lambda} x$ auch leicht analytisch behandeln ließe) näherungsweise numerisch lösen. Dazu legen wir im Intervall $0 \leqq x \leqq 4$ Teilpunkte

$$x_n := nh\,, \qquad y_n := y(x_n)\,, \qquad h \text{ fest}\,, \qquad n = 0(1)N\,, \tag{2}$$

fest und ersetzen die Differentialquotienten $y'(x)$ und $y''(x)$ in diesen Teilpunkten durch Differenzenquotienten

$$y'(x_n) \approx \frac{y_{n+1} - y_{n-1}}{h}\,, \; y''(x_n) \approx \frac{y_{n-1} - 2y_n + y_{n+1}}{h^2}\,. \tag{3}$$

Durch diese *Diskretisierung* (*Finitisierung*) geht die Differentialgleichung (1) in die Differenzengleichung

$$-y_{k-1} + 2y_k - y_{k+1} = \lambda h^2 y_k \tag{4}$$

über. Wir setzen $\lambda h^2 =: \alpha$ und wählen der Einfachheit halber die sehr grobe Schrittweite $h = 1$ m. Die Randbedingungen liefern dann $y_0 = 0$ und $0 = y'(x_4) \approx y_5 - y_3$, also $y_3 \approx y_5$. Schreibt man (4) nacheinander für $k = 1, 2, 3, 4$ auf, so ergibt sich ein lineares Gleichungssystem $\boldsymbol{Ay} = \alpha\boldsymbol{y}$ mit

$$\boldsymbol{A} := \begin{pmatrix} 2 & -1 & & \\ -1 & 2 & -1 & \\ & -1 & 2 & -1 \\ & & -2 & 2 \end{pmatrix}, \tag{5}$$

für den Vektor $\boldsymbol{y} := (y_1, y_2, y_3, y_4)^{\mathsf{T}}$ der unbekannten Funktionswerte, das zusätzlich noch den unbekannten Parameter α enthält.

Jede Aufgabe der Gestalt

$$\boldsymbol{Ay} = \alpha\boldsymbol{y} \tag{6}$$

nennt man (*spezielles*) *lineares Eigenwertproblem* für die Matrix $\boldsymbol{A}$. Gesucht sind reelle oder komplexe Zahlen $\alpha_1, \alpha_2, \ldots$ und zugehörige, vom Nullvektor verschiedene Vektoren $\boldsymbol{y}_1, \boldsymbol{y}_2, \ldots$, die den Gleichungen

$$\boldsymbol{Ay}_n = \alpha_n \cdot \boldsymbol{y}_n\,, \qquad n = 1, 2, \ldots, \tag{6'}$$

genügen. Die Zahlen α_n heißen *Eigenwerte* (*charakteristische Zahlen*) *der Matrix* $\boldsymbol{A}$, die zugehörigen Vektoren $\boldsymbol{y}_n$, $\boldsymbol{y}_n \neq \boldsymbol{o}$, *Eigenvektoren von* $\boldsymbol{A}$, beide zusammen werden *Eigenpaare* $\{\alpha_n, \boldsymbol{y}_n\}$ *von* $\boldsymbol{A}$ genannt. Gelegentlich sind auch Vektoren von Interesse, die den Gleichungen

$$\boldsymbol{v}_n^{\mathsf{T}}\boldsymbol{A} = \alpha_n \boldsymbol{v}_n^{\mathsf{T}} \tag{7}$$

genügen (vgl. Ü 4.1.1). Sie heißen *Linkseigenvektoren*. Zur Unterscheidung nennt man die $\boldsymbol{y}_n$ dann *Rechtseigenvektoren*.

Das im Beispiel 4.1.1 behandelte *Knicklastproblem* geht bereits auf EULER zurück und ist möglicherweise eines der ältesten Eigenwertprobleme überhaupt. Heute treten die meisten *Eigenwertprobleme* in den *Technik- und Naturwissenschaften* bei der Beschreibung *dynamischer Prozesse*, bei der Untersuchung von *Schwingungsproblemen*, auf. Eindimensionale Aufgaben, z. B. die *freie ungedämpfte Transversalschwingung einer eingespannten Saite*, lassen sich durch die Differentialgleichung (1) beschreiben. Mehrdimensionale Aufgaben, z. B. *Membran-* oder *Torsionsschwingungen*, führen auf partielle Differentialgleichungen der Gestalt

$$\frac{\partial^2 u}{\partial x^2} + \frac{\partial^2 u}{\partial y^2} - \lambda u = 0\,, \qquad u = u(x, y)\,. \tag{8}$$

Kann die Dämpfung nicht vernachlässigt werden, so treten zusätzliche Terme hinzu, die die erste Ableitung bzw. erste partielle Ableitungen der gesuchten Funktion enthalten.

Verwendet man statt (3) genauere Näherungsformeln für die gewöhnlichen oder partiellen Differentialquotienten (z. B. *Mehrstellenformeln*, vgl. COLLATZ [2]), so erhält man statt (5) ein *allgemeines lineares Eigenwertproblem*

$$\boldsymbol{Ay} = \lambda\boldsymbol{By} \tag{9}$$

ür ein Matrizenpaar $\{\boldsymbol{A}, \boldsymbol{B}\}$. Die Quadratwurzeln aus den Eigenwerten sind die *Eigenfrequenzen* des zugrundeliegenden physikalischen Systems, die Eigenvektoren beschreiben seine *Schwingungsformen.* Den Anwender interessieren in der Regel nur die kleinsten oder größten Eigenfrequenzen oder auch solche, die in gewissen vorgegebenen Bereichen liegen, um bei der Konstruktion unerwünschte Resonanzerscheinungen vermeiden zu können. Man spricht dann von einem *teilweisen (partiellen) Eigenwertproblem.* Sind dagegen alle Eigenwerte gesucht, so spricht man vom *vollständigen Eigenwertproblem.*

Aufgaben der Gestalt (9) ergeben sich auch, wenn man das Schwingungsproblem mit Hilfe eines Extremalprinzips der Physik als Variationsaufgabe formuliert und die gesuchte Funktion auf Teilintervallen oder ebenen oder räumlichen Teilgebieten („*finiten Elementen*") durch Polynome ersetzt. In elastomechanischen Anwendungen heißt $\boldsymbol{B}$ *Massen-* und $\boldsymbol{A}$ *Steifigkeitsmatrix.*

Schreibt man die Eigenwertaufgaben (6) und (9) in der Gestalt $(\boldsymbol{A} - \alpha\boldsymbol{I})\,\boldsymbol{y} = \boldsymbol{o}$ bzw. $(\boldsymbol{A} - \lambda\boldsymbol{B})\,\boldsymbol{y} = \boldsymbol{o}$, so wird deutlich, daß es sich um homogene lineare Gleichungssysteme für die unbekannten Komponenten der Eigenvektoren $\boldsymbol{y}$ handelt. Wären die Koeffizientenmatrizen, die von den ebenfalls noch unbekannten Parametern α bzw. λ abhängen, nichtsingulär, so gäbe es lediglich die triviale Lösung $\boldsymbol{y} = \boldsymbol{o}$. Nichttriviale Lösungen existieren genau dann, wenn die Koeffizientendeterminanten verschwinden. Diese Bedingung wird verwendet, um α bzw. λ zu bestimmen: Gesucht sind solche Parameterwerte, für die

$$p_N(\alpha) := \det(\boldsymbol{A} - \alpha\boldsymbol{I}) = 0 \tag{10}$$

bzw.

$$q_N(\lambda) := \det(\boldsymbol{A} - \lambda\boldsymbol{B}) = 0 \tag{11}$$

gilt. Die Gleichung (10) heißt *charakteristische Gleichung der Matrix* $\boldsymbol{A}$, und die Gleichung (11) *charakteristische Gleichung des Matrizenpaares* $\{\boldsymbol{A}, \boldsymbol{B}\}$. Die Funktionen $p_N(\alpha)$ und $q_N(\lambda)$ sind, wie man mit Hilfe des Entwicklungssatzes für Determinanten leicht bestätigt, Polynome von (genau bzw höchstens) N-tem Grade in α bzw. λ. Sie heißen *charakteristisches Polynom der Matrix* $\boldsymbol{A}$ bzw. *charakteristisches Polynom des Matrizenpaares* $\{\boldsymbol{A}, \boldsymbol{B}\}$.

4.1.1. Direkte Methode

Beispiel 4.1.2. Für das Knicklastproblem aus Beispiel 4.1.1 ergibt sich, wenn man die vierreihige Determinante von $\boldsymbol{A} - \alpha\boldsymbol{I}$ entwickelt, die charakteristische Gleichung

$$p_4(\alpha) := [(2-\alpha)^2 - 1]\,[(2-\alpha)^2 - 1] - (2-\alpha)^2 = 0\,.$$

Ihre Wurzeln lassen sich mit Hilfe der Substitution $\beta := (2-\alpha)^2$ leicht bestimmen (vgl. auch Ü 4.1.8):

$$\alpha_1 = 2 + \sqrt{2+\sqrt{2}}, \qquad \alpha_2 = 2 + \sqrt{2-\sqrt{2}}, \qquad \alpha_3 = 2 - \sqrt{2-\sqrt{2}},$$

$$\alpha_4 = 2 - \sqrt{2+\sqrt{2}} \approx 0.1522\,.$$

Der kleinste Eigenwert entspricht (in einer sehr groben Näherung) der gesuchten kritischen Last $P = \lambda E \cdot J$. Legen wir einen Elastizitätsmodul $E = 2.19 \times 10^4$ kp/mm^2 und ein axiales Flächenträgheitsmoment von $J = 297$ mm^2 $(12.6$ mm$)^2$ zugrunde, so ergibt sich mit $h = 1000$ mm

$$P = \frac{\alpha_4}{h^2} \cdot E \cdot J = 157 \text{ kp}\,.$$

Die Knicklast wird also kaum erreicht. Trotzdem empfiehlt es sich, die Stange auch am oberen Ende zu befestigen, denn die Voraussetzung, daß die Kraft genau in x-Richtung wirkt, wird möglicherweise vom kletternden Kind nicht präzise eingehalten.

Will man auch noch die *Eigenform* berechnen, also den *Eigenvektor*, der zum Eigenwert α_4 gehört, so muß man das homogene Gleichungssystem (6') mit dem Wert $\alpha_4 = 0.1522$ lösen.

$$\begin{aligned}
(2-\alpha_4)\,y_1 \quad - y_2 \qquad\qquad\qquad &= 0\,,\\
-y_1 + (2-\alpha_4)\,y_2 \quad - y_3 \qquad &= 0\,,\\
-y_2 + (2-\alpha_4)\,y_3 \quad - y_4 &= 0\,,\\
-2y_3 + (2-\alpha_4)\,y_4 &= 0\,.
\end{aligned}$$

Da der Rang von $\boldsymbol{A} - \alpha_4\boldsymbol{I}$ gleich Drei ist, kann eine Komponente willkürlich gewählt werden. Wir setzen $y_4 = 1$ und erhalten damit zum Eigenwert α_4 den Eigenvektor

$$\boldsymbol{y} = (0.3827, \quad 0.7071, \quad 0.9239, \quad 1.000)^{\mathrm{T}}\,.$$

In derselben Weise lassen sich auch die Eigenvektoren zu den drei übrigen, technisch aber nicht so interessanten Eigenwerten bestimmen.

Im folgenden Algorithmus sind die Rechenschritte noch einmal zusammengestellt, und zwar gleich für das allgemeine Eigenwertproblem (9), das (5) als Spezialfall enthält.

Algorithmus 4.1.3. Direkte Methode zur Lösung des Eigenwertproblems $\boldsymbol{Ay} = \lambda\boldsymbol{By}$
EWP ($N, \boldsymbol{A}, \boldsymbol{B}, \lambda, \boldsymbol{Y}$)

---

1 Bestimmung der Koeffizienten des charakteristischen Polynoms $q_N(\lambda) = \det(\boldsymbol{A} - \lambda\boldsymbol{B})$,
2 Bestimmung der Nullstellen λ_n, $n = 1(1)L$, $L \leqq N$, des Polynoms $q_N(\lambda)$,
3 Lösung der homogenen linearen Gleichungssysteme $(\boldsymbol{A} - \lambda_n\boldsymbol{B})\,\boldsymbol{z}_n = \boldsymbol{o}$, $n = 1(1)L$,
4 Normierung der Eigenvektoren: $\boldsymbol{y}_n := \boldsymbol{z}_n/||\boldsymbol{z}_n||$.

Für die numerische Lösung von Eigenwertproblemen ist dieser, vom theoretischen Standpunkt betrachtet direkte Weg ebenso unbrauchbar wie die Cramersche Regel für die numerische Lösung von linearen Gleichungssystemen. Bei größerem N kostet bereits die Koeffizientenberechnung für p_N bzw. q_N im Schritt 1 einen beträchtlichen Rechenaufwand (Ü 4.1.2 und Ü 4.1.3). Aufwendig ist auch, wie wir im nächsten Kapitel sehen werden, das Bestimmen der Polynomnullstellen im Schritt 2. Das Hauptproblem aber liegt darin, daß Polynomnullstellen außerordentlich empfindlich gegenüber Störungen der Polynomkoeffizienten sein können.

Beispiel 4.1.4 (Wilkinson [1]). Das Polynom

$$p_{20}(\alpha) = \prod_{n=1}^{20} (n - \alpha) = \alpha^{20} - 210\,\alpha^{19} + - \dots + 20!$$

hat die Nullstellen 1, 2, ..., 20. Ersetzt man aber den Koeffizienten $a_1 = -210$ durch einen geringfügig gestörten Koeffizienten $\tilde{a}_1 = -210 + \delta_{a_1}$, geht also zu dem gestörten Polynom $\tilde{p}_{20}(\alpha) = p_{20}(\alpha) + \delta_{a_1}\alpha^{19}$ über, so ergeben sich wesentlich veränderte Nullstellen. Für $\delta_{a_1} = -2^{-23} \approx -1.192_{10} - 7$, also eine Störung, die sich bei zehnstelliger Mantisse gerade noch in der letzten Stelle bemerkbar machen würde, $\tilde{a}_1 \approx -2.100000001_{10}+2$, gibt Wilkinson die folgenden Nullstellen an:

$$\tilde{\alpha}_1 = 1.000\,000\,000, \dots, \quad \tilde{\alpha}_4 = 4.000\,000\,000, \dots, \quad \tilde{\alpha}_7 = 6.999\,697\,234, \dots,$$

$$\tilde{\alpha}_{10,11} = 10.095\,266\,145 \pm 0.643\,500\,904\,\mathrm{i}, \dots,$$

$$\tilde{\alpha}_{16,17} = 16.730\,737\,466 \pm 2.812\,624\,894\,\mathrm{i}, \dots,$$

$$\tilde{\alpha}_{20} = 20.846\,908\,108\,, \quad \mathrm{i} = \sqrt{-1}\,.$$

Durch die kleine Störung sind aus den reellen Nullstellen $\alpha_{10}, \dots, \alpha_{19}$ fünf Paare komplexer Nullstellen geworden. Der relative Fehler von $\tilde{\alpha}_{16}$ beträgt über 18 %. Auch bei der reell gebliebenen Nullstelle $\tilde{\alpha}_{20}$ wirkt sich die Störung fast bis in die vordersten Stellen aus.

Bei größeren Problemen müßte man Mantissenlängen von einigen Hundert Ziffern benutzen, um dem Anwender wenigstens die ersten Ziffern der berechneten Eigenwerte garantieren zu können.

4.1.2. Algebraische Grundlagen

Das durch Gleichung (10) definierte charakteristische Polynom $p_N(\alpha)$ der $N \times N$-Matrix $\boldsymbol{A}$ ist ein Polynom N-ten Grades,

$$p_N(\alpha) = a_0\alpha^N + a_1\alpha^{N-1} + \dots + a_{N-1}\alpha + a_N, \qquad a_0 = (-1)^N. \tag{12}$$

Es hat folglich nach dem Fundamentalsatz der Algebra genau N reelle oder komplexe Nullstellen α_n, $n = 1(1)N$, so daß man das Polynom auch durch ein Produkt von N Linearfaktoren darstellen kann

$$p_N(\alpha) = \prod_{n=1}^{N} (\alpha_n - \alpha). \tag{13}$$

Dabei werden mehrfach auftretende Eigenwerte entsprechend ihrer Vielfachheit mehrfach gezählt. Bezeichnet man die paarweise verschiedenen Eigenwerte mit μ_1, $\mu_2, \dots, \mu_K$, $\mu_m \neq \mu_n$ für $m \neq n$, so ergibt sich aus (13) die Produktdarstellung

$$p_N(\alpha) = \prod_{k=1}^{K} (\mu_k - \alpha)^{n_k}, \qquad \sum_{k=1}^{K} n_k = N. \tag{14}$$

Die natürliche Zahl n_k, $n_k \geqq 1$, heißt *algebraische Vielfachheit* des Eigenwertes μ_k.

Zu jedem Eigenwert μ_k gehört mindestens ein Eigenvektor, denn das homogene System

$$(\boldsymbol{A} - \mu_k\boldsymbol{I})\,\boldsymbol{y} = \boldsymbol{o} \tag{15}$$

hat wegen $\det(\boldsymbol{A} - \mu_k\boldsymbol{I}) = 0$ nichttriviale Lösungen. Mit jedem Eigenvektor $\boldsymbol{y}$ ist auch jedes Vielfache $c\boldsymbol{y}$ Eigenvektor: Jeder Eigenvektor definiert eine Eigenrichtung.

Mehrfache Eigenwerte können mehrere linear unabhängige Eigenvektoren besitzen, ihre Anzahl ist gleich der Dimension des Nullraums von $\boldsymbol{A} - \mu_k\boldsymbol{I}$

$$m_k = \dim \mathbb{N}(\boldsymbol{A} - \mu_k\boldsymbol{I}) = N - \operatorname{rg}(\boldsymbol{A} - \mu_k\boldsymbol{I}). \tag{16}$$

Die Zahl m_k heißt *geometrische Vielfachheit* des Eigenwertes μ_k. Gehören die Eigenvektoren $\boldsymbol{y}_1$ und $\boldsymbol{y}_2$ zu demselben Eigenwert μ_k, so ist auch jede Linearkombination $c_1\boldsymbol{y}_1 + c_2\boldsymbol{y}_2$ Eigenvektor. Die Gesamtheit aller Eigenvektoren, die zu demselben Eigenwert gehören, spannt einen *Eigenunterraum*, den Nullraum von $\boldsymbol{A} - \mu_k\boldsymbol{I}$ auf. Seine Dimension ist höchstens gleich der algebraischen Vielfachheit:

$$m_k \leqq n_k, \qquad k = 1(1)K. \tag{17}$$

Beispiel 4.1.5. Die Matrix $\boldsymbol{A} = \begin{pmatrix} 4 & 0 \\ 0 & 4 \end{pmatrix}$ hat das charakteristische Polynom $p_2(\alpha) = (4 - \alpha)^2$, also ist $\alpha_1 = \alpha_2 = \mu_1 = 4$ und $n_1 = 2$. Eigenvektoren sind alle Lösungen des homogenen Systems

$$(4 - \mu_1) \cdot z_1 \qquad 0 \cdot z_2 = 0,$$

$$0 \cdot z_1 + (4 - \mu_1) \cdot z_2 = 0,$$

also alle Vektoren des $\mathbb{R}^2$. Die geometrische Vielfachheit von μ_1 ist ebenfalls gleich Zwei. Als Eigenvektoren können zwei beliebige linear unabhängige Vektoren des $\mathbb{R}^2$ gewählt werden, zum Beispiel $\boldsymbol{y}_1 := \boldsymbol{e}_1$, $\boldsymbol{y}_2 := \boldsymbol{e}_2$.

Beispiel 4.1.6. Die Matrix $\tilde{\boldsymbol{A}} = \begin{pmatrix} 4 & \varepsilon \\ 0 & 4 \end{pmatrix}$ hat das gleiche charakteristische Polynom wie $\boldsymbol{A}$. Eigenvektoren sind alle Lösungen des homogenen Systems

$$\begin{aligned} (4 - \mu_1) \cdot z_1 + \qquad \varepsilon \cdot z_2 &= 0 , \\ 0 \cdot z_1 + (4 - \mu_1) \cdot z_2 &= 0 , \end{aligned}$$

also alle Vektoren der Gestalt $\boldsymbol{z} := \begin{pmatrix} z_1 \\ 0 \end{pmatrix}$, z_1 beliebig. Das ist nur eine eindimensionale Mannigfaltigkeit. Die geometrische Vielfachheit von μ_1 ist nur gleich Eins:

$$m_1 = 2 - \operatorname{rg}(\boldsymbol{A} - 4\boldsymbol{I}) = 1 .$$

Ist die geometrische Vielfachheit eines Eigenwertes kleiner als die algebraische, so ersetzt man die fehlenden Eigenvektoren durch *Hauptvektoren* (*Wurzelvektoren*), genauer durch die Vektoren einer oder mehrerer *Hauptvektorketten*: Ein vom Nullvektor verschiedener Vektor $\boldsymbol{y}$ heißt Hauptvektor m-ter Stufe zum Eigenwert μ_k, wenn er der Gleichung

$$(\boldsymbol{A} - \mu_k\boldsymbol{I})^m \boldsymbol{y} = \boldsymbol{o} , \qquad 1 \leqq m \leqq m_k , \tag{18}$$

genügt. Eigenvektoren sind also Hauptvektoren erster Stufe. Ist $\boldsymbol{y}_m := \boldsymbol{y}$ ein Hauptvektor m-ter Stufe, so bilden die Vektoren

$$\left.\begin{aligned} \boldsymbol{y}_{m-1} &:= (\boldsymbol{A} - \mu_k\boldsymbol{I})\, \boldsymbol{y}_m , \\ \boldsymbol{y}_{m-2} &:= (\boldsymbol{A} - \mu_k\boldsymbol{I})\, \boldsymbol{y}_{m-1} , \\ &\ \vdots \\ \boldsymbol{y}_1 &:= (\boldsymbol{A} - \mu_k\boldsymbol{I})\, \boldsymbol{y}_2 , \end{aligned}\right\} \tag{19}$$

eine Hauptvektorkette. Die Vektoren einer Hauptvektorkette sind linear unabhängig. Zu jedem Eigenwert μ_k gibt es genau n_k linear unabhängige Hauptvektoren, die mehreren Hauptvektorketten angehören können. Sie spannen den Hauptvektorunterraum des Eigenwertes μ_k auf.

Eigen- oder Hauptvektoren, die zu verschiedenen Eigenwerten gehören, sind linear unabhängig. Der Raum $\mathbb{R}^N$ ist also in die direkte Summe der Eigen- oder Hauptvektorunterräume einer $N \times N$-Matrix zerlegbar. Die Gesamtheit aller $n_1 + n_2 + \dots + n_K = N$ linear unabhängigen Eigen- oder Hauptvektoren einer $N \times N$-Matrix bildet eine *Eigenvektor*- oder *Hauptvektorbasis* des $\mathbb{R}^N$.

Beispiel 4.1.7. Eine 7×7-Matrix $\boldsymbol{A}$ besitze drei verschiedene Eigenwerte μ_1, μ_2, μ_3 der algebraischen Vielfachheit $n_1 = 2$, $n_2 = 2$, $n_3 = 3$. Die geometrischen Vielfachheiten seien $m_1 = 2$, $m_2 = 1$, $m_3 = 1$. Zum Eigenwert μ_1 existieren also zwei linear unabhängige Eigenvektoren $\boldsymbol{y}_1$, $\boldsymbol{y}_2$ mit

$$\boldsymbol{A}\boldsymbol{y}_1 = \mu_1\boldsymbol{y}_1 , \qquad \boldsymbol{A}\boldsymbol{y}_2 = \mu_1\boldsymbol{y}_2 . \tag{20}$$

Zu den beiden übrigen Eigenvektoren werden Hauptvektorketten bestimmt, die wir mit $\boldsymbol{y}_3$, $\boldsymbol{y}_4$ und mit $\boldsymbol{y}_5$, $\boldsymbol{y}_6$, $\boldsymbol{y}_7$ bezeichnen. Analog zu (18), (19) gilt dann $(\boldsymbol{A} - \mu_2\boldsymbol{I})^2\, \boldsymbol{y}_4 = \boldsymbol{o}$, $\boldsymbol{y}_3 := (\boldsymbol{A} - \mu_2\boldsymbol{I})\, \boldsymbol{y}_4$, also

$$\left.\begin{aligned} \boldsymbol{A}\boldsymbol{y}_3 &= \qquad \mu_2\boldsymbol{y}_3 , \\ \boldsymbol{A}\boldsymbol{y}_4 &= \boldsymbol{y}_3 + \mu_2\boldsymbol{y}_4 \end{aligned}\right\} \tag{21}$$

und $(\boldsymbol{A} - \mu_3\boldsymbol{I})^3\, \boldsymbol{y}_7 = \boldsymbol{o}$, $\boldsymbol{y}_6 := (\boldsymbol{A} - \mu_3\boldsymbol{I})\, \boldsymbol{y}_7$, $\boldsymbol{y}_5 := (\boldsymbol{A} - \mu_3\boldsymbol{I})\, \boldsymbol{y}_6$, also

$$\left.\begin{aligned} \boldsymbol{A}\boldsymbol{y}_5 &= \qquad \mu_3\boldsymbol{y}_5 , \\ \boldsymbol{A}\boldsymbol{y}_6 &= \boldsymbol{y}_5 + \mu_3\boldsymbol{y}_6 , \\ \boldsymbol{A}\boldsymbol{y}_7 &= \boldsymbol{y}_6 + \mu_3\boldsymbol{y}_7 . \end{aligned}\right\} \tag{22}$$

Faßt man die Eigen- und die Hauptvektoren als Spalten einer 7×7-Matrix $\boldsymbol{Y}$ auf, $\boldsymbol{Y} := (\boldsymbol{y}_1, \boldsymbol{y}_2, \dots, \boldsymbol{y}_7)$, so kann man die 7 Gleichungen (20) bis (22) zu einer Matrixgleichung zusammenfassen:

$$\boldsymbol{AY} = \boldsymbol{YJ}. \tag{23}$$

Die Matrix $\boldsymbol{J}$ heißt *Jordansche Normalform der Matrix* $\boldsymbol{A}$ und hat, wie man aus den Gleichungen (20) bis (22) unmittelbar abliest, die Blockdiagonalgestalt

$$\boldsymbol{J} = \begin{pmatrix} \boldsymbol{J}_1 & & & \\ & \boldsymbol{J}_2 & & \\ & & \boldsymbol{J}_3 & \\ & & & \boldsymbol{J}_4 \end{pmatrix} = \left[\begin{array}{c|c|cc|ccc} \mu_1 & & & & & & \\ \hline & \mu_1 & & & & & \\ \hline & & \mu_2 & 1 & & & \\ & & & \mu_2 & & & \\ \hline & & & & \mu_3 & 1 & \\ & & & & & \mu_3 & 1 \\ & & & & & & \mu_3 \end{array}\right] \tag{24}$$

Wegen der linearen Unabhängigkeit der Spalten $\boldsymbol{y}_n$, $n = 1(1)\,N$, ist die Matrix $\boldsymbol{Y}$ regulär. Man kann (23) also auch in der Form

$$\boldsymbol{J} = \boldsymbol{Y}^{-1}\boldsymbol{AY} \quad \text{oder} \quad \boldsymbol{A} = \boldsymbol{YJY}^{-1} \tag{25}$$

schreiben. Jede quadratische Matrix kann durch eine Ähnlichkeitstransformation der Gestalt (25) auf Jordansche Normalform transformiert werden. Die Spalten der Transformationsmatrix $\boldsymbol{Y}$ sind Eigen- bzw. Hauptvektoren zu den Eigenwerten, die in der Hauptdiagonalen der Untermatrizen in (24), der sogenannten *Jordan-Kästchen* $\boldsymbol{J}_k$ stehen.

Beispiel 4.1.8. Die Matrix $\boldsymbol{A}$,

$$\boldsymbol{A} = \begin{pmatrix} 3.25 & -0.25 & -0.25 & 0.25 \\ 0.25 & 3.75 & 0.75 & 0.25 \\ 0.25 & 0.75 & 3.75 & 0.25 \\ 0.25 & -0.25 & -0.25 & 3.25 \end{pmatrix},$$

hat die charakteristische Gleichung $p_4(\alpha) = (3 - \alpha)^2\,(4 - \alpha)^2$. Die Eigenwerte und ihre algebraischen Vielfachheiten sind also $\mu_1 = 3$, $n_1 = 2$ und $\mu_2 = 4$, $n_2 = 2$. Für die zu μ_1 gehörenden Eigenvektoren ergibt sich (nach Multiplikation mit 4) das homogene System

$$\begin{aligned} y_1 - y_2 - y_3 + y_4 &= 0, \\ y_1 + 3y_2 + 3y_3 + y_4 &= 0. \end{aligned}$$

Es besitzt zwei linear unabhängige Lösungen, z. B. $\boldsymbol{y}_1 = (-1, -1, 1, 1)^\mathrm{T}$ und $\boldsymbol{y}_2 = (-1, 1, -1, 1)^\mathrm{T}$. Das zu $\mu_2 = 4$ gehörende homogene Gleichungssystem $(\boldsymbol{A} - 4\boldsymbol{I})\boldsymbol{y} = \boldsymbol{o}$ besitzt dagegen nur eine eindimensionale Lösungsmannigfaltigkeit. Die Hauptvektorgleichung $(\boldsymbol{A} - 4\boldsymbol{I})^2\,\boldsymbol{y} = \boldsymbol{o}$ führt auf

$$\begin{aligned} y_1 \qquad\quad - y_4 &= 0, \\ y_2 - y_3 \qquad &= 0. \end{aligned}$$

Es ist also $\boldsymbol{y}_4 := (1, 1, 1, 1)^\mathrm{T}$ ein Hauptvektor zweiter Stufe. Dazu ergibt sich der Hauptvektor erster Stufe $\boldsymbol{y}_3 := (\boldsymbol{A} - 4\boldsymbol{I})\,\boldsymbol{y}_4 = (-1, 1, 1, -1)^\mathrm{T}$. Die Transformationsmatrix $\boldsymbol{Y}$ und die Jordansche Normalform von $\boldsymbol{A}$ haben also die Gestalt

$$\boldsymbol{Y} = \begin{pmatrix} -1 & -1 & -1 & 1 \\ -1 & 1 & 1 & 1 \\ 1 & -1 & 1 & 1 \\ 1 & 1 & -1 & 1 \end{pmatrix}, \qquad \boldsymbol{J} = \begin{pmatrix} 3 & 0 & 0 & 0 \\ 0 & 3 & 0 & 0 \\ 0 & 0 & 4 & 1 \\ 0 & 0 & 0 & 4 \end{pmatrix}.$$

Stimmen für alle Eigenwerte μ_k einer Matrix die algebraische und die geometrische Vielfachheit überein, $n_k = m_k$, $k = 1(1)K$, so sind alle Spalten von $\boldsymbol{Y}$ Eigenvektoren, und sämtliche Jordan-Kästchen bestehen nur aus einem Element. Die Matrix $\boldsymbol{J}$ vereinfacht sich zu einer Diagonalmatrix $\hat{\boldsymbol{A}}$ der (nicht notwendig paarweise verschiedenen) Eigenwerte α_n, $n = 1(1)N$.

$$\boldsymbol{Y}^{-1}\boldsymbol{A}\boldsymbol{Y} =: \hat{\boldsymbol{A}} = \operatorname{diag}(\alpha_1, \alpha_2, \dots, \alpha_N)\,. \tag{26}$$

Matrizen aus $\mathbb{R}^{N\times N}$, die N linear unabhängige Eigenvektoren besitzen, nennt man aus diesem Grund *diagonalisierbar* oder auch *von einfacher Struktur*. Die Ähnlichkeitstransformation (26) heißt *Hauptachsentransformation.*

Die transponierten Zeilen der Matrix $\boldsymbol{Y}^{-1} =: \boldsymbol{V}^{\mathrm{T}}$ mit $\boldsymbol{V} = (\boldsymbol{v}_1, \boldsymbol{v}_2, \dots, \boldsymbol{v}_N)$ sind Linkseigenvektoren der Matrix $\boldsymbol{A}$. Diagonalisierbare Matrizen besitzen also *biorthogonale Systeme von Rechts- und Linkseigenvektoren*:

$$(\boldsymbol{v}_m, \boldsymbol{y}_n) = \begin{cases} 1 & \text{für } m = n\,, \\ 0 & \text{für } m \neq n\,. \end{cases}$$

Matrizen, für die

$$\boldsymbol{A}^{\mathrm{T}}\boldsymbol{A} = \boldsymbol{A}\boldsymbol{A}^{\mathrm{T}} \tag{27}$$

gilt, heißen *normal*. Wir zeigen, daß sie diagonalisierbar sind.

Satz 4.1.9. *Ist die Matrix $\boldsymbol{A}$ normal, so ist sie zu einer Diagonalmatrix orthogonalähnlich.*

Beweis. Nach Satz 3.3.3 besitzt jede Matrix ein vollständiges Orthonormalsystem von Rechtssingulärvektoren. Wegen (3.3.30) und (3.3.34) stimmen sie für normale Matrizen mit den Linkssingulärvektoren überein: $\boldsymbol{u}_n = \boldsymbol{v}_n$, $n = 1(1)N$. Statt (3.3.28) gilt also $\boldsymbol{A}\boldsymbol{u}_n = \alpha_n\boldsymbol{u}_n$. Die Singulärvektoren sind Eigenvektoren der Matrix $\boldsymbol{A}$. Die zugehörigen Eigenwerte α_n stimmen bis auf das Vorzeichen mit den Singulärwerten überein. Die Singulärwertzerlegung (3.3.38) wird zur Hauptachsentransformation ($\boldsymbol{U} = \boldsymbol{V} = \boldsymbol{Y}$):

$$\boldsymbol{Y}^{\mathrm{T}}\boldsymbol{A}\boldsymbol{Y} = \hat{\boldsymbol{A}}\,. \quad \blacksquare$$

4.1.3. A-priori-Abschätzungen, Kondition des Eigenwertproblems

Unmittelbar aus der Eigenwertrelation $\boldsymbol{A}\boldsymbol{y} = \alpha\boldsymbol{y}$ folgt (Ü 4.1.16)

Satz 4.1.10. *Jede passende Matrixnorm von $\boldsymbol{A}$ ist eine Betragsschranke für ihre Eigenwerte*: $|\alpha_n| \leqq \|\boldsymbol{A}\|$, $n = 1(1)\,N$.

Eine genauere Information über die Lage der Eigenwerte liefert der folgende Satz.

Satz 4.1.11 (Lokalisierungssatz von Geršgorin). *Alle Eigenwerte von $\boldsymbol{A}$ liegen*

a) *in der Vereinigung $\mathbb{Z}$ aller Zeilenkreisscheiben*

$$\mathbb{Z}_m := \{\alpha\,;\, |a_{mm} - \alpha| \leqq z_m'\}\,, \qquad m = 1(1)N\,, \tag{28}$$

b) *in der Vereinigung $\mathbb{S}$ aller Spaltenkreisscheiben*

$$\mathbb{S}_n := \{\alpha\,;\, |a_{nn} - \alpha| \leqq s_n'\}\,, \qquad n = 1(1)N\,, \tag{29}$$

c) *im Durchschnitt von $\mathbb{Z}$ und $\mathbb{S}$. Dabei bezeichnen z_m' und s_n' die Zeilen- bzw. die Spaltenbetragssummen der Nichtdiagonalelemente von $\boldsymbol{A}$.*

Beweis (indirekt). Wir nehmen an, daß α' ein Eigenwert von $\boldsymbol{A}$ ist, der nicht in $\mathbb{Z}$ liegt. Dann gilt $|a_{mm} - \alpha'| > z'_m$ für $m = 1(1)\,N$. Die Matrix $\boldsymbol{A} - \alpha'\boldsymbol{I}$ ist also diagonal dominant und nach Satz 2.1.4 streng regulär. Demnach ist $\det(\boldsymbol{A} - \alpha'\boldsymbol{I}) \neq 0$ im Widerspruch zur Annahme, daß α' Eigenwert von $\boldsymbol{A}$ ist. Damit ist Teil a) bewiesen. Teil b) läßt sich durch Transponieren auf a) zurückführen, Teil c) ist eine unmittelbare Folgerung aus a) und b). ■

Für spezielle Matrixklassen läßt sich leicht abschätzen, wie sich Störungen der Ausgangsmatrix auf ihre Eigenwerte auswirken.

Satz 4.1.12 (Störungssatz). *Die Matrix* $\boldsymbol{A}$ *sei diagonalisierbar,* $\boldsymbol{Y}^{-1}\boldsymbol{A}\boldsymbol{Y} = \hat{\boldsymbol{A}} = \operatorname{diag}(\alpha_1, \alpha_2, \ldots, \alpha_N)$, *und* $\tilde{\alpha}$ *sei ein Eigenwert der gestörten Matrix* $\tilde{\boldsymbol{A}} := \boldsymbol{A} + \boldsymbol{F}$. *Dann gilt*

$$\min_{n=1(1)N} |\alpha_n - \tilde{\alpha}| = \operatorname{cond}(\boldsymbol{Y})\,\|\boldsymbol{F}\|\,. \tag{30}$$

Beweis. Ist $\tilde{\boldsymbol{y}}$ ein zu $\tilde{\alpha}$ gehörender Eigenvektor von $\tilde{\boldsymbol{A}}$, so folgt mit $\boldsymbol{z} := \boldsymbol{Y}^{-1}\tilde{\boldsymbol{y}}$ aus $\boldsymbol{Y}^{-1}(\boldsymbol{A} + \boldsymbol{F})\,\boldsymbol{Y}\boldsymbol{z} = \tilde{\alpha}\boldsymbol{z}$ durch Umstellen

$$(\hat{\boldsymbol{A}} - \tilde{\alpha}\boldsymbol{I})\,\boldsymbol{z} = -\boldsymbol{Y}^{-1}\boldsymbol{F}\boldsymbol{Y}\boldsymbol{z}\,,$$

und daraus die Abschätzung

$$\min_{n=1(1)N} |\alpha_n - \tilde{\alpha}|\,\|\boldsymbol{z}\| \leqq \|(\hat{\boldsymbol{A}} - \tilde{\alpha}\boldsymbol{I})\,\boldsymbol{z}\| \leqq \|\boldsymbol{Y}^{-1}\|\,\|\boldsymbol{F}\|\,\|\boldsymbol{Y}\|\,\|\boldsymbol{z}\|\,.$$

Daraus ergibt sich wegen $\boldsymbol{z} \neq \boldsymbol{o}$ die Behauptung. Sämtliche Eigenwerte der gestörten Matrix liegen demnach in der Vereinigung aller Kreise mit den Mittelpunkten α_n und dem Radius $\operatorname{cond}(\boldsymbol{Y})\,\|\boldsymbol{F}\|$. ■

Die Kondition des Eigenwertproblems einer Matrix $\boldsymbol{A}$ hängt also von der relativen Konditionszahl der Transformationsmatrix $\boldsymbol{Y}$ und nicht von der Konditionszahl der Matrix selbst ab. Die Spalten der Matrix $\boldsymbol{Y}$ sind die Eigenvektoren von $\boldsymbol{A}$. Da diese nur bis auf einen Faktor bestimmt sind oder bei mehrfachen Eigenwerten sogar aus einem Eigenvektorunterraum noch weitgehend beliebig gewählt werden können, nennt man den kleinsten Wert

$$\min_{\boldsymbol{Y}^{-1}\boldsymbol{A}\boldsymbol{Y}=\hat{\boldsymbol{A}}} \operatorname{cond}(\boldsymbol{Y})\,, \tag{31}$$

wo alle Matrizen $\boldsymbol{Y}$ zugelassen sind, die $\boldsymbol{A}$ auf Diagonalform transformieren, die *Kondition des Eigenwertproblems* $\boldsymbol{A}\boldsymbol{y} = \alpha\boldsymbol{y}$.

Folgerung 4.1.13. *Das Eigenwertproblem für normale Matrizen ist stets gut konditioniert.*

Beweis. Normale Matrizen können nach Satz 4.1.9 durch orthogonale Matrizen auf Diagonalgestalt transformiert werden: $\boldsymbol{Y}^{\mathrm{T}}\boldsymbol{Y} = \boldsymbol{I}$. Die Spektralnorm orthogonaler Matrizen ist gleich Eins (Ü 4.1.13). Folglich gilt $\operatorname{cond}_2(\boldsymbol{Y}) = \|\boldsymbol{Y}^{-1}\|_2\,\|\boldsymbol{Y}\|_2 = \|\boldsymbol{Y}\|_2^2 = 1$. ■

Nach Abschätzung (30) sind also für normale (und damit speziell auch für symmetrische) Matrizen die Störungen der Eigenwerte von derselben Größenordnung wie die Störungen der Matrix. Für unsymmetrische Matrizen gilt das dagegen im allgemeinen nicht:

Beispiel 4.1.14 (Wilkinson [1]). Die Matrizen

$$A = \begin{bmatrix} 20 & 20 & & & \\ & 19 & 20 & & \\ & & \ddots & \ddots & \\ & & & 2 & 20 \\ & & & & 1 \end{bmatrix} \quad \text{und} \quad \tilde{A} = \begin{bmatrix} 20 & 20 & & & \\ & 19 & 20 & & \\ & & \ddots & \ddots & \\ & & & 2 & 20 \\ \varepsilon & & & & 1 \end{bmatrix}$$

besitzen die charakteristischen Polynome

$$p_{20}(\alpha) = \prod_{n=1}^{20} (n - \alpha) \quad \text{und} \quad \tilde{p}_{20}(\alpha) = \prod_{n=1}^{20} (n - \alpha) - 20^{19}\varepsilon\,,$$

deren Absolutglieder sich um $20^{19}\varepsilon$ unterscheiden. Das führt z. B. schon bei der geringen Störung um $\varepsilon = 10^{-10}$ dazu, daß die Eigenwerte $\alpha_{10} = 10$ und $\alpha_{11} = 11$ übergehen in $\tilde{\alpha}_{11,12} = 10.5 \pm 2.733974\,\mathrm{i}$.

Das Problem der Eigenvektorbestimmung ist im allgemeinen nicht gut konditioniert. Das gilt auch für symmetrische Matrizen, wenn sie unsymmetrisch gestört werden. So hat z. B. die Matrix $\boldsymbol{A}$ aus Beispiel 4.1.5 ein vollständiges System von Eigenvektoren, während die Matrix $\tilde{\boldsymbol{A}}$ aus Beispiel 4.1.6 nur einen einzigen Eigenvektor besitzt.

4.1.4. Bemerkungen

B 4.1.1. Das Standardwerk zur numerischen Behandlung algebraischer Eigenwertaufgaben stammt von Wilkinson [1]. Einen großen Raum nehmen Eigenwertprobleme auch in dem bereits früher zitierten Buch von Faddejew und Faddejewa [1] ein. Ferner sei auf Voevodin [1] verwiesen. Speziell dem Eigenwertproblem für symmetrische Matrizen ist das Buch von Parlett [1] gewidmet. ALGOL- und FORTRAN-Programme findet man bei Wilkinson, Reinsch [1] sowie in den Programmpaketen EISPACK (Smith et al. [1]), MEIWEP (Lang [1]) und NUMATH [1].

B 4.1.2. Der Satz von Geršgorin (Satz 4.1.11) läßt sich verschärfen: *Zerfällt die Vereinigung $\mathbb{Z}$ der Kreisscheiben in disjunkte Teilmengen $\mathbb{Z}^{(k)}$ und $\mathbb{Z}^{(N-k)}$, von denen die erste die Vereinigung von k Kreisscheiben und die zweite die Vereinigung von $N - k$ Kreisscheiben ist, so liegen in $\mathbb{Z}^{(k)}$ genau k Eigenwerte und in $\mathbb{Z}^{(N-k)}$ genau $N - k$ Eigenwerte der Matrix $\boldsymbol{A}$. Dabei sind mehrfache Eigenwerte entsprechend ihrer algebraischen Vielfachheit mehrfach zu zählen* (Ü 4.1.17).

4.1.5. Übungsaufgaben

Ü 4.1.1. Man beweise: Die Linkseigenvektoren von $\boldsymbol{A}$ sind Rechtseigenvektoren von $\boldsymbol{A}^{\mathrm{T}}$.

Ü 4.1.2. Man beweise: Links- und Rechtseigenvektoren, die zu verschiedenen Eigenwerten derselben Matrix gehören, sind orthogonal.

Ü 4.1.3. Man beweise: Eigenvektoren, die zu verschiedenen Eigenwerten einer Matrix gehören, sind linear unabhängig. Ist die Matrix symmetrisch, so sind sie orthogonal.

Ü 4.1.4. Man beweise: Ist $\{\alpha, \boldsymbol{y}\}$ ein Eigenpaar von $\boldsymbol{A}$, so ist $\{\alpha^n, \boldsymbol{y}\}$ ein Eigenpaar der Matrixpotenz $\boldsymbol{A}^n$. Ist $\alpha \neq 0$, und $\boldsymbol{A}$ regulär, so ist $\{\alpha^{-n}, \boldsymbol{y}\}$ ein Eigenpaar der Potenz $(\boldsymbol{A}^{-1})^n$ der inversen Matrix. Dabei bezeichnet n eine beliebige natürliche Zahl.

Ü 4.1.5. Man beweise: Ist α ein Eigenwert von $\boldsymbol{A}$ und $p_K(t) = c_0 t^K + c_1 t^{K-1} + \ldots + c_K$ ein beliebiges Polynom einer reellen Veränderlichen t mit reellen Koeffizienten c_k, so ist $p_K(\alpha)$ ein Eigenwert des Matrixpolynoms $p_K(\boldsymbol{A}) := c_0 \boldsymbol{A}^K + c_1 \boldsymbol{A}^{K-1} + \ldots + c_K \boldsymbol{I}$.

Ü 4.1.6. Man beweise: *Jede Matrix genügt ihrem eigenen charakteristischen Polynom* (Satz von CAYLEIGH, HAMILTON): $p_N(\boldsymbol{A}) = 0$. Dabei bezeichnet $p_N(\alpha)$ das durch (10) und (12) erklärte Polynom.

Ü 4.1.7. Man beweise: Die Eigenwerte von $\boldsymbol{A} + \boldsymbol{B}$ und $\boldsymbol{A} - \boldsymbol{B}$ sind Eigenwerte der Matrix $\boldsymbol{C} := \begin{pmatrix} \boldsymbol{A} & \boldsymbol{B} \\ \boldsymbol{B} & \boldsymbol{A} \end{pmatrix}$.

Ü 4.1.8. Man beweise: Die Matrizen $\boldsymbol{AB}$ und $\boldsymbol{BA}$ haben dieselben Eigenwerte. Sind $\boldsymbol{A}$ und $\boldsymbol{B}$ rechteckige Matrizen passenden Formats, so bleibt die Aussage nur für die von Null verschiedenen Eigenwerte der beiden Produkte gültig.

Ü 4.1.9. Man berechne die Koeffizienten des charakteristischen Polynoms $q_3(\lambda) := := \det(\boldsymbol{A} - \lambda \boldsymbol{B})$ für die Matrizen

$$\boldsymbol{A} = \begin{pmatrix} 1 & -2 & 3 \\ -2 & 3 & -4 \\ 3 & -4 & 5 \end{pmatrix}, \qquad \boldsymbol{B} = \begin{pmatrix} 4 & -5 & 6 \\ 5 & -6 & 7 \\ 6 & -7 & 8 \end{pmatrix}.$$

Ü 4.1.10. Man beweise: Für die Koeffizienten des charakteristischen Polynoms $p_N(\alpha) := \det(\boldsymbol{A} - \alpha \boldsymbol{I})$ gilt:

$$a_0 = (-1)^N, \quad a_1 = (-1)^{N-1} \operatorname{trace}(\boldsymbol{A}) := (-1)^{N-1} \sum_{n=1}^{N} a_{nn}, \quad a_N = \det(\boldsymbol{A}).$$

Man leite Formeln für a_2 und a_{N-1} her.

Ü 4.1.11. Man berechne die Eigenwerte der Matrix $\boldsymbol{B} = \begin{pmatrix} 26 & -13 \\ -13 & 13 \end{pmatrix}$.

Ü 4.1.12. Man beweise: Die charakteristischen Polynome symmetrischer Tridiagonalmatrizen mit konstanten Elementen in Haupt- und Kodiagonalen

$$p_N(\alpha; a, b) := \det(\boldsymbol{A} - \alpha \boldsymbol{I}_N) := \det \begin{pmatrix} a - \alpha & b & & & \\ b & a - \alpha & b & & \\ & \cdot & \cdot & \cdot & \\ & & b & a - \alpha & b \\ & & & b & a - \alpha \end{pmatrix},$$

$N = 2, 3, \ldots,$

genügen der Rekursionsformel

$$p_N(\alpha; a, b) := (a - \alpha)\, p_{N-1}(\alpha; a, b) - b^2 \cdot p_{N-2}(\alpha; a, b), \quad p_0(\alpha; a, b) := 1,$$
$$p_1(\alpha; a, b) := a - \alpha.$$

Ü 4.1.13. Mit Hilfe der Rekursionsformel aus Ü 4.1.12 berechne man alle Eigenwerte von $p_N(\alpha; a, b)$, $N = 1(1)4$, in Abhängigkeit von a und b. Man gebe eine Bedingung dafür an, daß die zugehörigen Matrizen $\boldsymbol{A}$ positiv definit sind.

Ü 4.1.14. Man berechne alle Nullstellen des Polynoms $p_4(\alpha; 2, -1)$.

Ü 4.1.15. Man berechne alle Eigenwerte der Matrix $\boldsymbol{A}$ des Knicklastbeispiels mit Hilfe des geeignet abgeänderten Polynoms $p_4(\alpha; 2, -1)$. Man vergleiche die Eigenwerte mit den Ergebnissen von Ü 4.1.14.

Ü 4.1.16. Man beweise: Für jede Matrixnorm $\|\cdot\|$ und jeden Eigenwert gilt $|\alpha| \leqq \|\boldsymbol{A}\|$.

Ü 4.1.17. Man beweise die Verschärfung des Geršgorinschen Lokalisierungssatzes (B 4.1.2).

Ü 4.1.18. Man berechne Spektral- und Frobenius-Norm $\|\boldsymbol{Q}\|_2$ und $\|\boldsymbol{Q}\|_F$ für eine orthogonale Matrix $\boldsymbol{Q}$, $\boldsymbol{Q}^T\boldsymbol{Q} = \boldsymbol{I}$.

4.2 Vektoriteration

Die Methoden der Vektoriteration eignen sich für das teilweise Eigenwertproblem. Die älteste Variante ist die *Potenzmethode* (das *von-Mises-Verfahren*) zur Bestimmung des betragsmäßig größten Eigenwertes und des zugehörigen Eigenvektors einer Matrix. Wegen ihrer langsamen Konvergenz wird sie allerdings kaum noch verwendet.

Die *Methode der inversen Iteration* (*Wielandt-Verfahren*) zur Bestimmung des betragsmäßig kleinsten Eigenwertes und des zugehörigen Eigenvektors ist dagegen sehr effektiv, wenn man die Konvergenz durch eine genäherte Eigenwertberechnung mit Hilfe des *Rayleigh-Quotienten* beschleunigt. Ist eine gute Eigenwertnäherung bereits bekannt, so kann der zugehörige Eigenvektor mit Hilfe der *Rayleigh-Quotienten-Iteration* in wenigen Schritten bestimmt werden. Die Potenzmethode hat die gleichen Vorteile wie die Iterationsverfahren für lineare Gleichungssysteme: Sie arbeitet mit der unveränderten Ausgangsmatrix und kann die spezielle Struktur *großer, schwach besetzter Matrizen* ausnutzen.

4.2.1. Potenzmethode

Beispiel 4.2.1. Einen beliebigen Startvektor, wir wählen $\boldsymbol{x}^{(0)} := \boldsymbol{e}_1 := (1, 0, 0)^{\mathsf{T}}$, multiplizieren wir wiederholt mit der Matrix

$$\boldsymbol{A} = \begin{pmatrix} 3.23 & -1.15 & 1.77 \\ -1.15 & 9.25 & -2.13 \\ 1.77 & -2.13 & 1.56 \end{pmatrix}.$$

Dadurch erhalten wir die Vektoren $\boldsymbol{x}^{(1)} = \boldsymbol{A}\boldsymbol{x}^{(0)}$, $\boldsymbol{x}^{(2)} = \boldsymbol{A}\boldsymbol{x}^{(1)} = \boldsymbol{A}^2\boldsymbol{x}^{(0)}, \ldots$, die in Tab. 4.2.1 angegeben sind. Um zu große Zahlen zu vermeiden, dividieren wir gelegentlich durch die erste Komponente (vgl. Schritt 3, 7, 9, 10). Nach einigen Schritten zeigt sich, daß der neue Vektor annähernd ein Vielfaches des alten Vektors ist, $\boldsymbol{x}^{(10)} \approx \alpha\boldsymbol{x}^{(9)}$. Da wir $\boldsymbol{x}^{(10)}$ durch Multiplikation mit $\boldsymbol{A}$ aus $\boldsymbol{x}^{(9)}$ erhalten haben, ist also $\boldsymbol{A}\boldsymbol{x}^{(9)} \approx \alpha\boldsymbol{x}^{(9)}$, und das bedeutet nichts anderes, als daß α ein genäherter Eigenwert, $\alpha \approx 10.15$, und $\boldsymbol{x}^{(9)}$ ein genäherter Eigenvektor ist, $\boldsymbol{y} \approx \boldsymbol{x}^{(9)} = (1, -4.13, 1.23)^{\mathsf{T}}$.

Tab. 4.2.1. Potenzmethode

$\boldsymbol{x}^{(0)}$	$\boldsymbol{x}^{(1)}$	$\boldsymbol{x}^{(2)}$	$\boldsymbol{x}^{(3)}$		$\boldsymbol{x}^{(4)}$	$\boldsymbol{x}^{(5)}$	
1	3.23	14.89	88.27	1	7.58	67.75	1
0	−1.15	−18.12	−208.03	−2.36	−24.93	−256.85	−3.79
0	1.77	10.93	82.00	0.93	8.24	79.37	1.17

$\boldsymbol{x}^{(6)}$	$\boldsymbol{x}^{(7)}$		$\boldsymbol{x}^{(8)}$	$\boldsymbol{x}^{(9)}$		$\boldsymbol{x}^{(10)}$
9.66	96.40	1	10.09	102.33	1	10.15
−38.72	−394.09	−4.09	−41.57	−422.49	−4.129	−41.96
11.67	117.78	1.22	12.38	125.73	1.229	12.48

Für die Herleitung des Verfahrens setzen wir voraus, daß die Matrix $\boldsymbol{A}$ einen *dominanten Eigenwert* besitzt, d. h. eine charakteristische Wurzel, die betragsmäßig größer als alle anderen Eigenwerte ist:

$$|\alpha_1| > |\alpha_2| \geqq |\alpha_3| \geqq \ldots \geqq |\alpha_N| \geqq 0\,. \tag{1}$$

Weiter nehmen wir der Einfachheit halber an, daß $\boldsymbol{A}$ diagonalisierbar ist, so daß N linear unabhängige Eigenvektoren $\boldsymbol{y}_n$ existieren,

$$\boldsymbol{A}\boldsymbol{y}_n = \alpha_n\boldsymbol{y}_n\,, \qquad n = 1(1)N\,. \tag{2}$$

Dann kann man jeden Vektor aus $\mathbb{R}^N$ als Linearkombination der $\boldsymbol{y}_n$ darstellen,

$$\boldsymbol{x} = c_1\boldsymbol{y}_1 + c_2\boldsymbol{y}_2 + \ldots + c_N\boldsymbol{y}_N\,. \tag{3}$$

Dabei sind die c_n die Koordinaten von $\boldsymbol{x}$ bezüglich der Eigenvektorbasis. Multipliziert man nun $\boldsymbol{x}$ wiederholt mit $\boldsymbol{A}$ und ersetzt auf der rechten Seite die Produkte $\boldsymbol{A}\boldsymbol{y}_n$ nach (2) jeweils durch $\alpha_n \boldsymbol{y}_n$, so folgt

$$\boldsymbol{A}^k\boldsymbol{x} = c_1\alpha_1^k\boldsymbol{y}_1 + c_2\alpha_2^k\boldsymbol{y}_2 + \dots + c_N\alpha_N^k\boldsymbol{y}_N . \tag{4}$$

Wurde $\boldsymbol{x}$ so gewählt, daß die Koordinate c_1 verschieden von Null ist, so gilt weiter

$$\frac{\boldsymbol{A}^k\boldsymbol{x}}{c_1\alpha_1^k} = \boldsymbol{y}_1 + \frac{c_2}{c_1}\left(\frac{\alpha_2}{\alpha_1}\right)^k \boldsymbol{y}_2 + \dots + \frac{c_N}{c_1}\left(\frac{\alpha_N}{\alpha_1}\right)^k \boldsymbol{y}_N . \tag{5}$$

Wegen (1) sind für $n = 2(1)N$ alle Quotienten α_n/α_1 betragsmäßig kleiner als Eins. Für $k \to \infty$ streben die (mit dem Faktor $1/(c_1\alpha_1^k)$ multiplizierten) iterierten Vektoren $\boldsymbol{A}^k\boldsymbol{x}$ gegen $\boldsymbol{y}_1$, den zum dominanten Eigenwert α_1 gehörenden Eigenvektor. Die Potenzmethode besteht also nur darin, einen willkürlich gewählten Startvektor $\boldsymbol{x}^{(0)}$ wiederholt mit der Matrix $\boldsymbol{A}$ zu multiplizieren:

$$\boldsymbol{z} := \boldsymbol{A}\boldsymbol{x}^{(k-1)}, \qquad \boldsymbol{x}^{(k)} = f_k\boldsymbol{z}, \qquad k = 1, 2, \dots . \tag{6}$$

Der Faktor f_k ist dabei relativ unwesentlich, denn Eigenvektoren sind ohnehin nur bis auf einen Faktor bestimmt. Er hat lediglich die Aufgabe, Über- oder Unterlauf zu verhindern. Man kann $f_k := 1/\|\boldsymbol{z}\|$ mit einer beliebigen Vektornorm $\|\cdot\|$ wählen. Dann haben alle Vektoren der Folge $(\boldsymbol{x}^{(k)})$ die Norm Eins. Weniger aufwendig ist eine Normierung mit $f_k := 1/z_j$ mit einer beliebig festgelegten, nicht verschwindenden Komponente von $\boldsymbol{z}$. Dann haben alle iterierten Vektoren eine auf Eins normierte j-te Komponente (vgl. auch B 4.2.2). Bei der Handrechnung kann man ohne Normierung rechnen, solange die Komponenten von $\boldsymbol{x}^{(k)}$ nicht zu groß oder zu klein werden.

Wäre $\boldsymbol{x}^{(k)}$ ein Eigenvektor zu α_1, so würde $\boldsymbol{A}\boldsymbol{x}^{(k)} = \alpha_1\boldsymbol{x}^{(k)}$ gelten. Man kann die Rechnung also abbrechen, wenn der neue, noch nicht normierte Vektor $\boldsymbol{z} = \boldsymbol{A}\boldsymbol{x}^{(k)}$ annähernd proportional zum Vektor $\boldsymbol{x}^{(k)}$ ist:

$$\boldsymbol{z} \approx \alpha_1\boldsymbol{x}^{(k)} . \tag{7}$$

Jeder Quotient $z_n/x_n^{(k)}$, $n = 1(1)\,N$, von Komponenten gleicher Nummer ist also eine Eigenwertnäherung. Durch Vergleich von (7) und (6) erkennt man, daß auch der reziproke Wert des Normierungsfaktors als Eigenwertnäherung verwendet werden kann: $\alpha_1 = 1/f_k$. Am günstigsten ist es, die Gleichung (7) skalar mit $\boldsymbol{x}^{(k)}$ oder auch mit $\boldsymbol{z}$ zu multiplizieren und nach α_1 umzustellen:

$$\alpha_1 \approx \frac{(\boldsymbol{z}, \boldsymbol{x}^{(k)})}{(\boldsymbol{x}^{(k)}, \boldsymbol{x}^{(k)})} = \frac{(\boldsymbol{A}\boldsymbol{x}^{(k)}, \boldsymbol{x}^{(k)})}{(\boldsymbol{x}^{(k)}, \boldsymbol{x}^{(k)})} . \tag{8}$$

Dabei entsteht ein *Rayleigh-Quotient*, der wegen seiner Extremaleigenschaft eine bessere Näherung für α_1 darstellt als die Quotienten der Komponenten. Bei Matrizen, die ein vollständiges Orthonormalsystem von Eigenvektoren besitzen, also z. B. symmetrischen, ist die Eigenwertnäherung (8) sogar um eine Größenordnung genauer als die Eigenvektornäherung:

Satz 4.2.2. *Die Matrix $\boldsymbol{A}$ besitze ein vollständiges Orthonormalsystem von Eigenvektoren, und $\{\alpha_1, \boldsymbol{y}_1\}$ bezeichne ein Eigenpaar. Ist $\boldsymbol{x}$ eine Eigenvektornäherung der Gestalt*

$$\boldsymbol{x} = \boldsymbol{y}_1 + \varepsilon\boldsymbol{y}, \qquad \varepsilon > 0, \qquad (\boldsymbol{y}_1, \boldsymbol{y}) = 0, \qquad \|\boldsymbol{y}_1\|_2 = \|\boldsymbol{y}\|_2 = 1,$$

so liefert der Rayleigh-Quotient eine Eigenwertnäherung der Gestalt

$$\varrho := \frac{\boldsymbol{x}^{\mathsf{T}}\boldsymbol{A}\boldsymbol{x}}{\boldsymbol{x}^{\mathsf{T}}\boldsymbol{x}} = \alpha_1 + O(\varepsilon^2) .$$

Beweis. Mit $\boldsymbol{y}$ ist auch $\boldsymbol{Ay}$ eine Linearkombination der von $\boldsymbol{y}_1$ verschiedenen und zu $\boldsymbol{y}_1$ orthogonalen Eigenvektoren:

$$\boldsymbol{Ay} = \boldsymbol{A} \sum_{n=2}^{N} c_n \boldsymbol{y}_n = \sum_{n=2}^{N} c_n \alpha_n \boldsymbol{y}_n .$$

Also ergibt sich

$$\varrho = \frac{\alpha_1 \, ||\boldsymbol{y}_1||_2^2 + \varepsilon^2 \boldsymbol{y}^{\mathsf{T}} \boldsymbol{Ay}}{||\boldsymbol{y}_1||_2^2 + \varepsilon^2 \, ||\boldsymbol{y}||_2^2} = (\alpha_1 + \varepsilon^2 \boldsymbol{y}^{\mathsf{T}} \boldsymbol{Ay})/(1 + \varepsilon^2)$$

$$= \alpha_1 - (\alpha_1 - \boldsymbol{y}^{\mathsf{T}} \boldsymbol{Ay}) \varepsilon^2/(1 + \varepsilon^2) . \quad \blacksquare$$

Für die maschinelle Rechnung stellen wir die Rechenschritte noch einmal zusammen:

Algorithmus 4.2.3. Potenzmethode zur Bestimmung des dominanten Eigenwertes und eines zugehörigen Eigenvektors PM $(N, \boldsymbol{A}, \alpha, \boldsymbol{y})$

	$\boldsymbol{y}$	Startvektor
	$\varepsilon,\ K$	Testgröße, maximale Schrittanzahl
	$\alpha := 0$	
	$k = 1(1)\ K$	Schrittzähler
	$\beta := \alpha$	alte Eigenwertnäherung
1	$\boldsymbol{z} := \boldsymbol{Ay}$	Multiplikation mit $\boldsymbol{A}$
	$\alpha := \lVert\boldsymbol{z}\rVert$	neue Eigenwertnäherung
	$f := 1/\alpha$	Normierungsfaktor
	falls $\lvert\alpha - \beta\rvert \cdot f < \varepsilon$, dann Schritt 4	
2	$\boldsymbol{y} := f \cdot \boldsymbol{z}$	neue Eigenvektornäherung
3	Abbruch: keine Konvergenz nach K Schritten	
4	$\alpha = \boldsymbol{z}^{\mathsf{T}}\boldsymbol{y}/\boldsymbol{y}^{\mathsf{T}}\boldsymbol{y}$	verbesserte Eigenwertnäherung (Rayleigh-Quotient)

Für divergente oder schlecht konvergierende Fälle sieht der Algorithmus den Abbruch nach einer vorzugebenden Anzahl von Schritten vor. Speicherplatz wird für die Matrix $\boldsymbol{A}$ und zwei Vektoren benötigt. Für den Schritt 1 ist ein Unterprogramm zur Berechnung des Produkts $\boldsymbol{Ay}$ zu schreiben. Dabei kann $\boldsymbol{A}$ kompakt gespeichert sein. Der Rechenaufwand besteht pro Iterationsschritt aus N^2 bzw. NNE Multiplikationen im Schritt 1 und aus N Multiplikationen im Normierungsschritt 2. Der Aufwand der Normberechnung hängt von der verwendeten Norm ab.

Zur Abschätzung von *Konvergenzordnung* und *Konvergenzfaktor* des Iterationsverfahrens (vgl. Definition 2.7.9) definieren wir, ausgehend von (5), den absoluten Fehler von $\boldsymbol{x}^{(k)} := \boldsymbol{Ax}^k/c_1\alpha_1^k$ durch

$$\boldsymbol{\delta}_{\boldsymbol{x}}^{(k)} := \sum_{n=2}^{N} \left| \frac{c_n}{c_1} \left(\frac{\alpha_n}{\alpha_1} \right)^k \right| |\boldsymbol{y}_n| . \tag{9}$$

Dabei bezeichnet $|\boldsymbol{y}_n|$ den Vektor der Absolutbeträge der Komponenten von $\boldsymbol{y}_n$. Zieht man den Faktor $|\alpha_2/\alpha_1|$ vor die Summe, so ist

$$\boldsymbol{\delta}_{\boldsymbol{x}}^{(k)} = \left|\frac{\alpha_2}{\alpha_1}\right| \sum_{n=2}^{N} \left|\frac{\alpha_n}{\alpha_2}\right| \left|\frac{c_n}{c_1}\right| \left|\frac{\alpha_n}{\alpha_1}\right|^{k-1} |\boldsymbol{y}_n| \leq \left|\frac{\alpha_2}{\alpha_1}\right| \boldsymbol{\delta}_{\boldsymbol{x}}^{(k-1)} , \tag{10}$$

denn die Faktoren $|\alpha_n/\alpha_2|$ sind wegen (1) höchstens gleich Eins. Wir fassen zusammen

Satz 4.2.4 (Potenzmethode). *Besitzt die Matrix $\boldsymbol{A}$ einen dominanten Eigenwert α_1, so konvergieren die Vektoren $\boldsymbol{x}^{(k)}$ der Iterationsvorschrift (6) für jeden Startvektor $\boldsymbol{x}^{(0)}$, der eine nichtverschwindende Komponente c_1 bezüglich des zu α_1 gehörenden Eigenvektors $\boldsymbol{y}_1$ besitzt, mit der Konvergenzordnung $p = 1$ und dem Konvergenzfaktor $q = |\alpha_2/\alpha_1|$ gegen $\boldsymbol{y}_1$.*

Der Beweis wurde durch die Formeln (1) bis (5) nur für Matrizen einfacher Struktur geführt. Im *allgemeinen Fall* ersetzt man die Eigenvektorbasis durch eine *Hauptvektorbasis*. Einige der Vektoren $\boldsymbol{y}_n$, $n = 2(1)N$, in (3) sind dann Hauptvektoren höherer Stufe ($m \geqq 2$). Für sie gelten statt der Eigenvektorrelation (2) *Hauptvektorrelationen* der Gestalt $\boldsymbol{A}\boldsymbol{y}_n = \boldsymbol{y}_{n-1} + \alpha_n\boldsymbol{y}_n$ (vgl. (4.1.21) und (4.1.22)). Bei der wiederholten Multiplikation mit $\boldsymbol{A}$ entstehen dadurch in der Darstellung (5) etwas kompliziertere Faktoren, die aber unter der Voraussetzung (1) für $k \to \infty$ ebenfalls gegen Null streben (Ü 4.2.2). Die Voraussetzung $c_1 \neq 0$ ist ohne die Kenntnis der Eigenvektoren nicht nachprüfbar. Hat man zufällig einen Startvektor mit $c_1 = 0$ gewählt, so wird aber in der Praxis nach einigen Schritten durch Rundungsfehler eine von Null verschiedene Komponente eingeschleppt, so daß das Verfahren nach hinreichend vielen Schritten auch in diesem Fall gegen $\boldsymbol{y}_1$ konvergiert. Die Konvergenz der Potenzmethode ist nach (10) linear und nur dann zufriedenstellend, wenn der Konvergenzfaktor, das Verhältnis $|\alpha_2/\alpha_1|$ der beiden ersten Eigenwerte, klein ist. ■

Der *Konvergenzfaktor* kann durch eine *Translation der komplexen α-Ebene*, eine sogenannte *Spektralverschiebung*, beeinflußt werden: Die Matrix

$$\boldsymbol{B} := \boldsymbol{A} - \sigma\boldsymbol{I}\,, \tag{11}$$

die sich von $\boldsymbol{A}$ nur in den Diagonalelementen unterscheidet, hat wegen (2) offenbar dieselben Eigenvektoren wie $\boldsymbol{A}$, aber „verschobene“ Eigenwerte

$$\beta_n = \alpha_n - \sigma\,, \qquad n = 1(1)N\,. \tag{12}$$

Bei zu groß gewähltem Verschiebungsparameter σ kann dabei natürlich statt β_1 auch ein anderer Eigenwert dominant werden (Ü 4.2.1).

4.2.2. Inverse Iteration

Besitzt $\boldsymbol{A}$ die Eigenwerte $\alpha_1, \alpha_2, \dots, \alpha_N$ und sind alle α_n von Null verschieden, so existiert die Inverse $\boldsymbol{C} := \boldsymbol{A}^{-1}$ und hat die Eigenwerte $\gamma_n := \alpha_n^{-1}$, $n = 1(1)N$. Die zugehörigen Eigenvektoren von $\boldsymbol{A}$ und $\boldsymbol{A}^{-1}$ stimmen überein (Ü 4.1.4). Ist γ_N ein dominanter Eigenwert

$$|\gamma_N| > |\gamma_{N-1}| \geqq \dots \geqq |\gamma_1| > 0\,,$$

so kann man die Potenzmethode auf die Matrix $\boldsymbol{C}$ anwenden und so den Kehrwert zum betragsmäßig kleinsten Eigenwert von $\boldsymbol{A}$ bestimmen. Die Vorschrift lautet analog zu (6)

$$\boldsymbol{z} := \boldsymbol{A}^{-1}\boldsymbol{x}^{(k-1)}\,, \qquad \boldsymbol{x}^{(k)} = f_k\boldsymbol{z}\,, \qquad k = 1, 2, \dots\,. \tag{13}$$

Es ist unwirtschaftlich, die Inverse explizit zu bestimmen. Vielmehr spaltet man $\boldsymbol{A}$ in ein Produkt von Dreiecksfaktoren auf, $\boldsymbol{A} = \boldsymbol{L}\boldsymbol{U}$ (oder $\boldsymbol{A} = \boldsymbol{L}\boldsymbol{L}^{\mathrm{T}}$ im symmetrischen Fall) und schreibt statt (13) implizit

$$\boldsymbol{A}\boldsymbol{z} = \boldsymbol{L}\boldsymbol{U}\boldsymbol{z} = \boldsymbol{x}^{(k-1)}\,, \qquad \boldsymbol{x}^{(k)} = f_k\boldsymbol{z}\,, \qquad k = 1, 2, \dots\,. \tag{14}$$

Der Vektor $\boldsymbol{z}$ wird dann in jedem Iterationsschritt durch Vorwärts- und Rückwärtselimination aus der alten Näherung berechnet.

Beispiel 4.2.5. Für die Matrix $\boldsymbol{A}$ des Knicklastbeispiels (vgl. (4.1.5)) findet man die fast symmetrische $\boldsymbol{LU}$-Aufspaltung $l_{11} = u_{11} = \sqrt{2}$, $l_{21} = u_{12} = -1/l_{11}$, $l_{22} = u_{22} =$

$= \sqrt{2 - l_{21}u_{12}}$, $l_{32} = u_{23} = -1/l_{22}$, $l_{33} = u_{33} = \sqrt{2 - l_{32}u_{23}}$, $l_{43} = -2/l_{33}$, $u_{34} = -1/l_{33}$, $l_{44} = u_{44} = \sqrt{2 - l_{43}u_{34}}$. Mit diesen Werten liefert die inverse Vektoriteration zum Startvektor $\boldsymbol{x}^{(0)} := (1, 1, 1, 1)^{\mathrm{T}}$ die in Tab. 4.2.2 angegebenen Näherungsvektoren.

Die Eigenvektornäherung ist in der letzten Spalte abzulesen. Der Näherungswert für den zugehörigen größten Eigenwert von $\boldsymbol{A}^{-1}$ ist $\gamma_4 \approx 6.5716$, also ist der kleinste Eigenwert von $\boldsymbol{A}$ näherungsweise bestimmt durch $\alpha_4 = 1/\gamma_4 = 0.1522$. Bis auf Abweichungen in der letzten Ziffer stimmen die Ergebnisse mit denen aus Beispiel 4.1.2 überein.

Tab. 4.2.2. Inverse Iteration

$\boldsymbol{x}^{(0)}$	$\boldsymbol{z}$	$\boldsymbol{x}^{(1)}$	$\boldsymbol{z}$	$\boldsymbol{x}^{(2)}$	$\boldsymbol{z}$	$\boldsymbol{x}^{(3)}$	$\boldsymbol{z}$	$\boldsymbol{x}^{(4)}$
1	3.5	0.4375	2.6250	0.3889	2.5278	0.3834	2.5154	0.3828
1	6	0.7500	4.8125	0.7130	4.6667	0.7079	4.6475	0.7072
1	7.5	0.9375	6.2500	0.9259	6.0926	0.9242	6.0716	0.9239
1	8	1.0000	6.7500	1.0000	6.5926	1.0000	6.5716	1.0000

Nach Satz 4.2.4 konvergiert die inverse Vektoriteration, wenn $\boldsymbol{A}^{-1}$ einen dominanten Eigenwert besitzt, also wenn $|1/\alpha_N| > |1/\alpha_n|$, $n = 1(1)N-1$, gilt. Die Konvergenzordnung ist gleich Eins, der Konvergenzfaktor wird durch $q := |\alpha_N/\alpha_{N-1}|$ bestimmt. Die Iteration führt also dann besonders schnell ans Ziel, wenn α_N sehr viel kleiner als alle übrigen Eigenwerte ist. Eine solche Situation liegt vor, wenn man für einen (einfachen, reellen) Eigenwert bereits eine Näherung σ_n kennt und diese Näherung zur Spektralverschiebung verwendet. Die „verschobene" Matrix $\boldsymbol{B} := \boldsymbol{A} - \sigma_n \boldsymbol{I}$ hat dann die fast verschwindende charakteristische Wurzel $\beta_n = \alpha_n - \sigma_n$, und der Konvergenzfaktor der inversen Iteration wird durch das Verhältnis von β_n zur nächstkleinsten Wurzel bestimmt

$$q := \frac{|\alpha_n - \sigma_n|}{\min\limits_{k \neq n} |\alpha_k - \sigma_n|}. \tag{15}$$

Wir beschreiben den Algorithmus gleich für diesen wichtigen Spezialfall. Setzt man $\sigma_n = 0$, so kommt man zum Ausgangsproblem der Bestimmung des betragskleinsten Eigenwertes von $\boldsymbol{A}$ zurück.

Algorithmus 4.2.6. Inverse Vektoriteration zur Verbesserung einer Eigenwertnäherung und zur Bestimmung des zugehörigen Eigenvektors INV (N, $\boldsymbol{A}$, α, $\boldsymbol{y}$)

$\boldsymbol{y}$, α	Startvektor, Eigenwertnäherung
ε, K	Testgröße, maximale Schrittanzahl
1 $\boldsymbol{B} := \boldsymbol{A} - \alpha\boldsymbol{I}$	Abänderung der Diagonalelemente
2 $\boldsymbol{B} =: \boldsymbol{LU}$	$\boldsymbol{LU}$-Zerlegung der Matrix $\boldsymbol{B}$
$\beta := 0$	
⌈ $k = 1(1)\,K$	Schrittzähler
| $\gamma := \beta$	alte Eigenwertnäherung für $\boldsymbol{B}^{-1}$
3 | $\boldsymbol{Lv} = \boldsymbol{y}$	Vorwärtselimination
4 | $\boldsymbol{Uz} = \boldsymbol{v}$	Rückwärtselimination
| $\beta := \lVert\boldsymbol{z}\rVert$	neue Eigenwertnäherung für $\boldsymbol{B}^{-1}$
| $f := 1/\beta$	Normierungsfaktor
| falls $\lvert\beta - \gamma\rvert \cdot f < \varepsilon$, dann Schritt 7	
5 ⌊ $\boldsymbol{y} := f \cdot \boldsymbol{z}$	neue Eigenvektornäherung
6 Abbruch: keine Konvergenz nach K Schritten	
7 $\beta := \boldsymbol{y}^{\mathrm{T}}\boldsymbol{y}/\boldsymbol{z}^{\mathrm{T}}\boldsymbol{y}$	Näherung für den kleinsten Eigenwert von $\boldsymbol{B}$
$\alpha := \alpha + \beta$	verbesserte Eigenwertnäherung für $\boldsymbol{A}$

Speicherplatz wird für die Matrix $\boldsymbol{A}$ und zwei Vektoren benötigt. (Bei geschickter Programmierung kann man auch mit einem Vektor auskommen.) Die Matrix $\boldsymbol{B}$ wird auf dem Platz von $\boldsymbol{A}$ gebildet. Der Rechenaufwand pro Iterationsschritt wird im wesentlichen von der Vorwärts- und der Rückwärtselimination (vgl. Algorithmus 2.2.2 und 2.3.7) bestimmt. Er beträgt bei voll besetzten Matrizen etwa N^2 wesentliche Rechenoperationen und ist damit von derselben Größenordnung wie bei der Potenzmethode. Dazu kommen in der Anlaufrechnung die Kosten für die $\boldsymbol{LU}$-Zerlegung.

Ist σ_n bereits eine gute Näherung von α_n, so hat die Matrix $\boldsymbol{B}$ mit $\alpha_n - \sigma_n$ einen fast verschwindenden Eigenwert, ist also fast singulär. Man kann aber zeigen, daß der Algorithmus 4.2.6 trotzdem vernünftige Werte liefert (PARLETT [1], S. 65ff.).

4.2.3. Rayleigh-Quotienten-Iteration

Die Konvergenzgeschwindigkeit der inversen Vektoriteration erhöht sich beträchtlich, wenn man den Verschiebungsparameter $\alpha := \sigma_n$ nach jedem Schritt mit Hilfe der Eigenwertnäherung β aktualisiert, $\alpha := \alpha + \beta$. Allerdings erhöht sich dadurch auch der Rechenaufwand, denn die $\boldsymbol{LU}$-Zerlegung muß für die abgeänderte Matrix neu berechnet werden.

Algorithmus 4.2.7. Rayleigh-Quotienten-Iteration zur Verbesserung einer Eigenwertnäherung und zur Bestimmung des zugehörigen Eigenvektors RQI $(N, \boldsymbol{A}, \alpha, \boldsymbol{y})$

	$\boldsymbol{y}, \alpha$	Startvektor, Eigenwertnäherung
	ε, K	Testgröße, maximale Schrittanzahl
	$\beta := \alpha$	
	$k = 1(1)\,K$	
1	$\boldsymbol{A} := \boldsymbol{A} - \beta \boldsymbol{I}$	Spektralverschiebung
2	$\boldsymbol{A}\boldsymbol{z} = \boldsymbol{y}$	Lösung des linearen Gleichungssystems
3	$\beta := \boldsymbol{y}^{\mathsf{T}}\boldsymbol{z}/\boldsymbol{z}^{\mathsf{T}}\boldsymbol{z}$	Näherung für den kleinsten Eigenwert der verschobenen Matrix
	$\alpha := \alpha + \beta$	neue Eigenwertnäherung
	$\boldsymbol{y} := f\boldsymbol{z}$	neue Eigenvektornäherung
4	$f := 1/\|\boldsymbol{z}\|$	Normierungsfaktor (auch $f := \beta$ ist geeignet)
	falls $\|\beta/\alpha\| < \varepsilon$, dann stop	
5	Abbruch: keine Konvergenz nach K Schritten	

Der Rechenaufwand pro Schritt wird von den Kosten für die Auflösung des linearen Gleichungssystems im Schritt 2 und für die Berechnung des Rayleigh-Quotienten im Schritt 3 bestimmt.

Beispiel 4.2.8. Für die Matrix $\boldsymbol{A}$ des Knicklastproblems (vgl. (4.1.5)) übernehmen wir aus Tab. 4.2.2, S. 188, den Startvektor $\boldsymbol{x}^{(0)}$ und den ersten Näherungsvektor $\boldsymbol{z} := \boldsymbol{A}^{-1}\boldsymbol{x}^{(0)}$. Daraus ergibt sich für den kleinsten Eigenwert von $\boldsymbol{A}$ die erste Näherung $\alpha := \boldsymbol{x}^{(0)\mathsf{T}}\boldsymbol{z}/\boldsymbol{z}^{\mathsf{T}}\boldsymbol{z} \approx$ ≈ 0.1484. Mit dieser Größe als Verschiebungsparameter muß $\boldsymbol{A} := \boldsymbol{A} - \alpha\boldsymbol{I}$ in Dreiecksfaktoren aufgespalten werden. Dafür verwenden wir die Formeln aus Beispiel 4.2.5. Lediglich bei der Berechnung der Diagonalelemente ist 2 durch $2 - \alpha$ zu ersetzen. Aus $\boldsymbol{A}\boldsymbol{z} = \boldsymbol{L}\boldsymbol{U}\boldsymbol{z} = \boldsymbol{x}^{(1)}$ ergibt sich der neue Näherungsvektor $\boldsymbol{z} := \boldsymbol{A}^{-1}\boldsymbol{x}^{(1)} \approx (102.00, 188.42, 246.15, 266.41)^{\mathsf{T}}$ und daraus die Eigenwertnäherung $\beta := \boldsymbol{x}^{(1)\mathsf{T}}\boldsymbol{z}/\boldsymbol{z}^{\mathsf{T}}\boldsymbol{z} \approx 0.003849$ für die

„verschobene" Matrix. Normiert man z wieder so, daß die größte Komponente gleich Eins wird, so ergibt sich

$$x^{(2)} := z/\|z\|_\infty \approx (0.3829,\ 0.7073,\ 0.9239,\ 1.0000)^T$$

mit der zugehörigen Eigenwertnäherung

$$\alpha_4 \approx \alpha + \beta = 0.1522\,.$$

Mit der Rayleigh-Quotienten-Iteration erhält man hier also bereits im zweiten Schritt eine ausreichende Näherung.

Die hohe Konvergenzgeschwindigkeit läßt sich auch theoretisch nachweisen:

Satz 4.2.9 (Rayleigh-Quotienten-Iteration). *Die Matrix A besitze ein vollständiges Orthonormalsystem von Eigenvektoren, und y_n sei ein Eigenvektor zu einem einfachen reellen Eigenwert α_n, $\alpha_n \neq \alpha_m$, $m = 1(1)N$, $m \neq n$. Ist x eine Eigenvektornäherung der Gestalt*

$$x = y_n + \varepsilon y\,, \qquad \varepsilon > 0\,, \qquad (y_n, y) = 0\,, \qquad \|y_n\|_2 = \|y\|_2 = 1\,, \tag{16}$$

mit der Eigenwertnäherung $\alpha = \alpha_n - c\varepsilon^2$, $c := (\alpha_n - y^T A y)/(1 + \varepsilon^2)$, so liefert ein Schritt der Rayleigh-Quotienten-Iteration die neuen Näherungen

$$x' = y_n + c\varepsilon^3 y'\,, \qquad (y_n, y') = 0\,, \tag{17}$$

und

$$\alpha' = \alpha + \frac{(x, z)}{(z, z)} = \alpha_n + d\varepsilon^6\,, \qquad d := \frac{c^2(y^T y' - c\varepsilon^2 \|y'\|_2^2)}{1 + c^2\varepsilon^6 \|y'\|_2^2}\,. \tag{18}$$

Eigenvektor- und Eigenwertnäherungen konvergieren also für $\varepsilon \to 0$ kubisch.

Beweis. Schreibt man y wieder als Linearkombination der übrigen Eigenvektoren, so ist

$$z = (A - \alpha I)^{-1} x = \frac{1}{\alpha_n - \alpha} y_n + \varepsilon \sum_{\substack{m=1 \\ m \neq n}}^{N} \frac{c_m}{\alpha_m - \alpha} y_m\,,$$

und nach Multiplikation mit $\alpha_n - \alpha = c\varepsilon^2$ erhält man einen neuen Näherungsvektor $x' := c\varepsilon^2 z$ der behaupteten Gestalt. Weiter ist

$$\begin{aligned} \frac{(x, z)}{(z, z)} &= \frac{c\varepsilon^2(y_n + \varepsilon y, y_n + c\varepsilon^3 y')}{(y_n + c\varepsilon^3 y', y_n + c\varepsilon^3 y')} = c\varepsilon^2(1 + \varepsilon^4 y^T y')/\big(1 + \varepsilon^6 \|y'\|_2^2\big) \\ &= c\varepsilon^2 + d\varepsilon^6\,. \end{aligned}$$

Für hinreichend kleines ε liegt also kubische Konvergenz vor:

$$\frac{\|x' - y_n\|_2}{\|x - y_n\|_2^3} = c\|y'\|_2\,, \qquad \frac{|\alpha' - \alpha_n|}{|\alpha - \alpha_n|^3} = \frac{|d|}{|c|^3}\,. \quad \blacksquare$$

4.2.4. Deflation

Sollen mehrere Eigenwerte und Eigenvektoren bestimmt werden, so wird man versuchen, bereits bekannte Eigenpaare in irgendeiner Weise aus der weiteren Rechnung „auszuklammern", um das Problem dadurch zu vereinfachen. Man spricht dann von *Deflation*.

Bei der *Vektordeflation* iteriert man mit Vektoren der Gestalt (3), bei denen die Komponente c_1 verschwindet. Besitzt die Matrix A ein Orthonormalsystem von Eigenvektoren, so liegen sämtliche noch unbekannten Eigenvektoren im zu y_1 orthogonalen $(N-1)$-dimensionalen Teilraum des $\mathbb{R}^N$. Man wählt deshalb den Startvektor $\boldsymbol{x}^{(0)}$ orthogonal zu $\boldsymbol{y}_1$ und sorgt während der Iteration dafür, daß die Orthogonalität erhalten bleibt. Bei der Potenzmethode (6) ist der Vektor $\boldsymbol{z} := \boldsymbol{A}\boldsymbol{x}^{(k-1)}$ durch einen modifizierten Vektor

$$\boldsymbol{z} := \boldsymbol{A}\boldsymbol{x}^{(k-1)} - c\boldsymbol{y}_1\,, \qquad (\boldsymbol{z}, \boldsymbol{y}_1) = 0\,, \tag{19}$$

zu ersetzen. Der Parameter c ergibt sich dabei sofort aus der Orthogonalitätsforderung $(\boldsymbol{z}, \boldsymbol{y}_1) = 0$:

$$c = (\boldsymbol{A}\boldsymbol{x}^{(k-1)}, \boldsymbol{y}_1)/(\boldsymbol{y}_1, \boldsymbol{y}_1)\,.$$

In ähnlicher Weise lassen sich die inverse Iteration und die Rayleigh-Quotienten-Iteration modifizieren. Prinzipiell kann man ebenso vorgehen, wenn bereits mehrere Eigenvektoren bekannt sind. Man muß dann dafür sorgen, daß die iterierten Vektoren orthogonal zu allen bereits bestimmten Eigenvektoren bleiben. Mit wachsender Zahl von Eigenvektoren steigt dabei natürlich der Rechenaufwand je Schritt beträchtlich an (Ü 4.2.12). Die Konvergenz ist nur gesichert, wenn der zu bestimmende Eigenwert dominant gegenüber den folgenden Eigenwerten ist.

Bei der *Matrixdeflation* ersetzt man $\boldsymbol{A}$ durch eine einfachere Matrix $\boldsymbol{A}'$ aus derselben Ähnlichkeitsklasse. Als Transformationsmatrix eignet sich jede reguläre Matrix $\boldsymbol{Y}$, deren erste Spalte mit dem bereits bekannten Eigenvektor $\boldsymbol{y}_1$ übereinstimmt. Dann wird $\boldsymbol{y}_1$ zum ersten Einheitsvektor der transformierten Basis (vgl. (3.3.4)), $\boldsymbol{y}_1 = \boldsymbol{Y}\boldsymbol{e}_1'$. Wegen $\boldsymbol{A}\boldsymbol{y}_1 = \alpha_1\boldsymbol{y}_1$ ergibt sich

$$\boldsymbol{Y}^{-1}\boldsymbol{A}\boldsymbol{Y} =: \boldsymbol{A}' = \begin{pmatrix} \alpha_1 & \boldsymbol{a}^{\mathrm{T}} \\ \boldsymbol{o} & \boldsymbol{A}_2 \end{pmatrix}, \qquad \boldsymbol{o}, \boldsymbol{a} \in \mathbb{R}^{N-1}\,, \tag{20}$$

Die Eigenwerte ähnlicher Matrizen stimmen überein (Ü 2.4.10). Für das charakteristische Polynom von $\boldsymbol{A}$ gilt also nach dem Entwicklungssatz für Determinanten

$$p_N(\alpha) = \det(\boldsymbol{A}' - \alpha\boldsymbol{I}_N) = (\alpha_1 - \alpha)\det(\boldsymbol{A}_2 - \alpha\boldsymbol{I}_{N-1})\,,$$

d. h., alle noch unbekannten Eigenwerte von $\boldsymbol{A}$ sind Wurzeln der reduzierten charakteristischen Gleichung

$$p_{N-1}(\alpha) := \det(\boldsymbol{A}_2 - \alpha\boldsymbol{I}_{N-1}) = 0\,.$$

Man kann die Rechnung also mit der $(N-1)\times(N-1)$-Matrix $\boldsymbol{A}$ fortsetzen. Hat man ein Eigenpaar von $\boldsymbol{A}_2$ gefunden

$$\boldsymbol{A}_2\boldsymbol{v} = \alpha_2\boldsymbol{v}\,, \qquad \boldsymbol{v} \in \mathbb{R}^{N-1}\,, \tag{21}$$

so ergänzt man den Vektor durch Hinzufügen einer Komponente c zu einem Vektor $\boldsymbol{y}'$ des $\mathbb{R}^N$. Es ist dann

$$\boldsymbol{A}'\boldsymbol{y}' = \begin{pmatrix} \alpha_1 & \boldsymbol{a}^{\mathrm{T}} \\ \boldsymbol{o} & \boldsymbol{A}_2 \end{pmatrix}\begin{pmatrix} c \\ \boldsymbol{v} \end{pmatrix} = \begin{pmatrix} \alpha_1 c + \boldsymbol{a}^{\mathrm{T}}\boldsymbol{v} \\ \alpha_2\boldsymbol{v} \end{pmatrix}, \tag{22}$$

das bedeutet, $\boldsymbol{y}'$ ist genau dann Eigenvektor von $\boldsymbol{A}'$ zum Eigenwert α_2, wenn die Bedingung $\alpha_1 c + \boldsymbol{a}^{\mathrm{T}}\boldsymbol{v} = \alpha_2 c$ erfüllt ist, also wenn

$$\alpha_1 = \alpha_2 \quad \text{und} \quad \boldsymbol{a}^{\mathrm{T}}\boldsymbol{v} = 0 \tag{23}$$

oder

$$\alpha_1 \neq \alpha_2 \quad \text{und} \quad c = \frac{\boldsymbol{a}^{\mathrm{T}}\boldsymbol{v}}{\alpha_2 - \alpha_1} \tag{24}$$

gelten. Ist dagegen

$$\alpha_1 = \alpha_2\,, \quad \text{aber} \quad \boldsymbol{a}^{\mathrm{T}}\boldsymbol{v} \neq 0\,, \tag{25}$$

so genügt $\boldsymbol{y}'$ der Relation

$$\boldsymbol{A}'\boldsymbol{y}' = \alpha_2 \boldsymbol{y}' + \boldsymbol{a}^{\mathsf{T}}\boldsymbol{v}\boldsymbol{e}_1 \,. \tag{26}$$

Durch die Rücktransformation $\boldsymbol{A} = \boldsymbol{Y}\boldsymbol{A}'\boldsymbol{Y}^{-1}$, $\boldsymbol{y} = \boldsymbol{Y}\boldsymbol{y}'$ wird aus $\boldsymbol{y}'$ in den Fällen (23) und (24) ein Eigenvektor, im Fall (25) aber ein Hauptvektor der Ausgangsmatrix $\boldsymbol{A}$ zum Eigenwert α_2. Durch Multiplikation mit $\boldsymbol{Y}$ erhält man aus (26) nämlich $\boldsymbol{A}\boldsymbol{y} = \alpha_2\boldsymbol{y} + (\boldsymbol{a}^{\mathsf{T}}\boldsymbol{v})\,\boldsymbol{y}_1$ und nach Division durch $\boldsymbol{a}^{\mathsf{T}}\boldsymbol{v}$ weiter

$$\boldsymbol{y}_1 = (\boldsymbol{A} - \alpha_2 \boldsymbol{I}_N)\,\boldsymbol{y}_2\,, \qquad \boldsymbol{y}_2 := \frac{1}{\boldsymbol{a}^{\mathsf{T}}\boldsymbol{v}}\boldsymbol{y}\,.$$

Wählt man für $\boldsymbol{Y}$ eine orthogonale Transformationsmatrix $\boldsymbol{Q}$, $\boldsymbol{Q}^{\mathsf{T}}\boldsymbol{Q} = \boldsymbol{I}_N$, so hat man bei symmetrischen Matrizen $\boldsymbol{A}$ den Vorteil, daß sich die Symmetrie auf $\boldsymbol{A}'$ überträgt: $\boldsymbol{A}_2^{\mathsf{T}} = \boldsymbol{A}_2$, $\boldsymbol{a} = \boldsymbol{o}$. Der Fall (25) tritt dann nicht auf, c verschwindet oder kann gleich Null gesetzt werden, und $\boldsymbol{y}'$ ist orthogonal zu $\boldsymbol{e}_1'$. Diese Orthogonalität bleibt bei der Rücktransformation erhalten:

$$\boldsymbol{y}_1 = \boldsymbol{Q}\boldsymbol{e}_1\,, \qquad \boldsymbol{y}_2 := \boldsymbol{Q}\boldsymbol{y}'\,, \qquad (\boldsymbol{y}_1, \boldsymbol{y}_2) = 0\,.$$

Geeignet als orthogonale Transformationsmatrizen sind die bereits früher benutzten *Spiegelungsmatrizen* der Gestalt (3.2.4)

$$\boldsymbol{Q} = \boldsymbol{I}_N - 2\boldsymbol{w}\boldsymbol{w}^{\mathsf{T}}\,, \qquad \boldsymbol{w}^{\mathsf{T}}\boldsymbol{w} = 1\,. \tag{27}$$

Aus der Forderung $\boldsymbol{y}_1 = \boldsymbol{Q}\boldsymbol{e}_1$ folgt $\boldsymbol{w} = (\boldsymbol{y}_1 - \boldsymbol{e}_1)/\|\boldsymbol{y}_1 - \boldsymbol{e}_1\|_2$. Für die rechentechnischen Details verweisen wir auf den Abschnitt 3.2.1.

Ist das zweite Eigenpaar $\{\alpha_2, \boldsymbol{y}_2\}$ bestimmt, so kann die Matrixdeflation wiederholt werden. Analog zu (20) gelangt man dann zu einer Matrix $\boldsymbol{A}_3$ vom Format $(N-2)\times(N-2)$. Man muß aber beachten, daß sich die Fehler der näherungsweise bestimmten Eigenpaare $\{\alpha_1, \boldsymbol{y}_1\}$, $\{\alpha_2, \boldsymbol{y}_2\}$, ... auf die reduzierten Probleme auswirken, so daß die Eigenwertprobleme zwar von Schritt zu Schritt kleiner, aber auch ungenauer werden. Es empfiehlt sich daher, die näherungsweise bestimmten Eigenpaare an der Ausgangsmatrix zu überprüfen und notfalls *mit Hilfe der Rayleigh-Quotienten-Iteration nachzukorrigieren.*

4.2.5. Bemerkungen

B 4.2.1. Die Potenzmethode geht auf R. von Mises zurück. Sie kann auch angewendet werden, wenn der dominante Eigenwert eine mehrfache Wurzel der charakteristischen Gleichung ist, $\alpha_1 = \alpha_2 = \ldots = \alpha_l$, $|\alpha_1| > |\alpha_n|$, $n = l+1(1)N$, oder wenn betragsgleiche dominante Eigenwerte (z. B. ein Paar komplexer Wurzeln) auftreten: $|\alpha_1| = |\alpha_2| > |\alpha_n|$, $n = 3(1)N$. Der erste Fall liegt vor, wenn verschiedene Startvektoren den gleichen Eigenwert, aber verschiedene (d. h. linear unabhängige) Eigenvektoren liefern. Im zweiten Fall sind nach hinreichend vielen Iterationsschritten drei aufeinanderfolgende Vektoren $\boldsymbol{y}$, $\boldsymbol{A}\boldsymbol{y}$ und $\boldsymbol{A}^2\boldsymbol{y}$ annähernd linear abhängig, so daß sie zur Bestimmung von α_1 verwendet werden können (Ü 4.2.15, vgl. Zurmühl [1], S. 181ff.). Die Potenzmethode konvergiert nach Satz 4.2.4 nur linear, sie hat aber den Vorteil, daß die Ausgangsmatrix im Verlauf der Rechnung nicht verändert wird, so daß bei schwach besetzten Matrizen Kompaktspeichertechniken verwendet werden können.

B 4.2.2. Die inverse Iteration (gebrochene Iteration) mit Spektralverschiebung wurde zuerst 1944 von H. Wielandt benutzt und in den folgenden Jahren von zahlreichen Autoren weiterentwickelt (vgl. Wilkinson [1], Parlett [1]). Die hohe Konvergenzgeschwindigkeit (kubisch bei Verwendung der Rayleigh-Quotienten-Verschiebung) wird erst in einer hinreichend kleinen Umgebung eines Eigenpaares wirksam. Startet man mit einem willkürlich gewählten Verschiebungsparameter α und einem beliebigen Anfangsvektor, so kann nicht von vornherein entschieden werden, gegen welches Eigenpaar die Näherungen konvergieren. Man benutzt deshalb die verschiedenen Varianten der inversen Iteration vorrangig dann, wenn bereits eine gute Eigenwertnäherung vorliegt.

B 4.2.3. Den Rechenaufwand für die Normierung in den Algorithmen 4.2.3, 4.2.6 und 4.2.7 kann man beträchtlich verringern, wenn man als Normierungsfaktor eine Zehnerpotenz (intern bei dualer Zahlendarstellung eine Zweierpotenz) wählt. Es sind dann lediglich die Exponenten in der Gleitpunktdarstellung der Komponenten des neuen Näherungsvektors abzuändern, während die Mantissen fest bleiben (vgl. Lang [1]).

B 4.2.4. Es bereitet keine prinzipiellen Schwierigkeiten, die Methoden der Vektoriteration auf das allgemeine Eigenwertproblem $\boldsymbol{A}\boldsymbol{x} = \lambda \boldsymbol{B}\boldsymbol{x}$ anzuwenden. Für eine der beiden Matrizen wird eine Dreieckszerlegung berechnet, und für die andere muß ein Unterprogramm Matrix $\times$ Vektor geschrieben werden (Ü 4.2.17, vgl. auch Bathe, Wilson [1], S. 419ff.).

B 4.2.5. Für den Fall, daß außer dem kleinsten (größten) Eigenwert noch einige benachbarte charakteristische Wurzeln und die zugehörigen Eigenvektoren benötigt werden, findet man in der Literatur unter den Bezeichnungen simultane Iteration, Blockiteration, Subspace-Iteration eine Reihe von Verfahren, die auf der gleichzeitigen Verbesserung mehrerer linear unabhängiger Iterierten beruhen (vgl. Bathe, Wilson [1], S. 49ff., Parlett [1], S. 209ff., Meyer [1], Döhler [1]).

4.2.6. Übungsaufgaben

Ü 4.2.1. Mit Hilfe der Potenzmethode berechne man den dominanten Eigenwert und den zugehörigen Eigenvektor für die Matrizen $\boldsymbol{B} := \boldsymbol{A} - 2\boldsymbol{I}_3$ und $\boldsymbol{C} := \boldsymbol{A} - 7\boldsymbol{I}_3$, die sich durch α-Translation (Spektralverschiebung) aus der Matrix $\boldsymbol{A}$ des Beispiels 4.2.1 ergeben.

Ü 4.2.2. Man beweise Satz 4.2.4 für den Fall, daß unter den Basisvektoren $\boldsymbol{y}_n$ in (3) Hauptvektoren von zweiter oder höherer Stufe sind.

Ü 4.2.3. Man zeige: Ist $\boldsymbol{x} := \boldsymbol{y}_1 + \varepsilon \boldsymbol{y}$ eine Eigenvektornäherung und ist $\boldsymbol{z} := \boldsymbol{A}\boldsymbol{x}$ der darauffolgende, noch nicht normierte Näherungsvektor der Potenzmethode, so gilt für die Komponentenquotienten $z_n/x_n = \alpha_1 + O(\varepsilon)$.

Ü 4.2.4. Mit Hilfe der inversen Iteration berechne man den kleinsten Eigenwert und den zugehörigen Eigenvektor für die Matrix $\boldsymbol{A}$ aus Beispiel 4.2.1.

Ü 4.2.5. Mit Hilfe des Algorithmus 4.2.6 berechne man den kleinsten Eigenwert und den zugehörigen Eigenvektor für die Matrix $\boldsymbol{A}$ des Knicklastbeispiels. Als Verschiebungsparameter benutze man die Eigenwertnäherung $\alpha = 0.15$.

Ü 4.2.6. Mit Hilfe des Algorithmus 4.2.7 berechne man die drei Eigenvektoren zu den in Beispiel 4.1.2 angegebenen Eigenwerten α_1, α_2 und α_3 der Matrix $\boldsymbol{A}$ des Knicklastbeispiels (vgl. (4.1.5)).

Ü 4.2.7. Man programmiere den Algorithmus 4.2.3. Dazu schreibe man ein Unterprogramm zur Berechnung des Produkts $\boldsymbol{z} := \boldsymbol{A}\boldsymbol{y}$ für voll besetzte Matrizen und ein Unterprogamm für kompakt gespeicherte, schwach besetzte Matrizen.

Ü 4.2.8. Man programmiere den Algorithmus 4.2.6. Dabei benutze man die Algorithmen 2.2.2 und 2.3.7 (vgl. Ü 2.2.5 und Ü 2.3.12) als Unterprogramme.

Ü 4.2.9. Man programmiere den Algorithmus 4.2.7 für symmetrische Matrizen. Dabei benutze man den Algorithmus 2.4.8 als Unterprogramm für die Auflösung des linearen Gleichungssystems im Schritt 2.

Ü 4.2.10. Man zeige: Die ähnlichen Matrizen $\boldsymbol{A}$ und $\boldsymbol{A}' = \boldsymbol{Y}^{-1}\boldsymbol{A}\boldsymbol{Y}$ haben die gleichen Eigenwerte. Gilt das auch für die Eigenvektoren?

Ü 4.2.11. Durch Vektordeflation bestimme man den Eigenwert α_2 und den zugehörigen Eigenvektor $\boldsymbol{y}_2$ für die Matrix $\boldsymbol{A}$ des Knicklastbeispiels.

Ü 4.2.12. Man schreibe einen Algorithmus für die Vektordeflation für den Fall, daß l Eigenvektoren, $l \geqq 1$, bereits bekannt sind.

Ü 4.2.13. Mit Hilfe der Matrixdeflation mit einer orthogonalen Transformationsmatrix $\boldsymbol{Q}$ (vgl. (27)) bestimme man die restlichen beiden Eigenwerte und Eigenvektoren der Matrix $\boldsymbol{A}$ aus Beispiel 4.2.1.

Ü 4.2.14. Man bestimme den (im Sinne einer schnellen Konvergenz) optimalen Verschiebungsparameter für die Potenzmethode (Fall (1)).

Ü 4.2.15. Man weise nach, daß im Fall eines dominanten Eigenwertpaares (vgl. B 4.2.1) drei aufeinanderfolgende Iterierte für $k \to \infty$ linear abhängig sind. Man berechne α_1 und $\alpha_2 = \bar{\alpha}_1$ aus $\boldsymbol{y}$, $\boldsymbol{Ay}$ und $\boldsymbol{A}^2\boldsymbol{y}$.

Ü 4.2.16. Man spezialisiere Algorithmus 4.2.6 auf den Fall symmetrischer Bandmatrizen. Hinweis: Zur Dreiecksaufspaltung verwende man Algorithmus 2.4.8.

Ü 4.2.17. Analog zum Algorithmus 4.2.6 schreibe man einen Iterationsalgorithmus zur Bestimmung des kleinsten (größten) Eigenwertes des allgemeinen Eigenwertproblems $\boldsymbol{Ax} = \lambda \boldsymbol{Bx}$.

4.3. Ähnlichkeitstransformationen

Ähnliche Matrizen besitzen die gleichen Eigenwerte. Man kann deshalb versuchen, die Ausgangsmatrix $\boldsymbol{A}$ auf eine ähnliche Matrix $\hat{\boldsymbol{A}} = \boldsymbol{Y}^{-1}\boldsymbol{AY}$ einfacherer Gestalt zurückzuführen. Für die Ähnlichkeitstransformation besonders geeignet sind *orthogonale Matrizen*, $\boldsymbol{Y} := \boldsymbol{Q}$, weil sich deren Inverse sofort angeben lassen: $\boldsymbol{Q}^{-1} = \boldsymbol{Q}^{\mathrm{T}}$. *Ebene Drehungen* und *Spiegelungen* sind die einfachsten orthogonal-ähnlichen Transformationen. Beim *Jacobi-Verfahren* wird die Transformationsmatrix $\boldsymbol{Q}$ durch eine unendliche Folge ebener Drehungen angenähert. Das Ergebnis ist im *symmetrischen Fall* eine *Diagonalmatrix* und im *unsymmetrischen Fall* eine *Dreiecksmatrix* (falls alle Eigenwerte reell sind). Die Diagonale enthält die gesuchten Eigenwerte. Die Spalten der Matrix $\boldsymbol{Q}$ sind (im symmetrischen Fall) die gesuchten Eigenvektoren. Beim *Givens*- und beim *Householder-Verfahren* wird $\boldsymbol{A}$ durch eine endliche Folge von ebenen Drehungen bzw. von Spiegelungen auf eine *Tridiagonal*- bzw. auf eine *Hessenberg-Matrix* transformiert. Ihre Eigenwerte sind noch nicht unmittelbar abzulesen, können aber mit Hilfe spezieller Verfahren relativ einfach bestimmt werden.

Die Methoden, die auf Ähnlichkeitstransformationen beruhen, eignen sich für das *vollständige Eigenwertproblem.*

4.3.1. Ebene Drehungen

Wir untersuchen zunächst, wie sich Ähnlichkeitstransformationen

$$\boldsymbol{Q}^{\mathrm{T}}\boldsymbol{AQ} =: \boldsymbol{A}'\boldsymbol{Q} =: \boldsymbol{A}'' \tag{1}$$

mit *Drehungsmatrizen* $\boldsymbol{Q}$ der Gestalt (3.2.26) auf die Matrix $\boldsymbol{A}$ auswirken. Der erste Schritt, die Linksmultiplikation von $\boldsymbol{A}$ mit $\boldsymbol{Q}^{\mathrm{T}}$, wurde bereits früher behandelt (vgl. (3.2.27)). Die anschließende *Rechtsmultiplikation* mit $\boldsymbol{Q}$ wirkt sich auf die *Spalten* von $\boldsymbol{A}'$ aus:

$$\left.\begin{array}{llll} \text{Spalte}\, j := & c \cdot \text{Spalte}\, j + s \cdot \text{Spalte}\, k\,, & c := \cos\varphi\,, \\ \text{Spalte}\, k := & -s \cdot \text{Spalte}\, j + c \cdot \text{Spalte}\, k\,, & s := \sin\varphi\,. \end{array}\right\} \tag{2}$$

Das bedeutet für die Komponenten

$$\left.\begin{array}{lll} a''_{mj} := & c \cdot a'_{mj} + s \cdot a'_{mk}\,, & m = 1(1)N\,, \\ a''_{mk} := & -s \cdot a'_{mj} + c \cdot a'_{mk}\,, & m = 1(1)N\,. \end{array}\right\} \tag{3}$$

Insgesamt sind also von der Transformation (1) die Elemente des „Doppelkreuzes“ betroffen, das von der j-ten und der k-ten Spalte und der j-ten und der k-ten Zeile gebildet wird:

$$A'' = Q^{\mathrm{T}}AQ \doteq \begin{bmatrix} & & \times & & & & \times & \\ & & \times & & & & \times & \\ + & + & \divideontimes & + & + & + & \divideontimes & + \\ & & \times & & & & \times & \\ & & \times & & & & \times & \\ & & \times & & & & \times & \\ + & + & \divideontimes & + & + & + & \divideontimes & + \\ & & \times & & & & \times & \end{bmatrix} \begin{matrix} \\ \\ \text{(Zeile } j\text{)} \\ \\ \\ \\ \text{(Zeile } k\text{)} \\ \\ \end{matrix} \tag{4}$$

In den vier Kreuzungspunkten wirken sich sowohl die Formeln für die Zeilentransformation (Algorithmus 3.2.7) als auch die Formeln (3) für die Spaltentransformation aus:

$$\left.\begin{aligned} a''_{jj} &:= c^2 a_{jj} + s^2 a_{kk} + cs(a_{kj} + a_{jk})\,, \\ a''_{jk} &:= c^2 a_{jk} - s^2 a_{kj} + cs(a_{kk} - a_{jj})\,, \\ a''_{kj} &:= c^2 a_{kj} - s^2 a_{jk} + cs(a_{kk} - a_{jj})\,, \\ a''_{kk} &:= c^2 a_{kk} + s^2 a_{jj} - cs(a_{kj} + a_{jk})\,. \end{aligned}\right\} \tag{5}$$

Der Rechenaufwand einer ebenen Drehung (Rotation) der Gestalt (4) besteht im allgemeinen Fall aus $8N$ und im symmetrischen Fall aus $4N$ Multiplikationen. Benutzt man eine skalierte Variante (z. B. Algorithmus 3.2.8), so ist er nur etwa halb so groß. Die skalierte Matrix $\boldsymbol{A} = \boldsymbol{DBD}$ geht dabei in $\boldsymbol{A}'' = \boldsymbol{D}'\boldsymbol{B}''\boldsymbol{D}'$ über. Die Transformationsmatrix $\boldsymbol{Q}'$ genügt der Bedingung $\boldsymbol{DQ} = \boldsymbol{Q}'\boldsymbol{D}'$ (vgl. (3.2.30)) und besitzt nur zwei von Null und Eins verschiedene Elemente. Für den Parametersatz (3.2.32) haben die Transformationsformeln (3) analog zu Algorithmus 3.2.8 die Gestalt

$$\left.\begin{aligned} b''_{mj} &:= b'_{mj} + f \cdot b'_{mk}\,, & m &= 1(1)N\,, \\ b''_{mk} &:= b'_{mk} - g \cdot b'_{mj}\,, & m &= 1(1)N\,. \end{aligned}\right\} \tag{3'}$$

Für die Elemente in den vier Kreuzungspunkten ergibt sich

$$\left.\begin{aligned} b''_{jj} &:= b_{jj} + f(fb_{kk} + b_{jk} + b_{kj})\,, \\ b''_{jk} &:= b_{jk} + fb_{kk} - gb_{jj} - t^2 b_{kj}\,, \\ b''_{kj} &:= b_{kj} + fb_{kk} - gb_{jj} - t^2 b_{jk}\,, \\ b''_{kk} &:= b_{kk} + g(gb_{jj} - b_{jk} - b_{kj})\,, \qquad & t^2 &= fg\,. \end{aligned}\right\} \tag{5'}$$

4.3.2. Jacobi-Drehungen

Das *Jacobi-Verfahren* besteht aus einer *unendlichen Folge von ebenen Drehungen*, bei denen jeweils dasjenige Nichtdiagonalelement beseitigt wird, das im *Kreuzungspunkt von Zeile j und Spalte k* liegt. Aus der Forderung $a''_{jk} = 0$ bzw. $b''_{jk} = 0$ ergibt sich mit (5) bzw. (5')

$$\frac{a_{jj} - a_{kk}}{a_{jk}} = \frac{b_{jj}/q - b_{kk}q}{b_{jk}} = \frac{1 - t^2}{t} = 2 \cot 2\varphi =: 2\vartheta\,. \tag{6}$$

Aus den Koeffizienten a_{jj}, a_{kk} und a_{jk} bzw. den entsprechenden Elementen von $\boldsymbol{B}$ kann man also ϑ berechnen; t erhält man dann als eine der beiden stets reellen Wurzeln der quadratischen Gleichung $t^2 + 2\vartheta t - 1 = 0$ und c und s wegen $\cos\varphi = 1/\sqrt{1 + \tan^2\varphi}$ schließlich aus

$$c := \sqrt{1 + t^2}\,, \qquad s = ct\,. \tag{7}$$

Bei *Handrechnung* wählt man ein *betragsmäßig maximales Nichtdiagonalelement* und transformiert es durch eine ebene Drehung auf Null. Anschließend wird das nächstgrößte Nichtdiagonalelement aufgesucht und in gleicher Weise beseitigt. Da von einer Jacobi-Drehung immer zwei Zeilen und zwei Spalten betroffen sind, können bei der Wiederholung dieses Prozesses früher erzeugte Nullelemente wieder zu Nichtnullelementen werden. Sie müssen in einem späteren Schritt erneut beseitigt werden.

Bei *maschineller Rechnung* wäre das Aufsuchen eines betragsmäßig größten Elementes sehr aufwendig. Man durchläuft deshalb die Nichtdiagonalelemente oberhalb der Diagonalen von a_{12} bis $a_{N-1,N}$ zyklisch (etwa zeilenweise), bis sie sämtlich unterhalb einer vorgegebenen Schranke bleiben. Dabei kann man Rechenaufwand sparen, wenn man zunächst eine gröbere Schranke vorgibt und Nichtdiagonalelemente unterhalb dieser Schranke überspringt.

Für die Konvergenzuntersuchung beschränken wir uns auf *symmetrische Matrizen* und schreiben die *Quadratsumme der Nichtdiagonalelemente* mit Hilfe der *Frobenius-Norm* in der folgenden Form

$$S(\boldsymbol{A}) := 2 \sum_{m=1}^{N} \sum_{n=m+1}^{N} a_{mn}^2 = \|\boldsymbol{A}\|_F^2 - \sum_{n=1}^{N} a_{nn}^2 \,. \tag{8}$$

Dann gilt:

Satz 4.3.1. *Die Matrix* $\boldsymbol{A}$ *sei symmetrisch, und die vom Jacobi-Verfahren durch wiederholte ebene Drehungen erzeugte Matrizenfolge werde durch*

$$\boldsymbol{A}^{(2l)} := \boldsymbol{Q}_l^T \boldsymbol{A}^{(2l-2)} \boldsymbol{Q}_l \,, \qquad \boldsymbol{A}^{(0)} := \boldsymbol{A} \,, \qquad l = 1, 2, \ldots \,, \tag{9}$$

bezeichnet. Wählt man die Drehungsmatrizen $\boldsymbol{Q}_l$ *so, daß jeweils ein Nichtdiagonalelement* $a_{jk}^{(2l)}$ *verschwindet, dessen Quadrat größer als* $S(\boldsymbol{A}^{(2l-2)}) \cdot \delta$ *ist, so konvergiert die Quadratsumme der Nichtdiagonalelemente* $S(\boldsymbol{A}^{(2l)})$ *für* $l \to \infty$ *von mindestens erster Ordnung gegen Null.*

Beweis. Durch die erste Drehung geht $S(\boldsymbol{A})$ über in $S(\boldsymbol{A}'')$. Da sich die Frobenius-Norm von $\boldsymbol{A}$ bei der Multiplikation mit orthogonalen Matrizen nicht ändert (Lemma 3.2.1), ist

$$S(\boldsymbol{A}'') = \|\boldsymbol{A}\|_F^2 - \sum_{n=1}^{N} a_{nn}''^2 \,.$$

In der Diagonale werden nach (4) nur die Elemente a_{jj} und a_{kk} verändert, so daß

$$S(\boldsymbol{A}) - S(\boldsymbol{A}'') = a_{jj}''^2 + a_{kk}''^2 - a_{jj}^2 - a_{kk}^2$$

folgt. Nun gilt aber $a_{jj}^2 + a_{kk}^2 + 2a_{jk}^2 = a_{jj}''^2 + a_{kk}''^2 + 2a_{jk}''^2$, wie man durch Einsetzen bestätigen oder einfacher aus der Invarianz der Frobenius-Norm für die Teilmatrix $\begin{pmatrix} a_{jj} & a_{jk} \\ a_{kj} & a_{kk} \end{pmatrix}$ schließen kann. Daraus folgt mit $a_{jk}'' = 0$

$$S(\boldsymbol{A}) - S(\boldsymbol{A}'') = 2a_{jk}^2 \,.$$

Die Quadratsumme der Nichtdiagonalelemente wird demnach bei jedem Schritt genau um die Quadrate der beiden beseitigten Nichtdiagonalelemente verkleinert, mindestens also um $2S(\boldsymbol{A}^{(2l-2)})\,\delta$,

$$S(\boldsymbol{A}^{(2l)}) \leqq (1 - 2\delta)\, S(\boldsymbol{A}^{(2l-2)}) \leqq \ldots \leqq (1 - 2\delta)^l\, S(\boldsymbol{A}) \,, \tag{15}$$

wenn man in jedem Schritt ein Nichtdiagonalelement findet, dessen Quadrat größer als $S(\boldsymbol{A}^{(2l-2)})\,\delta$ ist. Diese Voraussetzung ist z. B. erfüllt, wenn man $\delta = 1/N^2$ wählt, so daß $S(\boldsymbol{A}^{(2l-2)})\,\delta$ kleiner als das arithmetische Mittel der Quadrate der Nichtdiagonalelemente wird (vgl. auch Ü 4.3.1). Damit ist die lineare Konvergenz mit dem Konvergenzfaktor $q := 1 - 2\delta$ nachgewiesen. ■

Die transformierten Matrizen $\boldsymbol{A}^{(2l)}$ konvergieren gegen eine Diagonalmatrix $\hat{\boldsymbol{A}} := \lim_{l\to\infty} \boldsymbol{Q}_l^{\mathsf{T}}\boldsymbol{Q}_{l-1}^{\mathsf{T}} \dots \boldsymbol{Q}_1^{\mathsf{T}}\boldsymbol{A}\boldsymbol{Q}_1 \dots \boldsymbol{Q}_{l-1}\boldsymbol{Q}_l$. Die Transformationsmatrix $\boldsymbol{Q}$, deren Spalten die Eigenvektoren enthalten, ergibt sich, wenn man die Drehungsmatrizen miteinander multipliziert:

$$\boldsymbol{Q} := \lim_{l\to\infty} \boldsymbol{Q}_1\boldsymbol{Q}_2 \dots \boldsymbol{Q}_l \,. \tag{10}$$

Für den folgenden Algorithmus verwenden wir die skalierte Variante der Drehungsformeln (also (3′), (5′)):

Algorithmus 4.3.2. Jacobi-Verfahren zur Bestimmung sämtlicher Eigenwerte symmetrischer Matrizen JAC ($N, \boldsymbol{A}, \boldsymbol{w}$)

	$\varepsilon,\ L$	Testgröße, maximale Zyklenanzahl
	$\boldsymbol{B} := \boldsymbol{A}$	rechtes oberes Dreieck der Matrix $\boldsymbol{A}$ (ohne Diagonalelemente)
	$\boldsymbol{w} := (a_{11}, a_{22}, \dots, a_{NN})^{\mathsf{T}}$	Vektor der Diagonalelemente von $\boldsymbol{A}$ (nach Ablauf: Vektor der Eigenwerte)
	$\boldsymbol{d} := (1, 1, \dots, 1)^{\mathsf{T}}$	Vektor der Skalierungsfaktoren
1	$S := \sum_{m=1}^{N} \sum_{n=m+1}^{N} b_{mn}^2$	Quadratsumme der Nichtdiagonalelemente (der oberen Dreiecksmatrix)
	$l = 1(1)L$	Zyklenzähler
	$j = 1(1)N-1$	Zeilenindex
	$k = j+1(1)N$	Spaltenindex
	falls $b_{jk}^2 < \varepsilon^2$, dann Schritt 6	
	$S := S - b_{jk}^2$	
2	$q := d_k/d_j$	Bestimmung der Drehungsparameter
	$\vartheta := (w_j/q - w_k/q)/(2b_{jk})$	
	$t := \begin{cases} 1, & \text{falls } \vartheta = 0\,, \\ 1/[\vartheta + (\operatorname{sgn} \vartheta)\sqrt{\vartheta^2 + 1}] & \text{sonst} \end{cases}$	
	$c := 1/\sqrt{1 + t^2}$	
	$f := tq$	
	$g := t/q$	
3	$d_j := c \cdot d_j$	Transformation der Skalierungsfaktoren
	$d_k := c \cdot d_k$	
4	$\boldsymbol{z}_j := \boldsymbol{z}_j + f \cdot \boldsymbol{z}_k$	Transformation der Zeilen (Spalten) der Matrix $\boldsymbol{B}$ mit Ausnahme der Elemente j und k
	$\boldsymbol{z}_k := \boldsymbol{z}_k - g \cdot \boldsymbol{z}_j$	
	$\boldsymbol{z}_j := \boldsymbol{z}$	
5	$w := w_j + f(fw_k + 2b_{jk})$	Umrechnung der Diagonalelemente
	$w_k := w_k + g(gw_j - 2b_{jk})$	
	$w_j := w$	
	$b_{jk} := 0$	
6	falls $S < \varepsilon^2 N(N-1)/2$, dann Schritt 7	
	Abbruch: keine Konvergenz nach L Zyklen	
7	$n = 1(1)N$	Eigenwertberechnung
	$w_n := w_n \cdot d_n^2$	

Speicherplatz wird für die Elemente b_{mn}, $m < n$, des rechten oberen Dreiecks der Matrix $\boldsymbol{B}$, den Vektor $\boldsymbol{w}$ ihrer Diagonalelemente und den Vektor $\boldsymbol{d}$ der Skalierungsfaktoren benötigt.

Der Schritt 4 umfaßt die Zeilen- und die Spaltentransformation, wenn man die Zeilenelemente b_{mj} und b_{mk} für $m = 1(1)N$, $m \neq j, k$, durchläuft und vereinbart, daß bei Koeffizienten b_{mn} mit $m > n$ die Indizes zu vertauschen sind.

Der Rechenaufwand für eine Drehung beträgt dann $2N$ Multiplikationen. Die Anzahl der benötigten Drehungen ist von der Größenordnung $O(N^2)$ (vgl. Ü 4.3.1), so daß insgesamt $O(N^3)$ wesentliche Rechenoperationen erforderlich sind.

Nach dem Ablauf des Algorithmus 4.3.2 ist die Ausgangsmatrix übergegangen in eine Fast-Diagonalmatrix der Gestalt

$$\tilde{\boldsymbol{Q}}^{\mathsf{T}}\boldsymbol{A}\tilde{\boldsymbol{Q}} = \begin{pmatrix} w_1 & t_{12}\varepsilon & & t_{1N} \\ t_{12}\varepsilon & w_2 & & \vdots \\ \vdots & & \ddots & t_{N,N-1}\varepsilon \\ t_{1N}\varepsilon & \cdots & t_{N-1,N}\varepsilon & w_N \end{pmatrix}, \quad |t_{mn}| < 1 . \tag{12}$$

Dabei bezeichnet $\tilde{\boldsymbol{Q}}$ das Produkt der ausgeführten Drehungen. Im Sinne einer Rückwärtsanalyse des Fehlers suchen wir eine gestörte Matrix $\tilde{\boldsymbol{A}} := \boldsymbol{A} + \boldsymbol{\delta}_{\boldsymbol{A}}$, die von $\tilde{\boldsymbol{Q}}$ exakt auf diag $(w_1, w_2, \dots, w_N)$ transformiert wird, die also die w_n als Eigenwerte und die Spalten von $\tilde{\boldsymbol{Q}}$ als Eigenvektoren besitzt:

$$\tilde{\boldsymbol{Q}}^{\mathsf{T}}(\boldsymbol{A} + \boldsymbol{\delta}_{\boldsymbol{A}})\,\tilde{\boldsymbol{Q}} = \operatorname{diag}(w_1, w_2, \dots, w_N) .$$

Mit (12) folgt

$$-\tilde{\boldsymbol{Q}}^{\mathsf{T}}\boldsymbol{\delta}_{\boldsymbol{A}}\tilde{\boldsymbol{Q}} = \begin{pmatrix} 0 & t_{12}\varepsilon & & t_{1N}\varepsilon \\ t_{12}\varepsilon & 0 & & \vdots \\ \vdots & & \ddots & t_{N,N-1}\varepsilon \\ t_{1N}\varepsilon & \cdots & t_{N-1,N}\varepsilon & 0 \end{pmatrix}$$

und wegen Lemma 3.2.1 weiter

$$\|\boldsymbol{\delta}_{\boldsymbol{A}}\|_{\mathrm{F}}^2 = \varepsilon^2\, 2 \sum_{m=1}^{N} \sum_{n=m+1}^{N} t_{mn}^2 < N(N-1)\,\varepsilon^2 . \tag{13}$$

Damit erhält man

Satz 4.3.3. *Die vom Jacobi-Verfahren gelieferten Diagonalelemente w_n und die zugehörigen Spalten der Transformationsmatrix $\tilde{\boldsymbol{Q}}$ sind Eigenpaare einer Matrix $\boldsymbol{A}$, die sich von der Ausgangsmatrix $\tilde{\boldsymbol{A}}$ höchstens um $\boldsymbol{\delta}_{\boldsymbol{A}}$ mit $\|\boldsymbol{\delta}_{\boldsymbol{A}}\|_{\mathrm{F}} < N\varepsilon$ unterscheidet.*

Mit Hilfe dieses Satzes kann man die Genauigkeitsschranke ε für den Algorithmus 4.3.2 in Abhängigkeit vom Eingangsfehler festlegen: Ist für $\boldsymbol{A}$ eine Schranke des relativen Fehlers bekannt,

$$\|\boldsymbol{\delta}_{\boldsymbol{A}}\|_{\mathrm{F}}/\|\boldsymbol{A}\|_{\mathrm{F}} < E_{\boldsymbol{A}} ,$$

so ist die kleinste sinnvolle Schranke für den Algorithmus

$$\varepsilon := \|\boldsymbol{A}\|_{\mathrm{F}}\, E_{\boldsymbol{A}}/N .$$

Bei der *Vorwärtsanalyse des Fehlers* erhält man ein ähnliches Ergebnis (Ü 4.3.15):

Satz 4.3.4. *Ordnet man die vom Jacobi-Verfahren gelieferten Eigenwertnäherungen w_n nach abnehmendem Betrag, so unterscheiden sie sich von den ebenso geordneten Eigen-*

werten der Matrix A *um höchstens* $N\varepsilon$, *wobei* ε *die Genauigkeitsschranke des Jacobi-Verfahrens bezeichnet,* $|\alpha_n - w_n| < N\varepsilon$.

Beispiel 4.3.5. Mit Hilfe des Algorithmus 4.3.2 bestimmen wir Näherungswerte für die drei Eigenwerte der Matrix A aus Beispiel 4.2.1. Die Ergebnisse der ersten 8 Drehungen sind in Tab. 4.3.1 angegeben (10stellige Rechnung, auf 6 Ziffern gerundet). Daraus ergeben sich folgende Eigenwertnäherungen: $\alpha_1 \approx d_2^2 b_{22} = 10.1616$, $\alpha_2 = d_1^2 b_{11} = 3.61773$, $\alpha_3 = d_3^2 b_{33} = 0.260692$ (vgl. Ü 4.3.14).

Tab. 4.3.1. Jacobi-Verfahren (Algorithmus 4.3.2), angewandt auf die Matrix A aus Beispiel 4.2.1 (nicht transformierte Elemente sind durch * markiert)

l	$d_n^{(2l)}$		$B^{(2l)}$	
0	1	3.23	−1.15	1.77
	1		9.25	−2.13
	1			1.56
1	0.983398	3.12055	0	1.37696
	0.983398		9.78439	−2.45661
	*			*
2	0.844229	5.36915	−1.49232	0
	*		*	−2.45661
	0.858482			1.01912
3	*	*	−1.49232	−0.386214
	0.959222		10.79306	0
	0.837377			0.402910
4	0.829273	5.22931	0	−0.386214
	0.942229		11.44556	0.064847
	*			*
5	0.826605	5.29468	−0.00527	0
	*		*	0.064847
	0.834682			0.374561
6	*	*	−0.00527	0.000031
	0.942216		11.44616	0
	0.834671			0.374194
7	0.826605	5.29468	0	0.000031
	0.942216		11.44617	$-1.7_{10}-8$
	*			*
8	0.826605	5.29468	$-7.7_{10}-14$	$-4.0_{10}-17$
	0.942216		11.44617	$-1.7_{10}-8$
	0.834671			0.374194

4.3.3. Givens-Drehungen

Bei den Jacobi-Drehungen wurde der Drehwinkel so festgelegt, daß das Nichtdiagonalelement im Schnittpunkt von Zeile j und Spalte k beseitigt wurde. Statt dessen kann man aber auch jedes beliebige andere Nichtdiagonalelement aus dem Doppelkreuz in (4) auf Null transformieren, also jedes Element a_{mn}, von dessen Indizes genau einer gleich j oder gleich k ist.

Beim *Givens-Verfahren* durchläuft man die Nichtdiagonalelemente oberhalb der Hauptdiagonalen zeilenweise, beginnend mit der zweiten Zeile, und beseitigt jeweils den darüberstehenden Koeffizienten. Man verwendet also die folgende Strategie (Tab. 4.3.2):

Tab. 4.3.2. Drehungen beim Givens-Verfahren

Drehebene				beseitigter Koeffizient			
(2, 3)	(2, 4)	...	(2, N)	a_{13}	a_{14}	...	a_{1N}
	(3, 4)	...	(3, N)		a_{24}	...	a_{2N}
			⋮				⋮
			($N-1$, N)				$a_{N-2,N}$

Man kann sich leicht davon überzeugen, daß bei diesem Vorgehen im Gegensatz zum Jacobi-Verfahren einmal beseitigte Nichtdiagonalelemente im weiteren Verlauf der Rechnung nicht wieder zu Nichtnullelementen werden können (Ü 4.3.6). Durch die angegebenen L Drehungen, $L = (N-1)(N-2)/2$, läßt sich also jede reelle quadratische Matrix in eine Hessenberg-Matrix, jede symmetrische Matrix sogar in eine Tridiagonalmatrix transformieren:

$$Q_L^\mathrm{T} \dots Q_2^\mathrm{T} Q_1^\mathrm{T} A Q_1 Q_2 \dots Q_L = \hat{A} = \begin{bmatrix} * & * & & & \\ * & * & * & & \\ + & * & * & * & \\ + & + & * & * & * \\ + & + & + & * & * \end{bmatrix}. \tag{14}$$

Zur Bestimmung ihrer Eigenwerte werden in der nächsten Vorlesung spezielle Verfahren besprochen.

Für die numerische Realisierung benutzen wir wieder die skalierte Variante (3′) der Rotationsformeln. Aus der Forderung $b''_{j-1,k} = 0$ ergibt sich $g := b_{j-1,k}/b_{j-1,j}$ und weiter wie im Algorithmus 3.2.9

$$f := g d_k / d_j , \qquad t^2 = fg , \qquad c^2 = 1/(1 + fg) ,$$

also

$$d_j := d_j/(1 + fg) , \qquad d_k := d_k/(1 + fg) .$$

Dabei bezeichnen die d_n wie früher die *Quadrate* der Skalierungsfaktoren.

Im Algorithmus 4.3.6 (vgl. S. 201) sind alle Schritte noch einmal zusammengestellt. Nach der Abarbeitung liegt $\hat{A}$ in der faktorisierten Gestalt

$$\hat{A} := D\hat{B}D \tag{15}$$

vor, wobei $\hat{B}$ eine Hessenberg-Matrix von derselben Struktur wie $\hat{A}$ ist. Im symmetrischen Fall kann man den Rechenaufwand noch auf weniger als die Hälfte reduzieren, wenn man ähnlich wie im Schritt 4 des Algorithmus 4.3.2 vorgeht (Ü 4.3.8 und Ü 4.3.10): Man führt unter Berücksichtigung von $b_{mn} = b_{nm}$ nur die Spaltentransformation durch, läßt dabei die Indizes j und k aus und berechnet die drei Elemente b_{jj}, b_{kk} und $b_{jk} = b_{kj}$ anschließend mit Hilfe von (5′). Bei größeren Systemen sollte man darauf achten, daß die Skalierungsfaktoren nicht zu klein werden und aus diesem Grund wahlweise die Parameter (3.2.32) oder (3.2.33) verwenden (vgl. 3.2.4).

Beispiel 4.3.7. Die symmetrische Matrix A aus Beispiel 4.2.1 geht bereits durch eine Givens-Rotation in eine Tridiagonalmatrix über. Zu Beginn ist $B := A$ und $D = (1, 1, 1)^\mathrm{T}$. Für die Drehung gilt $j = 2$, $k = 3$ und $f = g = b_{13}/b_{12} = -1.5391$ und

$$d_2 = d_3 = 1/(1 + fg) = 0.2968 .$$

Damit ergibt sich

$$\hat{B} = \begin{pmatrix} 3.2300 & -3.8743 & 0 \\ -3.8743 & 19.5022 & 14.7517 \\ 0 & 14.7517 & 16.9158 \end{pmatrix}$$

und

$$D = \operatorname{diag}(d_1, d_2, d_3) = \operatorname{diag}(1,\ 0.5448,\ 0.5448)\ .$$

Algorithmus 4.3.6. **Givens-Verfahren zur Transformation quadratischer Matrizen auf Hessenberg-Gestalt GIV (N, A, d)**

	$B := A$	Ausgangsmatrix
	$d := (1, 1, \ldots, 1)^{\mathsf{T}}$	Vektor der Quadrate der Skalierungsfaktoren
	$j = 2(1)N-1$	Zeilenzähler
	$k = j+1(1)N$	Spaltenzähler
1	$g := b_{j-1,k}/b_{j-1,j}$	Bestimmung der Drehungsparameter
	$f := g d_k/d_j$	
2	$d_j := d_j/(1+fg)$	Transformation der Quadrate der Skalierungsfaktoren
	$d_k := d_k/(1+fg)$	
3	$n = 1(1)N$	Transformation der Zeilen von B
	$b' := b_{jn} + f b_{kn}$	
	$b_{kn} := b_{kn} - g b_{jn}$	
	$b_{jn} := b'$	
4	$m = j-1(1)N$	Transformation der Spalten von B
	$b' := b_{mj} + f b_{mk}$	
	$b_{mk} := b_{mk} - g b_{mj}$	
	$b_{mj} := b'$	

4.3.4. Householder-Spiegelungen

Statt mit Givens-Drehungen kann man jede quadratische Matrix auch durch *Ähnlichkeitstransformationen* mit *Spiegelungsmatrizen* (vgl. Abschnitt 3.2.1) auf *Hessenberg-* oder (im symmetrischen Fall) auf *Tridiagonalgestalt* transformieren. Bezeichnet man die Ausgangsmatrix mit $A^{(1)}$, so liefert die erste Transformation

$$A^{(2)} := Q_2 A^{(1)} Q_2 = \begin{pmatrix} a_1 & b_2 & & & \\ + & + & + & + & + \\ * & + & + & + & + \\ * & + & + & + & + \\ * & + & + & + & + \end{pmatrix}$$

und die $(N-2)$-te

$$A^{(N-1)} := Q_{N-1} \ldots Q_2 A^{(1)} Q_2 \ldots Q_{N-1} = \begin{pmatrix} a_1 & b_2 & & & \\ + & a_2 & b_3 & & \\ * & + & a_3 & b_4 & \\ * & * & + & a_4 & b_5 \\ * & * & * & + & a_5 \end{pmatrix} \tag{16}$$

Dabei haben wir für die schematische Darstellung $N = 5$ gewählt. Ist $\boldsymbol{A}$ symmetrisch, so verschwinden die durch $*$ gekennzeichneten Elemente, und die durch $+$ gekennzeichnete untere Kodiagonale stimmt mit der oberen überein.

Der allgemeine (k-te) Schritt, $k = 2(1)N-1$, besteht aus der *Zeilenspiegelung* $\boldsymbol{A}' := \boldsymbol{A}^{(k-1)}\boldsymbol{Q}_k$ und der *Spaltenspiegelung* $\boldsymbol{A}^{(k)} := \boldsymbol{Q}_k\boldsymbol{A}'$. Bei der Zeilentransformation sollen die Zeilen $1, 2, \dots, k-2$ unverändert bleiben, und die Zeile $k-1$

$$\boldsymbol{z}_k^{\mathsf{T}} := (a_{k-1,1}, \dots, a_{k-1,k-1}, a_{k-1,k}, \dots, a_{k-1,N})$$

soll übergehen in

$$\boldsymbol{z}_k^{\mathsf{T}}\boldsymbol{Q}_k := (a_{k-1,1}, \dots, a_{k-1,k-1}, b_k, 0, \dots, 0)\,.$$

Dazu verwenden wir die Spiegelungsmatrix

$$\boldsymbol{Q}_k := \boldsymbol{Q}(N, k; 0, \dots, 0, a_{k-1,k}, \dots, a_{k-1,N}) = \boldsymbol{I}_N - \boldsymbol{u}_k\boldsymbol{u}_k^{\mathsf{T}}\,. \tag{17}$$

Sie hat im wesentlichen die Gestalt (3.2.12). Der Spiegelungsvektor, dessen erste $k-1$ Komponenten (wie früher bei $\boldsymbol{v}_k$ bzw. $\boldsymbol{w}_k$, vgl. (3.2.5)) verschwinden, ist lediglich anders normiert,

$$\boldsymbol{u}_k := g_k\boldsymbol{v}_k\,, \qquad g_k = \sqrt{f_k}\,, \tag{18}$$

im übrigen wird er wie $\tilde{\boldsymbol{x}}$ im Algorithmus 3.2.2 bestimmt.

Wenn man das Element b_k der oberen Kodiagonale in einem gesonderten Vektor $\boldsymbol{b}$ speichert, kann der Platz der umzurechnenden „restlichen" Zeile

$$\boldsymbol{z}_k^{\mathsf{T}} := (0, \dots, 0, a_{k-1,k}, \dots, a_{k-1,N})$$

verwendet werden, um $\boldsymbol{u}_k^{\mathsf{T}}$ zu speichern. Die Spiegelungsvektoren $\boldsymbol{u}_k$, $k = 2(1)N-1$, werden benötigt, wenn man die Eigenvektoren von $\boldsymbol{A}^{(N-1)}$ mit Hilfe der Gesamt-Transformationsmatrix $\boldsymbol{Q} = \boldsymbol{Q}_2 \dots \boldsymbol{Q}_{N-1}$ in die Eigenvektoren von $\boldsymbol{A}$ zurücktransformieren will.

Berücksichtigt man, daß die Skalarprodukte des Spiegelungsvektors $\boldsymbol{u}_k$ mit bereits früher umgerechneten Zeilenvektoren $\boldsymbol{z}_m$, $m = 1(1)k-2$, verschwinden, so kann die Zeilenspiegelung als

$$\boldsymbol{A}' := \boldsymbol{A}^{(k-1)}\boldsymbol{Q}_k = \begin{pmatrix} \boldsymbol{z}_1^{\mathsf{T}} \\ \vdots \\ \boldsymbol{z}_{k-2}^{\mathsf{T}} \\ \boldsymbol{z}_{k-1}^{\mathsf{T}} - (\boldsymbol{z}_{k-1}, \boldsymbol{u}_k)\,\boldsymbol{u}_k^{\mathsf{T}} \\ \vdots \\ \boldsymbol{z}_N^{\mathsf{T}} - (\boldsymbol{z}_N, \boldsymbol{u}_k)\,\boldsymbol{u}_k^{\mathsf{T}} \end{pmatrix} =: (\boldsymbol{s}_1, \boldsymbol{s}_2, \dots, \boldsymbol{s}_N) \tag{19}$$

geschrieben werden. Die anschließende Spaltenspiegelung hat die Gestalt

$$\boldsymbol{A}^{(k)} := \boldsymbol{Q}_k\boldsymbol{A}' = \big(\boldsymbol{s}_1 - (\boldsymbol{u}_k, \boldsymbol{s}_1)\,\boldsymbol{u}_k, \dots, \boldsymbol{s}_N - (\boldsymbol{u}_k, \boldsymbol{s}_N)\,\boldsymbol{u}_k\big)\,. \tag{20}$$

Im Fall symmetrischer Matrizen verschwinden auch hier die ersten $k-2$ Skalarprodukte $(\boldsymbol{u}_k, \boldsymbol{s}_n)$, $n = 1(1)k-2$.

Im folgenden Algorithmus sind die einzelnen Schritte des Verfahrens noch einmal zusammengestellt:

Algorithmus 4.3.8. Householder-Verfahren zur Transformation quadratischer Matrizen auf Hessenberg-Gestalt HOU $(N, \boldsymbol{A}, \boldsymbol{b})$

	$\boldsymbol{A},\ \boldsymbol{A} \in \mathbb{R}^{N \times N}$,	Ausgangsmatrix
	$\boldsymbol{b},\ \boldsymbol{b} \in \mathbb{R}^{N}$,	Vektor der oberen Kodiagonale (der Platz von b_1 bleibt leer)
	$k = 2(1)N-1$	
1		Berechnung des Spiegelungsvektors $\boldsymbol{u}_k$
	$s := \sum_{n=k}^{N} a_{k-1,n}^2$	Normquadrat der „restlichen" Zeile
	$b_k := \sqrt{s}$	k-tes Element der Kodiagonale
	falls $a_{k-1,k} > 0$, dann $b_k := -b_k$	
	$g := 1/\sqrt{s - b_k a_{k-1,k}}$	Normierungsfaktor
	$a_{k-1,k} := a_{k-1,k} - b_k$	Umrechnung der k-ten Komponente von u_k
	$n = k(1)N$	Normierung von $\boldsymbol{u}_k$
	$a_{k-1,n} := g a_{k-1,n}$	
2	$m = k(1)N$	Zeilenspiegelung
	$c := \sum_{n=k}^{N} a_{k-1,n} a_{mn}$	Berechnung des Skalarprodukts $(\boldsymbol{u}_k, \boldsymbol{z}_m)$
	$n = k(1)N$	
	$a_{mn} := a_{mn} - c a_{k-1,n}$	Spiegelung von Zeile m
3	$m = 1(1)N$	Spaltenspiegelung
	$c := \sum_{n=k}^{N} a_{k-1,n} a_{nm}$	Berechnung des Skalarprodukts $(\boldsymbol{u}_k, \boldsymbol{s}_m)$
	$n = k(1)N$	Spiegelung von Spalte m
	$a_{mn} := a_{mn} - c a_{k-1,n}$	

Je Schritt sind $N + 2 - k$ Zeilen- und (im unsymmetrischen Fall) N Spaltenskalarprodukte von Vektoren der Länge $N + 1 - k$ zu berechnen. Ebensoviel Multiplikationen werden für die Zeilen- und Spaltentransformation benötigt. Daraus ergibt sich für die $N - 2$ Schritte insgesamt ein *Rechenaufwand* von etwa $5\,N^3/3$ wesentlichen Operationen.

Beispiel 4.3.9. Die Matrix $\boldsymbol{A}$ aus Beispiel 4.1.8 läßt sich durch zwei Householder-Spiegelungen auf Hessenberg-Gestalt transformieren: Im ersten Schritt ist $k = 2$, $s = 0.1875$, $b_2 = 0.4330$ und

$$\boldsymbol{A}' = \begin{pmatrix} 3.25 & -1.2559 & -0.4597 & 0.4597 \\ 0.25 & -2.4537 & -1.5207 & 2.5207 \\ 0.25 & -2.4537 & 2.5774 & 1.4226 \\ 0.25 & 2.1651 & 0.6340 & 2.3660 \end{pmatrix},$$

$$\boldsymbol{A}^{(2)} = \begin{pmatrix} * & * & * & * \\ -0.1443 & 4.0833 & -0.2440 & -0.9107 \\ 0.1057 & -0.0610 & 3.0447 & 0.1666 \\ 0.3943 & -0.2276 & 0.1667 & 3.6220 \end{pmatrix}.$$

Im zweiten Schritt ist $k = 3$, $s = 0.8889$, $b_3 = 0.9428$ und

$$A' = \begin{pmatrix} * & * & * & * \\ * & * & \mathbf{-1.1220} & \mathbf{-0.8609} \\ 0.1057 & -0.0610 & -0.9491 & -2.8978 \\ 0.3943 & -0.2276 & -3.5417 & 0.7765 \end{pmatrix}.$$

Dabei sind die Komponenten der beiden Spiegelungsvektoren $\boldsymbol{u}_2$ und $\boldsymbol{u}_3$ (fett gedruckt) in den Positionen angegeben, in denen sie vom Rechner erzeugt werden. Der Deutlichkeit halber verzichten wir in der Ergebnismatrix auf die $\boldsymbol{u}_n$ und tragen an ihrer Stelle die b_n und die erzeugten Nullen ein:

$$\boldsymbol{A}^{(3)} = \begin{pmatrix} 3.2500 & 0.4330 & 0 & 0 \\ -0.1443 & 4.0833 & 0.9428 & 0 \\ -0.4082 & 0.2356 & 3.6666 & 0.0000 \\ 0.0000 & 0.0000 & -0.0000 & 3.0000 \end{pmatrix}.$$

Bei diesem Beispiel sind unbeabsichtigt noch a_{34} und die ersten drei Koeffizienten der letzten Zeile zu Null geworden, so daß die Matrix zerfällt und ein Eigenwert ($\alpha = 3$) unmittelbar abgelesen werden kann.

4.3.5. Bemerkungen

B 4.3.1. *Drehungsmatrizen* wurden 1846 von C. G. J. Jacobi benutzt, um die Nichtdiagonalelemente der Koeffizientenmatrix eines *linearen Gleichungssystems* zugunsten der Diagonalelemente zu reduzieren, damit sich die Konvergenz des *Einzelschrittverfahrens* erhöht. Etwa 100 Jahre später wurde das Verfahren wiederentdeckt und seitdem von zahlreichen Autoren in verschiedenen Varianten zur Lösung von *Eigenwertproblemen* verwendet. Wir verweisen besonders auf die Untersuchungen von Rutishauser, die u. a. in seinem postum erschienenen Lehrbuch (Rutishauser [1]) und in dem Programm *jacobi* in Wilkinson, Reinsch [1], S. 202 ff., ihren Niederschlag gefunden haben. Die in den Algorithmen 4.3.2 und 4.3.6 benutzte „*schnelle*" *Rotation* (vgl. Algorithmus 3.2.9) geht auf Arbeiten von Gentleman [1] und Hammerling [1] zurück (vgl. auch Rath [1]).

B 4.3.2. Das *Jacobi-Verfahren* konvergiert nach Satz 4.3.1 mindestens linear. Häufig tritt aber nach einer gewissen Anlaufrechnung *überlineare Konvergenz* ein. Unter der Voraussetzung, daß die Ausgangsmatrix symmetrisch ist und keine betragsgleichen Eigenwerte besitzt, kann man asymptotisch quadratische Konvergenz nachweisen: Die Nichtdiagonalelemente von $\boldsymbol{T}$ seien sämtlich in der Form $b_{mn} = t_{mn}\varepsilon$, $|t_{mn}| < 1$, darstellbar, und die Diagonalelemente mögen sich um mehr als ε unterscheiden, $|w_j d_j^2 - w_k d_k^2| \gg \varepsilon$. Wir untersuchen zunächst, wie sich die Beseitigung eines Elements b_{jk} auf die Nichtdiagonalelemente des Doppelkreuzes (4) auswirkt. Der Algorithmus 4.3.2 liefert $\vartheta = O\left(\frac{1}{\varepsilon}\right)$, also $t = O(\varepsilon)$, $f = O(\varepsilon)$, $g = O(\varepsilon)$, und damit $b_{jm} := t_{jm}\varepsilon + O(\varepsilon^2)$. Jedes von der Jacobi-Rotation betroffene Nichtdiagonalelement ändert sich also um $O(\varepsilon^2)$. Während eines zyklischen Durchlaufs wird jedes Nichtdiagonalelement b_{mn} einmal auf Null transformiert. Anschließend ist es von den Transformationen zur Beseitigung von $b_{m,n+1}, \dots, b_{m,N}$ und denen zur Beseitigung von $b_{m+1,n}, \dots, b_{n-1,n}$, also von höchstens $N - 2$ Transformationen betroffen. Es kann demnach höchstens $(N - 2)$-mal um $O(\varepsilon^2)$ anwachsen. Für hinreichend kleines ε, $\varepsilon \ll 1/N$, sind also alle Nichtdiagonalelemente nach dem Durchlauf von der Ordnung ε^2, so daß $S(B^{(2l)})/S(B^{(2l-2)}) = O(\varepsilon^2)$ gilt und folglich quadratische Konvergenz vorliegt (vgl. auch Schönhage [1]).

Für den unsymmetrischen Fall läßt sich analog zum Satz 4.3.1 lineare Konvergenz des Jacobi-Verfahrens nachweisen (Ü 4.3.3), wenn alle Eigenwerte reell sind. Besitzt die Matrix komplexe Eigenwerte, so treten bei der ϑ-Berechnung negative Radikanden auf (Ü 4.3.5).

B 4.3.3. Die Entscheidung, welches der drei vorgestellten Verfahren gewählt werden soll, hängt von verschiedenen Faktoren ab. Das Jacobi-Verfahren hat den Vorteil, daß es bis zur Bestimmung der Eigenwerte führt, während die beiden anderen ein weiteres Verfahren zur Lösung des Eigenwertproblems der Tridiagonal- oder Hessenberg-Matrix benötigen. Steht ein individueller Rechner zur Verfügung, so wird der Vorteil der Einfachheit den Nachteil des möglicherweise wesentlich *größeren Rechenaufwands* überwiegen. *Givens-* und *Householder-Verfahren* liefern dasselbe Ergebnis, die erste Methode ist etwas schneller, die zweite etwas genauer, zumindest dann, wenn die Skalarprodukte in einem Register mit größerer Ziffernanzahl akkumuliert werden können. Das Jacobi-Verfahren liefert alle Eigenwerte, also die Lösung des vollständigen Eigenwertproblems. Bei den Verfahren von GIVENS und HOUSEHOLDER kann man bei der noch anzuschließenden Eigenwertberechnung berücksichtigen, welche der N Eigenwerte für den Anwender von Interesse sind.

B 4.3.4. Bei *schwach besetzten Matrizen* erzeugen Drehungen und Spiegelungen im allgemeinen neue Nichtnullelemente (*Auffüllung*), so daß die Struktur der Matrix verdorben wird. Dagegen kann man bei *Bandmatrizen* die *Givens-Rotationen* so anordnen, daß außerhalb des Bandes neu entstehende Nichtnullelemente im nächsten Schritt wieder beseitigt werden, so daß im Prinzip die Bandgestalt erhalten bleibt (Ü 4.3.13, vgl. Algorithmus II/8 von SCHWARZ in WILKINSON, REINSCH [1], S. 273 ff., sowie PARLETT [1], S. 120). Eine ähnliche Modifikation existiert auch für das *Householder-Verfahren* (RUTISHAUSER [2]).

B 4.3.5. Für das *allgemeine Eigenwertproblem* $\boldsymbol{A}\boldsymbol{x} = \lambda \boldsymbol{B}\boldsymbol{x}$ mit symmetrischen Matrizen $\boldsymbol{A}$ und $\boldsymbol{B}$ benutzen FALK und LANGEMEYER [1] ein *verallgemeinertes Jacobi-Verfahren* mit Drehungsmatrizen der Gestalt Q' (vgl. (3.2.30) und (3.2.31)). Die Drehungsparameter werden dabei so bestimmt, daß sowohl a_{jk} als auch b_{jk} auf Null transformiert wird (vgl. auch BATHE, WILSON [1], S. 452 ff.).

4.3.6. Übungsaufgaben

Ü 4.3.1. Man zeige: Wählt man im Satz 4.3.1 für δ den Wert $1/(N^2 - N)$, so wird bei jeder Jacobi-Rotation ein a_{jk} auf Null transformiert, dessen Quadrat größer als das arithmetische Mittel der Quadrate der Nichtdiagonalelemente ist. Die Anzahl K, der zur Erfüllung von $S(\boldsymbol{A}^{(2K)}) < (N^2 - N)\,\varepsilon$ benötigten Jacobi-Rotationen kann dann durch

$$K > \frac{N^2 - N}{2}\left(\ln \frac{S(\boldsymbol{A})}{\varepsilon(N^2 - N)}\right)[1 + O(\delta)]$$

abgeschätzt werden.

Ü 4.3.2. Man programmiere den Algorithmus 4.3.2. und bestimme mit seiner Hilfe alle Eigenwerte der Matrizen $\boldsymbol{A}$ aus Ü 4.1.9 und Ü 2.7.4.

Ü 4.3.3. Man beweise, daß das Jacobi-Verfahren für unsymmetrische Matrizen mit sämtlich reellen Eigenwerten mindestens linear konvergiert.

Ü 4.3.4. Man schreibe einen Jacobi-Algorithmus für unsymmetrische Matrizen und transformiere mit seiner Hilfe die Matrizen der Beispiele 4.1.1 und 4.1.8 auf Dreiecksgestalt.

Ü 4.3.5. Man modifiziere den unsymmetrischen Jacobi-Algorithmus aus Ü 4.3.4 derart, daß die Drehung im Fall eines negativen Radikanden bei der ϑ-Berechnung nicht ausgeführt wird. Welches Ergebnis liefert der Algorithmus, wenn man ihn auf Matrizen mit komplexen Eigenwerten anwendet?

Ü 4.3.6. Man untersuche, ob das Jacobi-Verfahren auch für das teilweise Eigenwertproblem verwendet werden kann, indem man nur die Nichtdiagonalelemente der ersten Zeile(n) zyklisch auf Null transformiert.

Ü 4.3.7. Man zeige, daß die vom Givens-Verfahren erzeugten Nullelemente im weiteren Verlauf der Rechnung nicht wieder zu Nichtnullelementen werden können.

Ü 4.3.8. Man transformiere die Matrizen aus den Beispielen 4.1.1 und 4.1.8 mit Givens-Drehungen und mit Householder-Spiegelungen auf Tridiagonalgestalt.

Ü 4.3.9. Man weise nach, daß die Verfahren von GIVENS und HOUSEHOLDER im wesentlichen dieselbe Hessenberg-Matrix liefern. Worin können sich die Ergebnisse unterscheiden?

Ü 4.3.10. Man programmiere die Algorithmen 4.3.6 und 4.3.8.

Ü 4.3.11. Man spezialisiere die Verfahren von GIVENS und HOUSEHOLDER auf den Fall symmetrischer Matrizen.

Ü 4.3.12. Man bestimme den Rechenaufwand des Givens-Verfahren (Algorithmus 4.3.6) und vergleiche ihn mit dem der auf symmetrische Matrizen spezialisierten Variante aus Ü 4.3.11.

Ü 4.3.13. Man schreibe einen Givens-Algorithmus für Bandmatrizen der Bandbreite $\alpha + \beta + 1$ zu folgender Strategie: Man beseitige die Nichtnullelemente in der Reihenfolge $a_{1,\beta+1}, a_{1,\beta}, \ldots, a_{13}, a_{2,\beta+2}, \ldots, a_{24}, \ldots, a_{N-2,N}$ durch Drehungen in den Ebenen $(\beta, \beta + 1)$, $(\beta - 1, \beta), \ldots, (2, 3)$, $(\beta + 1, \beta + 2), \ldots, (3, 4), \ldots, (N - 1, N)$. Entsteht außerhalb des Bandes ein neues Nichtnullelement $a_{j,j+1+\beta}$, so beseitige man es sofort durch eine Drehung in der Ebene $(j + \beta, j + \beta + 1)$. Bei einer 10×10-Matrix mit der rechten halben Bandbreite $\beta = 3$ sind also die Nichtnullelemente $a_{14}, a_{37}, a_{6,10}, a_{13}, a_{26}, a_{59}, a_{25}, a_{48}, a_{24}, \ldots$ durch Drehungen in den Ebenen (3, 4), (6, 7), (9, 10), (2, 3), (5, 6), (8, 9), (4, 5), (7, 8), (3, 4), ... zu beseitigen. Im folgenden Schema geben die Ziffern die Reihenfolge an, in der die Nichtnullelemente beseitigt werden:

$$
\begin{pmatrix}
\ast & \ast & 4 & 1 & & & & & & \\
 & \ast & \ast & \times & \times & & & & & \\
 & & \ast & \ast & \times & \times & 2 & & & \\
 & & & \ast & \ast & \times & \times & & & \\
 & & & & \ast & \ast & \times & \times & & \\
 & & & & & \ast & \ast & \times & \times & 3 \\
 & & & & & & \ast & \ast & \times & \times \\
 & & & & & & & \ast & \ast & \times \\
 & & & & & & & & \ast & \ast \\
 & & & & & & & & & \ast
\end{pmatrix}
$$

Ü 4.3.14. Mit Hilfe von Satz 4.3.4 bestimme man Fehlerschranken für die drei im Beispiel 4.3.5 berechneten Eigenwertnäherungen.

Ü 4.3.15. Mit Hilfe der Verschärfung des Geršgorinschen Lokalisierungssatzes (B 4.1.2) beweise man Satz 4.3.4.

4.4. *QR*-Algorithmus

Der *QR*-Algorithmus steht zwischen den Transformationsmethoden der Vorlesung 4.3 und den Vektoriterationsmethoden der Vorlesung 4.2. Konstruiert wird eine Folge orthogonal-ähnlicher Matrizen, die, wenn man sie mit speziellen Einheitsvektoren multipliziert, dieselbe Vektorfolge wie die Potenzmethode bzw. die inverse Iteration liefert. Aus diesem Grunde kann die Konvergenz auch beim *QR*-Algorithmus durch Spektralverschiebungen beschleunigt werden. Bei voll besetzten Matrizen ist der Rechenaufwand je Schritt relativ hoch. Deshalb wird das Verfahren meist nur für Tridiagonal- oder Hessenberg-Matrizen verwendet.

4.4.1. Grundform

Ein Schritt des *QR*-Algorithmus besteht aus der Zerlegung der Ergebnismatrix des vorangegangenen Schrittes in das Produkt einer orthogonalen Matrix $\boldsymbol{Q}$ und einer Rechtsdreiecksmatrix $\boldsymbol{R}$ sowie der anschließenden Multiplikation dieser beiden Faktoren in umgekehrter Reihenfolge:

Algorithmus 4.4.1. *QR*-Algorithmus

	$\boldsymbol{A}_1 := \boldsymbol{A}$	Ausgangsmatrix
	$k = 1, 2, \ldots$	
1	$\boldsymbol{A}_k =: \boldsymbol{Q}_k \boldsymbol{R}_k$	*QR*-Zerlegung
2	$\boldsymbol{A}_{k+1} := \boldsymbol{R}_k \boldsymbol{Q}_k$	Multiplikation

Wegen $\boldsymbol{R}_k = \boldsymbol{Q}_k^\mathsf{T}\boldsymbol{A}_k$ folgt sofort

$$\boldsymbol{A}_{k+1} = \boldsymbol{Q}_k^\mathsf{T}\boldsymbol{A}_k\boldsymbol{Q}_k\,. \tag{1}$$

Der $\boldsymbol{QR}$-Algorithmus erzeugt also eine Folge orthogonal-ähnlicher Matrizen. Durch wiederholte Anwendung der rekursiven Vorschrift (1) kann man $\boldsymbol{A}_{k+1}$ explizit angeben:

$$\boldsymbol{A}_{k+1} = \boldsymbol{Q}_k^\mathsf{T}\boldsymbol{Q}_{k-1}^\mathsf{T} \dots \boldsymbol{Q}_1^\mathsf{T}\boldsymbol{A}\boldsymbol{Q}_1 \dots \boldsymbol{Q}_k =: \boldsymbol{U}_k^\mathsf{T}\boldsymbol{A}\boldsymbol{U}_k\,. \tag{2}$$

Dabei haben wir die Produkte der $\boldsymbol{Q}_j$ zu (ebenfalls orthogonalen) Matrizen $\boldsymbol{U}_k$ zusammengefaßt. Zum Nachweis der Konvergenz der $\boldsymbol{A}_k$ genügt es zu zeigen, daß die Folge der $\boldsymbol{U}_k$ konvergiert. Wir beschränken uns auf eine Konvergenzuntersuchung der Vektorfolge $(\boldsymbol{U}_k\boldsymbol{e}_1)$, wo $\boldsymbol{e}_1$ den ersten Einheitsvektor bezeichnet, und zeigen, daß die Vektoren $\boldsymbol{U}_k\boldsymbol{e}_1$ mit denen übereinstimmen, die die Potenzmethode zum Startvektor $\boldsymbol{x}_0 = \boldsymbol{e}_1$ liefert.

Satz 4.4.2 (Zusammenhang von $\boldsymbol{QR}$-Algorithmus und Potenzmethode). *Bezeichnet* $(\boldsymbol{U}_k)$ *die vom* $\boldsymbol{QR}$*-Algorithmus erzeugte Folge der Produkte der orthogonalen Transformationsmatrizen und* $(\boldsymbol{x}_k)$ *die von der Potenzmethode zum Startvektor* $\boldsymbol{x}_0 = \boldsymbol{e}_1$ *erzeugte Vektorfolge, so gilt* $\boldsymbol{x}_k = \boldsymbol{U}_k\boldsymbol{e}_1$.

Beweis. Nach (2) ist $\boldsymbol{U}_{k-1}\boldsymbol{A}_k = \boldsymbol{A}\boldsymbol{U}_{k-1}$. Die linke Seite kann mit Hilfe von $\boldsymbol{A}_k = \boldsymbol{Q}_k\boldsymbol{R}_k$ umgeformt werden,

$$\boldsymbol{U}_k\boldsymbol{R}_k = \boldsymbol{A}_k\boldsymbol{U}_{k-1}\,. \tag{3}$$

Multipliziert man nun beide Seiten von rechts mit $\boldsymbol{e}_1$ und berücksichtigt, daß $\boldsymbol{R}_k$ eine Rechtsdreiecksmatrix ist, so folgt

$$r_{11}^{(k)}\boldsymbol{U}_k\boldsymbol{e}_1 = \boldsymbol{A}\boldsymbol{U}_{k-1}\boldsymbol{e}_1\,. \tag{4}$$

Für $k = 1$ ergibt sich daraus mit $\boldsymbol{U}_0 := \boldsymbol{I}$ und $\boldsymbol{x}_0 = \boldsymbol{U}_0\boldsymbol{e}_1 = \boldsymbol{e}_1$ wegen (4.2.6)

$$\boldsymbol{U}_1\boldsymbol{e}_1 = f_1\boldsymbol{A}\boldsymbol{x}_0 = \boldsymbol{x}_1 \quad \text{mit} \quad f_1 = 1/r_{11}^{(1)}\,.$$

Für beliebiges k nehmen wir an, daß $\boldsymbol{x}_{k-1}$ bereits die Gestalt $\boldsymbol{x}_{k-1} = \boldsymbol{U}_{k-1}\boldsymbol{e}_1$ besitzt und erhalten mit Hilfe von (4.2.6) aus (4)

$$\boldsymbol{U}_k\boldsymbol{e}_1 = f_k\boldsymbol{A}\boldsymbol{x}_{k-1} = \boldsymbol{x}_k \quad \text{mit} \quad f_k = 1/r_{11}^{(k)}\,. \quad \blacksquare \tag{5}$$

Wenn $\boldsymbol{A}$ einen dominanten Eigenwert α_1 besitzt, so konvergieren die $\boldsymbol{x}_k$ nach Satz 4.2.4 gegen den zugehörigen Eigenvektor $\boldsymbol{y}_1$. Nach Satz 4.4.2 stimmt aber $\boldsymbol{x}_k$ mit $\boldsymbol{U}_k\boldsymbol{e}_1$, also der ersten Spalte von $\boldsymbol{U}_k$, überein. Das heißt, für $k \to \infty$ strebt die erste Spalte der $\boldsymbol{U}_k$ gegen $\boldsymbol{y}_1$,

$$\lim_{k\to\infty} \boldsymbol{U}_k =: \boldsymbol{U} = (\boldsymbol{y}_1, \boldsymbol{u}_2, \dots, \boldsymbol{u}_N)\,.$$

Wegen der Orthogonalität der $\boldsymbol{U}_k$ sind die Spalten von $\boldsymbol{U}$ orthonormiert. Damit ergibt sich aus (2)

$$\lim_{k\to\infty} \boldsymbol{A}_{k+1} = \boldsymbol{U}^\mathsf{T}\boldsymbol{A}\boldsymbol{U} = \boldsymbol{U}^\mathsf{T} \cdot (\alpha_1\boldsymbol{y}_1, \boldsymbol{A}\boldsymbol{u}_2, \dots, \boldsymbol{A}\boldsymbol{u}_N)$$

$$= \begin{pmatrix} \alpha_1 & * & \dots & * \\ 0 & * & \dots & * \\ \vdots & \vdots & & \vdots \\ 0 & * & \dots & * \end{pmatrix}.$$

Die Elemente $a_{11}^{(k)}$ streben also gegen α_1.

Falls alle Eigenwerte paarweise voneinander verschieden sind und die Matrix $\boldsymbol{A}$ ein vollständiges Orthonormalsystem von Eigenvektoren besitzt, kann man in ähnlicher Weise zeigen, daß auch die folgenden Spalten der $\boldsymbol{U}_k$ gegen Eigenvektoren konvergieren:

$$\lim_{k\to\infty} \boldsymbol{U}_k = (\boldsymbol{y}_1, \boldsymbol{y}_2, \dots, \boldsymbol{y}_N)\,, \qquad \lim_{k\to\infty} \boldsymbol{A}_k = \operatorname{diag}(\alpha_1, \alpha_2, \dots, \alpha_N)\,. \tag{6}$$

Dabei sind die Eigenwerte nach abnehmendem Betrag geordnet.

Ebenso wie zur Potenzmethode besteht auch ein enger Zusammenhang zur inversen Iteration:

Satz 4.4.3 (Zusammenhang von QR-Algorithmus und inverser Iteration). *Bezeichnet* $(\boldsymbol{U}_k)$ *die vom* QR*-Algorithmus erzeugte Folge der Produkte der orthogonalen Transformationsmatrizen und* $(\boldsymbol{x}_k)$ *die von der inversen Iteration mit der Matrix* $\boldsymbol{A}^\mathsf{T}$ *zum Startvektor* $\boldsymbol{x}_0 = \boldsymbol{e}_N$ *erzeugte Vektorfolge, so gilt* $\boldsymbol{x}_k = \boldsymbol{U}_k\boldsymbol{e}_N$.

Beweis. Transponiert man die Relation (3) und multipliziert von links mit $\boldsymbol{U}_{k-1}$ und von rechts mit $\boldsymbol{U}_k$, so folgt $\boldsymbol{U}_{k-1}\boldsymbol{R}_k^\mathsf{T} = \boldsymbol{A}^\mathsf{T}\boldsymbol{U}_k$. Die Matrix $\boldsymbol{R}_k^\mathsf{T}$ ist eine Linksdreiecksmatrix, so daß $\boldsymbol{R}_k^\mathsf{T}\boldsymbol{e}_N = r_{NN}^{(k)}\boldsymbol{e}_N$ ist. Damit ergibt sich mit $\boldsymbol{U}_0 = \boldsymbol{I}$ aus $\boldsymbol{x}_0 := := \boldsymbol{U}_0\boldsymbol{e}_N = \boldsymbol{e}_N$ die Gleichung $r_{NN}^{(1)}\boldsymbol{x}_0 = \boldsymbol{A}^\mathsf{T}\boldsymbol{U}_1\boldsymbol{e}_N = \boldsymbol{A}^\mathsf{T}\boldsymbol{x}_1$, und allgemein

$$r_{NN}^{(k)}\boldsymbol{x}_{k-1} = \boldsymbol{A}^\mathsf{T}\boldsymbol{U}_k\boldsymbol{e}_N = \boldsymbol{A}^\mathsf{T}\boldsymbol{x}_k\,, \tag{7}$$

das aber ist nichts anderes als die Rekursionsvorschrift der inversen Iteration, aufgeschrieben für die transponierte Matrix $\boldsymbol{A}^\mathsf{T}$. ■

Wenn $\boldsymbol{A}^{-\mathsf{T}}$ einen dominanten Eigenwert $1/\alpha_N$ besitzt, so konvergieren die $\boldsymbol{x}_k$ nach Satz 4.2.4 gegen den zugehörigen Eigenvektor $\boldsymbol{v}^N$. Er ist Linkseigenvektor zum betragsmäßig kleinsten Eigenwert von $\boldsymbol{A}$,

$$\boldsymbol{A}^\mathsf{T}\boldsymbol{v}_N = \alpha_N\boldsymbol{v}_N\,.$$

Nach Satz 4.4.3 stimmt aber $\boldsymbol{x}_k$ mit $\boldsymbol{U}_k\boldsymbol{e}_N$ überein. Das heißt, für $k \to \infty$ strebt die letzte Spalte von $\boldsymbol{U}_k$ gegen $\boldsymbol{v}_N$,

$$\lim_{k\to\infty} \boldsymbol{U}_k =: \boldsymbol{U} = (\boldsymbol{u}_1, \dots, \boldsymbol{u}_{N-1}, \boldsymbol{v}_N)\,.$$

Wegen der Orthogonalität der $\boldsymbol{U}_k$ sind die Spalten von $\boldsymbol{U}$ orthonormiert. Damit ergibt sich aus (2)

$$\lim_{k\to\infty} \boldsymbol{A}_{k+1} = \boldsymbol{U}^\mathsf{T}\boldsymbol{A}\boldsymbol{U} = \begin{pmatrix} \boldsymbol{u}_1^\mathsf{T}\boldsymbol{A} \\ \vdots \\ \boldsymbol{u}_{N-1}^\mathsf{T}\boldsymbol{A} \\ \boldsymbol{v}_N^\mathsf{T}\alpha_N \end{pmatrix} \cdot \boldsymbol{U} = \begin{pmatrix} * & & * & * \\ \vdots & & \vdots & \vdots \\ * & & * & * \\ 0 & & 0 & \alpha_N \end{pmatrix}.$$

Die Elemente $a_{NN}^{(k)}$ streben also gegen α_N.

Für die Anwendung des QR-Algorithmus ist die folgende Eigenschaft wesentlich.

Satz 4.4.4 (Strukturinvarianz des QR-Algorithmus). *Mit* $\boldsymbol{A}$ *haben auch alle vom* QR*-Algorithmus erzeugten Matrizen* $\boldsymbol{A}_k$ *Hessenberg- bzw. symmetrische Tridiagonalgestalt.*

Ein entsprechender Satz gilt auch für symmetrische Matrizen mit größerer Bandbreite bzw. für verallgemeinerte Hessenberg-Matrizen (mit mehr als einer Kodiagonalen).

Tab. 4.4.1. Ein Schritt des $\boldsymbol{QR}$-Algorithmus für eine 4×4-Hessenberg-Matrix

		$\boldsymbol{Q}_{k1}$	$\boldsymbol{Q}_{k2}$	$\boldsymbol{Q}_{k3}$
$\boldsymbol{A}_k$	$\begin{pmatrix} \times & \times & \times & \times \\ \times & \times & \times & \times \\ & \times & \times & \times \\ & & \times & \times \end{pmatrix}$			
$\boldsymbol{Q}_{k1}^{\mathsf{T}}$	$\begin{pmatrix} + & + & & \\ + & + & & \\ & & 1 & \\ & & & 1 \end{pmatrix} \begin{pmatrix} \ast & \ast & \ast & \ast \\ 0 & \ast & \ast & \ast \\ & \times & \times & \times \\ & & \times & \times \end{pmatrix}$			
$\boldsymbol{Q}_{k2}^{\mathsf{T}}$	$\begin{pmatrix} 1 & & & \\ & + & + & \\ & + & + & \\ & & & 1 \end{pmatrix} \begin{pmatrix} \times & \times & \times & \times \\ & \ast & \ast & \ast \\ & 0 & \ast & \ast \\ & & \times & \times \end{pmatrix}$	$\begin{pmatrix} + & + & & \\ + & + & & \\ & & 1 & \\ & & & 1 \end{pmatrix}$	$\begin{pmatrix} 1 & & & \\ & + & + & \\ & + & + & \\ & & & 1 \end{pmatrix}$	$\begin{pmatrix} 1 & & & \\ & 1 & & \\ & & + & + \\ & & + & + \end{pmatrix}$
$\boldsymbol{Q}_{k3}^{\mathsf{T}}$	$\begin{pmatrix} 1 & & & \\ & 1 & & \\ & & + & + \\ & & + & + \end{pmatrix} \begin{pmatrix} \times & \times & \times & \times \\ & \times & \times & \times \\ & & \ast & \ast \\ & & 0 & \times \end{pmatrix}$	$\begin{pmatrix} \ast & \ast & \times & \times \\ \ast & \ast & \times & \times \\ & & \times & \times \\ & & & \times \end{pmatrix}$	$\begin{pmatrix} \times & \ast & \ast & \times \\ \times & \ast & \ast & \times \\ & \ast & \ast & \times \\ & & & \times \end{pmatrix}$	$\begin{pmatrix} \times & \times & \ast & \ast \\ \times & \times & \ast & \ast \\ & \times & \ast & \ast \\ & & \ast & \ast \end{pmatrix}$
	$\boldsymbol{Q}^{\mathsf{T}}\boldsymbol{A}_k = \boldsymbol{R}_k$			$\boldsymbol{Q}_k^{\mathsf{T}}\boldsymbol{A}_k\boldsymbol{Q}_k = \boldsymbol{A}_{k+1}$

Statt eines Beweises stellen wir die Transformation (1) für eine 4×4-Hessenberg-Matrix in Tab. 4. 4. 1 schematisch dar. Die $\boldsymbol{QR}$-Zerlegung wird dabei durch ebene Drehungen hergestellt, $\boldsymbol{Q}_k$ setzt sich also aus den drei Drehungsmatrizen $\boldsymbol{Q}_{k1}$, $\boldsymbol{Q}_{k2}$ und $\boldsymbol{Q}_{k3}$ zur Beseitigung von $a_{21}^{(k)}$, $a_{32}^{(k)}$ und $a_{43}^{(k)}$ zusammen. Mit $\boldsymbol{A}_k$ hat auch $\boldsymbol{Q}_k$ Hessenberg-Gestalt. Es ist jedoch nicht erforderlich, $\boldsymbol{Q}_k$ explizit auszurechnen. ■

4.4.2. Spektralverschiebungen

Entscheidend für die Konvergenz von Potenzmethode und inverser Iteration ist die Dominanz von α_1 bzw. von $1/\alpha_N$. Durch Nullpunktsverschiebung der α-Achse kann man die Dominanz wesentlich verstärken. Das läßt sich auch beim $\boldsymbol{QR}$-Algorithmus ausnutzen. Statt $\boldsymbol{A}$ spaltet man eine „verschobene" Matrix $\boldsymbol{B}_k := \boldsymbol{A}_k - \sigma_k \boldsymbol{I}$ in das Produkt einer orthogonalen und einer Rechtsdreiecksmatrix auf. Dabei ist σ_k eine Eigenwertnäherung, die wie bei der Rayleigh-Quotienten-Iteration von Schritt zu Schritt aktualisiert wird:

Algorithmus 4.4.5. $\boldsymbol{QR}$-Algorithmus mit Spektralverschiebung

	$\boldsymbol{B}_1 := \boldsymbol{A}$	Ausgangsmatrix
	$\alpha := 0$	Eigenwertnäherung
	$k = 1, 2, \ldots$	
1	σ_k	Bestimmung eines Verschiebungsparameters
2	$\alpha := \alpha + \sigma_k$	Akkumulation der Verschiebungen
3	$\boldsymbol{B}_k - \sigma_k \boldsymbol{I} =: \boldsymbol{Q}_k \boldsymbol{R}_k$	$\boldsymbol{QR}$-Zerlegung
4	$\boldsymbol{B}_{k+1} := \boldsymbol{R}_k \boldsymbol{Q}_k + \sigma_k \boldsymbol{I}$	Multiplikation

Wegen $\boldsymbol{R}_k = \boldsymbol{Q}_k^\mathsf{T}\boldsymbol{B}_k - \sigma_k\boldsymbol{Q}_k^\mathsf{T}$ folgt analog zu (1) $\boldsymbol{B}_{k+1} = \boldsymbol{Q}_k^\mathsf{T}\boldsymbol{B}_k\boldsymbol{Q}_k$, so daß auch dieser modifizierte QR-Algorithmus eine Folge zu $\boldsymbol{A}$ orthogonal-ähnlicher Matrizen erzeugt: $\boldsymbol{B}_{k+1} = \boldsymbol{U}_k^\mathsf{T}\boldsymbol{A}\boldsymbol{U}_k$. Demnach stellt

$$b_{NN}^{(k+1)} = \boldsymbol{e}_N^\mathsf{T}\boldsymbol{B}_{k+1}\boldsymbol{e}_N = \boldsymbol{e}_N^\mathsf{T}\boldsymbol{U}_k^\mathsf{T}\boldsymbol{A}\boldsymbol{U}_k\boldsymbol{e}_N = \boldsymbol{x}_k^\mathsf{T}\boldsymbol{A}\boldsymbol{x}_k \tag{8}$$

als Rayleigh-Quotient des Vektors $\boldsymbol{x}_k := \boldsymbol{U}_k\boldsymbol{e}_N$ eine Eigenwertnäherung dar und kann als Verschiebungsparameter verwendet werden:

$$\sigma_k := b_{NN}^{(k)} = \boldsymbol{e}_N^\mathsf{T}\boldsymbol{B}_k\boldsymbol{e}_N \qquad \text{(Rayleigh-Quotienten-Verschiebung).} \tag{9}$$

Damit läßt sich analog zu Satz 4.4.3 ein Zusammenhang zwischen der Rayleigh-Quotienten-Iteration und dem QR-Algorithmus mit Nullpunktsverschiebung herstellen, so daß sich auch die hohe Konvergenzgeschwindigkeit überträgt (Satz 4.2.9). Sind die Elemente der letzten Zeile der Matrix $\boldsymbol{B}_k$ betragsmäßig kleiner als ein vorzugebendes ε, so ist die Summe α der bis dahin verwendeten Verschiebungen σ_j eine Näherung für den kleinsten Eigenwert α_N der Ausgangsmatrix $\boldsymbol{A}$. Benutzt man anschließend zur Berechnung von $\boldsymbol{B}_{k+1}$ die Verschiebung

$$\sigma_k := b_{N-1,N-1}^{(k)} = \boldsymbol{e}_{N-1}^\mathsf{T}\boldsymbol{B}_k\boldsymbol{e}_{N-1}\,, \tag{10}$$

so konvergiert die Summe α gegen den nächstgrößeren Eigenwert α_{N-1} (falls $|\alpha_{N-1}| < < |\alpha_j|, j = 1(1)N-2$, gilt). Ist auch die $(N-1)$-te Zeile hinreichend klein geworden, so ist $\alpha_{N-1} \approx \alpha$, und man kann, falls weitere Eigenwerte bestimmt werden sollen, mit $\sigma_k := b_{N-2,N-2}^{(k)}$ weiterrechnen. Sind alle Eigenwerte reell und paarweise voneinander verschieden, so können sie auf diese Weise schrittweise bestimmt werden.

Eine (zumindest *asymptotisch*) *höhere Konvergenzordnung* ergibt sich bei der *Wilkinson-Verschiebung*. Dabei benutzt man statt b_{NN} einen der beiden Eigenwerte der in der Südostecke der Matrix $\boldsymbol{B}_k$ stehenden 2×2-Untermatrix, nämlich diejenige Wurzel der quadratischen Gleichung

$$\begin{vmatrix} b_{N-1,N-1} - \beta & b_{N-1,N} \\ b_{N,N-1} & b_{N,N} - \beta \end{vmatrix} = 0\,, \tag{11}$$

die von b_{NN} den kleinsten Abstand hat. Man berechnet sie in folgender Weise (Ü 4.4.6)

$$\mu := (b_{N-1,N-1} - b_{NN})/2\,, \qquad \nu := b_{N-1,N}b_{N,N-1}\,,$$

(Wilkinson-Verschiebung)

$$\sigma_k := \begin{cases} b_{NN} - (\operatorname{sgn} b_{NN})\sqrt{\nu}\,, & \text{falls } |\mu| < \varepsilon\,, \\ b_{NN} - \nu/[\mu + (\operatorname{sgn}\mu)\sqrt{\mu^2 + \nu}] & \text{sonst}\,. \end{cases} \tag{12}$$

Zur Untersuchung des asymptotischen Verhaltens setzen wir voraus, daß die Matrizen $\boldsymbol{B}_k$ Hessenberg-Gestalt haben. Weiter nehmen wir an, daß die letzten Elemente der unteren Kodiagonale bereits von der Größenordnung ε sind, und entwickeln die Determinante (mit vereinfachten Bezeichnungen)

$$\mathrm{p}_N(\beta) = \begin{vmatrix} * & * & * & * & * \\ * & * & * & * & * \\ & * & * & * & * \\ & & t_2\varepsilon & b-\beta & c \\ & & & t_1\varepsilon & a-\beta \end{vmatrix}\,, \qquad |t_j| < 1\,,$$

nach den Elementen der letzten Zeile:

$$p_N(\beta) = (a-\beta)\,p_{N-1}(\beta) + O(\varepsilon)\,.$$

Bei der Rayleigh-Quotienten-Verschiebung wählt man $\sigma_k := a$. Es ist also

$$p_N(\sigma_k) = O(\varepsilon) .$$

Für die Wilkinson-Verschiebung entwickeln wir noch nach den Elementen der vorletzten Zeile:

$$p_N(\beta) = [(a - \beta)(b - \beta) - t_1\varepsilon c]\, p_{N-2}(\beta) + (a - \beta)\, O(\varepsilon) .$$

Die eckige Klammer enthält die Unterdeterminante, die bei der Wilkinson-Verschiebung verschwindet (vgl. (11)). Nach (12) ist $\nu := ct_1\varepsilon$. Es sei zunächst $\mu := (b - a)/2 \gg \gg \varepsilon$. Dann gilt

$$p_N(\sigma_k) = (a - \sigma_k)\, O(\varepsilon) = \frac{\nu \cdot O(\varepsilon)}{\mu\big(1 + O(\varepsilon)\big)} = O(\varepsilon^2) .$$

Ist μ klein, stimmen also die letzten beiden Diagonalelemente von B_k fast überein, so ist $a - \sigma_k$ wegen (12) nur noch von der Ordnung $\varepsilon^{1/2}$, trotzdem verschwindet $p_N(\sigma_k)$ auch in diesem Fall von höherer Ordnung als bei Verwendung der Rayleigh-Quotienten-Verschiebung.

Sind die iterierten Matrizen $\boldsymbol{B}_k$ symmetrisch und tridiagonal, so ist $c = t_1\varepsilon$ und $\nu = O(\varepsilon^2)$, so daß sich sogar $p_N(\sigma_k) = O(\varepsilon^3)$ ergibt.

4.4.3. Numerische Realisierung

Ein Schritt des Algorithmus 4.4.5 setzt sich aus der Berechnung des Verschiebungsparameters σ_k, der Änderung der Diagonalelemente von $\boldsymbol{B}_k$ nach der Vorschrift $\tilde{\boldsymbol{B}}_k := \boldsymbol{B}_k - \sigma_k \boldsymbol{I}$, der $\boldsymbol{QR}$-Zerlegung und der Rückrechnung (Multiplikation) zusammen. Im Fall einer Hessenberg- oder Tridiagonalmatrix besteht jede $\boldsymbol{QR}$-Zerlegung aus $N - 1$ Drehungen oder Spiegelungen, d. h. aus der Linksmultiplikation mit orthogonalen Matrizen $\boldsymbol{Q}_{k1}^{\mathsf{T}}, \boldsymbol{Q}_{k2}^{\mathsf{T}}, \ldots, \boldsymbol{Q}_{k,N-1}^{\mathsf{T}}$. Die Rückrechnung besteht aus den zugehörigen Rechtsmultiplikationen, so daß insgesamt die Ähnlichkeitstransformation

$$\tilde{\boldsymbol{B}}_{k+1} := \boldsymbol{Q}_{k,N-1}^{\mathsf{T}} \cdots \boldsymbol{Q}_{k1}^{\mathsf{T}} \tilde{\boldsymbol{B}}_k \boldsymbol{Q}_{k1} \cdots \boldsymbol{Q}_{k,N-1}$$

entsteht (vgl. Tab. 4.4.1, S. 209). Auf die Addition von $\sigma_k \boldsymbol{I}$ im Schritt 4 des Algorithmus 4.4.5 kann verzichtet werden. da sie durch die nächste Verschiebung mit $\sigma_{k+1}\boldsymbol{I}$ kompensiert wird.

Bei Tridiagonalmatrizen kostet die Ähnlichkeitstransformation etwa $12\,N$ wesentliche Rechenoperationen, bei Hessenberg-Matrizen ist der *Rechenaufwand* von der Ordnung N^2 (Ü 4.4.3). Zusätzlicher *Speicherplatz* wird für die Drehungs- (oder Spiegelungs-)Parameter benötigt, die für die Rückrechnung aufgehoben werden müssen. Man kann ihn reduzieren, wenn man die Rechtsmultiplikation ausführt, sobald die zu transformierenden Spalten von späteren Linksmultiplikationen nicht mehr betroffen sind (vgl. Tab. 4.4.1), wenn man also in folgender Reihenfolge rechnet:

$$\boldsymbol{Q}_{k1}^{\mathsf{T}}\boldsymbol{B}_k\,,\ \boldsymbol{Q}_{k2}^{\mathsf{T}}\boldsymbol{Q}_{k1}^{\mathsf{T}}\boldsymbol{B}_k\,,\ \boldsymbol{Q}_{k2}^{\mathsf{T}}\boldsymbol{Q}_{k1}^{\mathsf{T}}\boldsymbol{B}_k\boldsymbol{Q}_{k1},\ \boldsymbol{Q}_{k3}^{\mathsf{T}}\boldsymbol{Q}_{k2}^{\mathsf{T}}\boldsymbol{Q}_{k1}^{\mathsf{T}}\boldsymbol{B}_k\boldsymbol{Q}_{k1},\ \ldots .$$

In diesem Fall brauchen nur die Drehungsparameter der jeweils letzten beiden Drehungen aufgehoben zu werden.

Wir verzichten darauf, die Rechenschritte detailliert in einem Algorithmus zusammenzustellen und beschränken uns auf ein Beispiel.

Beispiel 4.4.6. Für das *Knicklastbeispiel* berechnen wir mit Hilfe des $\boldsymbol{QR}$-Algorithmus Näherungen für alle vier Eigenwerte (vgl. (4.1.5) und Beispiel 4.1.2.) Zur $\boldsymbol{QR}$-Zerlegung benutzen wir Drehungen der skalierten Variante (Algorithmus 3.2.8) in den Ebenen

$(j, j+1)$. Die Drehungsparameter werden jeweils so bestimmt, daß das Element $b_{j+1,j}$ durch die Zeilentransformation auf Null transformiert wird (vgl. Tab. 4.4.1). Die Ausgangsmatrix ist tridiagonal, aber unsymmetrisch, so daß die Elemente im oberen Dreieck aufgefüllt werden. Für den Verschiebungsparameter verwenden wir die *Wilkinson-Vorschrift* (12), wobei die Skalierungsfaktoren zu berücksichtigen sind: σ_k wird solange aus $\begin{pmatrix} d_3^2 b_{33} & d_3 d_4 b_{34} \\ d_3 d_4 b_{43} & d_4^2 b_{44} \end{pmatrix}$ berechnet, bis die Drehungsparameter f_3 und g_3 der jeweils dritten Drehung des Zyklus der Bedingung $f_3 g_3 < 10^{-6}$ genügen. Dann wird die vierte Zeile bei den Zeilentransformationen nicht mehr berücksichtigt und σ_k solange aus $\begin{pmatrix} d_2^2 b_{22} & d_2 d_3 b_{23} \\ d_2 d_3 b_{32} & d_3^2 b_{33} \end{pmatrix}$ bestimmt, bis $f_2 g_2 < 10^{-6}$ geworden ist, usw. In Tab. 4.4.2 findet man die Ergebnisse einer 10stelligen Rechnung (auf 6 Stellen gerundet). Die erste Spalte enthält die Zyklennumerierung, die zweite die Quadrate der Skalierungsfaktoren, die letzte die akkumulierten

Tab. 4.4.2. **QR**-Algorithmus mit Wilkinson-Verschiebung, angewandt auf das Knicklastbeispiel (4.1.5)

k	d_n^2	$\boldsymbol{B}_k$				$\sum \sigma_k$
1	1	2	−1			
	1	−1	2	−1		
	1		−1	2	−1	
	1			−2	2	
2	0.80000	3.50000	−1.66667			0
	0.51429	−1.66667	4.55556	−3.05556	−0.83333	
	0.14286		−5.00000	19.22222	3.33333	
	0.22222			−1.66667	0.50000	
3	0.74055	4.05069	−1.14269	−0.47845	0.15283	0.158829
	0.31523	−1.31553	9.75938	−2.17609	−2.35162	
	0.09310		−5.61598	13.90843	3.47372	
	0.21872			0.00566	−0.02918	
4	0.70887	4.58489	−1.08462	−0.84461	0.47758	0.152140
	0.27187	−1.44065	11.34770	1.32426	−2.94233	
	0.08388		−2.31811	12.59156	2.09419	
	0.21872			$5.4_{10}{-}7$	$4.6_{10}{-}4$	
5	0.65283	3.74491	−0.72730	−1.37406	1.01141	1.09133
	0.24105	−1.28533	6.97362	3.38020	−2.95487	
	0.08076		0.01188	−0.10431	1.17094	
6	0.62581	4.12443	−0.27279	−1.80040	1.38452	1.23458
	0.23107	−0.85380	6.76356	2.89842	−2.60827	
	0.08076		$3.8_{10}{-}7$	$6.1_{10}{-}4$	1.17552	
7	0.61606	4.24998	0.07756	−2.02194	1.58389	1.23463
	0.22747	−0.51265	6.70687	2.52571	−2.32165	
	0.08076		$-2.4_{10}{-}12$	$2.0_{10}{-}8$	1.17552	
8	0.59746	1.81166	0.60859	−2.29277	1.83283	2.76537
	0.22060	$-5.3_{10}{-}12$	$4.5_{10}{-}11$	1.93853	−1.86168	

Verschiebungen. Die Eigenwerte α_n ergeben sich, wenn die Elemente b_{nj} links von der Hauptdiagonalen, $j < n$, in der betreffenden Zeile hinreichend klein geworden sind, aus

$$\alpha_4 \approx d_4^2 b_{44} + \sum \sigma_k = 0.00010 + 0.15214 = 0.15224\,,$$

$$\alpha_3 \approx d_3^2 b_{33} + \sum \sigma_k = 1.6_{10}{-}9 + 1.23463 = 1.23463\,,$$

$$\alpha_2 \approx d_2^2 b_{22} + \sum \sigma_k = 1.0_{10}{-}11 + 2.76537 = 2.76537\,,$$

$$\alpha_1 \approx d_1^2 b_{11} + \sum \sigma_k = 1.08239 + 2.76537 = 3.84776\,.$$

4.4.4. Bemerkungen

B 4.4.1 Die Entwicklung des ***QR***-Algorithmus geht auf RUTISHAUSER [1] zurück. Er verwendete statt der Zerlegung in eine orthogonale und eine Rechtsdreiecksmatrix eine ***LR-Aufspaltung*** in eine Links- und eine Rechtsdreiecksmatrix (in Abschnitt 2.3.1 als ***LU-Zerlegung*** bezeichnet). Eine solche Aufspaltung kostet nur etwa den halben Rechenaufwand, dafür ist aber auch die Konvergenz des ***LR***-Algorithmus langsamer, so daß der Vorteil wieder aufgehoben wird. Da ***QR***-Zerlegungen numerisch stabiler als ***LR***-Zerlegungen sind, gibt man im allgemeinen den Orthogonaldreieckszerlegungen gegenüber den Linksrechtsdreieckszerlegungen den Vorzug. Zuerst verwendet wurde der ***QR***-Algorithmus von KUBLANOVSKAJA [1] und FRANCIS [1]. Programme findet man u. a. bei WILKINSON, REINSCH [1] und im Programmpaket MEIWEP (LANG [1]).

B 4.4.2. Eng verwandt mit dem ***QR***-Algorithmus ist der ***QL***-Algorithmus. Dabei werden die Matrizen $\boldsymbol{A}_k$ bzw. $\boldsymbol{B}_k$ in das Produkt einer orthogonalen und einer Linksdreiecksmatrix zerlegt. Kehrt man mit Hilfe der Permutationsmatrix $\boldsymbol{P} = (\boldsymbol{e}_N, \dots, \boldsymbol{e}_2, \boldsymbol{e}_1)$ die Reihenfolge von Spalten und Zeilen um, so kommt man zum ***QR***-Algorithmus zurück.

B 4.4.3. Für symmetrische Tridiagonalmatrizen wurde eine große Anzahl von ***QR***- und ***QL***-Varianten entwickelt. Neben den in Abschnitt 4.4.2 besprochenen expliziten Spektralverschiebungen werden auch *implizite Verschiebungstechniken* benutzt, bei denen die Diagonalelemente nicht abgeändert zu werden brauchen (vgl. PARLETT [1]).

B 4.4.4. Unsymmetrische Matrizen können komplexe Eigenwerte besitzen. Der Wilkinson-Parameter wird dann komplex. Faßt man aber zwei aufeinanderfolgende Schritte zusammen, so kann man $\boldsymbol{B}_{k+2}$ in reeller Arithmetik aus $\boldsymbol{B}_k$ berechnen (FRANCIS [1]). Sind alle Elemente $b_{N-1,j}$ und b_{Nj}, $j \leq N-2$, links von der 2×2-Matrix $\begin{pmatrix} b_{N-1,N-1} & b_{N-1,N} \\ b_{N,N-1} & b_{NN} \end{pmatrix}$ hinreichend klein geworden, so sind deren Eigenwerte Näherungen für die (verschobenen) Eigenwerte der Ausgangsmatrix, und man kann die beiden letzten Zeilen bei den folgenden Zeilentransformationen unberücksichtigt lassen.

4.4.5. Übungsaufgaben

Ü 4.4.1. Man programmiere den ***QR***-Algorithmus mit Spektralverschiebung (Algorithmus 4.4.5) für obere Hessenberg-Matrizen. Dabei berechne man die ***QR***-Aufspaltung

a) durch Spiegelungen nach Algorithmus 3.2.2,
b) durch Drehungen nach Algorithmus 3.2.8,
c) durch Drehungen nach Algorithmus 3.2.7

und den Verschiebungsparameter σ_k

a) nach Vorschrift (9) (Rayleigh-Quotienten-Verschiebung),
b) nach Vorschrift (12) (Wilkinson-Verschiebung).

Ü 4.4.2. Man spezialisiere den ***QR***-Algorithmus auf symmetrische Tridiagonalmatrizen.

Ü 4.4.3. Man bestimme die Anzahl der wesentlichen Rechenoperationen je Schritt für die verschiedenen Varianten des ***QR***-Algorithmus (vgl. Ü 4.4.1 und Ü 4.4.2) für voll besetzte Matrizen, obere Hessenberg-Matrizen und symmetrische Tridiagonalmatrizen.

Ü 4.4.4. Man zeige: Ist $\boldsymbol{A}$ symmetrisch, tridiagonal und singulär, so liefert der ***QR***-Algorithmus in einem Schritt den Eigenwert $\alpha = 0$ und den zugehörigen Eigenvektor.

Ü 4.4.5. Mit Hilfe des ***QR***-Algorithmus bestimme man Näherungen für alle Eigenwerte der Matrizen $\boldsymbol{A}$ aus Ü 4.1.9, Ü 2.7.4 und Beispiel 4.1.1.

Ü 4.4.6. Man berechne die beiden Wurzeln β_1 und β_2 der quadratischen Gleichung (11) und weise nach, daß für das nach (12) berechnete σ_k der Wilkinson-Verschiebung

$$|b_{NN} - \sigma_k| = \min\,(|b_{NN} - \beta_1|,\quad |b_{NN} - \beta_2|)$$

gilt.

Ü 4.4.7. Durch Ähnlichkeitstransformationen mit den Matrizen $\boldsymbol{Q}_1, \boldsymbol{Q}_2, \dots, \boldsymbol{Q}_k$ sei eine symmetrische Matrix $\boldsymbol{A}$ auf Diagonalgestalt transformiert worden (vgl. (2)),

$$\boldsymbol{U}_k^{\mathrm{T}} \boldsymbol{A} \boldsymbol{U}_k = \boldsymbol{A}_{k+1} = \operatorname{diag}(\alpha_1, \alpha_2, \dots, \alpha_N)\,.$$

Wie erhält man die zu den Eigenwerten α_n, $n = 1(1)N$, gehörenden Eigenvektoren $\boldsymbol{y}_n$? Man erweitere den Algorithmus aus Ü 4.4.2 so, daß er die Eigenwerte und Eigenvektoren von $\boldsymbol{A}$ berechnet.

Ü 4.4.8. Durch Ähnlichkeitstransformationen mit den Matrizen $\boldsymbol{Q}_1, \boldsymbol{Q}_2, \ldots, \boldsymbol{Q}_k$ sei eine unsymmetrische Matrix $\boldsymbol{A}$ auf obere Dreiecksgestalt transformiert worden. Wie findet man die Eigenvektoren von $\boldsymbol{A}$? Man erweitere den Algorithmus aus Ü 4.4.1 so, daß er die Eigenwerte und Eigenvektoren von $\boldsymbol{A}$ berechnet.

Ü 4.4.9. Wie genau sind die nach Ü 4.4.7 und Ü 4.4.8 berechneten Eigenvektoren, wenn die Nichtdiagonalelemente der Matrix $\boldsymbol{A}_{k+1}$ (die Nichtdiagonalelemente im linken unteren Dreieck der Matrix $\boldsymbol{A}_{k+1}$) nicht exakt gleich Null sind, sondern die Gestalt $a_{mn} = t_{mn}\varepsilon$, $|t_{mn}| < 1$, besitzen?

Literatur

Albrand, H. J.
[1] Beiträge zur Theorie zyklischer Iterationsverfahren. Dissertation B, Wilhelm-Pieck-Universität Rostock 1978.
Alefeld, G.
[1] Intervallanalytische Methoden bei nichtlinearen Gleichungen. *In*: Jahrbuch Überblicke Mathematik 1979. Bibliographisches Institut, Mannheim 1979, 63—78.
Alefeld, G., und J. Herzberger
[1] Einführung in die Intervallrechnung. Bibliographisches Institut, Mannheim 1974.
Axelsson, O.
[1] Solution of linear systems of equations: Iterative methods. *In*: Barker [1], 1—51.
Bachvalov, N. S. (Бахвалов, Н. С.)
[1] Численные Методы. Наука, Москва 1975.
Barker, V. A. (Hrsg.)
[1] Sparse Matrix Techniques. Lecture Notes in Mathematics, vol. 572. Springer-Verlag, Berlin, Heidelberg, New York 1977.
Bathe, J., und E. L. Wilson
[1] Numerical Methods in Finite Element Analysis. Prentice Hall, Englewood Cliffs, N. J., 1976.
Beklemišev, D. V. (Беклемишев, Д. В.)
[1] Дополнительные главы линейной алгебры. Наука, Москва 1983.
Ben-Israel, A., and T. N. E. Greville
[1] Generalized Inverses: Theory and Applications. John Wiley and Sons, New York 1974.
Berg, L.
[1] Auflösung von Gleichungssystemen mit einer Bandmatrix. Z. Angew. Math. Mech. **57** (1977), 373—380.
[2] Differenzengleichungen zweiter Ordnung mit Anwendungen. VEB Deutscher Verlag der Wissenschaften, Berlin 1979.
[3] Über Gaußsche Markov-Prozesse als Wachstumsmodelle. Biom. J. **23** (1981), 477—486.
[4] Gleichungssysteme mit Bandmatrizen und ihre numerische Stabilität. VEB Deutscher Verlag der Wissenschaften, Berlin 1985.
Berge, C.
[1] Graphs and Hypergraphs. North-Holland Publ. Co., Amsterdam 1973.
Beresin, I. S., und N. P. Shidkow
[1] Numerische Methoden 1, 2. VEB Deutscher Verlag der Wissenschaften, Berlin 1970 und 1971.
Björck, Å., und G. Dahlquist
[1] Numerische Methoden. Oldenbourg Verlag, München, Wien 1972.
Bohl, E.
[1] Monotonie: Lösbarkeit und Numerik bei Operatorgleichungen. Springer-Verlag, Berlin, Heidelberg, New York 1974.
Bohlender, G., et al.
[1] Fortran for contemporary numerical computation. Computing **26** (1981), 277—314.
Bradis, W. M.
[1] Kopfrechnen und schriftliches Rechnen. *In*: Alexandroff, P. S., A. I. Markuschewitsch und A. J. Chintschin (Hrsg.), Enzyklopädie der Elementarmathematik, Band 1. VEB Deutscher Verlag der Wissenschaften, Berlin 1966, 317—395.

BRAMELLER, A., R. N. ALLEN, und Y. M. HAMAM
[1] Sparsity: Its Practical Applications to Systems Analysis. Pitman, London 1976.
BREZINSKI, C.
[1] Accéleration de la convergence en analyse numérique. Lecture Notes in Mathematics, vol. 584. Springer-Verlag, Berlin, Heidelberg, New York 1977.
[2] Algorithmes d'accéleration de la convergence. Étude numérique. Editions Technip, Paris 1978.
BROMM, K. U.
[1] Programmierbare Taschenrechner in Schule und Ausbildung. Friedr. Vieweg & Sohn Verlagsges., Braunschweig 1979.
BUNCH, J. R., und D. J. ROSE (Hrsg.)
[1] Sparse Matrix Computations. Academic Press, New York 1976.
BURMEISTER, W., und J. W. SCHMIDT
[1] On the R-order of coupled sequences. Computing **26** (1981), 333—342; **29** (1982), 73 bis 81; **30** (1983), 157—169.
CLINE, A. K., C. B. MOLER, G. W. STEWART und J. H. WILKINSON
[1] An estimate of the condition number of a matrix SIAM J. Numer. Anal. **16** (1979), 368—375.
CLINE, A. K., A. R. CONN und C. VAN LOAN
[1] Generalizing the LINPACK condition estimator. Technical Report TR 81-462, Cornell University, Ithaca, N. Y., 1981.
CHENG, K. Y.
[1] Minimizing the bandwidth of sparse symmetric matrices. Computing **11** (1973), 103—110
COLLATZ, L.
[1] Funktionalanalysis and numerische Mathematik. Springer-Verlag, Berlin, Heidelberg, New York 1964.
[2] The Numerical Treatment of Differential Equations. Springer-Verlag, Berlin, Heidelberg, New York 1966.
CONPAR 81
[1] Conference on analysing problem classes and programming for parallel computing, Nürnberg, Juni 1981. Lecture Notes in Computer Science, vol. 111. Springer-Verlag, Berlin, Heidelberg, New York 1981.
CURTIS, A. R., und J. K. REID
[1] On the automatic scaling of matrices for Gaussian elimination. J. Inst. Math. Appl. **10** (1972), 118—124.
CUTHILL, E., und J. MCKEE
[1] Reducing the bandwidth of sparse symmetric matrices. *In*: Proceedings of the Association for Computing Machinery (ACM) National Conference. ACM, New York 1969, 157—172.
DEKKER, T. J.
[1] A floating-point technique for extending the available precision. Numer. Math. **18** (1971), 224—242.
DÖHLER, B.
[1] Ein neues Gradientenverfahren zur simultanen Berechnung der kleinsten oder größten Eigenwerte des allgemeinen Eigenwertproblems. Numer. Math. **40** (1982), 79—91.
DÖRFLER, W., und J. MÜHLBACHER
[1] Graphentheorie für Informatiker. Sammlung Göschen, Band 6016. Walter de Gruyter, Berlin, New York 1973.
DONGARRA, J. J., J. R. BUNCH, C. B. MOLER und G. W. STEWART
[1] LINPACK, Users Guide. SIAM, Philadelphia, Pa., 1979.
DUFF, I. S.
[1] Recent developments in the solution of large sparse linear equations. North-Holland Publ. Co., Amsterdam 1980.
[2] Sparse matrices and their uses. Academic Press, New York 1981.
DUFF, I. S., und G. W. STEWART (Hrsg.)
[1] Symposium on sparse matrix computations. SIAM, Philadelphia, Pa., 1979.

Eisenstat, S. C., M. C. Gursky, M. H. Schultz und A. H. Sherman
[1] Yale Sparse Matrix Package. I. The symmetric codes, II. The nonsymmetric codes. Research Report 112 and 114, Yale University, Dept. of Comp. Sci., New Haven, Conn., 1977.
Faddejew, D. K., und W. N. Faddejewa
[1] Numerische Methoden der linearen Algebra. VEB Deutscher Verlag der Wissenschaften, Berlin 1973.
Faddeeva, V. N., und D. K. Faddeev (Фаддеева, В. Н., и Д. К. Фаддеев)
[1] Параллельные вычисления в линейной алгребре. Препринты Ломи P-6-77, Ленинград 1977.
Falk, S.
[1] Ein übersichtliches Schema für die Matrizenmultiplikation. Z. Angew. Math. Mech. **31** (1951), 152—153.
Falk, S., und P. Langemeyer
[1] Das Jacobische Rotationsverfahren für reellsymmetrische Matrizenpaare, I und II. Elektron. Datenverarb. **1960**, 30—43.
Forsythe, G. E., und C. B. Moler
[1] Computer solution of linear algebraic systems. Prentice Hall, Englewood Cliffs, N. J., 1967.
Forsythe, G. E., M. A. Malcolm und C. B. Moler
[1] Computer methods for mathematical computations. Prentice Hall, Englewood Cliffs, N. J., 1977 (Russ. Übers.: Mir, Moskau 1980).
Francis, J. F. G.
[1] The QR transformation. A unitary analogue to the LR transformation. Computer J. **4** (1961/62), 265—271, 332—345.
Friedrich, V., B. Hofmann und U. Tautenhahn
[1] Möglichkeiten der Regularisierung bei der Auswertung von Meßdaten. Wiss. Schriftenreihe TH Karl-Marx-Stadt, Heft 10, Karl-Marx-Stadt 1979.
Garloff, J.
[1] Interval Mathematics. A Bibliography. Freiburger Intervall-Berichte **82/3** (1982).
Gentleman, W. M.
[1] Least squares computations by Givens transformations without square roots. J. Inst. Math. Appl. **12** (1973), 329—336.
George, A.
[1] Nested dissection of a regular finite element mesh. SIAM J. Numer. Anal. **10** (1973), 345—363.
George, A., und J. W. H. Liu
[1] An automatic nested dissection algorithm for irregular finite element problems. SIAM J. Numer. Anal. **15** (1978), 1053—1069.
[2] Computer solution of large sparse positive definite systems. Prentice Hall, Englewood Cliffs, N. J., 1981.
George, A., J. Liu und E. Ng
[1] Users Guide to SPARSPAK: Waterloo Sparse Linear Equations Package. Dept. of Computer Sci., University of Waterloo, Waterloo, Ontario, 1979.
Gregory, R. T., und D. L. Karney
[1] A collection of matrices for testing computational algorithms. Robert E. Krieger Publ. Co., Huntington, N. Y., 1968.
Grimes, R. G., und J. G. Lewis
[1] Condition number estimation for sparse matrices. SIAM J. Sci. Stat. Comput. **2** (1981), 384—388.
Gustavson, F.
[1] A Survey of Some Sparse Matrix Theory and Techniques. *In*: Jahrbuch Überblicke Mathematik 1981. Bibliographisches Institut, Mannheim 1981, 63—105.
Gustavson, F. G., W. M. Liniger und R. A. Willoughby
[1] Symbolic generation of an optimal Crout algorithm for sparse systems of equations. J. Assoc. Comput. Mach. **17** (1970), 87—109.
Hackbusch, W., und U. Trottenburg (Hrsg.)
[1] Multigrid Methods. Lecture Notes in Mathematics, vol. 960. Springer-Verlag, Berlin, Heidelberg, New York 1982.

HAMMERLING, S.
[1] A note on a modification of the Givens plane rotation. J. Inst. Math. Appl. **13** (1974), 215—218.
HAMMING, R. W.
[1] Introduction to applied numerical analysis. McGraw-Hill Publ. Co., New York 1971.
HANSEN, P. B.
[1] EDISON, a multiprocessor language. University of Southern California, Los Angeles 1980.
HEALY, M. J. R.
[1] Triangular decomposition of a symmetric matrix. Applied Statistics **17** (1968), 195 bis 197.
HEINIG, G., und K. ROST
[1] Algebraic Methods for Toeplitz-like Matrices and Operators. Akademie-Verlag, Berlin, und Birkhäuser Verlag, Basel, Boston, Stuttgart 1984.
HELLER, D.
[1] A survey of parallel algorithms in numerical linear algebra. SIAM Review **20** (1978), 740—750.
HENRICI, P.
[1] Elemente der numerischen Analysis. BI-Hochschultaschenbücher, Band 551 und 562. Bibliographisches Institut, Mannheim 1972.
HESTENES, M. R.
[1] Pseudo inverses and conjugate gradients. Communications of the ACM **18** (1975), 40—43.
HESTENES, M., und E. STIEFEL
[1] Methods of conjugate gradients for solving linear systems. J. Res. Nat. Bur. Standards **49** (1952), 409—436.
HOLLATZ, H. (Hrsg.)
[1] Moduln für lineare Gleichungssysteme. Numerische Verfahren in Aktion, Band 1. Akademie-Verlag, Berlin 1980.
HOOD, P.
[1] Frontal solution program for unsymmetric matrices. Internat. J. Numer. Meth. in Engin. **10** (1976), 379—399.
HOUSEHOLDER, A. S.
[1] Unitary triangularization of a nonsymmetric matrix. J. Assoc. Comput. Mach. **5** (1958), 339—342.
[2] The theory of matrices in numerical analysis. Blaisdell Publ. Co., New York 1964.
[3] KWIC index for numerical algebra. Oak Ridge, Tenn., 1975.
HOUSEHOLDER, A. S., und F. L. BAUER
[1] On certain iterative methods for solving linear systems. Numer. Math. **2** (1960), 55—59.
KERNER, I. O.
[1] Numerische Mathematik mit Kleinrechnern. Studienbücherei Mathematik für Lehrer, Band 19. VEB Deutscher Verlag der Wissenschaften, Berlin 1984.
KIESEWETTER, H., und G. MAESS
[1] Elementare Methoden der numerischen Mathematik. Akademie-Verlag, Berlin, und Springer-Verlag, Wien, New York 1974.
KREJN, S. G. (Крейн, С. Г.)
[1] Линейные уравнения в Банаховом пространстве. Наука, Москва 1971.
KUBLANOVSKAJA, V. N. (Кублановская, В. Н.)
[1] О некоторых алгорифмах для решения полной проблемы собственных значений. Ж. вычисл. мат. и мат. физ. **1** (1961), 555—570.
[2] О вычислении обобщенной обратной матрицы и проектора. Ж. вычисл. мат. и мат. физ. **6** (1966), 326—332.
KUHNERT, F.
[1] Pseudoinverse Matrizen. Teubner-Texte. BSB B. G. Teubner Verlagsges., Leipzig 1976.
KULISCH, U.
[1] Grundzüge der Intervallrechnung. *In*: Überblicke Mathematik, Band 2. Bibliographisches Institut, Mannheim 1969, 51—98.
[2] Grundlagen des numerischen Rechnens. Bibilographisches Institut, Mannheim 1976.

[3] Numerisches Rechnen — wie es ist und wie es sein könnte. *In*: Jahrbuch Überblicke Mathematik 1981. Bibliographisches Institut, Mannheim 1981, 139—160.

LANG, W.

[1] Ein Programmsystem für Matrizeneigenwertprobleme. Numerische Verfahren in Aktion, Band 2. Akademie-Verlag, Berlin 1982.

LAWSON, C. L., und R. J. HANSON

[1] Solving least squares problems. Prentice Hall, Englewood Cliffs, N. J., 1974.

MAESS, G.

[1] Extrapolation bei Iterationsverfahren. Z. Angew. Math. Mech. **56** (1976), 121—122.

[2] Iterative Lösung linearer Gleichungssysteme. Nova Acta Leopoldina, Neue Folge, Nummer 238, Band 52. Leipzig 1979.

MAESS, G., und W. PETERS

[1] Lösung inkonsistenter linearer Gleichungssysteme und Bestimmung einer Pseudoinversen für rechteckige Matrizen durch Spaltenapproximation. Z. Angew. Math. Mech. **58** (1978), 233—237.

MARČUK, G. I., und JU. A. KUZNECOV (Марчук, Г. И., и Ю. А. Кузнецов)

[1] Итерационные методы и квадратичные функционалы. *В*: Методы вычислительной математики. Наука, сиб. отдел., Новосибирск 1975, 4—143.

MARKOWITZ, H. M.

[1] The elimination form of the inverse and its application to linear programming. Management Sci. **3** (1957), 255—268.

MEYER, A.

[1] Varianten der simultanen Iteration zur Berechnung einiger Eigenwerte und Eigenvektoren des allgemeinen großdimensionierten Eigenwertproblems. Beiträge zur Numerischen Mathematik **10** (1981), 107—115.

MOORE, R. E.

[1] Interval analysis. Prentice Hall, Englewood Cliffs, N. J., 1966.

[2] Methods and applications of interval analysis. SIAM, Philadelphia 1979.

[3] Fast interval arithmetic. Freiburger Intervall-Berichte **81/3** (1981), 1—9.

NASHED, M. Z. (Hrsg.)

[1] Generalized inverses and applications. Academic-Press, New York 1976.

[2] Functional analysis methods in numerical analysis. Lecture Notes in Mathematics, vol. 701. Springer-Verlag, Berlin, Heidelberg, New York 1979.

NICKEL, K.

[1] Intervall-Mathematik. Z. Angew. Math. Mech. **58** (1978), T72—T85.

[2] Die Auflösbarkeit linearer Kreisscheiben- und Intervall-Gleichungssysteme. Freiburger Intervall-Berichte **81/3** (1981), 11—46.

NUMATH

[1] Programmpaket für Verfahren der Numerischen Mathematik. VEB Robotron, Dresden 1983.

OETTLI, W., und W. PRAGER

[1] Compatibility of approximate solution of linear equations with given error bounds for coefficients and right hand sides. Numer. Math. **6** (1964), 405—409.

ORTEGA, J. M., und W. C. RHEINBOLDT

[1] Iterative solution of nonlinear equations in several variables. Academic Press, New York 1970.

PARLETT, B. N.

[1] The symmetric eigenvalue problem. Prentice Hall, Englewood Cliffs, N. J., 1980.

PETERS, W.

[1] Lösung linearer Gleichungssysteme durch Projektion auf Schnitträume von Hyperebenen und Berechnung einer verallgemeinerten Inversen. Beiträge zur Numerischen Mathematik **5** (1976), 129—146.

[2] Ein modifiziertes SPA-Verfahren. Rostocker Math. Kolloq. **15** (1980), 61—70.

RAO, C. R., und S. K. MITRA

[1] Generalized inverses of matrices and its applications. John Wiley and Sons, New York 1971.

RATH, W.

[1] Fast Givens rotations for orthogonal similarity transformations. Numer. Math. **40** (1982), 47—56.

Reid, J. K. (Hrsg.)
[1] Large sparse sets of linear equations. Academic Press, London, New York 1971.
[2] Sparse matrix techniques. Lecture Notes in Mathematics, vol. 572. Springer-Verlag, Berlin, Heidelberg, New York 1977.
Reinsch, C.
[1] Die Behandlung von Rundungsfehlern in der numerischen Analysis. *In*: Jahrbuch Überblicke Mathematik 1979. Bibliographisches Institut Mannheim 1979, 43—62.
[2] Der Arithmetik-Prozessor INTEL 8087: eine komplette Implementierung des vorgeschlagenen IEEE-Standards für Gleitpunktarithmetik. Elektronische Rechenanlagen **23** (1981), 173—178.
Rose, D. J., und R. A. Willoughby (Hrsg.)
[1] Sparse matrices and their applications. Plenum Press, New York 1972.
Rosen, R.
[1] Matrix bandwidth minimization. *In*: Proceedings of the Association for Computing Machinery (ACM) National Conference. ACM, Princeton, N. J., 1968, 585 —595.
Rutishauser, H.
[1] Solution of eigenvalue problems with the *LR*-transformation. Nat. Bur. Standards, Appl. Math. Ser. **49** (1958), 47—81.
[2] On Jacobi rotation patterns. Proc. Symposia in Appl. Math. **15** (1963), 219—239.
[3] Vorlesungen über Numerische Mathematik, Band 1 und 2. Birkhäuser Verlag, Basel, 1976.
Sachs, H.
[1] Einführung in die Theorie der endlichen Graphen, Teil I. BSB B. G. Teubner Verlagsges., Leipzig 1970.
Samarskij, A. A., und E. S. Nikolaev (Самарский, А. А., и Е. С. Николаев)
[1] Методы решения сеточных уравнений. Наука, Москва 1978.
Scherer, R., und K. Zeller
[1] Shorthand notation for rounding errors. Computing Suppl. **2** (1980), 165—168.
[2] Rundungsfehler bei linearen Gleichungen. Z. Angew. Math. Mech. **61** (1981), T315 bis T317.
Schönauer, W.
[1] Vektorrechner: Die schnellsten Rechenanlagen. *In*: Jahrbuch Überblicke Mathematik 1982. Bibliographisches Institut, Mannheim 1982, 113—139.
Schönhage, A.
[1] Zur Konvergenz des Jacobi-Verfahrens. Numer. Math. **3** (1961), 374—380 und **6** (1964), 410—412.
Schott, D.
[1] Die Methode der Projektionskerne und ihre Anwendung bei Struktur- und Konvergenzuntersuchungen linearer Operatorgleichungen. Dissertation B, Wilhelm-Pieck-Universität Rostock 1982.
Schwarz, H. R.
[1] Numerik symmetrischer Matrizen. B. G. Teubner, Stuttgart 1968.
[2] Die Methode der konjugierten Gradienten mit Vorkonditionierungen. *In*: Numerische Behandlung von Differentialgleichungen, Band 3. Birkhäuser Verlag, Basel, Stuttgart 1981, 146—165.
[3] Methode der finiten Elemente. B. G. Teubner, Stuttgart 1980.
Schwetlick, H.
[1] Numerische Lösung nichtlinearer Gleichungssysteme. VEB Deutscher Verlag der Wissenschaften, Berlin 1979.
Schwetlick, H., W. Burmeister, G. Langensiepen und W. Nauber
[1] Programmpaket Lineare Gleichungssysteme mit schwach besetzten Matrizen. Technische Universität Dresden, Sektion Mathematik, Dresden 1978.
Smith, B. T., et al.
[1] Matrix Eigensystem Routines — EISPACK Guide. Lecture Notes in Computer Science, vol. 6. Springer-Verlag, Berlin, Heidelberg, New York 1974.
Smolarski, D. C.
[1] Optimum semi-iterative methods for the solution of any linear algebraic system with a square matrix. Thesis, Dept. Computer Sci., University of Illinois, Urbana 1981.

STETTER, H. J.
[1] Numerik für Informatiker. Computergerechte numerische Verfahren. R. Oldenbourg Verlag, München, Wien 1976.
STEWART, G. W.
[1] Introduction to Matrix Computation. Academic Press, New York, London 1973.
STIEFEL, E.
[1] Einführung in die numerische Mathematik. B. G. Teubner, Stuttgart 1970.
STOER, J., und R. BULIRSCH
[1] Introduction to Numerical Analysis. Springer-Verlag, New York, Heidelberg, Berlin 1980.
STUMMEL, F.
[1] Rounding error analysis of elementary numerical algorithms. Computing, Suppl. 2 (1980), 169—195.
TANABE, K.
[1] Projection method for solving a singular system of linear equations and its applications. Numer. Math. **17** (1971), 203—214.
[2] Characterization of linear stationary iterative processes for solving a singular system of linear equations. Numer. Math. **22** (1974), 349—359.
[3] Conjugate-gradient method for computing the Moore-Penrose inverse and rank of a matrix. J. Optimization Theory Appl. **22** (1977), 1—23.
TEWARSON, R. P.
[1] Sparse Matrices. Academic Press, New York 1973.
TODD, J.
[1] Basic Numerical Mathematics, vol. 1; Numerical Analysis, vol. 2, Numerical Algebra. Birkhäuser Verlag, Basel, Stuttgart 1979 and 1977.
TÖRNIG, W.
[1] Numerische Mathematik für Ingenieure und Physiker, Band 1 and 2. Springer-Verlag, Berlin, Heidelberg, New York 1979.
VARGA, R. S.
[1] Matrix iterative analysis. Prentice Hall, Englewood Cliffs, N. J., 1962.
VOEVODIN, V. V. (Воеводин, В. В.)
[1] Вычислительные методы линейной алгебры. Библиографический указатель 1828—1974 гг. Новосибирск 1976.
[2] Вычислительные основы линейной алгебры. Наука, Москва 1977.
[3] Вычислительные методы линейной алгебры. Библиографический указатель работ, содержащих алгол-процедуры и фортран-подпрограммы 1960—1979 гг. Ленинград 1980.
WERNER, H.
[1] Praktische Mathematik. Springer-Verlag, Berlin, Heidelberg, New York 1975.
WILKINSON, J. H.
[1] The algebraic eigenvalue problem. Claredon Press, Oxford 1965.
[2] Rundungsfehler. Springer-Verlag, Berlin, Heidelberg, New York 1969.
WILKINSON, J. H., und C. REINSCH
[1] Linear Algebra. Handbook for Automatic Computation. Springer-Verlag, Berlin, Heidelberg, New York 1971.
YOUNG, D. M.
[1] Iterative solution of large linear systems. Academic Press, New York 1971.
YOUNG, R. C.
[1] The algebra of many-valued quantities. Math. Ann. **104** (1931), 260—290.
ZIELKE, G.
[1] ALGOL-Katalog, Matrizenrechnung. BSB B. G. Teubner Verlagsgesellschaft, Leipzig 1972.
[2] Testmatrizen mit maximaler Konditionszahl. Computing **13** (1974), 33—54.
[3] Testmatrizen mit freien Parametern. Computing **15** (1975), 87—103.
[4] Beiträge zur Theorie und Berechnung von verallgemeinerten inversen Matrizen. Dissertation B, Martin-Luther-Universität Halle-Wittenberg 1977.
[5] Verallgemeinerte inverse Matrizen. *In*: Jahrbuch Überblicke Mathematik 1983. Bibliographisches Institut, Mannheim 1983, 95—116.
ZURMÜHL, R.
[1] Praktische Mathematik für Ingenieure und Physiker. 5. Aufl., Springer-Verlag, Berlin, Heidelberg, New York 1965.

Sachverzeichnis

Bei Fragen zur Produktsicherheit wenden Sie sich bitte an:
If you have any questions regarding product safety,
please contact:

Walter de Gruyter GmbH
Genthiner Straße 13
10785 Berlin
productsafety@degruyterbrill.com